普通高等教育"十二五"卓越工程能力培养规划教材

工程流体力学

主编 周乃君
参编 陈 卓 张家元
李贺松 黄 庆
主审 熊源泉

机械工业出版社

本书围绕流体流动问题的理论分析、数值计算和试验研究三种求解思路，系统地讲述了流体的基本性质、流体静力学、理想流体一元流动和二元流动解析、黏性流体层流运动解析、湍流理论和工程湍流解析、量纲分析与相似原理、计算流体力学基础等内容。

本书可作为能源动力类专业的教学用书，也可作为相关专业的工程流体力学课程教学参考用书。

图书在版编目（CIP）数据

工程流体力学/周乃君主编. —北京：机械工业出版社，2014.9（2023.8 重印）
普通高等教育“十二五”卓越工程能力培养规划教材
ISBN 978-7-111-47616-0

Ⅰ.①工… Ⅱ.①周… Ⅲ.①工程力学-流体力学-高等学校-教材 Ⅳ.①TB126

中国版本图书馆 CIP 数据核字（2014）第 183467 号

机械工业出版社（北京市百万庄大街 22 号　邮政编码 100037）
策划编辑：蔡开颖　丁昕祯
责任编辑：蔡开颖　段晓雅　丁昕祯　李　乐
版式设计：霍永明　责任校对：陈秀丽
封面设计：张　静　责任印制：郜　敏
北京富资园科技发展有限公司印刷
2023 年 8 月第 1 版 · 第 5 次印刷
184mm×260mm · 18.25 印张 · 441 千字
标准书号：ISBN 978-7-111-47616-0
定价：49.80 元

电话服务
客服电话：010-88361066
010-88379833
010-68326294

网络服务
机　工　官　网：www.cmpbook.com
机　工　官　博：weibo.com/cmp1952
金　　书　　网：www.golden-book.com
机工教育服务网：www.cmpedu.com

前　言

流体流动是自然界和工程技术领域普遍存在的现象。流体力学作为解释和研究流动现象的基本规律并应用于解决实际流动问题的学科，是人类在认识自然、改造自然的实践中产生和发展起来的。现代流体力学作为一个重要的学科分支，大致起源于17世纪中期，300多年来，在一大批力学家、数学家和工程师的探索下，取得了丰硕的成果，形成了较为完整的理论体系，并解决了诸多技术问题，在工程实践中发挥了巨大的作用，同时也促进了科学技术的向前发展。

工程流体力学广泛应用于气象、航空与航天、航海与造船、水利工程、能源动力、车辆设计、军械设计、采矿工程、土木工程、化工与冶炼、材料加工、机械与传动、冷却与润滑、仪器仪表、体育运动研究等领域，是这些学科领域所需的技术基础，也是能源动力学科的重要学术基础，因此是能源动力类专业的主干课程，是后续专业课程学习的基础。

本书主要结合能源动力类专业教学需要，在反映传统工程流体力学教学内容和体系的基础上，适当增加了湍流理论、计算流体力学基础等内容，同时注重结合工程实际问题，围绕“提出问题—分析问题—抽象简化—求解方法—结果检验—扩展应用”这一教学体系，将相关理论贯穿于典型工程问题的求解思路和方法中，注重激发学生的学习兴趣，启迪创新性思维，培养学生提出问题、分析问题和解决问题的能力。

全书共分13章，围绕流动问题的理论分析、数值计算和试验研究三种求解思路，系统地讲述了流体的基本性质、流体静力学、理想流体一元流动和二元流动解析、黏性流体层流运动解析、湍流理论和工程湍流解析、量纲分析与相似原理、计算流体力学基础等内容。其中第1~7章为基础篇，第8~13章为提高篇，可分为两个学期进行教学。为适应不同学时教学需要（72~96学时），书中设置了部分章节（即带*的节）作为选学或学生自学的内容。

本书由中南大学周乃君（第1、2、8、9、10、11章）、陈卓（第3、4章）、张家元（第5、6章）、李贺松（第7、12章）、黄庆（第13章及附录）编写，并由周乃君统稿。全书由周乃君担任主编，东南大学熊源泉担任主审。

本书获得了中南大学卓越工程师计划精品教材专项经费的资助。书中参考和引用了许多作者的论著，由于篇幅所限，未予一一注明。编者在此一并表示感谢！

由于编者水平有限，疏漏之处在所难免，希望读者批评指正。

编　者

目　录

第1章 绪　　论

作为全书的开篇，本章主要介绍流体与流动现象，流体力学的概念与发展简史、知识体系与应用领域、研究方法，以及学习中要注意的几个问题。

1.1 流体与流体力学概念

气体、液体和固体是自然界中物质存在的主要形式。气体与液体的共同特点是自身不能保持一定的形状，具有**流动性**，故统称为**流体**（Fluid），换句话说，**流体就是可以流动的物质**。那么，什么叫作可流动性呢？这主要有两种理解：一是指在没有容器容纳它时，不能像固体一样保持一定的形状；二是指当其受到外力（剪力）作用时会发生连续的变形运动。因此，基于这一点，对流体的更严谨的定义为：**流体是在任意微小的剪力作用下都能发生连续变形的物质**。

流体的重要特征是在力的作用下发生运动，这种运动就称为**流动**（Flow）。实例：液体在管内的流动、水在水渠内的流动、大气运动、喷嘴出口的流动、柱体绕流现象、翼形的绕流、热交换器内部的流动、锅炉炉膛内的流动及汽轮机内部的流动等。

分析、解释这些流动现象并研究其规律的科学称为**流体力学**（Fluid Dynamics 或 Fluid Mechanics），换句话说，**流体力学是研究流体在力的作用下的平衡和运动规律的科学**。流体力学与刚体力学（理论力学）、材料力学、弹性力学并称为四大力学。

工程流体力学（Engineering Fluid Mechanics）则是将流体力学的研究方法与相关理论着重应用于解决工程中的流体流动问题的科学。

无论是流体力学还是工程流体力学，都是人类在认识自然、改造自然的实践中产生和发展起来的学科。古代的人们在兴修水利、灌溉农田的实践中开始认识和利用水流的规律，在利用风能的实践中认识空气的运动规律。在古代，虽然缺乏系统的流体力学知识，但凭借直觉和不断的实践，古人逐渐认识和掌握流体运动的一些规律，并建造了许多伟大的工程，如都江堰水利枢纽工程、玛雅人的地下管网工程，还有古代的造船工程，等等。

现代流体力学作为一个重要的学科分支，大致起源于17世纪中期。1653年，帕斯卡（B. Pascal）发现了静止液体的压强可以均匀地传遍整个流体的帕斯卡原理，随后又提出了流体静力学的基本公式；1678年，牛顿（I. Newton）用试验方法研究了运动平板所受的流体阻力，提出了牛顿内摩擦定律，为研究实际流体的运动打下了重要基础。此后，在许多科学家的贡献下，流体力学开始逐步确立起科学体系，并在工程实践中发挥出巨大的作用，同时又反过来促进了人们对流体运动规律的更深入的认识，从而推动了流体力学的不断向前发展。

下面简要介绍流体力学的发展简史、研究方法和应用领域。

1.2 流体力学发展简史

流体力学的发展大致经历了五个阶段。

● **第一阶段：公元前 30000 年—公元前 3000 年（石器时代）**

这一时期以“水、火、风”能的初步利用为特征，具体应用于石器、陶具、风帆、水钟、引水灌溉等领域。

● **第二阶段：公元前 3000 年—1678 年**

这一时期以简单流体机械为特征，具体应用于水车、风车、风箱、火箭等领域。这个时期出现了阿基米德浮力定理、帕斯卡定律。

● **第三个阶段：1678 年—1900 年**

这一时期相继发现了一些重要理论，是流体力学体系初步形成和发展的时期。具体包括：

• 牛顿（I. Newton）黏性定理，1678 年
• 伯努利（D. Bernoulli）定理，1738 年
• 罗蒙诺索夫（M. V. Lomonosov）质量守恒定律，1748 年
• 达朗贝尔（J. R. D'Alembert）连续性方程，1752 年
• 毕托管（H. Pitot），1732 年
• 欧拉（L. Euler）方程组，1775 年
• 拉格朗日（J. L. Lagrange）定理（无旋运动），1781 年
• 亥姆霍兹（H. V. Helmholtz）定理（旋涡运动），1845 年
• 纳维（C. L. M. H. Navier，1823 年）-斯托克斯（G. G. Stokes，1845 年）方程
• 迈尔（J. R. Mayer，1842 年）-焦耳（J. P. Joule，1848 年）能量守恒定律
• 达西（H. P. G. Darcy）公式，1856 年
• 雷诺（O. Reynolds）试验，1883 年
• 雷诺方程，1895 年
• 瑞利（L. Rayleigh）量纲分析法，1899 年

● **第四阶段：1900 年—1950 年（空气动力学时期）**

这一时期是流体力学在空气动力学方面的应用和深入发展时期，发现的重要定理和试验方法有：

• 库塔（W. M. Kutta，1902 年）-儒可夫斯基（N. E. Joukowski，1906 年）绕流定理
• 布拉修斯（H. Blasius）公式，1910 年
• 帕金汉（E. Buckinghum）Π 定理，1914 年
• 卡门涡街（T. Von Karman），1912 年；动量积分方程，1921 年
• 普朗特（L. Prandtl）三维机翼理论，1913 年
• 风洞（Wind funnel），1902 年——布泽曼（A. Busemann）
• 热线流速仪（hot-wire anemometer），1933 年——德莱顿（H. L. Dryden）
• 尼古拉兹（J. Nikuradse）试验，1933 年

● **第五个阶段：1950 年至今（渗透与分支）**

这一时期是流体力学的深入发展时期，出现了许多流体力学的分支。它们包括：

- 计算流体力学
- 实验流体力学
- 可压缩气体力学
- 稀薄气体力学
- 磁流体力学
- 化学流体力学
- 非牛顿流体力学
- 生物流体力学
- 多相流体力学
- 渗流力学
- 天体—地球物理流体力学

同时出现了相关的测量方法和仪器，如激光干涉仪、激光多普勒测速仪、粒子成像测速仪（PIV）等。

纵观流体力学的发展历史，可以看出：

1）生产和生活的需要是产生和发展科学技术的动力。没有水利、航运、航空、能源、化工、冶金、机械、材料等方面的需求，就没有现在的流体力学。

2）从旧石器时代到现在，人类文化的演进是以加速度进行的。对于流体力学而言，在17世纪下半叶以后的350年中取得了惊人的进展。

3）在流体力学的发展过程中，实验及在工程技术中的实践是最先使用的一种研究方法，流体力学中的所有重要现象和原理，几乎都是通过实验或实践发现的，因此实验和实践对流体力学的发展具有特别重要的意义。

4）人们的认识总是遵循由简单到复杂，从具体到抽象，从特殊到一般的科学规律。流体力学的研究与发展也遵循这一规律。它从流体的静止与平衡到单相无黏性流体的定常运动，再发展到多相不稳定的湍流运动，从单纯的力学分支发展到复杂的交叉学科，从单纯的动量传输发展到动量、热量、质量的综合传递。

5）流体力学虽然已经取得了巨大进展，但一些重要问题如湍流、流动稳定性、非定常流动等仍然未获得圆满解决，此外，众多的流体力学新分支或交叉学科都还处于发展初期，这些工作还有待于流体力学工作者的进一步努力。

6）13世纪以前，我国在流体力学的应用方面为人类作出过重要贡献，曾领先于世界，20世纪40年代以后，在理论上也取得了不少成绩，不仅建造了大量的实验设施，解决了许多工程实际问题，还培养和造就了具有较高水平的科研队伍，这为今后进一步发展我国在流体力学相关领域的研究，奠定了坚实的基础。

1.3　知识体系与应用领域

现代流体力学从知识体系方面可分为两大体系：

- **理论流体力学**：侧重理论研究（数理模型、分析解、数值方法）；
- **工程流体力学**：侧重工程应用（应用流体力学原理解决工程问题）。

从应用对象方面主要分为水力学（Hydraulics）和气体动力学（Gas Dynamics 或 Aero Dynamics）。

从研究的内涵方面又有广义和狭义之分。

- 广义：考虑传热、传质及化学反应；
- 狭义：不考虑传热、传质及化学反应。

工程流体力学作为许多学科的基础，其应用领域十分宽广，主要包括以下几类：

- 气象领域：气象预报、洋流研究；
- 航天与航空领域：航空与航天器设计制造；
- 航海与造船领域：船舶、潜艇的设计与制造；
- 水利工程领域：库坝设计、引水灌溉、水力机械的设计与制造；
- 地面交通领域：车辆设计与制造；
- 军事领域：枪械、弹药、导弹设计与制造；
- 资源开采领域：水压采油、矿井通风；
- 能源动力领域：水轮机、汽轮机、发动机、风力机的设计制造、炉窑设计；
- 化工、冶金、材料领域：炉窑与热交换器设计、物料输送；
- 土木工程领域：桥梁、隧道设计，建筑通风与消防，供暖、空调、给排水系统设计；
- 流体输运领域：管网设计、泵与风机的设计制造；
- 液压（气动）传动领域：水压机、水力切削、气动阀设计与制造；
- 冷却与润滑领域：热交换器、轴承设计与制造；
- 仪器仪表领域：测压计、测速仪、流量计的设计制造与应用；
- 体育运动领域：游泳服设计、田径及球类运动研究等。

1.4 流体力学研究方法

流体力学的研究方法主要包括理论分析、实验研究、数值计算三个方面。

1. 理论分析

这种方法首先是根据研究对象进行合理抽象，然后建立**数学物理模型**（包括**基本方程与定解条件**），最后求出问题的解（**解析解、近似解**）。其优点是解的结果的普适性好，其缺点是数学计算难度大、分析解有限。这种方法是其他方法的基础，因此也是所有流体力学教程的重点内容。

2. 实验研究

流体力学总体上属于实验学科，以科学实验为重要基础，因此本教材中将安排适当章节进行讲解。实验研究通常包括**实物试验、模型试验**（以相似原理为基础）两类。其优点是可以发现新现象、新原理，验证其他方法得到的研究结论；其缺点是研究结果依赖试验条件，普适性较差。

3. 数值计算

数值计算方法是随着计算机技术的发展而兴起的，该方法首先是根据研究对象进行合理抽象，建立数学物理模型（**基本方程与定解条件**），然后采用合适的数值计算方法在计算机上编程计算出问题的解。其优点是应用面广泛，可获得其他方法难以获得的解，而且输出结果形象直观，可取代部分试验工作，节省投资，因此有时也称为**数值试验**；其缺点是获得的解具有近似性和不稳定性，而且求解时间和精度依赖于计算机性能，计算结果也需要试验的检验。这种方法目前得到了广泛采用，因此本教材中也将安排适当章节进行介绍。

需要指出的是，尽管流体力学已经建立起了相当完整的理论体系，但相关理论尚不完备，特别是湍流问题、反应性流体流动、非牛顿流体流动等方面仍然需要试验支持，故流体力学属于试验性技术科学。

综上所述，对于流体力学的三种研究方法，各有其优缺点，它们是相互补充的。一个流体力学工作者，应当熟练地掌握这些方法，以便根据具体情况，取长补短地加以应用。本教材侧重于理论分析方法的介绍和工程应用分析，对试验研究方法和数值计算方法的基本原理，也将简要述及。

1.5 学习中应注意的几个问题

“工程流体力学”是能源动力类专业的专业主干课程，是上承数学、物理，下接热力学、传热学、燃烧学等课程的基础性课程，也是后续各门专业课程学习的重要基础。本课程结合能源动力类专业教学和日后工作需要，在反映传统工程流体力学的教学内容和体系的基础上，适当增加了湍流理论、计算流体力学基础等内容。同时注重结合工程实际问题，围绕**提出问题—分析问题—抽象简化—求解方法—结果检验—扩展应用**这一教学体系，将相关理论贯穿于典型工程问题的求解思路和方法中，从而避免平铺直叙式的枯燥理论推演，以便激发学习兴趣，克服畏难情绪，引导创新性思维，注重**提出问题、分析问题和解决问题能力**的培养。因此在学习中应注意以下几个方面：

1）“工程流体力学”是将流体力学的研究方法与相关理论着重应用于解决工程中的流体流动问题的学科，从其发展进程来看，许多结论都是先由实验现象引出的，同时其理论成果也须通过实验加以检验，可以预见，试验对其今后的研究与发展仍将起着十分重要的作用。因此，“工程流体力学”是一门实践性很强的课程，在学习中应当充分重视相应的课程实验，掌握实验原理和基本方法，同时也需要加强练习，通过大量的习题理解和掌握基本理论，并能应用于解决工程实际问题。

2）本课程用到的数学工具较多，数学难度也较大，因此在课程讲授和学习过程中，应注意复习和巩固相关的数学知识，克服畏难情绪，做到能较熟练地使用相应的数学工具来表述和解析流体力学问题，从而初步建立起应用合适的数学工具来解决本专业问题的能力，为后续课程的学习打下良好的基础。

3）工程实际问题的研究，常需要进行合理的抽象与简化，然后选用适当方法进行分析与求解。流体力学的理论分析、试验研究方法和数值计算是分析和解决流体流动问题的三种研究方法，本教材因篇幅有限，侧重于理论分析方法的介绍和简单工程实例分析，对试验研究方法和数值计算方法的基本原理只是简要述及，但这并不表示后两种方法就不重要，事实上，对于比较复杂的工程问题的研究，后两种方法更为重要。这可以通过今后的学习和实践逐步加以理解和掌握。

思考与练习

1-1 流体的定义是什么？其主要特征又是什么？

1-2 何谓流体力学？何谓工程流体力学？

1-3 流体力学的发展可分为哪几个阶段？其主要特征是什么？

1-4 从体系结构和侧重点来看，流体力学是如何分类的？

1-5 为什么说流体力学是应用十分广泛的实验性技术基础科学？

1-6 流体力学有哪几种研究方法？其基本思路是什么？各有何优缺点？

1-7 学习工程流体力学应当注意哪几方面的问题？

第2章　流体的基本性质

研究流体的运动规律，需要先了解流体的基本性质。流体的基本物理性质主要包括：密度、膨胀系数、黏度、表面张力系数等。下面依次进行介绍。

2.1　流体的密度与可压缩性

1. 密度

流体的密度（Density）是单位体积流体所具有的质量。在均质流体中，其表达式如下：

$$\rho = \frac{m}{V_c} \tag{2-1}$$

式中，V_c 为流体所占据的体积，国际单位制（SI 制）中单位为 m^3；m 为体积 V_c 中包含的流体的质量，单位为 kg；ρ 为流体的密度，单位为 kg/m^3。

对于非均质流体，流体空间各点处的密度是不同的。这时各点处的密度可定义为

$$\rho = \lim_{\Delta V_c \to 0} \frac{\Delta m}{\Delta V_c} \tag{2-2}$$

注意，$\Delta V_c \to 0$ 只能视为**微小体积**趋于足够小，而不能理解为数学上的趋于零。因为从微观上看，流体是由流体分子构成的，而分子间存在空隙，如果将微小体积 ΔV_c 取到分子大小，那就可能出现该体积中包含或不包含分子的可能，在不包含分子时，对应的质量为零，即得到流体密度为零这样荒谬的结果。所以流体力学中所取的微小体积应当包含大量分子（或原子），其密度就是微小体积所包含的大量分子（或原子）的质量与所占据的体积的比值。但从宏观上讲，这种微小体积所占据的空间又是非常小。一般把这种空间上足够小、又包含大量流体分子的微小体积，称为**流体微团**，也称为**流体质点**（Particle）。

书末附录 A 给出了标准大气压下常见流体的密度。

流体的密度与其温度和压强有关。温度 T 的变化或压强 p 的变化都会引起密度的变化，即

$$d\rho = \frac{\partial \rho}{\partial p} dp + \frac{\partial \rho}{\partial T} dT \tag{2-3}$$

密度的相对变化率为

$$\frac{d\rho}{\rho} = \frac{1}{\rho}\frac{\partial \rho}{\partial p} dp + \frac{1}{\rho}\frac{\partial \rho}{\partial T} dT = \kappa_p dp - \alpha_V dT \tag{2-4}$$

式中，

$$\kappa_p = \frac{1}{\rho}\frac{\partial \rho}{\partial p} = -\frac{1}{v}\frac{\partial v}{\partial p}$$

称为**等温压缩率**，即在温度不变时，压强每增加 1 单位所引起的密度变化率，其单位为 Pa^{-1}；也称为**体积压缩率**。其中，$v = \frac{1}{\rho}$，称为流体的**比体积**。

$$\alpha_V = -\frac{1}{\rho}\frac{\partial\rho}{\partial T} = \frac{1}{V_c}\frac{\partial V_c}{\partial T}$$

称为**体膨胀系数**，它表示压强不变时，温度每增加 1 单位所引起的密度变化率（或体积变化率），其单位为 K^{-1}。

另外，因体积压缩率通常较小，工程上常将$\frac{1}{\kappa_p}$单独进行定义，即

$$E = \frac{1}{\kappa_p} \tag{2-5}$$

式中，E 称为**体积模量**，也称**弹性模量**（Modulus of Elasticity），SI 制中的单位为 Pa（帕斯卡），即与压强单位相同。书末附录 A 给出了常见流体的 E 值。

2. 流体的可压缩性

从前面的讨论可以看到，流体在压强的作用下，其体积或密度可以改变，这一性质称为流体的**可压缩性**（Compressibility）；而流体在温度改变时其体积或密度可以改变的性质，则称为流体的**热膨胀性**。

液体一般很难压缩，例如当压强为 1～500atm（1atm = 101325Pa，即一个标准大气压）、温度为 0～20℃的范围内，每增加 1atm，水的体积只被压缩 0.05‰。其他液体的情况与之相近。在工程常用压强范围内，实际上可以认为**液体是不可压缩的**。

温度升高时液体的体积略有膨胀，但变化很小。试验测定，1atm 下，在 10～20℃范围内，温度每升高 1℃，液体的体积增加约 0.15‰。温度较高时，体积膨胀也不超过 1‰。实际工程计算中，除特殊场合外，一般不考虑液体体积变化。

气体分子间距较大，彼此间的引力很小，当压强或温度发生变化时，其体积（或比体积）、密度等都相应地发生变化。对于理想气体，这种变化关系可用**理想气体状态方程**表示：

$$pV_m = R_0 T \quad \text{（对 1kmol 气体）} \tag{2-6a}$$

$$pv = RT \quad \text{（对 1kg 气体）} \tag{2-6b}$$

或

$$\rho = \frac{p}{RT} \tag{2-6c}$$

式中，V_m 表示每千摩尔气体的体积；R_0 为摩尔气体常数，即单位质量的气体、温度升高 1K 时对外所做的膨胀功，R_0 的值一般用 8.314kJ/（kmol·K）；R 为具体气体常数，单位为 J/（kg·K），$R = \frac{R_0}{M_0}$，M_0 为相对分子质量。

式（2-6c）给出了气体密度的另一种测量方法，可以看出，通过对容器内的气体压强和温度的测量（通常比直接测量气体的质量和容积更便利），就可以计算出气体的密度。

此外，由于任何 1kmol 气体在**标准状态**（1atm、0℃）时占有的体积为 $22.4m^3$，故单一气体在标准状态时的密度 ρ_0（kg/m^3）为

$$\rho_0 = \frac{M_0}{22.4} \tag{2-7}$$

式中，M_0 为气体的相对分子质量。对于均匀混合性气体，在标准状态时的密度则可以用下

式计算：

$$\rho_{0m} = \sum_{i=1}^{m} x_i \rho_{0i} = \sum_{i=1}^{m} \frac{x_i M_{0i}}{22.4} \tag{2-8}$$

式中，x_i 为第 i 种组分的体积分数；M_{0i} 为第 i 种组分的相对分子质量。

于是，在任意压强和温度时，气体的密度为

$$\rho = \rho_0 \frac{p}{p_0} \frac{T_0}{T} = \rho_0 \frac{p}{p_0} \frac{1}{1 + t/273.15} \tag{2-9}$$

式中，p 为气体的绝对压强，单位为 atm；T 为气体的热力学温度，单位为 K；t 为气体的摄氏温度，单位为℃；$p_0 = 1\text{atm}$；$T_0 = 273.15\text{K}$。

【例 2-1】 在一般工程领域，干空气（近似按氧气与氮气体积比 21:79 处理）可视为理想气体。试分别求出其在 1atm 和 5atm（均指绝对压强）下，0℃、25℃、250℃、1000℃ 时的密度。

解： 应用式（2-8），当氧气与氮气按体积比 21:79 混合时，在标准状态时的密度为

$$\rho_0 = \left(\frac{32}{22.4}\frac{21}{100} + \frac{28}{22.4}\frac{79}{100}\right)\text{kg/m}^3 = 1.288\text{kg/m}^3$$

再按式（2-9），代入数据后计算可得下表：

压强 \ 温度 密度/(kg/m³)	0℃	25℃	250℃	1000℃
1atm	1.288	1.180	0.672	0.276
5atm	6.438	5.898	3.361	1.381

由此可见，气体的密度随压强和温度的变化而有较大的改变。另外，此例对空气成分进行了简化处理，故所得 1atm、0℃ 时的密度与实测值 1.293kg/m³ 稍有差异。

3. 不可压缩模型

对流体进行力学分析时，若密度或比体积为常数，则可使分析计算过程大为简化。前已述及，在工程常用压强、温度条件下，液体几乎都可视为密度恒定的介质，简称为**不可压缩流体**。对于气体，也有很多工程问题是在压强和温度变化不太大（压强变化小于 0.1atm，温度变化小于 1K）或流速不太高（<70m/s）的条件下进行，这时气体的压缩程度很小，为了简化，也可忽略其密度变化从而作为不可压缩流体处理，可用始末两状态的平均密度或平均比体积来考虑实际胀缩程度的影响。这种简化处理的概念称为流体的**不可压缩模型**（Incompressible model）。

当然，随着流速的提高或压降增大，气体压缩性的影响变得不可忽略，这时不能再使用不可压缩模型，而应按可压缩气体流动问题来处理。

2.2 流体的分散性与连续介质假设

1. 流体的分散性（Dispersibility）

相对于固体而言，流体分子间的联系比较松散，引力较小，自由运动比较强烈。例如，

空气分子的有效直径约为 10^{-8}cm（数量级），而在常温常压下，分子的间距约为 3×10^{-7}cm，可见气体分子非常分散。液体分子间距虽然小一些，但也与本身的分子有效直径差不多相等，因此，从微观上来看，仍然是很分散的。

2. 连续介质假设（Continuous medium hypothesis）

流体力学所研究的是流体在外力作用下的宏观运动规律，并不是个别分子的微观行为。工程研究与计算的参数也只是宏观力学性质（如压强、温度、密度、速度等），这些参数都是大量分子行为和作用的统计平均效果，并不是单个分子的随机运动特征。因此，在流体力学中，一般情况下，可以忽略流体微观结构的分散性，从而将流体看作内部并不存在空隙的连续介质。这就是1753年欧拉（L. Euler）首先提出的“**宏观流体模型**”——连续介质假设。

为进一步理解“连续介质假设”的合理性，可以回顾一下气体分子运动论。按阿伏加德罗定律折算，标准状态下每立方厘米气体包含的分子数为 2.69×10^{10}个。以空气为例，其分子运动的平均线速度约为 5×10^{4}cm/s，在此条件下，分子的平均自由程约为 10^{-5}cm。这样可计算出空气分子每秒内互相碰撞的次数为

$$\frac{5\times10^{4}}{10^{-5}}\text{次/s}=5\times10^{9}\ \text{次/s}$$

对 1cm^3 气体容器的每一个侧面器壁而言，被分子撞击的总频率约为

$$\frac{\text{每秒内移动的距离}}{\text{每一次碰壁面运行的距离}}\times\text{在每一方向上运动的分子数}$$

$$=\left(\frac{5\times10^{4}}{2\times10^{-5}}\times\frac{2.69\times10^{10}}{3}\right)\text{次/s}=2.2\times10^{19}\text{次/s}$$

自由分子碰壁频率如此之大，从力的传递或动量传递的宏观效果来看，将其视为内部不存在空隙的连续整体是完全可以的。液体分子比气体分子更稠密，当然更接近于连续体。

应该注意，这种假设对于气体只有在压强不太低的条件下才正确。在真空系统，特别是高真空系统中，例如当压强小于 0.133Pa 时，温度为 293K 的空气，其分子间距约等于 4.5mm，此值有可能比输送管道的直径还大。这种气体运动已属于**稀薄气体**运动中的“克努曾分子流”的特殊范畴，当然不符合连续介质假设的概念。在高层大气中也会存在这种稀薄气体运动的情形。这时需要采用其他方法来进行研究，已不属于本课程的范围。

连续介质假设的完整表述为：**假设流体由流体质点（微团）组成，质点间没有任何空隙；流体质点仍由大量流体分子构成，所携带的物理量是构成质点的分子所携带的物理量的统计平均值；流体所携带的物理量是连续分布函数。**

2.3 流体的黏性与理想流体模型

1. 牛顿试验与黏性力

牛顿在伽利略研究刚体运动所得规律的基础上，总结得到了牛顿第一定律，即当物体所受合力为零时，物体将保持静止或匀速直线运动状态。也就是说，一旦物体呈现为匀速直线运动状态，则说明物体所受合力必然为零。但他在将这一结论应用于物体在水面上作匀速直线运动时，却发现了新的问题：要使水面上的物体进行匀速直线运动，则必须对物体施加外

力！然后，他根据牛顿第三定律（作用力与反作用力的关系）推知，施加于水面上物体的这个外力应当有另一个力与之对应，这就是水对物体存在一个同样大小而作用方向相反的力。他进一步发现，随着水面上物体的运动，与物体接触的水也会跟随物体而运动，说明这层水是受到了物体的作用力而产生运动；上层水的运动同样会带动下层水的运动，也说明上层水对下层水产生了作用力，同样按照作用力与反作用力的关系，表明下层水对上层水有一个同样大小而作用方向相反的力。这样一层层往下推，每层水都存在对于下层水产生同样大小的作用力。他将这种贯穿于流体内部的力命名为黏性力。进一步试验发现，这一力的大小与物体的运动速度 U_0 以及与水面的接触面积 A 成正比，而与水的深度 h 成反比（参见图 2-1），即

$$F = -\mu \frac{U_0}{h} A \tag{2-10}$$

式中，比例系数 μ 称为动力黏度，简称黏度（Viscosity），在 SI 制中，其单位为 Pa · s；负号表示该作用力总是与流体运动方向相反。此外，牛顿还通过反证法证明，不同层次的水的运动速度自上而下呈逐步递减的关系，直至到液体层底部达到零。于是得到图 2-1 所示关系。

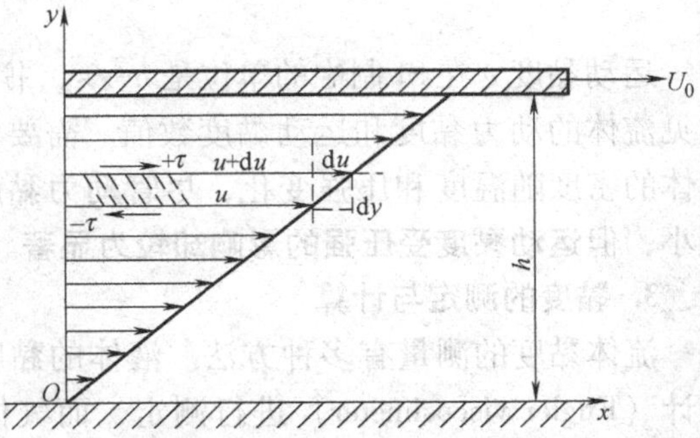

图 2-1　平板在液面运动时流体内部的流速分布与黏性力

按照图 2-1 所示关系，流体中任意位置的黏性力又可以表示为

$$F = -\mu \frac{\mathrm{d}u}{\mathrm{d}y} A \tag{2-11}$$

或写成

$$\tau = \frac{F}{A} = -\mu \frac{\mathrm{d}u}{\mathrm{d}y} = -\mu \frac{\mathrm{d}}{\mathrm{d}t}\left(\frac{\mathrm{d}x}{\mathrm{d}y}\right) = -\mu \frac{\mathrm{d}\vartheta}{\mathrm{d}t} \tag{2-12}$$

式中，$\mathrm{d}u/\mathrm{d}y$ 为流层间的速度对坐标的变化率（可称**速度梯度**）；$\mathrm{d}\vartheta/\mathrm{d}t$ 可理解为**切应变率**；τ 称为**黏性切应力**。上述结论称为**牛顿黏性定律**，或称为牛顿**内摩擦定律**，是牛顿于 1678 年首先提出来的。

黏性力的产生可以这样解释：在真实流体中，当流体层以不同速度运动时，由于分子的扩散或分子间相互吸引的影响，在流体内部两流层的接触面上产生摩擦力，从而使不同流速的流层之间有动量交换发生。表征这一物理性质的特性参量称为黏性，由此产生的力就称为黏性力。

事实上，黏性力是流体发生变形运动时，贯穿于流体内部的作用力，故也称**内摩擦力**。这种力与作用面平行，故又称**黏性剪切力**。黏性力的方向，对流速大的流体层而言，它与流速方向相反，是阻碍流动的力；而对流速小的流体层而言，则是促使其加速的力，所以与运动方向一致。显然，当流体处于静止时，各部分之间的相对速度为零，流体的黏性就表现不出来，此时黏性力为零。

2. 黏度（Viscosity）

对于多数流体（所有气体和单一成分液体），速度梯度（变形速率）与切应力之间的关

系，遵循牛顿内摩擦定律，这时比例系数μ为常数，这种流体被称为**牛顿流体**（Newtonian fluid）。但μ的大小与流体的种类和性质有关，不同物质的流体，黏度不同。所以μ首先是物性常数。

和密度一样，流体的黏度跟流体的压强和温度有关。一般而言，**动力黏度随压强的变化而改变，但压强的影响甚微**，只要压强不是特别高，它对动力黏度的影响就可以忽略。动力黏度与温度的变化关系比较复杂。研究表明，由于液体的黏性主要是通过分子间的引力（内聚力）体现出来的，当温度升高时，分子间的内聚力减小，因而黏度减小；当温度降低时，分子间的内聚力增大，因而黏度增大。而对于气体，其黏性主要是通过分子的热运动体现出来的，当温度升高时，分子热运动加剧，因而黏度增大；反之则减小。

在流体力学中，也常用到**运动黏度ν**：

$$\nu = \frac{\mu}{\rho} \tag{2-13}$$

运动黏度ν在SI制中的单位是m^2/s。书末附录A给出了常见流体的动力黏度和运动黏度数值。需要注意的是，由于气体的密度随温度和压强变化，尽管动力黏度受压强的影响很小，但**运动黏度受压强的影响却较为显著**。

3. 黏度的测定与计算

流体黏度的测量有多种方法。液体的黏度常用**恩格勒黏度计**（Engler viscosimeter）进行测定，而气体的黏度可用旋转式黏度计测定。图2-2所示为恩氏黏度计的结构示意图，它是由一黄铜制成的贮液容器及焊接在其底部的黄铜锥管3组成，贮液容器放置在可以控制其温度的水槽2中，黄铜锥管内插入孔径为3mm的铂金锥管4，并将其用被测液体自贮液容器中。实测时，以温度为T的200mL被测液体通过铂金锥管流出的时间与293K的200mL蒸馏水流出的时间之比，作为该液体在温度为T时的恩氏黏度：

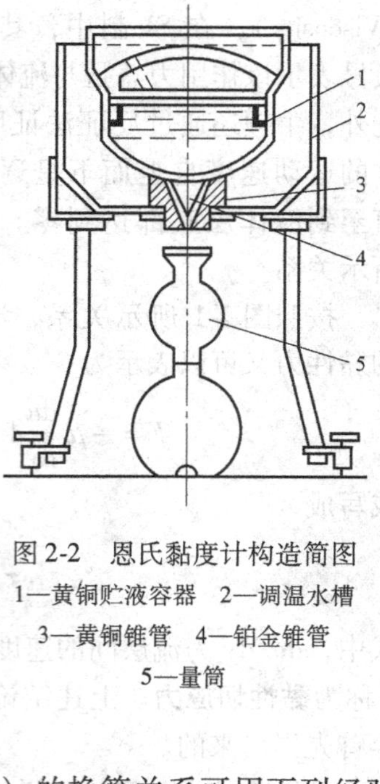

图2-2　恩氏黏度计构造简图
1—黄铜贮液容器　2—调温水槽
3—黄铜锥管　4—铂金锥管
5—量筒

$$E_T = \frac{\text{200mL 液体流出时间}}{\text{200mL293K 蒸馏水流出时间}} \tag{2-14}$$

可见，恩氏黏度是一种相对黏度。它与运动黏度ν_T（m^2/s）的换算关系可用下列经验公式表示：

$$\nu_T = \left(7.32E_T - \frac{6.31}{E_T}\right) \times 10^{-6} \tag{2-15}$$

水的运动黏度ν（m^2/s）也可用下列经验公式计算：

$$\nu = \frac{1.78}{1 + 0.00337t + 0.000221t^2} \times 10^{-6} \tag{2-16}$$

式中，t为水的温度，单位为℃。

对于各种气体的黏度，可以用苏士南公式（W. Sutherland，1893年）来计算：

$$\frac{\mu}{\mu_0} \approx \left(\frac{T}{T_0}\right)^{3/2} \frac{T_0 + T_s}{T + T_s} \tag{2-17}$$

式中，$T_0=273.15\text{K}$；μ_0 为 1atm 下、0℃时气体的动力黏度；T_s 为苏士南常数，与气体性质有关。表 2-1 列出了几种气体在标准大气压下的动力黏度 μ_0 及苏士南常数 T_s。

表 2-1 气体在 1atm 时的动力黏度 μ 及苏士南常数

气体	$\mu/10^{-6}\text{Pa}\cdot\text{s}$						苏士南常数 T_s/K
	0℃	20℃	40℃	60℃	80℃	100℃	
氮	16.602	17.484	18.357	19.259	20.004	20.828	104
氨	9.306	10.051	10.787	11.453	12.150	12.807	503
氧	19.200	20.259	21.308	22.358	23.407	24.407	125
氢	8.404	8.806	9.178	9.590	9.963	10.306	71
氯	12.307	13.199	14.101	15.00	15.905	16.807	350
甲烷	10.198	10.806	11.502	12.140	12.699	13.307	164
乙炔	9.600	10.198	10.826	11.453	12.022	12.601	215
乙烯	9.453	10.10	10.698	11.198	11.855	12.405	225
一氧化碳	16.807	17.680	18.553	19.151	20.240	21.024	100
二氧化碳	13.807	14.699	15.699	16.700	17.553	18.455	254
硫化氢	11.600	12.405	—	—	—	15.905	331
水蒸气	8.933	9.669	10.404	11.130	11.875	12.601	961
空气	17.161	18.239	19.220	20.102	20.985	21.769	124

对于纯物质组成的液体混合物，其黏度通常需实际测定；对气体混合物，除实际测定外，在压强不是太高时，也可采用下列方法计算：

$$\mu_m = \sum_{i=1}^{n}\left(\frac{x_i\mu_i}{\sum_{j=1}^{n}x_j\phi_{ij}}\right) \tag{2-18}$$

式中，x_i、x_j 分别为第 i、j 组分的体积分子数；μ_i、μ_j 分别为第 i、j 组分纯物质的动力黏度；ϕ_{ij} 为第 i、j 组分的结合因子，可用下式计算：

$$\phi_{ij}=\frac{[1+(\mu_i/\mu_j)^{0.5}(M_j/M_i)^{0.25}]^2}{[8(1+M_i/M_j)]^{0.5}} \quad 及 \quad \phi_{ji}=\frac{\mu_j}{\mu_i}\cdot\frac{M_i}{M_j}\cdot\phi_{ij} \tag{2-19}$$

式中，M_i、M_j 分别为第 i、j 组分的相对分子质量。

此外，工程上也可采用下式近似计算：

$$\mu_m = \sum_{i=1}^{n}x_i\mu_i \tag{2-20}$$

【例 2-2】 试计算干空气在 1atm 和 10atm 下，0℃、500℃时的动力黏度与运动黏度。

解： 干空气视为理想气体，体积比 $O_2:N_2=0.21:0.79$，查得 1atm、0℃时 O_2 的动力黏度 $\mu_1=1.92\times10^{-5}\text{Pa}\cdot\text{s}$，$N_2$ 的动力黏度 $\mu_2=1.66\times10^{-5}\text{Pa}\cdot\text{s}$。则

$$\phi_{12}=\frac{[1+(\mu_1/\mu_2)^{0.5}(M_2/M_1)^{0.25}]^2}{[8(1+M_1/M_2)]^{0.5}}=\frac{[1+(1.92/1.66)^{0.5}(28/32)^{0.25}]^2}{[8(1+32/28)]^{0.5}}=1.0053$$

$$\phi_{21}=\frac{\mu_2}{\mu_1}\cdot\frac{M_1}{M_2}\cdot\phi_{12}=\frac{1.66}{1.92}\times\frac{32}{28}\times1.0053=0.9933$$

或

$$\phi_{21}=\frac{[1+(\mu_2/\mu_1)^{0.5}(M_1/M_2)^{0.25}]^2}{[8(1+M_2/M_1)]^{0.5}}=\frac{[1+(1.66/1.92)^{0.5}(32/28)^{0.25}]^2}{[8(1+28/32)]^{0.5}}=0.9933$$

可见二者计算结果相同。

$$\mu_m=\sum_{i=1}^{2}\left(\frac{x_i\mu_i}{\sum\limits_{j=1}^{2}x_j\phi_{ij}}\right)=\sum_{i=1}^{2}\left(\frac{x_i\mu_i}{x_1\phi_{i1}+x_2\phi_{i2}}\right)=\frac{x_1\mu_1}{x_1\phi_{11}+x_2\phi_{12}}+\frac{x_2\mu_2}{x_1\phi_{21}+x_2\phi_{22}}$$

$$=\frac{0.21\times1.92\times10^{-5}}{0.21\times1+0.79\times1.0053}\text{Pa}\cdot\text{s}+\frac{0.79\times1.66\times10^{-5}}{0.21\times0.9933+0.79\times1}\text{Pa}\cdot\text{s}$$

$$=1.7148\times10^{-5}\text{Pa}\cdot\text{s}$$

可见与表 2-1 所列数据相当吻合，其误差主要在于空气成分，此例进行了简化处理。

此外，如果直接用

$$\mu_m=\sum_{i=1}^{n}x_i\mu_i=(0.21\times1.92+0.79\times1.66)\times10^{-5}\text{Pa}\cdot\text{s}=1.7146\times10^{-5}\text{Pa}\cdot\text{s}$$

可见也有较高的精度，工程上作为简化计算，是完全可以接受的。

动力黏度与压强关系不大，与温度的关系按苏士南公式计算：

$$\mu=\mu_0\left(\frac{T}{T_0}\right)^{3/2}\frac{T_0+T_s}{T+T_s}=\left[1.715\times10^{-5}\times\left(\frac{273.15+500}{273.15}\right)^{3/2}\frac{273.15+124}{273.15+500+124}\right]\text{Pa}\cdot\text{s}$$

$$=3.615\times10^{-5}\text{Pa}\cdot\text{s}$$

由例 2-1 可知，1atm 下、0℃ 时干空气密度 $\rho_0=1.288\text{kg/m}^3$，其他情况按 $\rho=\rho_0\dfrac{p}{p_0}\dfrac{273.15}{273.15+t}$计算，运动黏度 $\nu=\dfrac{\mu}{\rho}$。则有下表：

压强	动力黏度/10^{-5}Pa·s		运动黏度/（10^{-5}m^2/s）	
	0℃	500℃	0℃	500℃
1atm	1.715	3.615	1.332	0.470
10atm	1.715	3.615	6.438	4.704

可见动力黏度随温度变化明显，但压强基本无影响；而运动黏度随温度和压强变化都很明显。

【例 2-3】 图 2-3 所示装置可用于测定气体的黏度：一个薄圆盘平行放置于上、下两个平行圆盘之间，其间隙为 δ，且直径均为 d，当薄圆盘以匀角速度 ω 旋转时，测得施加于转轴的转矩为 M，试导出间隙中流体的黏度表达式。

解：设流体的黏度为 μ，如图所示，当薄圆盘匀角速度旋转时，流体对圆盘表面微元面积上所施加的力为

$$dF=\tau dA=\mu\frac{du_\theta}{dz}\cdot2\pi r dr$$

当间隙 δ 较小时，流体在间隙中沿轴线方向的流速分布可近似为线性分布，故上式可写成

$$dF = \mu \frac{u_\theta}{\delta} \cdot 2\pi r dr = \mu \frac{r\omega}{\delta} \cdot 2\pi r dr$$

而该力对转轴形成的力矩为

$$dM = dF \cdot r = \mu \frac{r\omega}{\delta} \cdot 2\pi r^2 dr$$

因薄圆盘的两个面都受到黏性力的作用，故

$$M = 2\int_0^{\frac{d}{2}} dM = 2\int_0^{\frac{d}{2}} \mu \frac{r\omega}{\delta} \cdot 2\pi r^2 dr = \mu \frac{\pi\omega}{\delta} \frac{d^4}{16}$$

于是

$$\mu = \frac{16M\delta}{\pi\omega d^4}$$

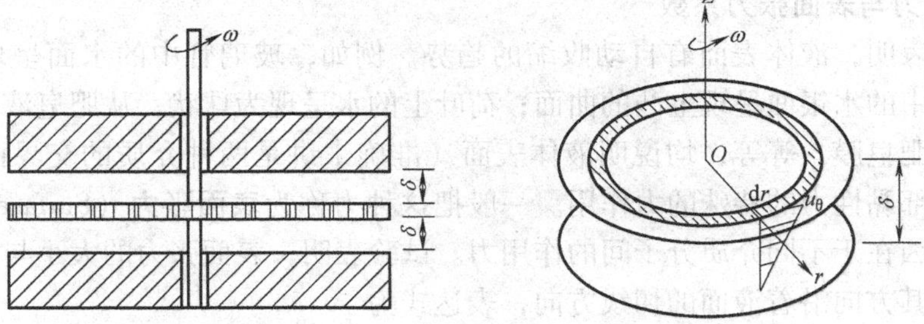

图 2-3　例 2-3 图

4. 牛顿流体与非牛顿流体

流体的 τ 与 du/dy 关系常被称为流变学方程。凡是 τ 与 du/dy 呈简单线性正比关系的流体称为牛顿流体（Newtonian fluid），否则称为非牛顿流体（No-Newtonian fluid）。典型的牛顿流体如空气等各种气体、水、各种低碳氢化合物油类等。而非牛顿流体又可根据流变学关系分为如下几类（图 2-4）：

1）塑性流体。如混凝土泥浆、有机胶体等。如图 2-4 中曲线 2 所示，其流变学方程可表示为

$$\tau = \tau_0 + \mu_p \frac{du}{dy} \tag{2-21}$$

式中，μ_p 为刚度系数，又称塑性黏度。

2）假塑性流体。如油漆、纸浆、高分子溶液等。如图 2-4 中曲线 3 所示，其流变学方程可表示为

$$\tau = k\left(\frac{du}{dy}\right)^n \tag{2-22}$$

式中，$n<1$；k 为比例常数。

3）涨塑性流体。如淀粉糊等。如图 2-4 中曲线 4 所示，其流变学方程也可用式（2-22）表示，不同的是，式中 $n>1$。

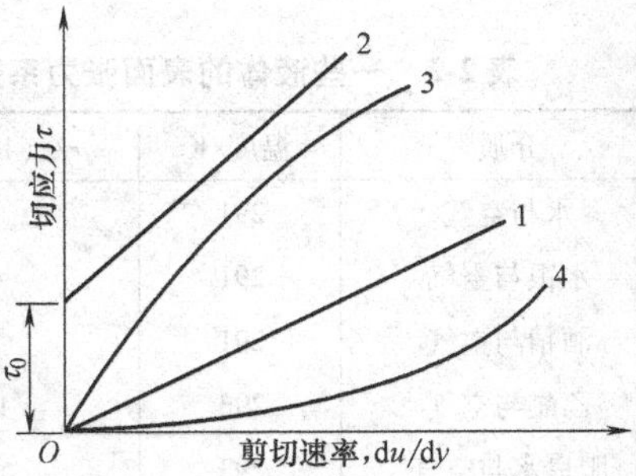

图 2-4　牛顿流体与非牛顿流体的流变学特征

1—牛顿流体　2—塑性流体
3—假塑性流体　4—涨塑性流体

由于牛顿流体涵盖了大部分工程实际流体，本书只限于讨论牛顿流体，关于非牛顿流

体，读者可参阅其他相关文献。

5. 理想流体模型

自然界中实际流体都具有黏性，故统称为**黏性流体**（Viscous fluid）。黏性的存在，给流体运动的数学分析带来了很大的困难，所以在某些黏性作用不太显著的场合，允许忽略流体的黏性效应，即不考虑黏性。一般把这种不考虑黏性（即黏度为0）的流体称为**理想流体**（Perfect fluid）。这种处理，不仅使很多工程问题的研究得到大大简化，而且有利于理解和掌握流体运动规律的基本原理和方法，因此，尽管现代科学技术的发展已经为研究黏性流体运动提供了有力的工具，但在流体力学研究中，理想流体模型仍然起着重要的作用。

2.4* 表面张力与毛细现象

1. 表面张力与表面张力系数

大量现象表明，液体表面有自动收缩的趋势。例如，玻璃管中的水面呈现为下凸的曲面，而玻璃管中的水银面呈现上凸的曲面；荷叶上的水呈现为珠状；从肥皂液中取出的固体框架可以形成肥皂膜，等等，均说明液体表面（准确来讲是两种介质的交界面）存在一种不同于液体内部黏性力的特殊的力作用。一般把这种力称为**表面张力**（Surface tension），其产生的根本原因在于不同介质分子间的作用力。试验表明，表面张力的大小与液面的截线长度 L 成正比，其方向沿着液面的切线方向，表达式为

$$Te = \sigma L \tag{2-23}$$

式中，σ 称为**表面张力系数**，SI 制中单位为 N/m。表面张力系数主要由物质种类来决定，且与所处温度有一定关系。表 2-2 给出了一些介质的表面张力系数。另外，书末附录 A 中给出了空气中常见液体的表面张力系数。

分析表明，正是由于存在表面张力，使得液面呈现为不同形式的弯曲表面，并且在液面两侧产生附加压强差（参见图 2-5）：

$$\Delta p = \sigma\left(\frac{1}{R_1} + \frac{1}{R_2}\right) \tag{2-24}$$

表 2-2 一些液体的表面张力系数

介质	温度/K	σ/（10^{-3}N/m）
水与空气	291	73
水银与空气	291	490
酒精与空气	291	23
乙醚与空气	293	16.5
肥皂水与空气	293	40
水银与水	293	472
饱和水与空气	273	75.5
	290	73.7
	310	70.0
	350	63.2
	400	53.6

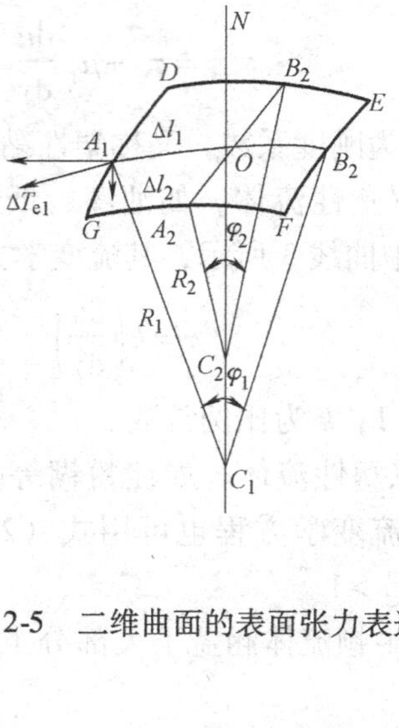

图 2-5 二维曲面的表面张力表达

式中，R_1 和 R_2 分别是曲面两个方向的曲率半径。

2. 润湿角

当液体与固体表面接触时，会产生一种表面现象。例如，水在玻璃上是铺展开的，而汞在玻璃上是收缩成珠状的。一般把前者称为“**润湿**（Wettability）”，后者称为“**不润湿**”。润湿与不润湿的根本原因在于不同介质分子间的内聚力作用。为表示这一现象，引入润湿角概念：在液体、固体壁和气体交界处作液体表面的切面，此切面与固体壁在液体侧所夹的角度 θ 就称为此液体对该固体的润湿角，如图 2-6 所示。当 θ 为锐角时，液体润湿固体；当 θ 为钝角时，液体不润湿固体。若 $\theta=0$，则液体完全润湿固体；若 $\theta=180°$，则液体完全不润湿固体。水与玻璃的润湿角 $\theta=8°$，而汞与玻璃的润湿角 $\theta=138°$。

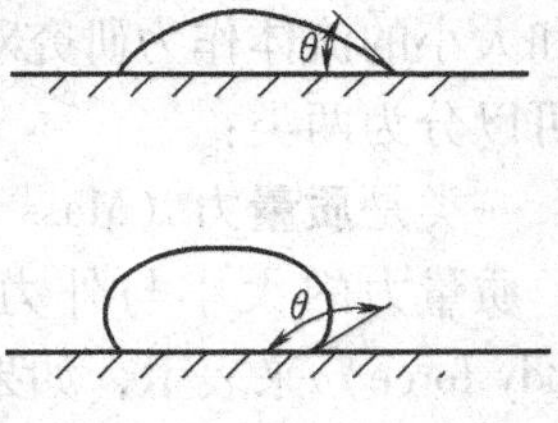

图 2-6 润湿角的定义

3. 毛细现象

将细管插入液体后，管内液面会相对升高或降低，这种现象称为**毛细现象**（Capillary）。产生毛细现象的原因正是因为表面张力所产生的附加压强差的作用。

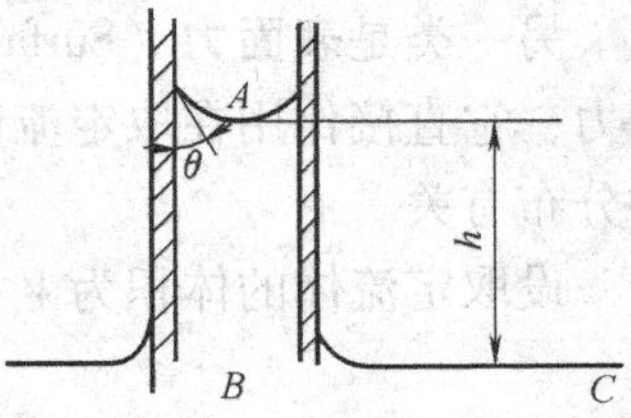

图 2-7 毛细现象图解

在液体润湿管壁的情况下，毛细管插入液体中时，由于润湿角为锐角，液面将呈现为凹面（图 2-7），使液面下方的压强比液面上方的大气压小，而在与 B 点同高的水平液面的 C 点的压强仍与大气压相等，根据静力学原理，等高两点的压强应当相等，因此管中液面不能与 C 点液面平衡，而应当高于 C 点，所以管中液面必然上升，直至 B 点压强与 C 点压强相等为止。

设细管截面为圆形，则凹面可以近似视为半径为 R 的球面，由静压平衡原理，有

$$p_C=p_B=p_A-\Delta p+\rho gh$$

而

$$p_C=p_B=p_A=p_0$$

所以

$$\Delta p=\rho gh \tag{2-25}$$

利用表面张力产生的附加压强公式：$\Delta p=\sigma\left(\frac{1}{R_1}+\frac{1}{R_2}\right)=2\sigma\frac{1}{R}$

则得

$$h=\frac{\Delta p}{\rho g}=2\sigma\frac{1}{\rho gR}$$

根据几何关系可得 $R=\dfrac{d/2}{\cos\theta}$

所以

$$h=4\sigma\frac{\cos\theta}{\rho gd} \tag{2-26}$$

式中，d 为细管内直径。由式（2-26）可见，毛细管的管径越小则液面上升的高度就越大。同理，对于液体不润湿管壁的情形，液面将下降，其下降的高度同样按式（2-26）计算。

2.5 流体的受力

在流体力学中，流体的受力分析采用取隔离体的方法。根据需要可在流体中取出任意形状和大小的流体作为研究对象即控制体。根据前面的讨论，作用于控制体的外力按作用的方式可以分为两类：

一类是**质量力**（Mass force），它是流体所处的外力场作用在取定流体的全部质点上的力，质量力的大小与外力场的强度以及流体的质量分布有关。质量力可以换用**体积力**（Body force）来表示，如果用f表示单位质量力，则ρf为单位体积力。质量力是一种非接触力，或称作超距力，如重力、电磁力和非惯性系中的惯性力。

另一类是**表面力**（Surface force），它是所取定体系之外的流体或物体对体系内流体的作用力，它直接作用在取定流体的封闭边界面上，表面力的大小与封闭边界面的面积及表面应力分布有关。

设取定流体的体积为V_c，其封闭表面面积为A，参见图2-8，则可定义单位质量力f：

$$f = \lim_{\Delta V_c \to 0} \frac{\Delta F}{\rho \Delta V_c} \tag{2-27}$$

式中，ΔF表示作用在体积为ΔV_c中流体上的质量力。单位质量力表示外力场的强度，它的物理量纲与加速度相同。在直角坐标系内，常用f_x、f_y、f_z来表示单位质量力的分量。一般来说，单位质量力是时间和空间位置的函数：

$$f = f(x,y,z,t) \tag{2-28}$$

因此，作用在体积为V_c中流体上的总质量力可表示为

$$F = \int_{V_c} \rho f(x,y,z,t)\,\mathrm{d}V_c \tag{2-29}$$

在计算表面力时，常用到表面应力的概念，表面应力p_n表示作用在外法线方向为$\boldsymbol{n}$的单位面积上的表面力，故

$$p_n = \lim_{\Delta A \to 0} \frac{\Delta P_n}{\Delta A} \tag{2-30}$$

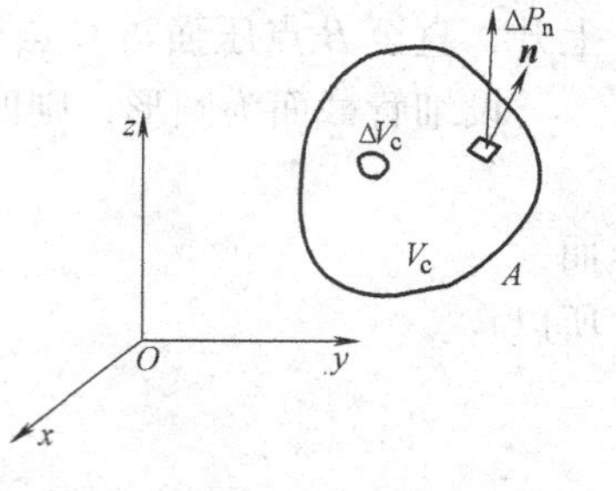

图2-8 流体上的作用力

式中，ΔP_n是面积ΔA（其外法线方向为$\boldsymbol{n}$）上所承受的表面力。表面应力p_n的方向一般与作用面的外法线$\boldsymbol{n}$并不重合。通常p_n可以分解为：垂直于表面的法向应力或称为**正应力**（Normal stress），以及平行于表面的切向应力或称为**切应力**（Shear stress）。

流体所受表面力中，最重要的有两类：一类为压力（静压强），垂直于表面作用，并指向表面的内法线方向。在下一章将证明流体质点的静压强与方向无关。另一类是流体发生变形运动时所受的黏性切应力，其大小可由牛顿黏性定律来描述。

作用在所取定流体上总的表面力可表示为

$$F = \oint_A p_n \mathrm{d}A \tag{2-31}$$

一般而言，表面应力p_n不仅与微元面积的空间位置和时间有关，而且还与微元面积的方位有关。这在后面的章节中将详细讨论。

思考与练习

2-1 流体的密度与哪些因素有关？其关系如何？

2-2 为什么气体有时也可以看成为不可压缩流体？其条件是什么？

2-3 连续介质假设包括哪几方面要点？采用该假设有什么好处？

2-4 黏性力是如何产生的？其大小跟哪些因素有关？

2-5 如何理解流体的内摩擦力这一概念？

2-6 黏度大小与哪些因素有关？对于液体和气体，其影响规律有何不同？

2-7 什么是牛顿流体？非牛顿流体有哪些类型？各有何特征？

2-8 实际流体都是黏性流体，为什么还要建立理想流体模型？

2-9 表面张力是如何产生的？它有何特点？

2-10 润湿角的大小可能跟哪些因素有关？讨论它有何意义？

2-11 毛细现象产生的根源是什么？毛细管高度与哪些因素有关？

2-12 流体受力是如何分类的？各有何特点？

2-13 高空11km处的大气压为2.263×10^4Pa，温度为-56.5℃，其密度、动力黏度和运动黏度分别是多少？

2-14 试求压强为常压下某种烟气（体积成分$N_2$76.12%，$CO_2$17.79%，H_2O6.09%）在0℃、10℃、100℃、1000℃时的密度和黏度。

2-15 水的体积模量随压强的升高而增大，其表达式为$E=2.18\times10^9+6.7(p-p_0)$（Pa）。其中，$p_0$为大气压强，$p$为水的绝对压强。在海平面下11km深处水压强与大气压之差为113.6×10^6Pa，试求从海平面到11km深处，海水的密度增加百分之几？

2-16 轴以等角速度150rad/s在固定的轴承中旋转，在轴与轴承的间隙中充满运动黏度为$2\times10^{-5}\text{m}^2/\text{s}$、密度$900\text{kg/m}^3$的润滑油，轴承内径为100mm，长度为120mm，轴与轴承的间隙为0.5mm。试求需要施加于轴的转矩。

2-17 黏度为0.065Pa·s的油充满活塞与气缸的间隙，缸径为12cm，间隙为0.4mm，活塞长度为14cm。若对活塞施加8.6N的力，试求活塞的运动速度。

2-18 若河流中水的速度分布为$u=2(y/5)^{1/6}$，其中y为距河床的距离，单位为m。已知水的动力黏度为1.3×10^{-3}Pa·s，求$y=2.5$m和5.0m处的黏性切应力。

2-19 水的表面张力系数为0.0728N/m，与玻璃的润湿角为8°，若用玻璃管制成测压管，如果要求毛细水柱高度不超过5mm，玻璃管的内径应为多少？

2-20 若测得A、B、C三种流体的切应力与切应变率的关系如下表，请判定它们分别是什么类型的流体。

$\dfrac{d\vartheta}{dt}$/(rad/s)		0	3	4	6
τ/(N/m^2)	A	0.1	0.25	0.3	0.4
	B	0	0.1	0.2	0.3
	C	0	0.15	0.2	0.3

第 3 章　流体静力学

流体静力学研究流体在静止状态下的力学规律。静止状态可以分为绝对静止状态和相对静止状态。流体相对于惯性坐标系没有运动称之为绝对静止，如果相对于某动坐标系没有运动，则称为相对静止。当流体处于静止状态时，流体质点之间不存在相对运动，此时作用在流体上的所有作用力之和为零。流体静力学与生活常识以及工程实际问题相关联，是流体力学的基础内容之一。

3.1　问题的提出

流体静力学主要研究流体中的压强分布以及压强的测量方法等问题。工程中常常碰到这样的问题，如水库或水坝设计时需要确定蓄水后水坝面受力问题；海洋深度勘测时需要考虑勘测设施能否抵抗深水压强；飞机航路选择需要综合考虑飞行高度以及飞行环境下的气流密度、温度等因素（图 3-1）；压力容器的选择要考虑容器中流体对壁面的压力；炉窑设计需要考虑内部压强的分布，等等。这些问题都可以利用流体静力学知识得到解答。

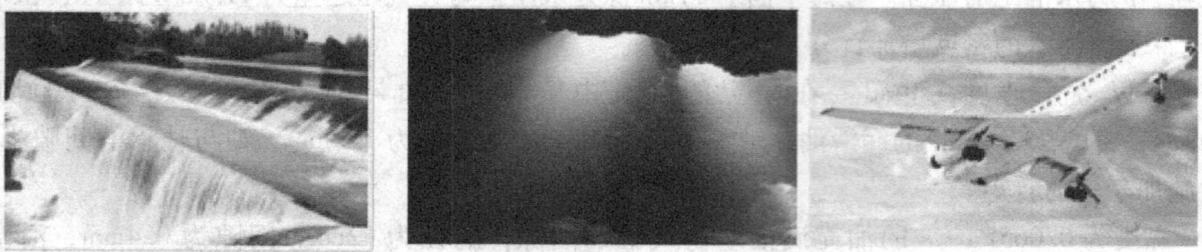

a)　　b)　　c)

图 3-1　工程中流体静力学的应用示例

a）水库与水坝　b）深水作业　c）空中航行

为了解答这些问题，首先需要分析流体的应力特征。

3.2　静止流体的应力特征

如上一章所述，作用在流体上的外力通常可分为两类，即质量力与表面力。

质量力是流体所处的外力场对流体产生的作用力，其大小与外力场的强度和流体的质量分布有关，其方向则由力场的性质决定。质量力是一种非接触力（或称为超距力），如重力、电磁力、惯性力等都属于质量力。在流体质量分布均匀的情况下，**质量力也称为体积力**。单位质量的流体受到的质量力简称为单位质量力，在 SI 制中其单位为 m/s^2。在重力场中，单位质量力数值上等于重力加速度 g，其方向竖直指向地心，在工程计算中，取常数 $g=9.807m/s^2$。

表面力是流体微团的表面受到的周围流体或固体的作用力，如大气压强、风机叶轮与压气机的活塞等作用产生的力都是表面力。作用在单位面积上的表面力称为应力，在 SI 制中其单位是 N/m^2。

静止流体受力具有如下几个特征：

1）流体静止时，切应力为零；

2）**静止流体只能承受压应力（即压强），其方向与作用面垂直，并指向流体内部**；静止流体不能承受拉应力，在拉应力作用下，流体必然发生变形运动；

3）流体静压力（压强）的方向必然重合于受力面的内法线方向，且**静止流体中任意一点各个方向的压应力都相等。**

下面来证明：静止流体中任意一点各个方向上的压强值都相等。

在流场中任意一点，建立如图 3-2 所示的坐标系，并取一个边长分别为 Δx、Δy、Δz 的四面体，三个垂直面上的压强分别记为 p_x、p_y、p_z，斜面上的压强记为 p_n，它与该斜面的外法线矢量 $\boldsymbol{n}$ 的方向相反。

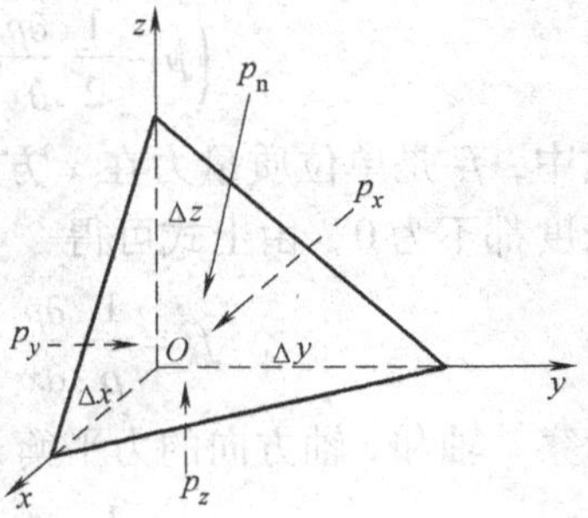

图 3-2 静止流体微元体受力示意图

考虑四面体上的表面力和质量力在 x 方向的平衡，有

$$\frac{1}{2}\Delta y\Delta z p_x - p_n A_n \cos(\widehat{\boldsymbol{n},\boldsymbol{x}}) + \frac{1}{6}\Delta x\Delta y\Delta z\rho f_x = 0 \quad (3\text{-}1)$$

式中，A_n 是斜面的面积；f_x 是单位质量力在 x 方向的分量；$\cos(\widehat{\boldsymbol{n},\boldsymbol{x}})$ 是外法线矢量 $\boldsymbol{n}$ 与 x 轴正向夹角的余弦。由于 p_n 与 $\boldsymbol{n}$ 反向，故式（3-1）第二项为负号。

注意到 $A_n\cos(\widehat{\boldsymbol{n},\boldsymbol{x}}) = \frac{1}{2}\Delta y\Delta z$，因此，式（3-1）可简化为

$$p_x - p_n + \frac{1}{3}\Delta x\rho f_x = 0 \quad (3\text{-}2)$$

当 Δx、Δy、Δz 趋于无限小时，四面体缩成一点，于是有 $p_x = p_n$。

同理：分别考虑 y、z 两方向上流体静力平衡关系，即可以得到 $p_y = p_n$；$p_z = p_n$。

因此，

$$p_x = p_y = p_z = p_n \quad (3\text{-}3)$$

式（3-3）说明，流体中某点上不同方向的压强大小相等，即与方位无关。当然，不同点的压强可以不同，通常“点压强”是空间坐标的函数。

SI 制中，压强的单位是 Pa（帕斯卡 $1Pa = 1N/m^2$），以纪念法国科学家帕斯卡（B. Pascal）。

3.3 静止流体的力平衡微分方程

下面来考察当静止流体中的压强不均匀时流体微团上的作用力。如图 3-3 所示，在静止流体中取一边长分别为 dx、dy、dz 的微元六面体，记其中心点 A 的静压为 $p(x, y, z)$。可将其沿 x、y、z 三个方向邻域内应用泰勒级数展开，并略去 dx、dy、dz 二阶以上小量。

首先分析 x 轴方向的表面力和质量力。由静止流体的受力特征可知，该流体微团承受的表面力中只有法向的静压力。作用在左侧 $abcd$ 面的静压力为

$$F_m = \left(p - \frac{1}{2}\frac{\partial p}{\partial x}\mathrm{d}x\right)\mathrm{d}y\mathrm{d}z$$

作用在右侧 *efgh* 面上的静压力为

$$F_n = \left(p + \frac{1}{2}\frac{\partial p}{\partial x}\mathrm{d}x\right)\mathrm{d}y\mathrm{d}z$$

因此，x 方向上的力平衡方程为

$$\left(p - \frac{1}{2}\frac{\partial p}{\partial x}\mathrm{d}x\right)\mathrm{d}y\mathrm{d}z - \left(p + \frac{1}{2}\frac{\partial p}{\partial x}\mathrm{d}x\right)\mathrm{d}y\mathrm{d}z + \rho f_x \mathrm{d}x\mathrm{d}y\mathrm{d}z = 0 \tag{3-4}$$

式中，f_x 是单位质量力在 x 方向的分量。因坐标长度都不为0，由上式可得

$$f_x = \frac{1}{\rho}\frac{\partial p}{\partial x} \tag{3-5a}$$

考察 y 轴和 z 轴方向的力平衡，同理可得

$$f_y = \frac{1}{\rho}\frac{\partial p}{\partial y} \tag{3-5b}$$

$$f_z = \frac{1}{\rho}\frac{\partial p}{\partial z} \tag{3-5c}$$

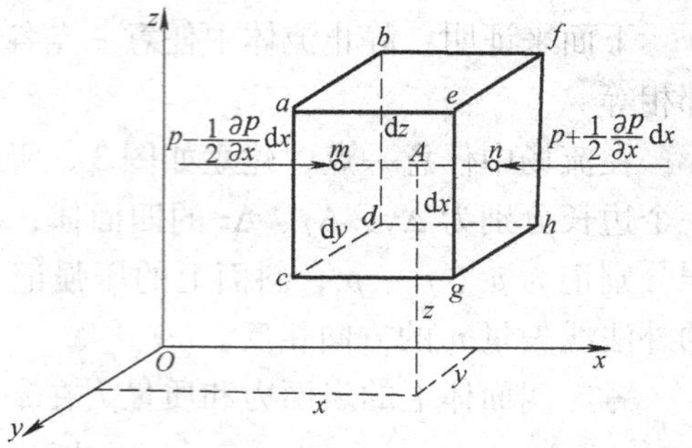

图3-3 流体力平衡微分方程的推导图示

或写成单位质量的合力形式：

$$\boldsymbol{f} = f_x\boldsymbol{i} + f_y\boldsymbol{j} + f_z\boldsymbol{k} = \frac{1}{\rho}\left(\frac{\partial p}{\partial x}\boldsymbol{i} + \frac{\partial p}{\partial y}\boldsymbol{j} + \frac{\partial p}{\partial z}\boldsymbol{k}\right) = \frac{\nabla p}{\rho} \tag{3-5d}$$

式（3-5d）即为**流体静力平衡微分方程**。它是由瑞士学者欧拉（L. Euler）于1775年首先推导出来的，因此又称**欧拉方程**。欧拉方程是流体静力学的重要方程，静力学的其他方程都是以它为基础推导出来的。式中，$\nabla p = \mathbf{grad}p$ 称为压强的**梯度**（参见书末附录C），其中算符（直角坐标系中）$\nabla = \boldsymbol{i}\frac{\partial}{\partial x} + \boldsymbol{j}\frac{\partial}{\partial y} + \boldsymbol{k}\frac{\partial}{\partial z}$称为**哈密顿算子**。

将式（3-5a）~式（3-5c）各式分别乘以 dx、dy、dz 并相加，得

$$\rho(f_x\mathrm{d}x + f_y\mathrm{d}y + f_z\mathrm{d}z) = \frac{\partial p}{\partial x}\mathrm{d}x + \frac{\partial p}{\partial y}\mathrm{d}y + \frac{\partial p}{\partial z}\mathrm{d}z \tag{3-6}$$

注意到，同一时刻压强 p 沿空间点的全微分为

$$\mathrm{d}p = \frac{\partial p}{\partial x}\mathrm{d}x + \frac{\partial p}{\partial y}\mathrm{d}y + \frac{\partial p}{\partial z}\mathrm{d}z \tag{3-7}$$

于是有

$$\rho(f_x\mathrm{d}x + f_y\mathrm{d}y + f_z\mathrm{d}z) = \mathrm{d}p \tag{3-8}$$

对式（3-8）进行积分就可以得到压强 p 的空间分布。

对于**均质不可压缩流体**，密度 ρ 为常数，这时，式（3-8）左边括号内的三项之和也应该是某个函数 Π（x，y，z）的全微分，记作

$$\mathrm{d}\Pi = f_x\mathrm{d}x + f_y\mathrm{d}y + f_z\mathrm{d}z \tag{3-9}$$

因此有

$$f_x = \frac{\partial \Pi}{\partial x},\quad f_y = \frac{\partial \Pi}{\partial y},\quad f_z = \frac{\partial \Pi}{\partial z} \tag{3-10}$$

即，质量力的分量等于函数 Π 的偏导数。Π 称为**力势函数**。存在力势函数的质量力称为**有势力**，如重力。式（3-9）表明：**不可压缩流体**只有在有势力的作用下才能**保持静止**。

3.4 静止液体的压强

在工程实际中，作用在液体上的质量力通常只有重力。因此，本节讨论在重力作用下液体的压强分布。

3.4.1 静压的物理概念

静止流体垂直作用于单位表面上的力，称为流体**静压力**，简称流体的静压，压力在物理学中也称为**压强**㊀。流体的静压来源于作用在流体上的力，包括表面力与质量力。所以液体中一点的静压通常是指该点所在水平面的单位面积上流体的重力，即

$$p=\lim_{\Delta A\to 0}\frac{\Delta mg}{\Delta A} \tag{3-11}$$

式中，Δmg 是位于面积 ΔA 垂直上方的流体所受的重力。由前面的讨论可知，该压强与坐标方向无关。

对于气体，从分子运动论的角度，其静压可通过分子热运动强度及单位体积内分子数目的多少表示出来，其关系如下㊁：

$$p=\frac{2}{3}n_0\frac{mu^2}{2} \tag{3-12}$$

式中，m 为气体分子质量；u 为气体分子的均方根速度；n_0 为单位体积内分子数目。

从式（3-12）可见，气体的静压与分子平均移动动能成正比。热力学温度越高，分子运动速度越快，在同样的分子浓度下静压将升高。当温度恒定时，气体分子浓度越大，静压也相应地越高。

3.4.2 等压面

在充满平衡流体的空间内，静压相等的各点所组成的面称为等压面。等压面具有三个重要的特性。

特性一：**等压面就是等势面**。

因为在等压面上 p 为常数，所以由式（3-8）、式（3-9）有

$$\mathrm{d}p=\rho\mathrm{d}\Pi=0，\text{即 }\Pi=\text{常数}$$

㊀ 工程中已习惯将“压强”称为“压力”，所以一般工程流体力学中压力与压强的概念相同。而总的作用力则简称为力。——作者注

㊁ 根据分子运动论，理想气体的热力学温度 $T=\frac{1}{3k_B}mu^2$，其中 $k_B=1.38\times10^{-23}$ J/K，为玻尔兹曼常数。根据状态方程：$pV_\mu=R_0T$，而气体通用常数 $R_0=N_0k_B$，其中 $N_0=6.0228\times10^{23}$ 个/mol，为阿伏加德罗常数。故 $p=\frac{N_0}{V_\mu}k_B\frac{1}{3k_B}mu^2=\frac{2}{3}\frac{N_0}{V_\mu}\frac{mu^2}{2}=\frac{2}{3}n_0\frac{mu^2}{2}$。——作者注

由此可见，等压面就是等势面。

特性二：**在平衡的流体中通过每一点的等压面必与该点所受的质量力互相垂直。**

若质点沿着等压面移动一段微小距离 dl，设 dl 在 x，y，z 坐标上的投影分别为 dx、dy、dz，则单位质量力所做的功应为 $(f_x dx + f_y dy + f_z dz)$，由于

$$dp = \rho\ (f_x dx + f_y dy + f_z dz)\ = 0$$

则

$$f_x dx + f_y dy + f_z dz = 0$$

上式表明，质量力沿等压面所做的功为零，所以，等压面必与质量力互相垂直。因此，根据质量力的方向可以确定等压面的形状。反之，亦可根据等压面的形状确定质量力的方向。对于只有重力作用的静止流体，其等压面必是水平面。

特性三：**两种互不相混的流体处于平衡时，它们的交界面必为等压面（等势面）。**

简单证明如下：如图 3-4 所示，在两种流体交界面上的两点 A，B，其静压差为 dp，势差为 $d\Pi$，对于密度分别为 ρ_1 和 ρ_2 的两种不同流体，应用式（3-8），有

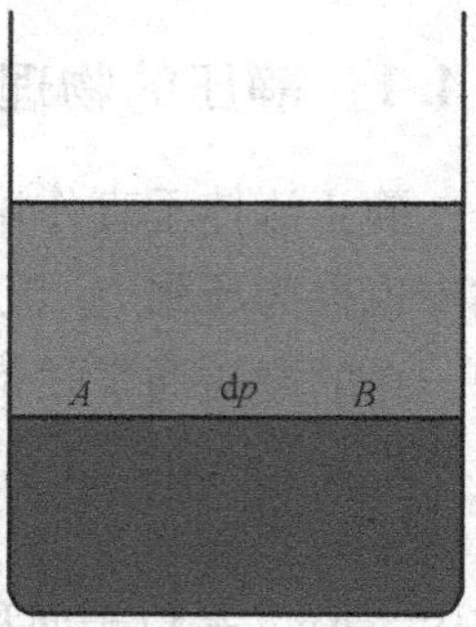

图 3-4　流体交界面及等压面示意图

$$dp = \rho\ (f_x dx + f_y dy + f_z dz)\ = \rho_1 d\Pi = \rho_2 d\Pi$$

因为 $\rho_1 \neq \rho_2$，且都不等于零，所以只有当 $dp = d\Pi = 0$ 时上式才成立。这就表明，两种互不相混的流体处于平衡时，它们的交界面必为等压面（等势面）。

3.4.3　静止液体内的压强分布

设定 x，y 坐标在水平面上，z 坐标为海拔高度，则质量力（重力）在 x，y 方向的分量为零，在 z 方向的分量为 $f_z = -g$。由式（3-8）得

$$dp = -\rho g dz \tag{3-13}$$

上式中，若液体的密度 ρ 为常数，则可积分得

$$p = -\rho g z + c \tag{3-14}$$

上式描述的是液体的压强与高度的函数关系，可以看出：

1）当 z 为常数时，压强也是一个常值，因此，等压面是一个水平面。这个结论对任何一种不可压缩流体都适用。但是，对于不同的流体，由于它们的密度不同，因此上式中的常数 c 不相同。例如，在一个连通器里盛有若干种分层的液体（水、油、水银），在同一水平面上处在不同液体中的两个点，其压强并不相同，如图 3-5 所示。

2）在同一种液体中，压强 p 随高度 z 的增加而变小。

3）设液面上的压强为 p_0，高度为 z_0，根据式（3-14），液体中任意一点的压强为

$$p = p_0 + \rho g(z_0 - z) = p_0 + \rho g h \tag{3-15}$$

式中，$z_0 - z = h$，称为液深（也称为**淹深**）。

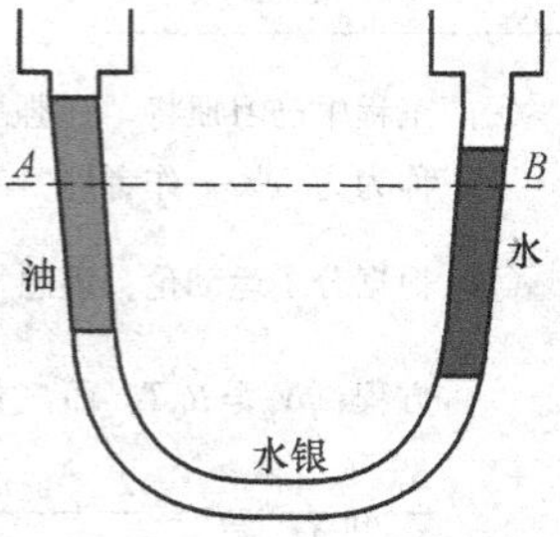

图 3-5　连通器

式（3-15）表明：液体内部压强沿液深呈线性增加。液体内部任一点的压强 p 均可看作由两部分组成，即 p_0 和 $\rho g h$，由此可见：不可压缩静止流体中任一点受外力作用产生压强后，瞬时传

至流体中内部各点，此即**帕斯卡定律**。帕斯卡定律是设计液压机械的重要理论基础，即力在液体中可改变大小，并沿各个方向传递，利用液压的这一特点也可制成测压计。

自水面向下的液体压强变化可用图3-6表示。水面的压强（等于当地大气压 p_0）用线段 *CA* 表示。液体内某深度为 h 处的压强用线段 *DB* 表示，其中 *EB* 长度等于 ρgh。平行四边形 *CDEA* 表示表面压强 p_0 传播到壁面 *AB* 上任何一点的压强，而 $\triangle AEB$ 表示仅由于液体受到重力作用而引起的压强。

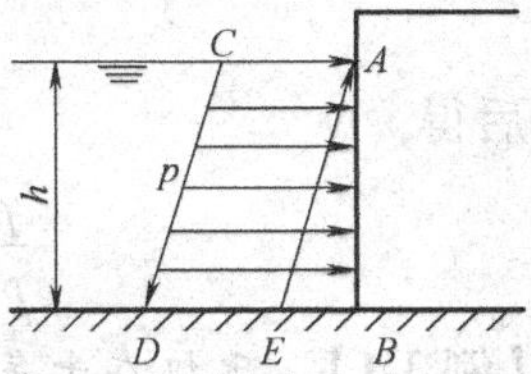

图3-6　液体中的压强分布

4）式（3-14）也可表述为

$$z+\frac{p}{\rho g}=c \tag{3-16}$$

式中，第一项 z 表示液体中某点距离基准面的高度，称为位置高度，也称为位置水头；第二项 $\frac{p}{\rho g}$ 称为压强高度或**压强水头**。由式（3-16）可知：**在静止液体中，位置水头与压强水头之和是一个常数**。

3.5　静止大气的压强分布

大气层中的压强与密度、温度有关，而且受到季节、时间、气候诸因素的影响。世界各地的大气压强分布是不同的。国际上约定了一种大气压强、密度和温度随海拔变化的规律，即**国际标准大气**。

国际标准大气取45°纬度的海平面为基准面，基准面的大气参数为

$$T=15℃,\ z=0,\ p_0=101325\text{Pa},\ \rho_0=1.225\text{kg/m}^3$$

从海平面到11km的高空是**对流层**，在对流层里，温度随高度成线性地降低，其变化规律为

$$T=T_0-\beta z \tag{3-17}$$

式中，$T_0=288\text{K}$；z 为高度，单位为m；$\beta=0.0065\text{K/m}$。

11km以上高空被认为是温度不变的**同温层**，同温层的温度即为高空11km处的温度。

1. 对流层的压强分布

大气是完全气体，满足状态方程

$$p=\rho RT$$

空气的气体常数 $R=287\text{N}\cdot\text{m/(kg}\cdot\text{K)}$。将式（3-17）代入状态方程，取 $f_z=-g$，一并代入式（3-5c）后积分：

$$\int_{p_0}^{p}\frac{\mathrm{d}p}{p}=-\frac{g}{R}\int_0^z\frac{\mathrm{d}z}{T_0-\beta z}$$

积分结果为

$$\frac{p}{p_0}=\left(1-\frac{\beta}{T_0}z\right)^{\frac{g}{R\beta}}=\left(1-\frac{z}{44308}\right)^{5.2565} \tag{3-18}$$

2. 同温层的压强分布

在 $z=11000\text{m}$ 处，温度为 $T_1=216.5\text{K}$，此即同温层温度。代入状态方程与式（3-5c），

取$f_z=-g$，可得同温层压强分布。

$$\int_{p_1}^{p}\frac{\mathrm{d}p}{p}=-\frac{g}{RT_1}\int_{z_1}^{z}\mathrm{d}z$$

积分后得

$$\frac{p}{p_1}=\exp\left[-\frac{g}{RT_1}\left(z-z_1\right)\right]=\exp\left(\frac{z-11000}{6336}\right) \tag{3-19}$$

【例3-1】 飞机在大气对流层中飞行。地面大气压强$p_0=100\mathrm{kPa}$，温度为25℃。若飞机上的气压计读数为$6.8\times10^4\mathrm{Pa}$，求飞机所在高度。

解： 对流层大气压强分布为

$$\frac{p}{p_0}=\left(1-\frac{\beta}{T_0}z\right)^{\frac{g}{R\beta}}$$

由于$T_0=298\mathrm{K}$，$p_0=10^5\mathrm{Pa}$，$p_1=6.8\times10^4\mathrm{Pa}$，$T_0/\beta=45846$，代入后得

$$z=3243\mathrm{m}$$

3.6 压强的测量

3.6.1 压强的单位

工程上表示压强大小的单位常用的有三种，即应力单位、液柱高度和大气压。

（1）应力单位　即直接用单位面积所受力的大小表示，其单位为$\mathrm{N/m^2}$，即Pa，工程单位制中也曾用$\mathrm{kgf/m^2}$或$\mathrm{kgf/cm^2}$表示。

（2）液柱高度　因有一类测压仪表是用水柱或汞柱的高度表示压强，即液柱高度H所对应的压强为$p=H\cdot\rho g$。常用的以液柱高度表示的压强单位有$\mathrm{mmH_2O}$、$\mathrm{mH_2O}$、mmHg等。

按照中国计量局颁布的国家标准，重力加速度取$g=9.80665\mathrm{m/s^2}$。$1\mathrm{mmH_2O}$的压强定义为4℃时1mm水柱产生的压强，1mmHg的压强定义为0℃时1mm汞柱产生的压强，0℃时汞密度为$13595\mathrm{kg/m^3}$。因此，单位液柱高的压强值为

$$1\mathrm{mmH_2O}=9.80665\mathrm{Pa}$$

$$1\mathrm{mmHg}=133.322\mathrm{Pa}$$

水力学中又称用水柱高度表示的相对压强为“水头”。在气体力学中，也借用此种形象的叫法，将气体的相对静压称为“压头”。

（3）大气压　在压强较高的场合多用“大气压”作度量单位。以纬度45°海平面处的大气压强为1标准大气压（1atm），或称为物理大气压。

$$1\mathrm{atm}=760\mathrm{mmHg}=10332.2\mathrm{mmH_2O}=101325\mathrm{Pa}$$

常用的压强单位之间的换算关系如表3-1所示。

表3-1　压强单位及其换算关系

帕斯卡 Pa	工程大气压 $\mathrm{kgf/cm^2}$	标准大气压 atm	巴 bar	米水柱 $\mathrm{mH_2O}$	毫米汞柱 mmHg
1	1.01972×10^{-3}	9.86923×10^{-6}	10^{-5}	1.01972×10^{-4}	7.50064×10^{-3}

（续）

帕斯卡 Pa	工程大气压 kgf/cm^2	标准大气压 atm	巴 bar	米水柱 mH_2O	毫米汞柱 mmHg
9.80665×10^4	1	9.67841×10^{-1}	9.80665×10^{-1}	10	7.35561×10^2
1.01325×10^5	1.03323	1	1.01325	1.03323×10	7.60×10^2
10^5	1.01972	9.86923×10^{-1}	1	1.01972×10	7.50064×10^2
9.80665×10^3	0.1	9.67841×10^{-2}	9.80665×10^{-2}	1	7.35561×10
1.01325×10^2	1.35951×10^{-3}	1.31579×10^{-3}	1.01325×10^{-3}	1.35951×10^{-2}	1

3.6.2 绝对压强、相对压强、真空度

1. 绝对压强

式（3-14）所表述的压强是以绝对真空作为零压而计算的，如海平面的大气压强为760mmHg（1标准大气压），即指**绝对压强**。气体状态方程中的压强也是指绝对压强。

2. 相对压强

在工程中，流体各部分同时受到大气压力的作用，这种压力在各个作用方向上往往可以相互抵消，对流体的运动不起作用，所以工程中所关心的常是超出大气压的部分，称为相对压强，也称为**计示压强**。一般测压仪表测定的都是**相对压强**，故又简称为“**表压**”，即

$$p' = p - p_a \tag{3-20}$$

式中，p、p'与p_a分别表示绝对压强、表压及当地大气压。

3. 真空度

当流体绝对压强小于当地大气压时，相对压强（$p - p_a$）为负值，这时相对压强的绝对值称为真空压强或**真空度**，通常用p_v表示，即$p_v = p_a - p$。

例如，某设备内流体绝对压强为9000Pa，则其相对压强为

$$p - p_a = 9000\text{Pa} - 10130\text{Pa} = -1130\text{Pa} = -p_v$$

即设备负压为1130Pa，也可称为真空压强为1130Pa。

绝对压强、相对压强（表压）及真空度之间的关系如图3-7所示。

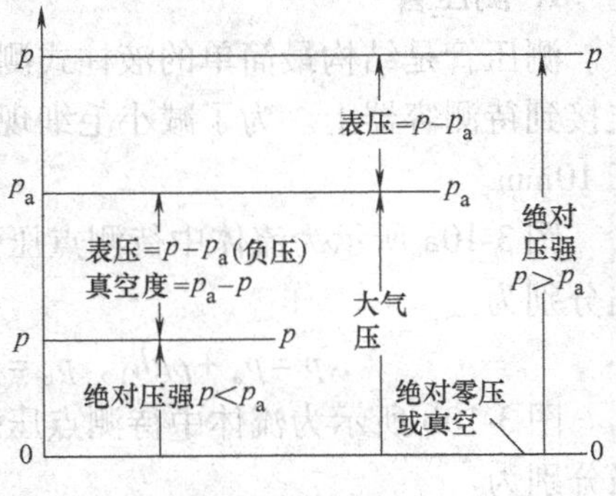

图3-7 绝对压强、相对压强、真空度之间的关系

【例3-2】 气象部门常使用巴（bar）作为压强单位，$1\text{bar} = 10^5\text{N/m}^2$，某地的大气压为986mbar，求：（1）绝对压强为117.7kN/m^2时的表压；（2）绝对压强为68.5kN/m^2时的真空压强，并用水柱高表示。

解： 大气压为

$$p_a = 986\times10^{-3}\times10^5\text{Pa} = 0.986\times10^5\text{Pa}$$

（1）当绝对压强$p = 1.177\times10^5\text{Pa}$时，表压为

$$p' = 19.1\text{kPa}$$

（2）当绝对压强$p = 68.5\times10^3\text{Pa}$时，真空压强为

$$p_v = 30.1\text{kPa 或 } 3.069\text{mH}_2\text{O}$$

3.6.3 压强测量方法

压强的测量通常是指测定两点之间的压强差或者某点压强与大气压之间的差值，因而压强的测量其实是压差的测量。测量压强的仪表称为测压计。根据测量方式的不同，常用测压计可分为以下三类。

（1）液柱式测压计　此类测压计是基于流体静力学基本方程，通过显示液柱高度而测得压强，其测量准确度高，多用于压力较低的情况，不适合于高压的测定。

（2）金属式测压计　此类测压计利用金属的弹性变形并经过放大来测定显示压强值，属于压强的间接测量方法。图 3-8a 所示为用椭圆截面的金属弯管来感受压强的波登管测压计，图 3-8b 所示为用金属膜片来感受压强的膜片式测压计。这种测压计可用于测定较高的压强，但不适于微压测量。由于长期使用后金属压力感应部件的弹性变形会有变化，因此此类测压计需要定期标定。

（3）电测式测压计　这一类测压计利用感受元件受力时由于压电效应或压阻效应等产生的电信号来测量压强，也属于间接测量法。图 3-9 所示为压电晶体式传感器的结构示意图，常用的还有应变片式传感器等。这类测压计测量精确、灵敏，可用于压强的动态监测，且测量仪器体积小，特别适用于工业上压强的自动测量，但使用过程中需进行定期标定。

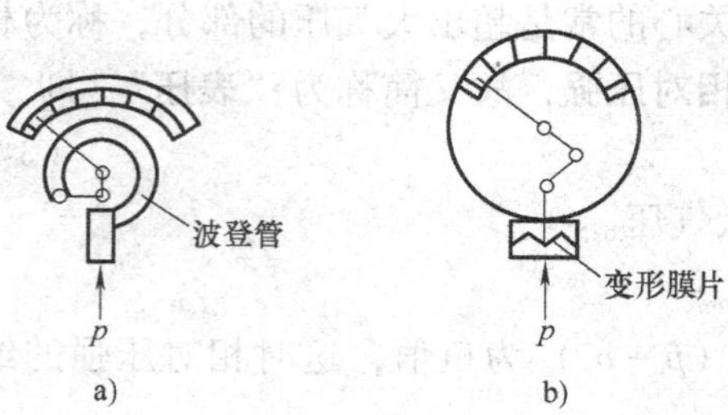

图 3-8　金属式测压计

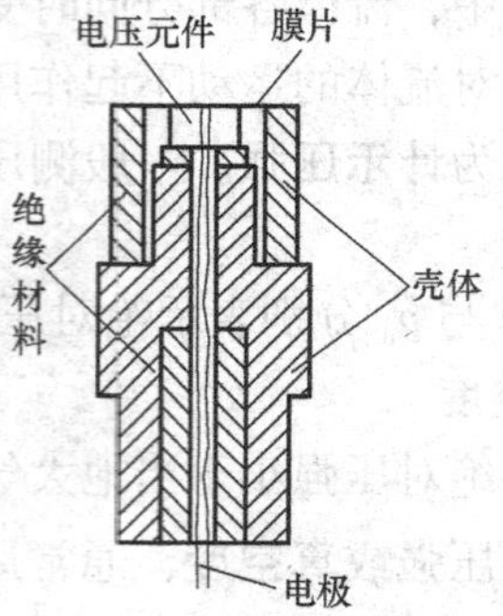

图 3-9　压电晶体式传感器

下面具体介绍几种液柱式测压计。

1. 测压管

测压管是结构最简单的液柱式测压计，多采用直径均匀的玻璃管制作，测量时将其直接连接到待测容器上。为了减小毛细现象对压强测量精度的影响，测压玻璃管的直径一般不小于 10mm。

图 3-10a 所示为流体中待测点压强高于大气压强的情况，其待测点的绝对压强和计示压强分别为

$$p = p_a + \rho g h_1,\ p_b = p - \rho g h_2,\ 则\ p_b' = p_b - p_a = \rho g(h_1 - h_2)$$

图 3-10b 所示为流体中待测点压强低于大气压强的情况，其待测点的绝对压强和真空压强分别为

$$p = p_a - \rho g h,\ p' = \rho g h$$

如果需要同时测量多点压强，可采用多个测压管，构成多管测压计，如图 3-11 所示。多管测压计的工作液体通常是水，将待测点压强接至各个测压管，如果各待测点的压强不

同，则测压管的液面读数 l 也不同。此时也可方便地获得任意两个测压点的压强差。例如，$p>p_x$，则 $l<l_x$，设测压管与水平面的夹角为 θ，则两点间压差为

$$p-p_x=\rho' g(l_x-l)\sin\theta$$

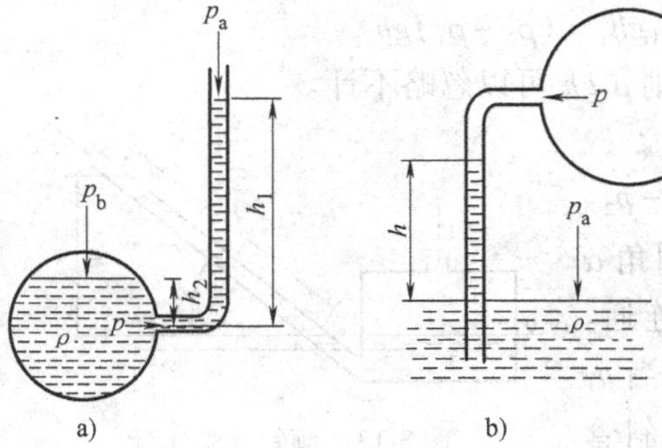

图 3-10　测压管

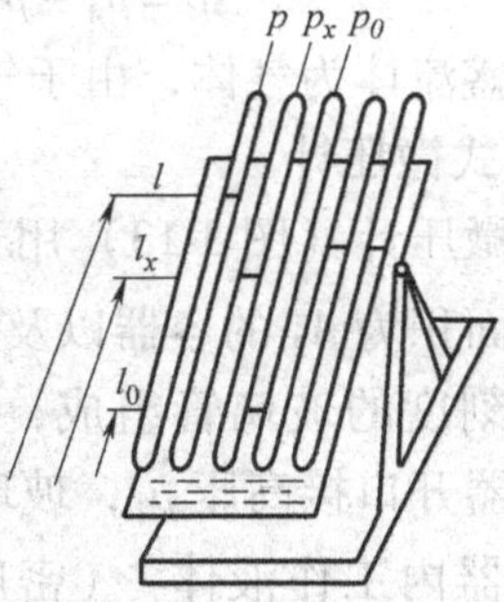

图 3-11　多管测压计

2. U 形管测压计

U 形管测压计的测压量程比测压管大，为了避免毛细现象影响测量精度，U 形管测压计的玻璃管直径通常要求大于 10mm。U 形管中的工作液体一般为水、酒精或汞。如图 3-12 所示，假设待测液体与测压计工作液体的密度分别为 ρ_1 与 ρ_2，由于点 1 和点 2 位于同一液体中同一水平面上，故有 $p_1=p_2$，由式（3-14）可得图 3-12a 所示情形下待测点的压强。

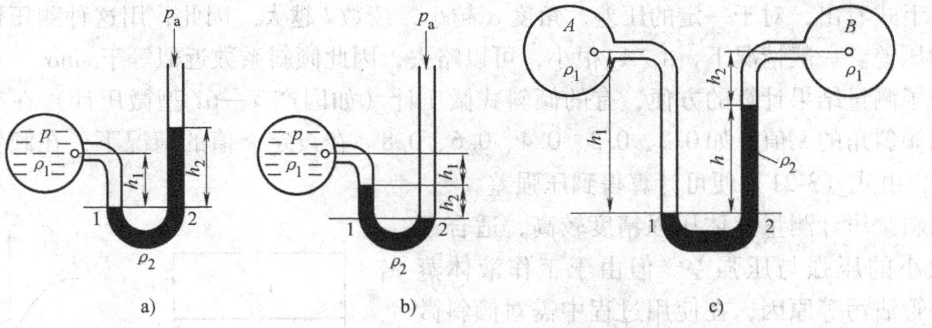

图 3-12　U 形管测压计

因为

$$p_1=p+\rho_1 gh_1,\ p_2=p_a+\rho_2 gh_2$$

所以

$$p=p_a+\rho_2 gh_2-\rho_1 gh_1$$
$$p'=p-p_a=\rho_2 gh_2-\rho_1 gh_1$$

同理可得图 3-12b 中待测点压强为

$$p=p_a-\rho_2 gh_2-\rho_1 gh_1$$
$$p_v=p_a-p=\rho_2 gh_2+\rho_1 gh_1$$

若被测流体为气体，由于气体的密度很小，则 $\rho_1 gh_1$ 可以忽略不计。

U 形管测压计还可以用来测量两个容器中流体的压强差。如图 3-12c 所示，两个容器中流体密度均为 ρ_1，U 形管中工作液体密度为 ρ_2。由于 1、2 两点在同一等压面上，则 $p_1=p_2$，

故有

$$p_A+\rho_1 gh_1=p_B+\rho_1 gh_2+\rho_2 gh$$

则 A、B 两点的压强差为

$$\Delta p=p_A-p_B=\rho_1 gh_2+\rho_2 gh-\rho_1 gh_1=(\rho_2-\rho_1)gh$$

若容器中所盛流体为气体，由于气体的密度很小，则 $\rho_1 gh$ 可以忽略不计。

3. 倾斜式微压计

倾斜式微压计（图 3-13）用于测量气体压差p_1-p_2。它由一个底面积为 A_2 的容器以及截面积为 A_1、倾斜角 α 可调、带有刻度的玻璃管组成，容器与玻璃管相连通。测量时，容器开口接高压 p_1，玻璃管口接低压 p_2。当 $p_1=p_2$ 时，容器内工作液体⊖（密度为 ρ）的液面与斜管液面平齐；当 $p_1>p_2$ 时，容器中的液面下降 h_2，斜管中的液面上升 $h_1=l\sin\alpha$。由于容器中液体下降的体积和斜管中液体上升的体积相等，故有 $h_2=lA_1/A_2$。故两液面的高度差为

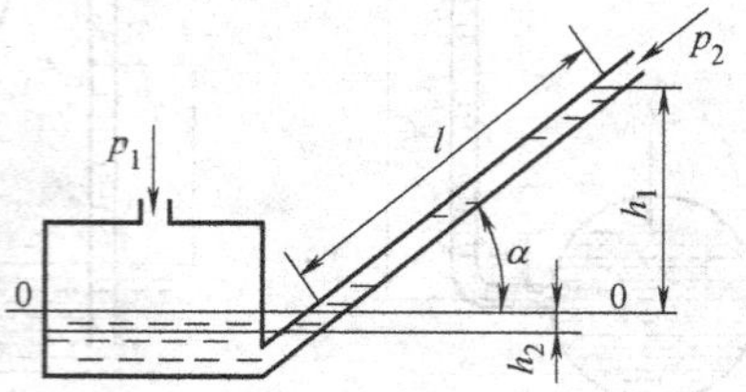

图 3-13 倾斜式微压计

$$h=h_1+h_2=l(\sin\alpha+A_1/A_2)$$

所测的压强差为

$$\Delta p=p_2-p_1=\rho gh=\rho g(\sin\alpha+A_1/A_2)l=k\rho gl \tag{3-21}$$

式中，$k=\sin\alpha+A_1/A_2$ 为微压计倾斜系数。

由上式看出，对于一定的压差，角度 α 越小，读数 l 越大。因此，用这种测压计可测量较小的压差。一般情况下，A_1/A_2 很小，可以略去，因此倾斜系数近似等于 $\sin\alpha$。

为了测量结果计算的方便，有的倾斜式微压计（如国产 Y—61 型微压计）在支架上刻有不同倾斜角的 k 值，如 0.2、0.3、0.4、0.6、0.8。在设定 k 值的情况下，在倾斜管上读出 l 值，由式（3-21）便可计算得到压强差。

倾斜微压计测量气体压强精度较高，适合于测量微小的压强与压强差。但由于工作液体蒸发、斜管沾污等原因，在使用过程中需对倾斜微压计进行定期清污与标定。

4. 钟罩式微压计

钟罩式微压计是一种精度很高的仪器，其主要结构与工作原理如图 3-14 所示。

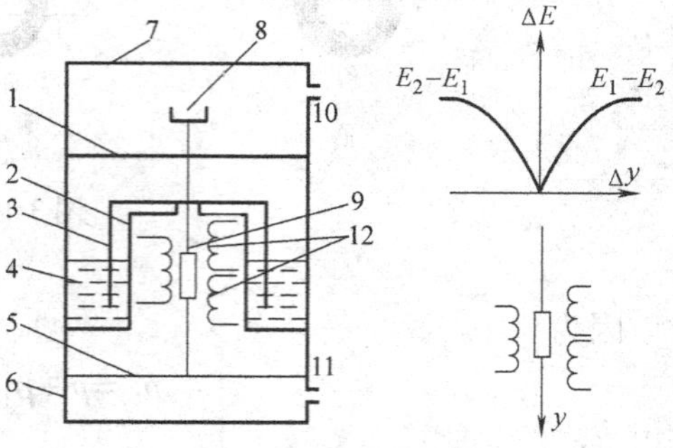

图 3-14 钟罩式微压计主要结构与工作原理

1—上弹簧片 2—池边 3—钟罩 4—酒精 5—下弹簧片 6—外壳 7—上盖 8—砝码盘 9—铁心 10—高压口 11—低压口 12—差动变压器

钟罩式微压计的主要工作部件是一个倒放的圆筒，俗称钟罩，筒底在上，开口向下并没入酒精中。钟罩用一根轴与上、下弹簧片相连，并在弹簧片上开有若干个小孔，使气体压强能传入钟罩底面。当微压计上部接高压，下部接低压时，在压差作用下，钟罩向下发生位移，直至压力差与弹性力达到平衡。此时连在连轴上的铁心随钟罩一起向下移动 Δy，因而差动变压器两个

⊖ 倾斜式微压计中的工作液体多为酒精（$\rho=810\text{kg/m}^3$）。——作者注

输出线圈的电压 E_1 和 E_2 也不相等，且 $\Delta E=E_2-E_1$ 与 Δy 成正比，即

$$\Delta E=E_2-E_1=\beta\Delta y$$

式中，β 为灵敏系数，在工作范围内 β 为常数。

设钟罩底面积为 A，弹簧刚度系数为 k，当压力差与弹簧片平衡时，有

$$(p_1-p_2)\ A=k\Delta y$$

所以

$$\Delta p=p_1-p_2=\frac{k}{A}\Delta y=\frac{k}{\beta A}\Delta E=C\Delta E$$

因此，压差与输出电压 ΔE 成正比。因输出电压差 ΔE 很小，因此需要放大并经过数模转换后，再用数字仪表显示。

【例3-3】 已知图3-15中 $h_1=600\text{mm}$，$h_2=250\text{mm}$，$h_3=200\text{mm}$，$h_4=300\text{mm}$，$h_5=500\text{mm}$，$\rho_1=1000\text{kg/m}^3$，$\rho_2=800\text{kg/m}^3$，$\rho_3=13598\text{kg/m}^3$，求 A、B 两点的压强差。

解： 逐一列出各液体交界面的压强，即

界面1　$p_1=p_A+\rho_1gh_1$

界面2　$p_2=p_1-\rho_3gh_2$

界面3　$p_3=p_2+\rho_2gh_3$

界面4　$p_4=p_3-\rho_3gh_4$

测点 B　$p_B=p_4-\rho_1g(h_5-h_4)$

联立求解后，得

$$p_B=p_A+\rho_1gh_1-\rho_3gh_2+\rho_2gh_3-\rho_3gh_4-\rho_1g(h_5-h_4)$$

故 A、B 两点的压强差为

$$p_A-p_B=\rho_1g(h_5-h_4-h_1)+\rho_3g(h_2+h_4)-\rho_2gh_3=67864\text{Pa}$$

【例3-4】 如图3-16所示，两圆筒用管子连接，内充汞。第一个圆筒直径 $d_1=45\text{cm}$，活塞上受力 $F_1=3197\text{N}$，密封气体的计示压强 $p_{e1}=9810\text{Pa}$；第二个圆筒直径 $d_2=30\text{cm}$，活塞上受力 $F_2=4945.5\text{N}$，开口通大气。若不计活塞质量，求平衡状态时两活塞的高度差 h（已知汞的密度 $\rho=13600\text{kg/m}^3$）。

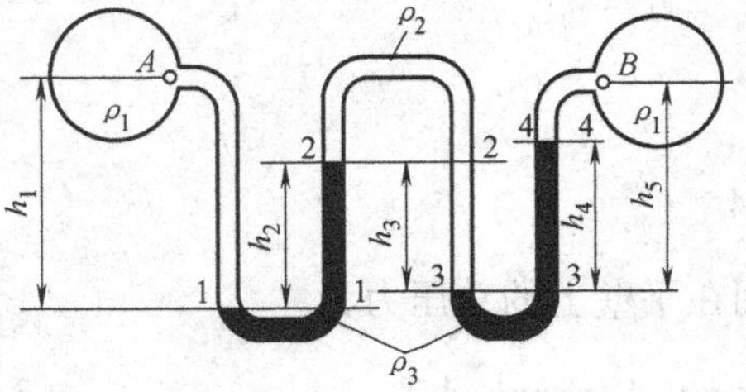

图3-15　例3-3图

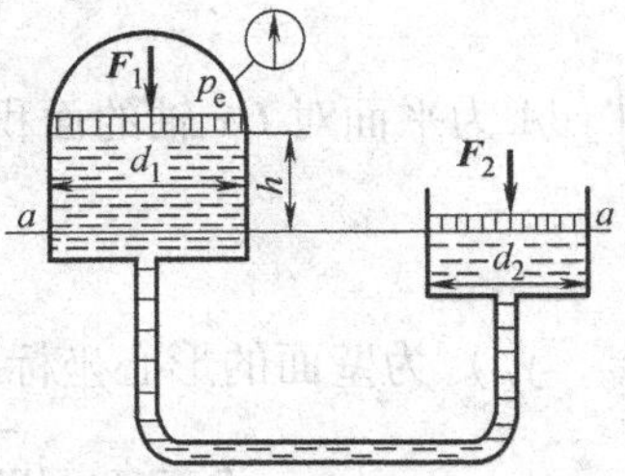

图3-16　例3-4图

解： 在 F_1、F_2 作用下，活塞底面产生的压强分别为

$$p_1=\frac{F_1}{\pi d_1^2/4}=\frac{3197}{\pi\times0.45^2/4}\text{Pa}=20101\text{Pa}$$

$$p_2=\frac{F_2}{\pi d_2^2/4}=\frac{4945.5}{\pi\times0.3^2/4}\text{Pa}=69964\text{Pa}$$

图中 a—a 为等压面，第一个圆筒上气体压强为计示压强，故第二个圆筒上部的大气压强可不必计入，故有

$$p'_{e1} + p_1 + \rho g h = p_2$$

$$h = \frac{p_2 - p'_{e1} - p_1}{\rho g} = \frac{69964 - 9810 - 20101}{13600 \times 9.807}\text{m} = 0.3003\text{m}$$

3.7 静止液体作用在壁面上的总压力

工程实践中，当设计水坝、水闸、路基、港口建筑物、储油设施时，除了要知道液体的压强分布之外，还需要确定液体对物体壁面的作用力等。本节中将讨论如何计算由于液体压强作用，浸没于流体中的固体壁面上所承受的合力大小、方向与作用点。

3.7.1 静止液体作用在平面壁上的压力

图 3-17 所示为一斜置的平面壁。由于静止液体中没有切应力，且液体压强均沿法线方向指向平壁，因此流体作用在平壁上的合力方向显然垂直于平壁并指向壁面内侧。

如图所示，取 x 轴与平面垂直，y 轴沿平壁面斜向下方，建立参考坐标系 xOy。设平壁面积为 A，壁面与液面夹角为 θ，在平壁上取任意微元面积 $\mathrm{d}A$，其中心的淹深为 h，到 Ox 轴的距离为 x，则该微元点位置处的液体压强（相对压强）为

$$p = \rho g h = \rho g y \sin\theta$$

该微元面上受到的液体压强造成的合力为

$$\mathrm{d}F = p\mathrm{d}A = \rho g y \sin\theta \mathrm{d}A$$

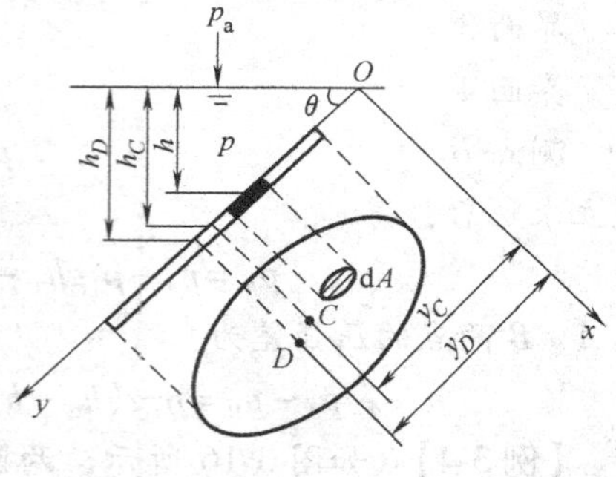

图 3-17 倾斜平面上液体的总压力

将上式对整个壁面积分，可得液体作用在平面上的总压力为

$$F = \int_A \rho g h \mathrm{d}A = \rho g \sin\theta \int_A y \mathrm{d}A$$

注意到：$\int_A y\mathrm{d}A$ 为平面对 Ox 轴的面积矩，且

$$\int_A y\mathrm{d}A = y_C A$$

其中，（x_C，y_C）为壁面的形心坐标，所以液体作用在平壁上的总压力为

$$F = \rho g \sin\theta \int_A y\mathrm{d}A = \rho g \sin\theta \cdot y_C A = \rho g h_C A \tag{3-22}$$

式中，h_C 为平壁形心处的淹深，$h_C = y_C \sin\theta$。

式（3-22）表明，**均质流体中平面固壁上所受液体合力的大小等于平壁表面形心处的液体压强乘以壁面面积**，也相当于假想整个壁面上受到均匀压强 p_C（$p_C = \rho g h_C$）作用时的合力值。由此式可以看到，无论平壁倾角为多少，也无论平壁形状如何，只要平壁形心处的淹深 h_C 相同且壁面大小相同，那么平壁受到的液体总压力大小总是相等的。根据这一结论，图 3-18 所示四个容器底面上的总压力是相等的，而与容器的形状无关。

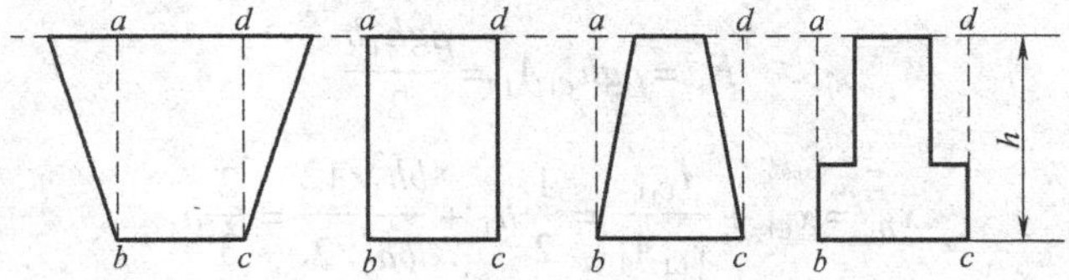

图3-18　四个底面面积相同而形状不同的容器

下面来计算确定静止液体对平面壁总压力的作用点，也称压力中心（图3-17中D点）。总压力F对x（或y）轴的合力矩等于所有微元面积上的压力对相同坐标轴的力矩之和。设压力中心坐标为（x_D，y_D），则有

$$Fx_D = \rho g\sin\theta\iint_A xy\mathrm{d}A = \rho g\sin\theta\cdot I_{xy} \tag{3-23a}$$

$$Fy_D = \rho g\sin\theta\iint_A y^2\mathrm{d}A = \rho g\sin\theta\cdot I_x \tag{3-23b}$$

式中，I_{xy}为平面壁面积A对x、y两轴的惯性积；I_x是面积A对x轴的静矩。根据平行移轴定理，**任何平面图形对某轴的静矩等于它对平行于该轴的形心轴的静矩与该图形面积乘以两轴之距的平方和；任何平面图形对于两条相垂直的轴的惯性积等于它对平行于该两轴的形心轴的惯性积与该图形面积乘以两对平行轴间距的乘积之和**，即

$$I_{xy} = IC_{xy} + x_C y_C A,\qquad I_x = JC_x + y_C^2 A$$

因此，联立式（3-22）和式（3-23）及以上两式，压力中心的坐标为

$$x_D = x_C + \frac{IC_{xy}}{y_C A},\ y_D = y_C + \frac{IC_x}{y_C A} \tag{3-24}$$

因为惯性积IC_{xy}可正可负，所以x_D可能大于也可能小于x_C；如果平板对称，则$IC_{xy}=0$，此时$x_D = x_C$。而$IC_x>0$，故$y_D>y_C$，即压力中心D总是在形心C的下方。规则形状的惯性积与静矩可由相关手册查出。

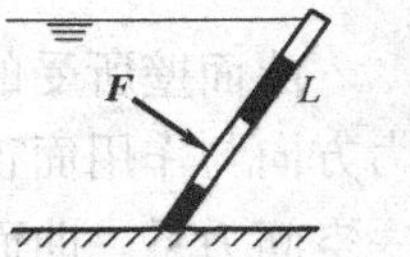

图3-19　例3-5图

【例3-5】　如图3-19所示，用一块长L、宽B的平板挡水，试求压力中心D的位置。

解：由对称性可知，压力中心D必在对称轴上，即

$$x_D = x_C$$

又

$$y_C = \frac{1}{2}L,\ IC_x = \frac{1}{12}BL^3,\ A = BL$$

因此，　$$y_D = \frac{2}{3}L$$

【例3-6】　如图3-20所示，一矩形闸门宽度为b，两侧均受到密度为ρ的液体作用，两侧液体深度分别为h_1、h_2，试求作用在闸门上的液体总压力和压力中心。

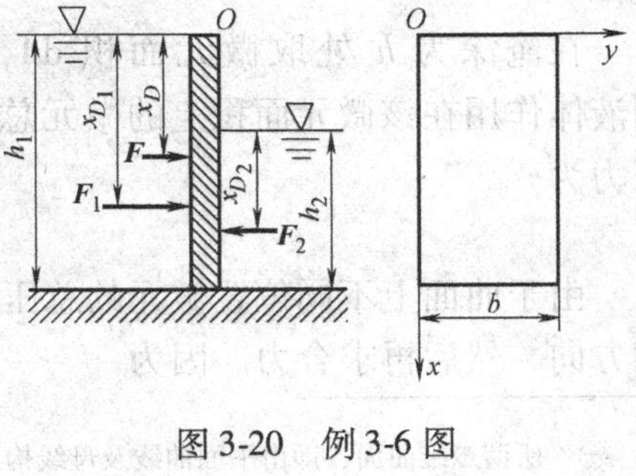

图3-20　例3-6图

解：建立如图3-20所示参考坐标系。闸门左侧的受力：

$$F_1 = \rho g h_{C1} A_1 = \frac{\rho g h_1^2 b}{2}$$

$$x_{D1} = x_{C1} + \frac{I_{Cy1}}{x_{C1} A_1} = \frac{1}{2} h_1 + \frac{b h_1^3/12}{b h_1^2/2} = \frac{2}{3} h_1$$

同理，闸门右侧受力：

$$F_2 = \rho g h_{C2} A_2 = \frac{\rho g h_2^2 b}{2}$$

$$x_{D2} = x_{C2} + \frac{I_{Cy2}}{x_{C2} A_2} = \frac{1}{2} h_2 + \frac{b h_2^3/12}{b h_2^2/2} = \frac{2}{3} h_2$$

闸门左右两侧所受压力合力为

$$F = F_1 - F_2 = \frac{\rho g (h_1^2 - h_2^2) b}{2}，方向向右$$

设合力 F 的作用点的淹深为 x_D，根据合力矩定理，对 y 轴取矩，有

$$F x_D = F_1 x_{D1} - F_2 (h_1 - h_2 + x_{D2})$$

$$x_D = \frac{(\rho g h_1^2 b/2) \times (2h_1/3) - \rho g h_2^2 b (h_1 - h_2 + 2h_2/3)/2}{\rho g (h_1^2 - h_2^2) b/2} = \frac{2h_1}{3} - \frac{h_2^2}{3(h_1 + h_2)}$$

显然，合力作用点的 y 坐标为 $y_D = \frac{b}{2}$。

3.7.2 静止液体作用在曲面壁上的压力

曲面壁所受的静止液体的总压力等于所有微元面积上的作用力之和。由于壁面各点的压力方向与作用面正交，因此曲面上不同点所受到的静压力的大小和方向都不同，这些力组成一空间力系。曲面壁可分为二维曲面与三维曲面。本节中以二维曲面为例讨论静止液体作用在曲面固壁上的总压力。

如图 3-21 所示，取 Ox 轴平行于液面、Oy 轴垂直于纸面向外、Oz 轴铅垂向下建立坐标系。在静止液体中有一面积为 A 的二维曲面[⊖]，其母线与 Oy 轴平行，在 xOz 平面上的投影为曲线 ab，为简单起见，设宽度为单位 1。

在淹深为 h 处取微元面积 $\mathrm{d}A$，则液体作用在该微元面积上的微元总压力为

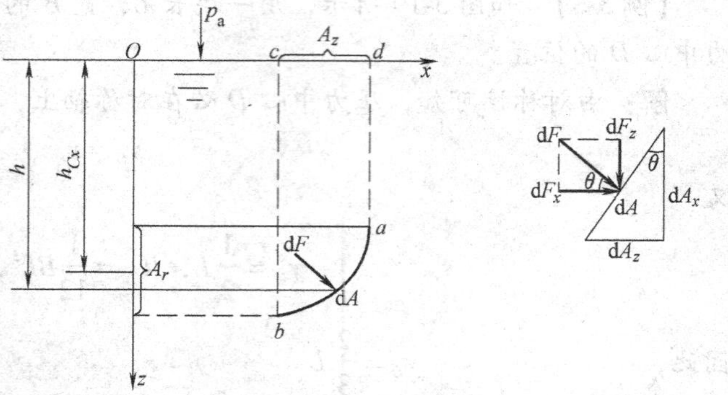

图 3-21 静止液体作用在二维曲面上的力

$$\mathrm{d}F = \rho g h \mathrm{d}A$$

由于曲面上不同位置微元的总压力方向不同，故将各个微元面积的静水压力投影到坐标轴方向，然后再求合力。因为

⊖ 所谓二维曲面，即由平面曲线及母线构成的柱形曲面。——作者注

$$dF_x = \rho gh\cos\theta dA = \rho ghdA_x$$
$$dF_z = \rho gh\sin\theta dA = \rho ghdA_z$$

其中，$\cos\theta dA = dA_x$ 是微元面积 dA 在 x 轴方向的投影，$\sin\theta dA = dA_z$ 是微元面积 dA 在 z 轴方向的投影。故总压力在 x 轴方向的分量为

$$F_x = \int_A \rho gh\cos\theta dA = \int_A \rho ghdA_x = \rho gh_{Cx}A_x \tag{3-25a}$$

式中，h_{Cx}是曲面壁在 x 轴上投影面 A_x 形心处的淹深。

式（3-25a）表明：**静止液体作用在曲面上的总压力沿 x 方向的水平分力等于液体作用在该曲面的投影面积 A_x 上的总压力，它的作用点在 A_x 的压力中心。**值得注意的是，A_x的形心与曲面的形心的淹深不一定相同。

总压力在 z 轴方向的分量为

$$F_z = \int_A \rho gh\sin\theta dA = \rho g\int_A hdA_z = \rho gV_p \tag{3-25b}$$

由图 3-22 可看出，hdA_z 是一个底面积为 dA_z、高为淹深 h 的柱体，称为微压力体。全部微压力体之和 $\int_A hdA_z = V_p$ 称为压力体。

式（3-25b）表明：**静止液体作用在曲面上的总压力的垂直分力等于曲面上压力体的液体重量，其作用线通过该曲面以上压力体的几何中心。**

由此可得，静止液体作用在浸没于其中的曲面壁上的总压力的大小与作用方向分别为

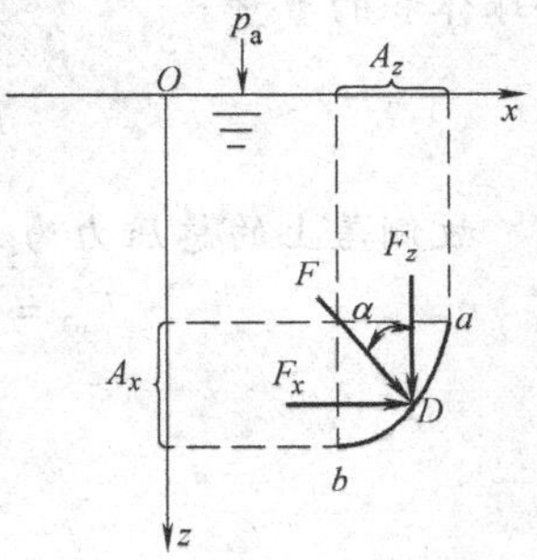

图 3-22　总压力的作用点

$$F = \sqrt{F_x^2 + F_z^2},\ \alpha = \arctan\frac{F_x}{F_z} \tag{3-25c}$$

如前所述，压力体是一个数学概念，与体内是否充满液体无关。在图 3-23 中有两个形状、尺寸和淹深均相同的曲面，图中 A 曲面内充满液体，B 曲面内没有液体，但它们的压力体相等，即 $V_{abc} = V_{a'b'c'}$。前者称为**实压力体**，作用在曲面上的总压力的垂直分力方向向下；后者称为**虚压力体**，作用在曲面上的总压力的垂直分力方向向上。对于复杂的曲面，可以分段进行计算。

【例 3-7】　如图 3-24 所示，贮水器的壁面上有三个半球形的盖子，已知 $d = 0.5\text{m}$，$h = 1.5\text{m}$，$H = 2.5\text{m}$。试求作用在每个盖子上的总压力。

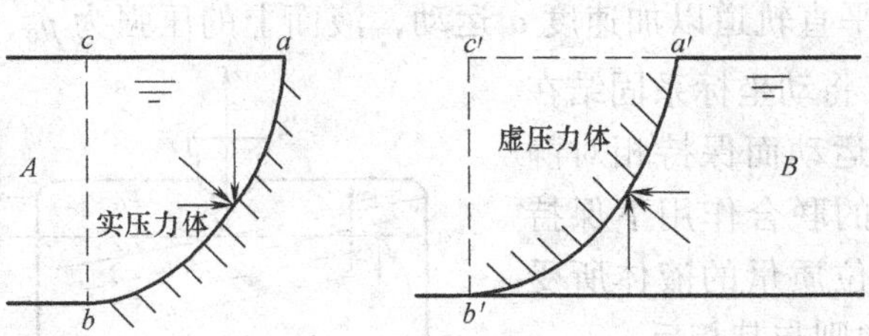

图 3-23　曲面对应的压力体

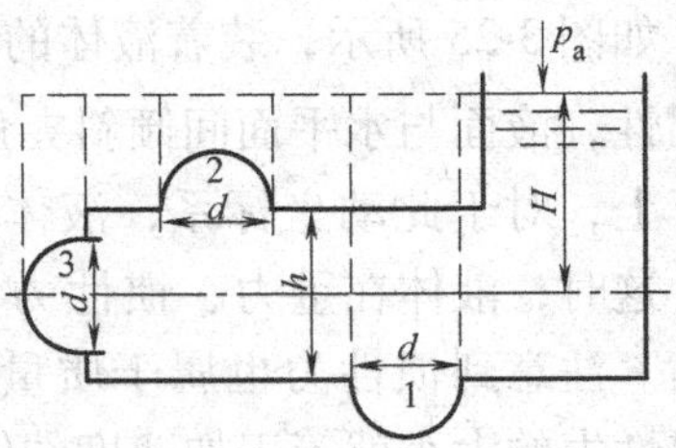

图 3-24　贮水器

解：作用在底盖上的压强左右对称，其总压力的水平分力为零，垂直分力方向向下，大

小为

$$F_{pz1}=\rho gV_{p1}=\rho g\left[\frac{\pi d^2}{4}\left(H+\frac{h}{2}\right)+\frac{\pi d^3}{12}\right]=\left\{9807\times\left[\frac{\pi\times0.5^2}{4}\times(2.5+0.75)+\frac{\pi\times0.5^3}{12}\right]\right\}\mathrm{N}$$

$$=6579\mathrm{N}$$

顶盖上的总压力的水平分力为零，垂直分力方向向上，大小为

$$F_{pz2}=\rho gV_{p2}=\rho g\left[\frac{\pi d^2}{4}\left(H-\frac{h}{2}\right)+\frac{\pi d^3}{12}\right]=\left\{9807\times\left[\frac{\pi\times0.5^2}{4}\times(2.5-0.75)-\frac{\pi\times0.5^3}{12}\right]\right\}\mathrm{N}$$

$$=3049\mathrm{N}$$

侧盖上的总压力的水平分力为

$$F_{px3}=\rho gh_{Cx}A_x=\rho gH\frac{\pi d^2}{4}=\left(9807\times2.5\times\frac{\pi\times0.5^2}{4}\right)\mathrm{N}=4814\mathrm{N}$$

侧盖上的总压力的垂直分力应为作用在半球的上半部分和下半部分垂直分力的合力，即半球体积的重量

$$F_{pz3}=\rho g\frac{\pi d^3}{12}=\left(9807\times\frac{\pi\times0.5^3}{12}\right)\mathrm{N}=321\mathrm{N}$$

故侧盖上的总压力为

$$F_{p3}=(F_{px3}^2+F_{pz3}^2)^{1/2}=(4814^2+321^2)^{1/2}\mathrm{N}=4825\mathrm{N}$$

$$\theta=\arctan\frac{F_{px3}}{F_{pz3}}=\frac{4814}{321}=86.2°$$

3.8* 非惯性系中流体的相对平衡

以上内容是由静止的均质流体导出的，也同样适用于像刚体一样作匀速直线运动的均质流体。但是如果容器作非匀速运动，即使其中的流体相对于容器静止，此时也不能直接引用上述结果。因为此时容器本身已构成一个非惯性系，我们知道，在非惯性系中必须引入惯性力才能应用牛顿力学定律，因此只有当式（3-5）中的质量力中包含惯性力在内时，该式才能成立。本节以流体随容器作匀加速运动以及绕竖直轴等角速度旋转为例，介绍流体在重力场中处于相对平衡状态时的相关计算。

3.8.1 流体作匀加速直线运动

如图3-25所示，装着液体的罐车沿平直轨道以加速度 a 运动，液面上的压强为 p_0，由于惯性，液面与水平面间倾斜夹角为 α。将动坐标系固结在罐车上，对于此动坐标系，液体无相对运动而保持相对静止。这时，液体在重力、惯性力和压力的联合作用下保持平衡。注意到惯性力也属于质量力，单位质量的液体所受的惯性力的大小就等于加速度的值，方向则与其相反。

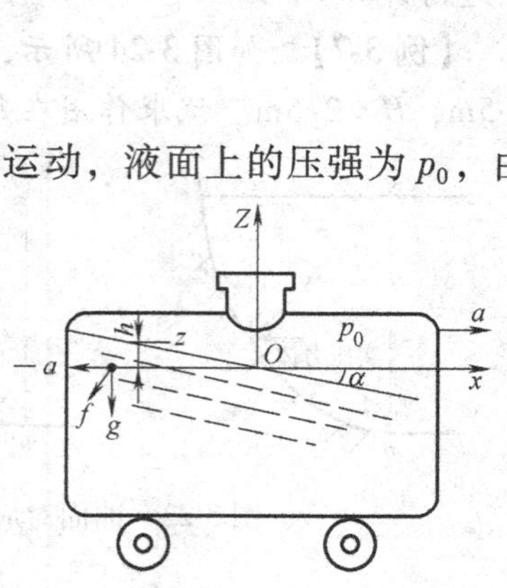

图3-25 液体的相对平衡

取动坐标系原点为液面中心点 O，z 轴垂直向上，x 轴沿罐车的运动方向。此时，作用在流体质点上的质量力有重力和惯性力，各坐标轴上的质量力分量分别为

$$f_x = -a,\ f_y = 0,\ f_z = -g$$

由式（3-8）得

$$\mathrm{d}p = \rho(-a\mathrm{d}x - g\mathrm{d}z)$$

积分后得

$$p = -\rho(ax + gz) + C$$

当 $x=0$，$z=0$ 时，有 $p=p_0$，代入上式后求得积分常数 $C=p_0$，故有

$$p = p_0 - \rho(ax + gz) \tag{3-26}$$

此即匀加速直线运动容器中液体的静压强分布规律。

在等压面上，有 $\mathrm{d}p=0$，因此等压面微分方程为

$$-a\mathrm{d}x - g\mathrm{d}z = 0$$

积分可得

$$z = -\frac{a}{g}x + C \tag{3-27}$$

上式即为随容器作水平匀加速直线运动时流体的等压面方程。此时，流体中的等压面仍然是平面，但不再是水平面，而是倾斜一个角度，平面与 x 轴间的夹角为

$$\alpha = -\arctan\frac{a}{g}$$

自由液面也是等压面，在自由液面上，由 $x=0$，$z=0$，可得 $C=0$，因此自由液面方程为

$$z_0 = -\frac{a}{g}x \tag{3-28}$$

代入式（3-26）可得

$$p - p_0 = \rho g(z_0 - z) = \rho g h$$

其中，$h = z_0 - z$ 为液体内部某点的淹深。此式说明：随容器作水平匀加速直线运动时，液体内任一点的静压强与液面上的压强 p_0 之差满足静压分布规律。

3.8.2 流体绕竖直轴作匀角速度旋转运动

图 3-26 表示盛有液体的容器绕其中心铅垂线作匀角速度旋转时，由于重力和离心惯性力的作用，液面成为一个类似漏斗形状的旋转面。取 x、y 轴在水平面上，z 轴为旋转轴，垂直向上。设任意一点到 z 轴的距离为 r，流体质点在该点的向心加速度为 $a_r = \omega^2 r$，惯性力为离心力。此时，流体质点的单位质量力在各坐标轴的分量为

$$f_x = \omega^2 r\cos\theta = \omega^2 x$$

$$f_y = \omega^2 r\sin\theta = \omega^2 y$$

$$f_z = -g$$

代入静力学微分方程（3-8），得

$$\mathrm{d}p = \rho(\omega^2 x\mathrm{d}x + \omega^2 y\mathrm{d}y - g\mathrm{d}z) \tag{3-29}$$

积分上式得

$$p = \rho\left(\frac{\omega^2 x^2}{2} + \frac{\omega^2 y^2}{2} - gz\right) + C$$

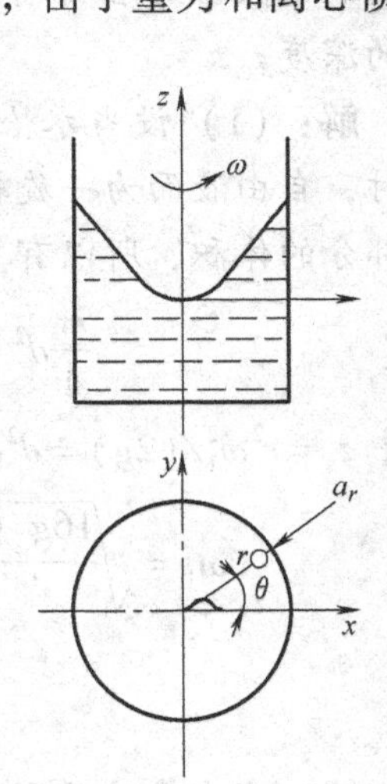

图 3-26　匀角速度旋转

或

$$p=\rho g\left(\frac{\omega^2 r^2}{2g}-z\right)+C \tag{3-30}$$

设坐标原点在自由液面的中心最低点，则有 $r=0$，$z=0$ 时，$p=p_0$，代入上式得到积分常数 $C=p_0$，故有

$$p=p_0+\rho g\left(\frac{\omega^2 r^2}{2g}-z\right) \tag{3-31}$$

这就是匀角速度旋转容器中液体静压强的分布规律。

在等压面上，有 $\mathrm{d}p=0$，由式（3-29）可得等压面微分方程为

$$\omega^2 x\mathrm{d}x+\omega^2 y\mathrm{d}y-g\mathrm{d}z=0$$

积分得

$$\frac{\omega^2 x^2}{2}+\frac{\omega^2 y^2}{2}-gz=C$$

或

$$\frac{\omega^2 r^2}{2}-gz=C \tag{3-32}$$

上式为匀角速度旋转容器中液体的等压面方程。它是以 z 轴为旋转轴的一旋转抛物面，不同的积分常数 C 代表不同的等压面。在自由液面上，由 $r=0$，$z=0$，可得 $C=0$，因此自由液面方程为

$$\frac{\omega^2 r^2}{2}-gz_0=0，\ 即\ z_0=\frac{\omega^2 r^2}{2g}$$

代入式（3-31）得

$$p-p_0=\rho g(z_0-z)=\rho gh \tag{3-33}$$

式中，$h=z_0-z$ 为液体中某点的淹深。

【例 3-8】 如图 3-27 所示，圆筒形容器的直径 $d=300\text{mm}$，高 $H=500\text{mm}$，容器内水深 $h_1=300\text{mm}$，容器绕中心轴匀角速度旋转，试确定：(1) 水正好不溢出时的转速 n_1；(2) 旋转抛物液面的顶点恰好触及底部时的转速 n_2；(3) 容器停止旋转后静水的深度。

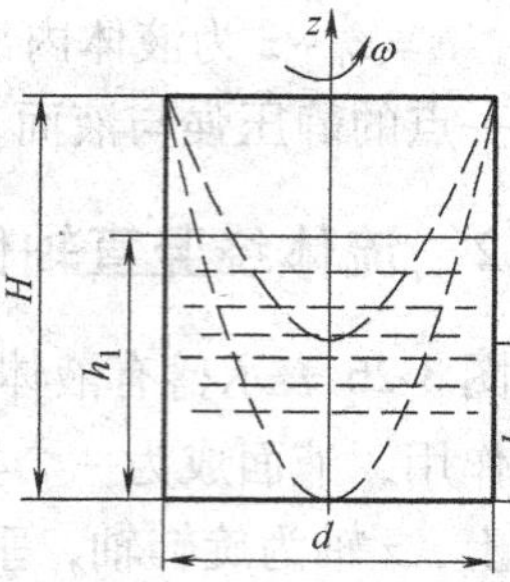

图 3-27　匀角速度旋转的圆筒

解：(1) 设当水恰好触及容器口时，容器以转速 n_1 平衡。此时，自由液面为一旋转抛物面，其包容的体积则为容器原来无水部分的体积，所以有

$$\frac{\pi}{4}d^2\ (H-h_1)\ =\frac{1}{2}\ \frac{\pi}{4}d^2 z_s$$

其中 $z_s=r^2\omega_1^2/(2g)=d^2\omega_1^2/(8g)$，代入上式，得

$$\omega_1=\sqrt{\frac{16g\ (H-h_1)}{d^2}}=\sqrt{\frac{16\times 9.807\times\ (0.5-0.3)}{0.3^2}}\text{rad/s}=18.67\text{rad/s}$$

$$n_1=\frac{30\omega_1}{\pi}=\frac{30\times 18.67}{\pi}\text{r/min}=178.3\text{r/min}$$

(2) 当自由液面形成的抛物面恰好触及容器底部时，抛物面所包容的体积正好为容器体积的一半，此时

$$z_s = H = \frac{d^2\omega_2^2}{8g},\ \omega_2 = \sqrt{\frac{8gH}{d^2}} = \sqrt{\frac{8\times 9.807\times 0.5}{0.3^2}}\text{rad/s} = 20.88\text{rad/s}$$

$$n_2 = \frac{30\omega_2}{\pi} = \frac{30\times 20.88}{\pi}\text{r/min} = 199.4\text{r/min}$$

（3）当容器停止转动时，容器中水的高度为

$$h_2 = \frac{H}{2} = 0.25\text{m}$$

3.9* 浮力及浮体的平衡

如图3-28所示，物体沉没在静止的液体中，它受到的静水总压力 F 可以分解成水平分力 F_x、F_y 和铅垂分力 F_z。

先确定水平分力。对于浸没于液体中的物体，可以找到一个母线平行于 x 轴的水平外切柱面，与物体相切得封闭曲线 $BCFD$，该曲线将物体分成左右两部分，作用于物体上沿着 x 方向的水平分力 F_x 就是这两部分的外部曲面上的水平分力 F_{x1} 与 F_{x2} 之和。因这两部分在此垂直面上的投影面完全重合，故 F_{x1} 与 F_{x2} 大小相等、方向相反，即 $F_x=0$。同理可得：作用于物体上沿着 y 方向的水平分力 $F_y=0$。也就是浸没于液体中的物体在各水平方向的总压力为零。

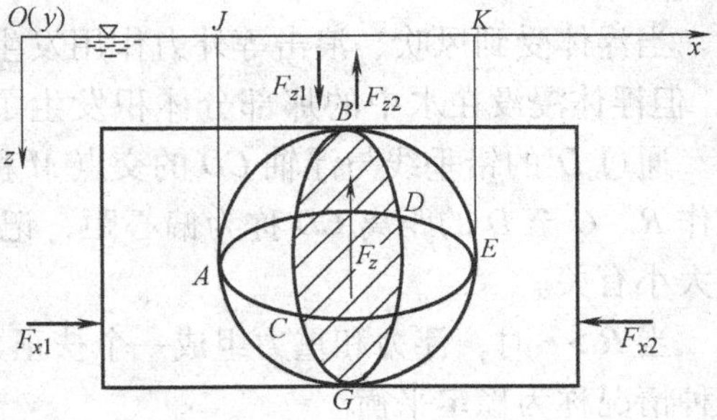

图3-28 浸没在静止的液体中的物体所受浮力

再确定铅垂分力。作该物体的垂直外切柱面，与物体相切得封闭曲线 $ACED$，该曲线将物体分成上下两部分。液体作用在上部分表面上的总压力的垂直分力 F_{z1} 等于压力体 $ABEKJ$ 的液体重量，方向铅垂向下，即

$$F_{z1} = \rho g V_{ABEKJ}$$

液体作用在下部分表面上的总压力的铅垂分力 F_{z2} 等于压力体 $AFEKJ$ 的液体重量，方向铅垂向上，即

$$F_{z2} = \rho g V_{AFEKJ}$$

液体作用于整个物体上的总压力的铅垂分力 F_z 是上下两部分的外部曲面上的铅垂分力的合力。即

$$F_z = F_{z1} + F_{z2} = -\rho g\ (V_{AFEKJ} - V_{ABEKJ})\ = -\rho g V_{AFEB}$$

负号表示方向向上。

由此可见，浸没在静止均质流体中的物体所受的流体作用力方向竖直向上，**大小等于物体所排开体积中充满该种流体时的重量**。这一流体作用力称为**浮力**。浮力的作用线通过物体所排开体积的几何中心，这一几何中心也称为**浮力中心**（简称浮心）。

上面的分析结果同样适用于漂浮在液面上的物体。此时，压力体的形状应为物体在自由液面以下部分的外表面与自由液面的延展面所包围的空间的形状，体积仍然为物体所排开的液体体积。

下面简单讨论静止液体中的物体的稳定性问题。图 3-29 所示为一对称物体部分浸没在液体中。在平衡位置（图 3-29a），重心 C 高于浮力中心 D，重力 G 与浮力 F 相等，有 $G=F=\rho g V_p$，且由于对称性，C 与 D 在同一铅垂线上，通过 CD 的连线称为浮轴。

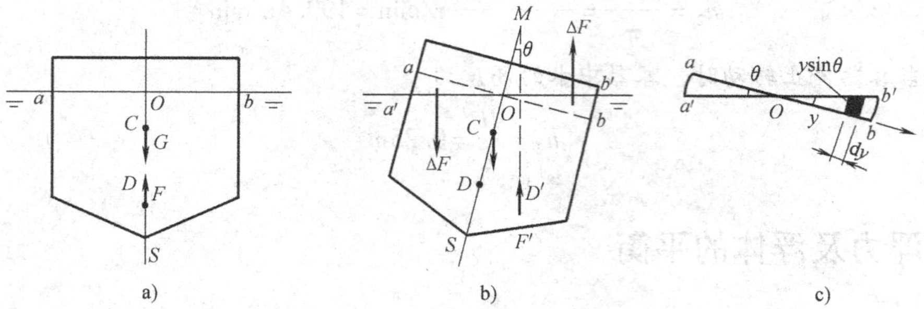

图 3-29　浮体的稳定性

当浮体受到风吹、浪击等外力作用发生偏斜时，浮力的大小 F' 虽然不变，仍等于重力 G，但浮体浸没在水中的那部分体积发生了变化，因此浮力中心移至 D' 点，如图 3-29b 所示。通过 D' 的铅垂线与浮轴 CD 的交点 M 称为定倾中心。M 至 D 的距离 MD 称为定倾半径，记作 R。C 至 D 的距离 CD 称为偏心距，记作 e。浮体的稳定性与定倾半径 R 以及偏心距 e 的大小有关。

当 $R>e$ 时，浮力和重力组成一个扶正力矩，使浮体从偏斜位置恢复到原来的平衡状态，这种情况称为稳定平衡。

当 $R=e$ 时，浮体在任何倾斜位置都能保持平衡，这种情况称为**随遇平衡**。

当 $R<e$ 时，浮力和重力组成一个倾覆力矩，浮体无法从偏斜位置恢复到原来的平衡状态，这种情况称为**不稳定平衡**。

这就是为什么船的重心高于浮力中心时仍能保持稳定平衡的原因。定倾中心的位置不仅取决于平衡时重心与浮力中心的相对位置，而且与未浸没在流体中的那部分物体的横截面的转动惯量、流体的密度以及物体的密度等因素相关。当浮体的形状及重量分布已知时，重心和浮力中心的距离 e 也就确定了。详细的计算可参看有关的文献。

思考与练习

3-1　静止流体的受力具有哪些特征？

3-2　静压平衡方程（欧拉方程）的实质是什么？

3-3　何谓力势函数？为什么说只有在有势力作用下流体才能保持静止？

3-4　流体静压的物理含义是什么？其大小跟哪些因素有关？

3-5　等压面具有哪些基本性质？

3-6　液体内部压强的分布规律是什么？此规律是否也适用于气体？为什么？

3-7　位置水头、压强水头的定义是什么？二者满足何种守恒关系？

3-8　表压、当地大气压、真空度是怎样定义的？其关系是什么？

3-9　压强的测量方法主要有哪些？各有何特点？

3-10　试述倾斜式微压计的原理和优缺点。

3-11　液体对平面壁的总压力有何特征？其压力中心如何确定？

3-12　压力体有何特点？如何利用压力求总压力？

3-13　什么叫作流体的相对平衡？处于相对平衡时，其等压面有何特征？

3-14　如图3-30所示，用U形管测量容器中气体的绝对压强和真空度。U形管中工作液体为四氯化碳，密度$\rho=1594\text{kg/m}^3$，液面差$\Delta h=900\text{mm}$，求容器内气体的真空度和绝对压强。

3-15　如图3-31所示，在直立的煤气管高度差$H=20\text{m}$的两个截面上安装U形管测压计，其工作液体为水。已知管外空气的密度$\rho_a=1.28\text{kg/m}^3$，测压计读数$h_1=100\text{mm}$，$h_2=115\text{mm}$。若忽略U形管测压计中空气密度的影响，试求煤气管中煤气的密度。

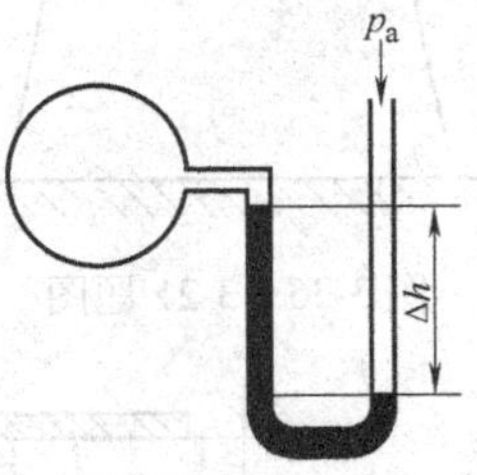

图3-30　3-14题图

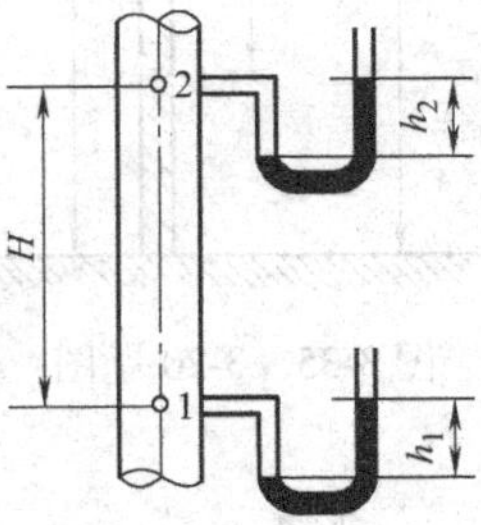

图3-31　3-15题图

3-16　如图3-32所示，串联的U形管与两容器连接。已知$h_1=60\text{cm}$，$h_2=51\text{cm}$，$\rho_{油}=830\text{kg/m}^3$，$\rho_{汞}=13600\text{kg/m}^3$。试求同一水平面上A、B两点的压强差。

3-17　双杯测压计如图3-33所示，A、B两杯的直径均为$d_1=50\text{mm}$，用U形管连接，U形管的直径为$d_2=5\text{mm}$。A杯盛酒精，密度$\rho_1=870\text{kg/m}^3$；B杯盛煤油，密度$\rho_2=830\text{g/m}^3$。当两杯的压强差为零时，酒精煤油的分界面在0—0线上；当分界面上升到0′—0′线、$h=280\text{mm}$时，两杯的压强差Δp等于多少？

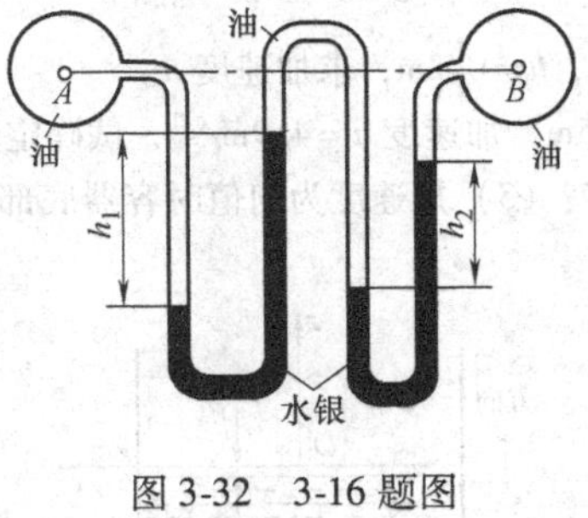

图3-32　3-16题图

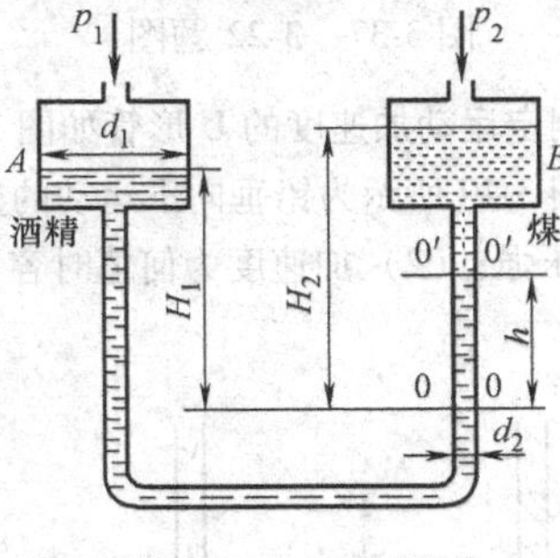

图3-33　3-17题图

3-18　如图3-34所示，活塞的直径为$D=10\text{cm}$，活塞杆的直径为$d=3\text{cm}$，活塞右侧的计示压强$p'=9.81\times10^4\text{Pa}$。如果活塞和活塞杆的总摩擦力为活塞杆推力的10%，欲使活塞产生$F=1848\text{N}$的推力，活塞右侧需要输入的压强p应为多少？

3-19　输水钢管中心处的静水压强高达$1.471\times10^6\text{Pa}$，钢管直径$d=1.5\text{m}$，如果钢的许用应力$[\sigma]=98.06\times10^6\text{Pa}$，试设计管壁厚度$\delta$。

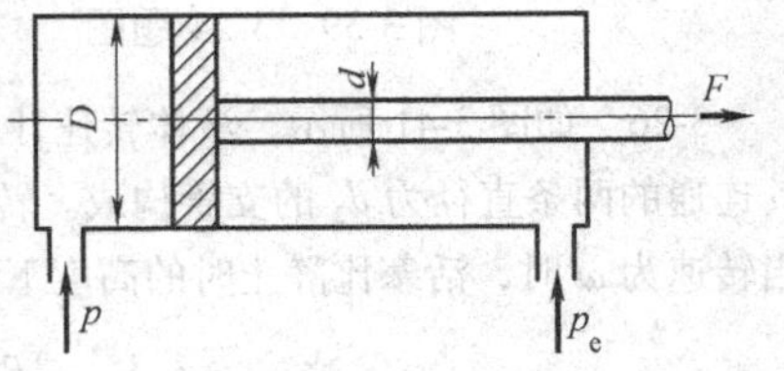

图3-34　3-18题图

3-20　如图3-35所示，矩形闸门可绕铰轴转动，试证明当$H>\frac{14}{15}h+a$时，闸门在水压力的作用下可以自动开启。

3-21　图3-36所示为等腰梯形挡水墙，底角$\theta=80°$，墙体密度$\rho=1900\text{kg/m}^3$，要求墙体自重G对底部B点的力矩大于墙身受到的静水总压力对B点的力矩。求宽高比l/h应大于多少？

3-22　图3-37所示为弧形闸门，$\alpha=30°$，$R=2\text{m}$，$h=5\text{m}$，求单位宽度所受的静水总压力的大小。

3-23　图3-38所示为液面控制装置。柱塞的直径$d=10\text{mm}$，球形浮子$D=150\text{mm}$，其他尺寸如图所示，浮子带动连杆的上端可在活塞左端的竖槽中上下滑动。当水浸没球体体积的 1/4 时柱塞阀关闭，若不计浮子的自重和摩擦力，求来流的压强 p。

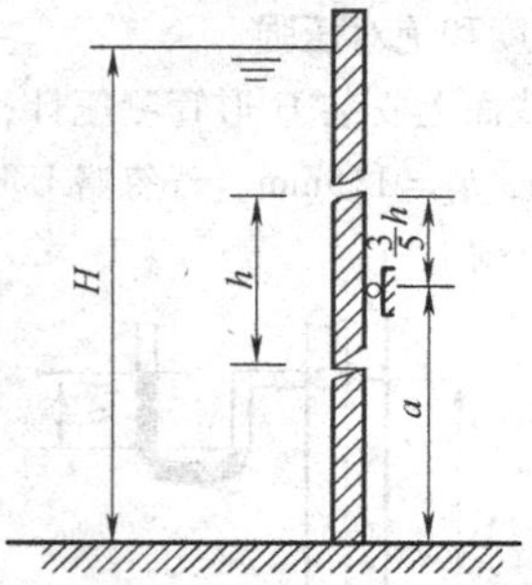

图 3-35　3-20 题图

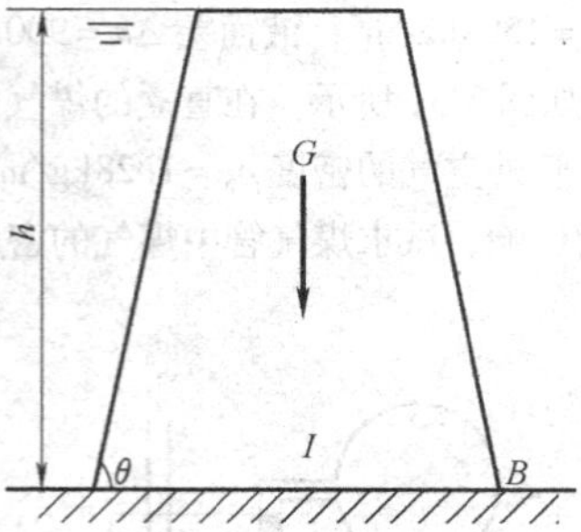

图 3-36　3-21 题图

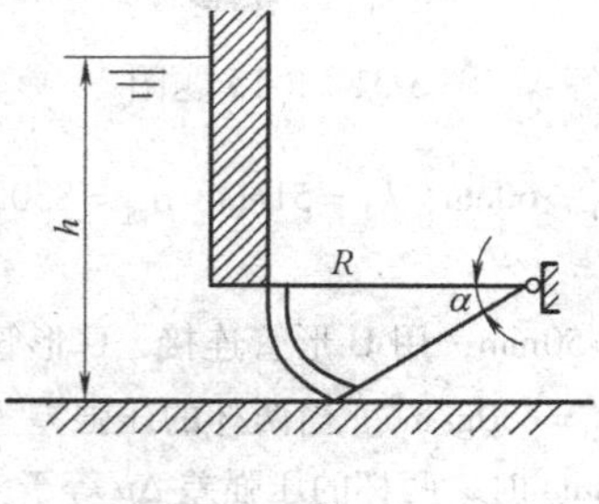

图 3-37　3-22 题图

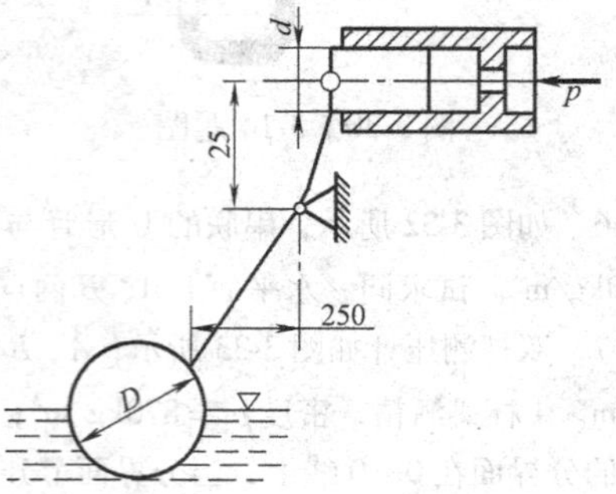

图 3-38　3-23 题图

3-24　测定运动加速度的 U 形管如图 3-39 所示，若 $l=0.3\text{m}$，$h=0.2\text{m}$，求加速度 a。

3-25　图 3-40 所示为铅垂向下运动的盛水容器。已知 $h=1.5\text{m}$，加速度 $a=4.9\text{m/s}^2$，试确定：(1) 容器底部的静压强；(2) 加速度为何值时容器底部的相对压强为零？(3) 加速度为何值时容器底部的绝对压强为零？

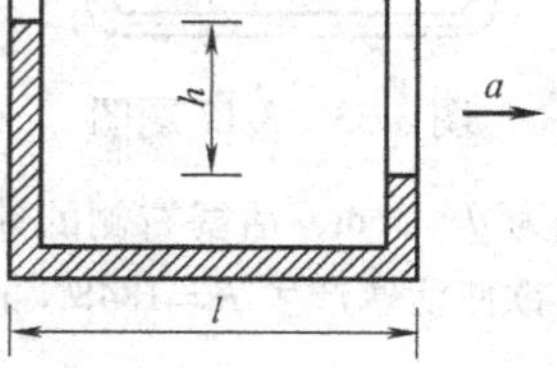

图 3-39　3-24 题图

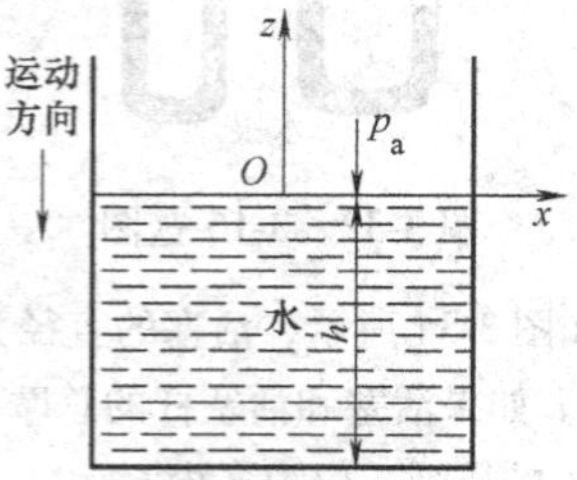

图 3-40　3-25 题图

3-26　如图 3-41 所示，液体转速计由直径为 d_1 的圆筒、活塞盖以及与其连通的两条直径为 d_2 的支管构成。转速计内装汞，直管距圆筒立轴为 R，当转速为 ω 时，活塞比静止时的高度下降了 h，试证明：

$$h=\frac{\pi^2 n^2}{1800g}\,\frac{R^2-d_1^2/8}{1+0.5(d_1/d_2)^2}$$

3-27　一个高 $2h$、底面半径为 R 的圆柱形敞口容器，内盛深 h 的水，当容器绕其立轴旋转时，其匀角速度为保证水不溢出的最大值。求证：此时容器底面上的水总压力为 $\rho gh\pi R^2$。

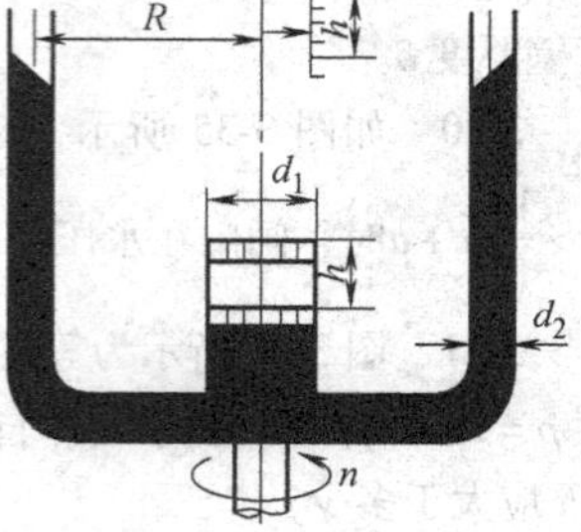

图 3-41　3-26 题图

第4章　理想流体运动基本方程

流体运动遵循已有的物理学定律，主要包括质量守恒定律、动量守恒定律、动量矩守恒定律、能量守恒定律（热力学第一定律）、状态方程等。流体动力学研究流体在力的作用下的运动规律，也即将牛顿运动定律应用于流体运动分析。本章即是根据这些物理学定律，来讨论理想流体运动的基本方程及其工程应用，为以后各章的学习提供理论基础。

4.1　问题的提出

对流体力学问题进行理论求解，可以在认识现象的物理本质的基础上，运用基本物理学定律与假设，建立系列数学方程并尽可能作出合理简化，再根据所提出的问题确立定解条件，然后求解方程，最后结合各物理量的变化规律并与试验结果进行比较。因此，建立完整的流体力学基本方程，是从理论上解决工程实际问题的第一步，也是流体力学理论的核心。

根据一般力学理论，力学问题的分析可归结为以下几类：一是物体的力学特征分析，即采用隔离体的方法将所研究的对象与其他物体隔离开，然后运用牛顿第一定律分析其受力的种类与大小和方向；二是由牛顿第二定律研究物体运动的速度、加速度、运动轨迹等运动特征；三是物体之间相互作用（相互作用力和相对运动），此时需利用动量守恒定律和动量矩守恒定律。这几个方面显然也是流体力学研究所面临的问题。但流体作为有别于一般物体（刚体）的一类物质，其运动有其特殊性。首先，流体通常与约束它的容器或固体壁面紧密接触，也就是说，流体通常不能脱离固壁而单独存在，流体与固壁之间的相互作用通常是需要重点考察的；其次，在流体运动过程中，内部的受力与速度、加速度及运动轨迹往往不是均一的，也就是说在空间上存在某种分布，有时这种分布还随时间发生变化，这使得流体不能像刚体那样可以简化成质量中心来研究，而需要采用微分法来研究。于是有下列问题需要回答：

1）如何描述流体的运动？

2）流体的质量守恒方程怎样表述？

3）如何根据牛顿第二定律导出流体的运动方程？

4）如何求解流体与固面壁之间的相互作用力？

为了回答这些问题，下面从流体运动的描述方法开始讨论。

4.2　描述流体运动的两种方法

流体占据的全部空间范围称为“**流场**”。经过管道或明渠的流场叫作“**管道流场**”或“**径流流场**”；绕过物体的流场叫作“**绕流流场**”。流场的整体运动是由许许多多的流体微团（流体质点）组成的，各个流体质点的流变参量并不相同，因此流体动力学首先要解决的是流体如何流动以及如何描述流体运动的问题。

描述流体运动物理过程有两种方法：一种是拉格朗日法，另一种是欧拉法。

4.2.1 拉格朗日法

拉格朗日（J. L. Lagrange）法着眼于流体质点，通过建立每一个流体质点的运动方程来描述并得到整个流体的运动规律，如流体质点的速度、加速度、运动轨迹等，因此也称为**随体法或轨迹法**。

为了区分不同的流体质点，拉格朗日法以初始时刻 $t=t_0$ 时每个流体质点的空间坐标（a，b，c）作为标记，不同的流体质点在初始时刻只有唯一确定的空间位置（a，b，c），此后流体质点的空间位置（x，y，z）是时间 t 的函数。任一流体质点在 t 时刻的坐标可表示为

$$\begin{cases} x=x(a,b,c,t) \\ y=y(a,b,c,t) \\ z=z(a,b,c,t) \end{cases} \tag{4-1}$$

式中，a、b、c、t 均是独立变量，其中 a、b、c 称为拉格朗日变数，它们虽然也是连续分布的空间坐标，但与质点的运动坐标不同，它们不随时间而变，即与时间无关。当 a、b、c 为已知时，式（4-1）就可以用来表达某一流体质点的运动轨迹；当 t 给定时，式（4-1）表示的则是该时刻各流体质点所处的空间位置。

按定义，质点的速度可以表示为轨迹坐标 x、y、z 对时间 t 的一阶导数。由于拉格朗日变数 a、b、c 不随时间而变，因此，用拉格朗日法描述流体质点的速度，实际上仅是 x、y、z 对于时间变数 t 取偏导数，而运动质点的加速度则为速度对时间的偏导数。如果速度在坐标轴 x、y、z 方向的分量用 u、v、w 表示，则

$$\begin{cases} u(a,b,c,t)=\dfrac{\partial x(a,b,c,t)}{\partial t} \\ v(a,b,c,t)=\dfrac{\partial y(a,b,c,t)}{\partial t} \\ w(a,b,c,t)=\dfrac{\partial z(a,b,c,t)}{\partial t} \end{cases} \tag{4-2}$$

而流体质点的加速度 a 在 x、y、z 方向的分量 a_x、a_y、a_z 分别为

$$\begin{cases} a_x(a,b,c,t)=\dfrac{\partial u(a,b,c,t)}{\partial t}=\dfrac{\partial^2 x(a,b,c,t)}{\partial t^2} \\ a_y(a,b,c,t)=\dfrac{\partial v(a,b,c,t)}{\partial t}=\dfrac{\partial^2 y(a,b,c,t)}{\partial t^2} \\ a_z(a,b,c,t)=\dfrac{\partial w(a,b,c,t)}{\partial t}=\dfrac{\partial^2 z(a,b,c,t)}{\partial t^2} \end{cases} \tag{4-3}$$

同理，流体质点的密度 ρ、压强 p、温度 T 等也是（a，b，c，t）的函数，即

$$\rho=\rho(a,b,c,t),p=p(a,b,c,t),T=T(a,b,c,t)$$

4.2.2 欧拉法

欧拉（L. Euler）法也称为**空间描述法**，它着眼于流场中的空间点，认为流体的物理量

随空间位置和时间而变化，从而把流体物理量表述为空间坐标和时间的函数。例如，速度场可表述为

$$\boldsymbol{V}=\boldsymbol{V}(x,y,z,t)$$

或

$$\begin{cases}u=u(x,y,z,t)=\dfrac{\mathrm{d}x}{\mathrm{d}t}\\v=v(x,y,z,t)=\dfrac{\mathrm{d}y}{\mathrm{d}t}\\w=w(x,y,z,t)=\dfrac{\mathrm{d}z}{\mathrm{d}t}\end{cases}\tag{4-4}$$

同时也有

$$\rho=\rho(x,y,z,t),p=p(x,y,z,t),T=T(x,y,z,t)$$

由数学分析可知，当某时刻一个物理量在空间的分布确定时，可以说，该物理量在此空间即形成一个场。因此，欧拉法描述的实际上是不同物理量的场。采用欧拉法研究流体的运动就可以利用场论这个有力的数学工具，其中 x、y、z、t 称为欧拉变量。

4.2.3 随体导数

我们常常需要求解流体质点的物理量随时间的变化率，如加速度。**流体质点物理量随时间的变化率称为随体导数**（Material derivative），有时也称为**质点导数**或**物质导数**，它表征的是跟随流体质点运动时观测到的质点物理量的时间变化率。

在拉格朗日法中，由于流体质点的物理量均表示为拉格朗日变数的函数，因此，任一物理量随时间的变化率即为物理量 ϕ（a, b, c, t）直接对时间 t 取导数。即

$$\frac{\mathrm{D}\phi}{\mathrm{D}t}=\frac{\mathrm{d}\phi(a,b,c,t)}{\mathrm{d}t}=\frac{\partial\phi}{\partial t}\tag{4-5}$$

为了显示随体导数与常用微分符号的差别，式中将微分符号换用 D 来表示。

但欧拉法中，任一物理量 $\phi(x,\ y,\ z,\ t)$ 对时间 t 的导数仅仅表示空间点（x, y, z）上流变参量随时间的变化率，并不是随体导数。在这种情形下，如何求得流体质点的随体导数呢？下面以加速度为例，介绍如何由欧拉法中的空间点的速度分布得到流体质点的加速度。

考虑某一时刻 t，某流体质点位于空间点 M_0（x, y, z）处，其速度为 $\boldsymbol{V}_0$（x, y, z, t），经过一段时间间隔 Δt 后，在 $t+\Delta t$ 时刻该质点运动到空间点 $M_1(x+\Delta x,\ y+\Delta y,\ z+\Delta z)$ 位置，速度为 $\boldsymbol{V}_1(x+\Delta x,\ y+\Delta y,\ z+\Delta z,\ t+\Delta t)$。显然，$M_0M_1$ 为该流体质点在 Δt 时间内的运动轨迹（图4-1），且有

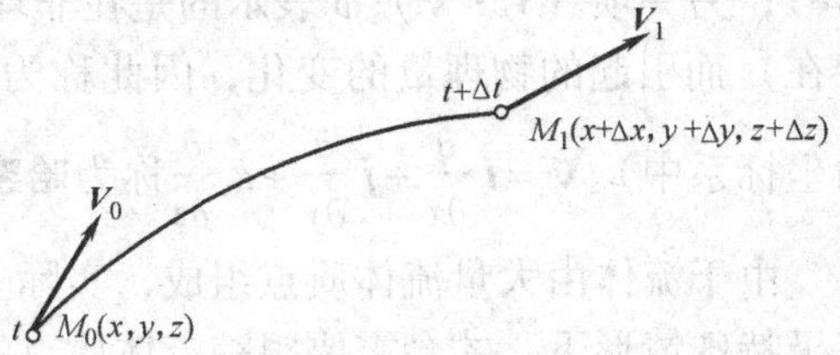

图 4-1 随体加速度推导

$$\Delta x=u\Delta t,\ \Delta y=v\Delta t,\ \Delta z=w\Delta t$$

根据定义，流体质点加速度等于质点速度对时间的变化率，即

$$\boldsymbol{a}=\lim_{\Delta t\to0}\frac{\Delta\boldsymbol{V}}{\Delta t}=\lim_{\Delta t\to0}\frac{\boldsymbol{V}_1-\boldsymbol{V}_0}{\Delta t}\tag{4-6a}$$

将速度函数在空间域 Δx，Δy，Δz 及时间域 Δt 内应用泰勒级数展开，并略去 Δx，Δy，Δz，Δt 的二阶以上小量，则有

$$\Delta \boldsymbol{V} = \boldsymbol{V}_1(x+\Delta x, y+\Delta y, z+\Delta z, t+\Delta t) - \boldsymbol{V}_0(x,y,z,t)$$
$$= \frac{\partial \boldsymbol{V}}{\partial t}\Delta t + \frac{\partial \boldsymbol{V}}{\partial x}\Delta x + \frac{\partial \boldsymbol{V}}{\partial y}\Delta y + \frac{\partial \boldsymbol{V}}{\partial z}\Delta z$$

将上式代入式（4-6a），考虑到

$$\lim_{\Delta t\to 0}\frac{\Delta x}{\Delta t} = u，\ \lim_{\Delta t\to 0}\frac{\Delta y}{\Delta t} = v，\ \lim_{\Delta t\to 0}\frac{\Delta z}{\Delta t} = w$$

则得到加速度矢量 $\boldsymbol{a}$ 及其在直角坐标系中的表述为

$$\boldsymbol{a} = \frac{\mathrm{d}\boldsymbol{V}}{\mathrm{d}t} = \frac{\partial \boldsymbol{V}}{\partial t} + u\frac{\partial \boldsymbol{V}}{\partial x} + v\frac{\partial \boldsymbol{V}}{\partial y} + w\frac{\partial \boldsymbol{V}}{\partial z} \tag{4-6b}$$

写成分量形式就是

$$\begin{cases} a_x = \dfrac{\mathrm{d}u}{\mathrm{d}t} = \dfrac{\partial u}{\partial t} + u\dfrac{\partial u}{\partial x} + v\dfrac{\partial u}{\partial y} + w\dfrac{\partial u}{\partial z} \\ a_y = \dfrac{\mathrm{d}v}{\mathrm{d}t} = \dfrac{\partial v}{\partial t} + u\dfrac{\partial v}{\partial x} + v\dfrac{\partial v}{\partial y} + w\dfrac{\partial v}{\partial z} \\ a_z = \dfrac{\mathrm{d}w}{\mathrm{d}t} = \dfrac{\partial w}{\partial t} + u\dfrac{\partial w}{\partial x} + v\dfrac{\partial w}{\partial y} + w\dfrac{\partial w}{\partial z} \end{cases} \tag{4-6c}$$

上式中的加速度由两部分组成：第一部分是右边第一项，称为**当地加速度**（Local acceleration），也称为**时变加速度**，它表示在同一位置上所观察到的速度对时间的变化率；第二部分是右边的后三项，称为**对流加速度**（Convective acceleration），也称**位变加速度**，它表示由于位置的变化而引起的速度变化率。

类似地，以欧拉法描述的流体质点的其他流变参数，如密度 ρ、压强 p 或任意参数 ϕ，它们对时间的变化率可表示为

$$\frac{\mathrm{D}\phi}{\mathrm{D}t} = \frac{\mathrm{D}\phi(x,y,z,t)}{\mathrm{D}t} = \frac{\partial \phi}{\partial t} + u\frac{\partial \phi}{\partial x} + v\frac{\partial \phi}{\partial y} + w\frac{\partial \phi}{\partial z} = \frac{\partial \phi}{\partial t} + (\boldsymbol{V}\cdot\nabla)\phi \tag{4-7}$$

由上面的分析可见，对于流体质点物理量的随体导数，欧拉法与拉格朗日法的描述大不相同。在欧拉法中，流体质点物理量的随体导数由两部分组成，其中第一项 $\partial\phi/\partial t$，表示的是在某固定空间点（x，y，z）上的物理量对时间的变化率，称为**当地导数**（Local derivative）；另一项（$\boldsymbol{V}\cdot\nabla$）$\phi$ 表示的是在非均匀场中，由于流体质点所在空间位置变化（有 $\boldsymbol{V}$ 存在）而引起的物理量的变化，因此称为**迁移导数**（Convective derivative）。其中算符（直角坐标系中）$\nabla = \boldsymbol{i}\dfrac{\partial}{\partial x} + \boldsymbol{j}\dfrac{\partial}{\partial y} + \boldsymbol{k}\dfrac{\partial}{\partial z}$ 称为**哈密顿算子**（Hamilton operator）。

由于流体由大量流体质点组成，实际上跟踪每个流体质点的运动是不可能的，因此只有在极特殊情形下，才会需要跟踪流体质点的运动，此时应用拉格朗日法是合适的；而在其他情况下，一般只需要了解流动参数的空间分布就够了，此时应用欧拉法是合适的。这也是尽管采用欧拉法描述流体的运动比拉格朗日法要复杂一些，但它却得到了更广泛应用的原因。本书主要采用欧拉法来研究流体的运动规律。

4.2.4 流动分类

在欧拉法中，流变参数 V、p、ρ 等都可以表示为坐标 x、y、z 和时间 t 的函数。

如果在运动过程中，各空间点上对应的物理量不随时间改变，则称此流动为**定常流动**（Steady flow），反之则称为**非定常流动**。在定常流动中，流场内的物理量不随时间而变，仅是空间点的函数，此时，式（4-6）与式（4-7）中的局部导数为零。

流体在运动过程中，如果所有物理量均不随空间坐标而改变，此种流动称之为**均匀流动**（Uniform flow），反之则成为**非均匀流动**。均匀流动中，流场内各物理量均不依赖于空间坐标，而仅随时间 t 变化，这时，式（4-6）与式（4-7）中的位变导数均为零。

此外，如果流变参数与三个坐标轴 x、y、z 均相关，这种流动称为**三元流动**（Ternary flow 或 Three dimensional flow）或空间流动；如果流变参数仅与两个坐标相关，则称此流动为**二元流动**（Binary flow）或**平面流动**（Planar flow）；如果流变参数仅与一个坐标有关，则称为**一元流动**（Unitary flow）。

4.3 流体运动的基本概念

4.3.1 迹线与流线

所谓**迹线**（Path line），就是**流体质点在空间的运动轨迹**，也就是该流体质点在不同时刻的空间位置的连线。显然，迹线的概念与拉格朗日法描述相关联。式（4-1）给出的即为以拉格朗日变数表示的迹线方程。

由式（4-4）可得欧拉法描述下的流体质点迹线方程为

$$\frac{dx}{u(x,y,z,t)}=\frac{dy}{v(x,y,z,t)}=\frac{dz}{w(x,y,z,t)}=dt \tag{4-8}$$

其解得的结果是坐标值随时间的变化关系。

流线（Stream line）是用来描述流场中各点流动方向的曲线。它是**某时刻流场中的一条假想的光滑曲线，曲线上每一点的切向与该点的速度矢量方向一致**。流线的概念与欧拉法描述相关联。根据流线的定义可得到流线的微分方程。

设 $d\boldsymbol{l}=dx\boldsymbol{i}+dy\boldsymbol{j}+dz\boldsymbol{k}$ 表示流线的一个微段，其中 dx、dy、dz 是两个相距为 $d\boldsymbol{l}$ 的邻点的坐标增量。流体质点在该微段上的速度矢量可以表示为 $\boldsymbol{V}=u\boldsymbol{i}+v\boldsymbol{j}+w\boldsymbol{k}$，根据定义，流线微矢量应与速度矢量平行，因此它们的分量对应成比例，即

$$\frac{dx}{u(x,y,z,t)}=\frac{dy}{v(x,y,z,t)}=\frac{dz}{w(x,y,z,t)} \tag{4-9}$$

式（4-9）可转化为两个微分方程，各自积分后得到两个空间曲面，两曲面的交线就是流线。其结果是不同时刻的曲线簇，如果流动定常，则该曲线簇将不随时间变化。

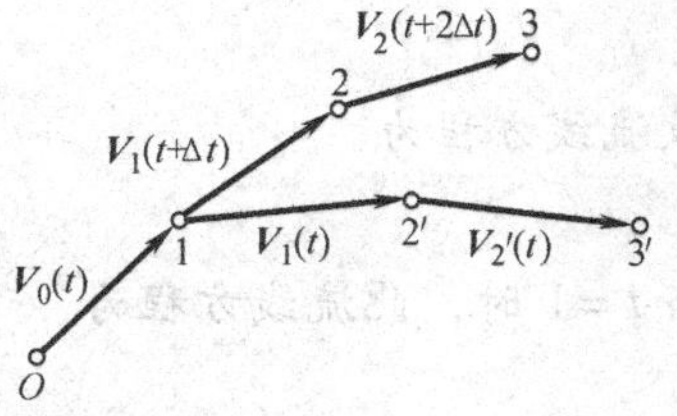

图4-2 流线与迹线

为了说明流线和迹线的区别，用图4-2表示这两条线。设有一个流体质点，t 时刻运动到点0，其速度为 $\boldsymbol{V}_0(t)$，Δt 时刻后运动到了点1处，显然点0到1的矢量就是 $\boldsymbol{V}_0\Delta t$，流体质点在点1的速度为 $\boldsymbol{V}_1(t+\Delta t)$。再过一个时间间隔 Δt，质点运动到点2处，速度为 $\boldsymbol{V}_2(t+2\Delta t)$。仿此方法作出点2、3、4、…；显然，曲线0-1-2-3-…就是流体质点的迹线。

现在作某固定时刻 t 经过点 0 的一条流线。显然连线 01 是流线的一个微段。在时刻 t，点 1 处的流体速度是 $\boldsymbol{V}_1(t)$，在此速度矢量上取一微段就得到点 2′，该点的速度为 $\boldsymbol{V}_{2'}(t)$，在此速度矢量上取点 3′。仿此下去，就得到流线 0-1-2′-3′-⋯ 。

由此可见，流线是针对某一时刻流场中流动分布的，迹线是针对某一流体质点的。在某一空间点上，流体质点将沿该时刻的流线方向运动，并在此流线上留下一段迹线微元段，但此后由于速度方向可能改变，该质点将按新的流线方向运动，并留下新的运动迹线。因此流线与迹线一般是不重合的。只有当质点沿流线运动，并留下一迹线微元段后，其速度方向不发生变化，该质点才会仍然依照原流线方向运动并继续下去，此时流线与迹线就重合在一起了。定常流动就属于这种情形，因此**对于定常流动，流线和迹线重合**。

此外，流线还具有以下性质：①流场中任一时刻的各条流线不相交；②流线只能是平滑曲线，而不能是折线。这两条性质可用反证法得到证明。另需指出的是，流线可以在流场中终止（也称滞止），也可以起始。

【例 4-1】 给定速度场 $u=x+t$，$v=-y-t$，求：（1）$t=1$ 时过（1，1）点的质点迹线；（2）过（1，1）点的流线。

解：（1）由迹线微分方程

$$\frac{\mathrm{d}x}{\mathrm{d}t}=x+t,\ \frac{\mathrm{d}y}{\mathrm{d}t}=-y-t$$

积分得

$$x=c_1\mathrm{e}^{t}-t-1,\ y=c_2\mathrm{e}^{-t}-t+1$$

当 $t=1$ 时，过（1，1）点的质点，有

$$c_1=\frac{3}{\mathrm{e}},\ c_2=\mathrm{e}$$

由此得到该质点的迹线方程为

$$x=3\mathrm{e}^{t-1}-t-1,\ y=\mathrm{e}^{1-t}-t+1$$

（2）由流线方程

$$\frac{\mathrm{d}x}{x+t}=\frac{\mathrm{d}y}{-y-t}$$

积分得

$$(x+t)(y+t)=c_3$$

过（1，1）空间点，有

$$c_3=(1+t)^2$$

故流线方程为

$$(x+t)(y+t)=(1+t)^2$$

当 $t=1$ 时，此流线方程为

$$(x+t)(y+t)=4$$

可见该流动的流线与迹线不重合。

4.3.2 流管与流束

（1）**流管** 在流场中任取一条非流线又不自交的曲线，经过该曲线上的每一点作流线，

由这些流线组成的曲面称为流面。如果所作曲线为闭合曲线，则由流面围成的管状曲面称为流管。由流线定义可知，位于流管表面上的各流体质点的速度方向与流管表面相切，所以流体质点不会穿越管壁。因此，流管只能是始于或者终于流体边界，如物体表面、自由面，或者形成环形，或者延伸到无穷远处。若形成流管的封闭曲线无限小，则称为微元流管。

（2）**流束**　流管内的全部流体称为流束。微元流管中的流体称为微元流束。

（3）**总流**　如果流管的管状流面部分或全部为固壁，这时的流体称为总流，它是微元流束的总和。工程中常见的一些流动，如气体或液体在管道中的流动，水在渠道中的流动，均称为总流。因为微元流束断面上各点的运动参数相同，因此一般计算中，可先计算微元流束，再将其推广到总流上去，这样便可得到总流的流动规律。

4.3.3　过流截面与流量

（1）**过流截面**　与流束或总流各流线相垂直的横截面称为过流截面或有效流通截面。当流线是平行的直线时，过流截面是平面；否则，它是不同形式的曲面，如图4-3所示。在工程流体力学中，对于缓变流，通常将过流截面近似为垂直于运动方向的平面。

（2）**流量**　单位时间内流过某控制曲面的流体量称为流量。流量可以用体积或质量计量，分别称为体积流量与质量流量，其中体积流量记作 Q_V，SI 制单位为 m^3/s；质量流量记作 Q_m，SI 制单位为 kg/s。

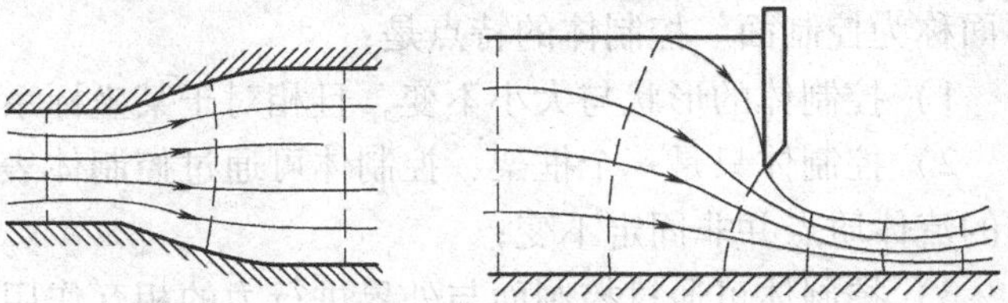

图4-3　过流断面

如图4-4所示，假定在面积为 A 的曲面上取一微元面积 dA，则通过此微元面的流体体积流量与质量流量分别为

$$dQ_V = \boldsymbol{V}\cdot d\boldsymbol{A} = \boldsymbol{V}\cdot \boldsymbol{n}dA = v_n dA, dQ_m = \rho\boldsymbol{V}\cdot d\boldsymbol{A} = \rho\boldsymbol{V}\cdot\boldsymbol{n}dA = \rho v_n dA$$

式中，$\boldsymbol{n}$ 为微元面 dA 外法线方向的单位矢量。

整个截面 A 上的流量为

$$Q_V = \int_A \boldsymbol{V}\cdot d\boldsymbol{A} = \int_A v_n dA, Q_m = \int_A \rho\boldsymbol{V}\cdot d\boldsymbol{A} = \int_A \rho v_n dA \tag{4-10}$$

如果截面 A 是过流截面，则上述截面流量的计算式可简化为

$$Q_V = \int_A v dA, Q_m = \int_A \rho v dA \tag{4-11}$$

流量 Q_V 与过流截面面积 A 之比称为截面平均速度，记作 V。其表达式为

$$V = \frac{Q_V}{A} \tag{4-12}$$

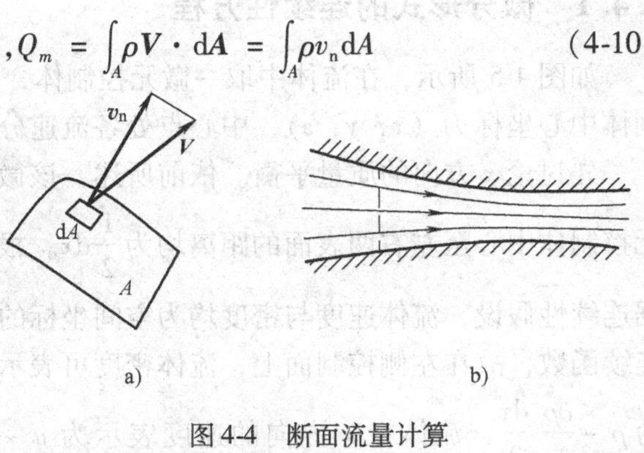

图4-4　断面流量计算

截面平均速度是过流断面上的一个假想速度，当截面上各流体质点以此速度运动时，经过截面的流量与实际流量相等。

很多工程实际问题中，人们并不关心过流截面上流体速度分布的细节，而只要知道平均速度就可以了。需要注意的是，采用平均速度将流动简化为一元问题，其前提是截面上的速

度分布比较均匀，如果速度分布很不均匀，这种简化方法将引起较大的误差。

4.3.4 系统与控制体

在对流体力学问题进行理论分析的过程中，经常用到两个重要概念，即系统与控制体。

系统（System）**是包含某些确定不变的流体质点的集合**。分隔系统与系统之外环境的界面称为系统的边界。当系统跟随系统内流体质点一起运动时，有以下三种情况：

1）系统所在位置、空间大小与边界形状都可能发生改变；

2）系统与外界无质量交换，也就是说系统所包含的流体质点质量既不会增加，也不会减少，这也称为系统的质量守恒；

3）系统与外界可以发生力的相互作用以及能量交换。

力学的很多定律都是针对系统的，如牛顿第二定律。系统的力学问题属于拉格朗日法范畴，但在流体力学的多数问题中，人们更感兴趣的往往是流体质点物理量的分布规律，以系统为对象得到的基本方程应用起来并不方便，因此需要引入控制体的概念。

控制体（Control volume）**指的是流场空间内某一个固定体积**。包围这个空间体积的边界面称为控制面。控制体的特点是：

1）控制体的形状与大小不变，且相对于某坐标系其空间位置不变；

2）控制体只是一个框架，控制体可通过控制体表面与外界进行质量交换，因此控制体内的流体质点并非固定不变；

3）控制体可通过控制面与外界进行力的相互作用与能量交换。

控制体是以空间变量来表示流体物理量，因此属于欧拉法范畴。

4.4 连续性方程

连续性方程是质量守恒定律在流体力学中的表现形式。下面导出它的微分形式方程。

4.4.1 微分形式的连续性方程

如图4-5所示，在流体中取一微元控制体，其长、宽、高分别为 dx、dy、dz，该微元控制体中心坐标为（x，y，z），中心点处各流速分量为 u、v、w。

先讨论 x 方向的质量平衡。依前所述，该微元控制体中心至左右两表面的距离均为 $\frac{1}{2}dx$。根据连续性假设，流体速度与密度均为空间坐标的连续函数，故在左侧控制面上，流体密度可表示为 $\rho-\frac{\partial\rho}{\partial x}\frac{dx}{2}$，流体在 x 方向的速度表示为 $u-\frac{\partial u}{\partial x}\frac{dx}{2}$，则在 Δt 时间内经左侧控制面流入控制体的流体质量为

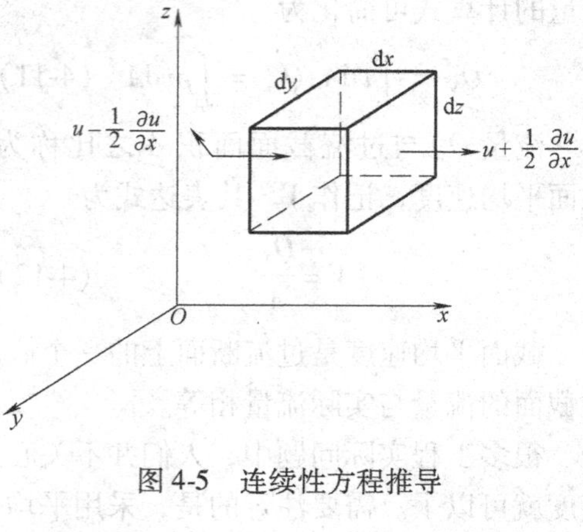

图4-5 连续性方程推导

$$\left(\rho-\frac{\partial\rho}{\partial x}\frac{\mathrm{d}x}{2}\right)\left(u-\frac{\partial u}{\partial x}\frac{\mathrm{d}x}{2}\right)\mathrm{d}y\mathrm{d}z\Delta t$$

同理，在 Δt 时间内经右侧控制面流出控制体的流体质量为

$$\left(\rho+\frac{\partial\rho}{\partial x}\frac{\mathrm{d}x}{2}\right)\left(u+\frac{\partial u}{\partial x}\frac{\mathrm{d}x}{2}\right)\mathrm{d}y\mathrm{d}z\Delta t$$

在 Δt 时间内，经左右两个控制面流入控制体的流体质量为

$$\begin{aligned}\Delta m_x &= (Q_{m-\mathrm{in}}-Q_{m-\mathrm{out}})\Delta t\\ &=\left[\left(\rho-\frac{\partial\rho}{\partial x}\frac{\mathrm{d}x}{2}\right)\left(u-\frac{\partial u}{\partial x}\frac{\mathrm{d}x}{2}\right)-\left(\rho+\frac{\partial\rho}{\partial x}\frac{\mathrm{d}x}{2}\right)\left(u+\frac{\partial u}{\partial x}\frac{\mathrm{d}x}{2}\right)\right]\mathrm{d}y\mathrm{d}z\Delta t\\ &=-\frac{\partial(\rho u)}{\partial x}\mathrm{d}x\mathrm{d}y\mathrm{d}z\Delta t\end{aligned}$$

类似地，在 Δt 时间内经 y、z 方向上控制面流入控制体的流体质量分别为

$$-\frac{\partial(\rho v)}{\partial y}\mathrm{d}x\mathrm{d}y\mathrm{d}z\Delta t,\ -\frac{\partial(\rho w)}{\partial z}\mathrm{d}x\mathrm{d}y\mathrm{d}z\Delta t$$

故在 Δt 时间内，流入该微元控制体的总流体质量为

$$\Delta m=-\left[\frac{\partial}{\partial x}(\rho u)+\frac{\partial}{\partial y}(\rho v)+\frac{\partial}{\partial z}(\rho w)\right]\mathrm{d}x\mathrm{d}y\mathrm{d}z\Delta t \tag{4-13}$$

根据质量守恒定律，控制体内的质量变化体现为其密度的变化，即 $\frac{\partial\rho}{\partial t}\mathrm{d}x\mathrm{d}y\mathrm{d}z\Delta t$，故有

$$\frac{\partial\rho}{\partial t}\mathrm{d}x\mathrm{d}y\mathrm{d}z\Delta t=-\left[\frac{\partial}{\partial x}(\rho u)+\frac{\partial}{\partial y}(\rho v)+\frac{\partial}{\partial z}(\rho w)\right]\mathrm{d}x\mathrm{d}y\mathrm{d}z\Delta t$$

因 $\mathrm{d}x$、$\mathrm{d}y$、$\mathrm{d}z$、Δt 都不为零，因此有

$$\frac{\partial\rho}{\partial t}+\frac{\partial}{\partial x}(\rho u)+\frac{\partial}{\partial y}(\rho v)+\frac{\partial}{\partial z}(\rho w)=0 \tag{4-14}$$

这是直角坐标系中**连续性方程**（Continuity equation）的微分形式。式中，第一项代表单位时间单位体积控制体内的质量增量；后三项代表单位时间内通过单位体积控制体边界的质量净流出量。

利用**散度公式**

$$\mathrm{div}(\rho\boldsymbol{V})=\frac{\partial}{\partial x}(\rho u)+\frac{\partial}{\partial y}(\rho v)+\frac{\partial}{\partial z}(\rho w)=\boldsymbol{\nabla}\cdot\boldsymbol{V}$$

式（4-14）可改写为

$$\frac{\partial\rho}{\partial t}+\boldsymbol{\nabla}\cdot(\rho\boldsymbol{V})=0 \tag{4-15a}$$

这是矢量形式的连续性方程。采用矢量表达的好处是与选取的具体坐标系无关。应用随体导数定义及矢量运算法则，还可得到连续性方程的另一表达形式：

$$\frac{\mathrm{D}\rho}{\mathrm{D}t}+\rho\,\boldsymbol{\nabla}\cdot\boldsymbol{V}=0 \tag{4-15b}$$

4.4.2　连续性方程的简化形式

在特殊流动条件下，式（4-15）可进一步简化。

1）对于定常流动，由于$\partial\rho/\partial t=0$，连续性方程为

$$\mathrm{div}(\rho \boldsymbol{V})=0 \tag{4-16a}$$

或

$$\frac{\partial}{\partial x}(\rho u)+\frac{\partial}{\partial y}(\rho v)+\frac{\partial}{\partial z}(\rho w)=0 \tag{4-16b}$$

上式表示单位体积内净流出的质量为零。

2）对于一元定常缓变流流动，则有

$$\frac{\partial}{\partial x}(\rho u)=0 \tag{4-17a}$$

或

$$\rho u=C_1$$

上式表明，对于一元定常流动，任意截面上的密度与速度的乘积为常数，于是对于缓变流，在过流截面上的积分得

$$\int_A \rho u \mathrm{d}A = \rho VA = C_2$$

或

$$\rho_1 V_1 A_1=\rho_2 V_2 A_2 \tag{4-17b}$$

式中，下标1和下标2分别表示流动方向上的两个过流截面。这就是一元定常缓变流动的质量守恒表达式。

3）对于不可压缩均质流体，$\rho=C$，此时连续性方程为

$$\mathrm{div}(\boldsymbol{V})=\frac{\partial u}{\partial x}+\frac{\partial v}{\partial y}+\frac{\partial w}{\partial z}=0 \tag{4-18a}$$

表明在此条件下，流体在流动过程中其体积不发生变化。对于一元定常不可压缩流动，则有

$$V_1A_1=V_2A_2 \tag{4-18b}$$

【例4-2】 已知某压缩机进出口的管径分别为$d_1=76.2\text{mm}$、$d_2=38.1\text{mm}$，进口处吸入密度$\rho_1=4\text{kg/m}^3$的氨气，经压缩后以$V_2=10\text{m/s}$的速度流出，此时密度增至$\rho_2=20\text{kg/m}^3$，求吸入口流速V_1。

解： 流出的质量流量：

$$Q_{m2}=\rho_2V_2A_2=\left[20\times10\times\pi\left(\frac{38.1\times10^{-3}}{2}\right)^2\right]\text{kg/s}=0.228\text{kg/s}$$

对于压缩性流体的定常流动，应用连续性方程（4-17b），即

$$\rho_1 V_1 A_1=\rho_2 V_2 A_2$$

所以

$$V_1=\frac{\rho_2V_2A_2}{\rho_1A_1}=\frac{0.228}{4\times\pi\left(\frac{76.2\times10^{-3}}{2}\right)^2}\text{m/s}=12.5\text{m/s}$$

4.5 理想流体运动微分方程

1775年欧拉（L. Euler）推导出了理想流体的运动微分方程，奠定了流体力学的基础，所以理想流体运动微分方程又称为欧拉运动微分方程。

如图4-6所示，在理想流体中取微元六面体，其中心坐标为M（x，y，z），假定在某时

刻 t，六面体中心处压强为 $p(x, y, z, t)$，流速分别为 $u(x, y, z, t)$、$v(x, y, z, t)$、$w(x, y, z, t)$，流体微团平均密度为 ρ。作用在该流体微团上的力有表面力与质量力。

下面以 x 方向受力分析为例分析理想流体运动过程的力平衡。

表面力：对于理想流体，作用在流体微团上的表面力仅有法向应力，其方向指向表面的内法线方向。由于选取的微元六面体很小，因此可以认为同一表面上各个点的压强相同。取表面形心处的压强作为该表面的压强值，则微元六面体左侧面压强可表示为 $\left(p-\dfrac{1}{2}\dfrac{\partial p}{\partial x}\mathrm{d}x\right)$，右侧面压强可表示为 $\left(p+\dfrac{1}{2}\dfrac{\partial p}{\partial x}\mathrm{d}x\right)$，则流体微团在 x 方向上表面力的合力为

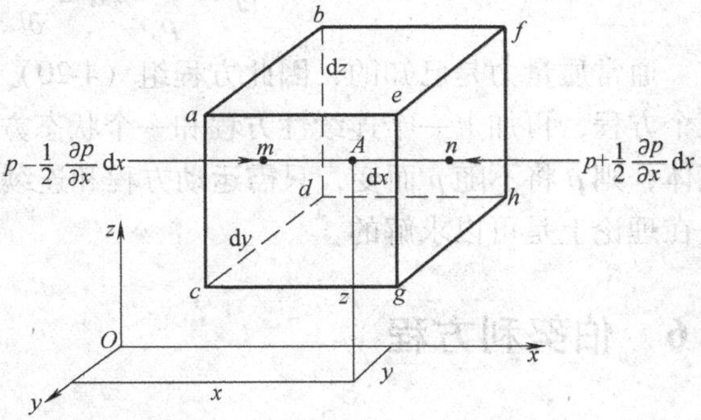

图4-6 微元六面体受力分析

$$P_x=\left[\left(p-\frac{1}{2}\frac{\partial p}{\partial x}\mathrm{d}x\right)-\left(p+\frac{1}{2}\frac{\partial p}{\partial x}\mathrm{d}x\right)\right]\mathrm{d}y\mathrm{d}z=-\frac{\partial p}{\partial x}\mathrm{d}x\mathrm{d}y\mathrm{d}z$$

质量力：流体微团所受的质量力在 x 轴上的分量为

$$F_x=\rho f_x\mathrm{d}x\mathrm{d}y\mathrm{d}z$$

其中，f_x 为流体所受的单位质量力在 x 轴上的分量。

根据牛顿第二定律：$\boldsymbol{F}=m\boldsymbol{a}$，在 x 方向上有

$$\rho\mathrm{d}x\mathrm{d}y\mathrm{d}z\frac{\mathrm{d}u}{\mathrm{d}t}=F_x+P_x=\rho f_x\mathrm{d}x\mathrm{d}y\mathrm{d}z-\frac{\partial p}{\partial x}\mathrm{d}x\mathrm{d}y\mathrm{d}z$$

上式化简后得

$$a_x=\frac{\mathrm{d}u}{\mathrm{d}t}=f_x-\frac{1}{\rho}\frac{\partial p}{\partial x} \tag{4-19a}$$

同理可得另外 y、z 方向上的关系式为

$$a_y=\frac{\mathrm{d}v}{\mathrm{d}t}=f_y-\frac{1}{\rho}\frac{\partial p}{\partial y} \tag{4-19b}$$

$$a_z=\frac{\mathrm{d}w}{\mathrm{d}t}=f_z-\frac{1}{\rho}\frac{\partial p}{\partial z} \tag{4-19c}$$

将各速度分量对时间的全导数的展开形式代入上式后可得

$$\begin{cases}f_x-\dfrac{1}{\rho}\dfrac{\partial p}{\partial x}=\dfrac{\partial u}{\partial t}+u\dfrac{\partial u}{\partial x}+v\dfrac{\partial u}{\partial y}+w\dfrac{\partial u}{\partial z}\\ f_y-\dfrac{1}{\rho}\dfrac{\partial p}{\partial y}=\dfrac{\partial v}{\partial t}+u\dfrac{\partial v}{\partial x}+v\dfrac{\partial v}{\partial y}+w\dfrac{\partial v}{\partial z}\\ f_z-\dfrac{1}{\rho}\dfrac{\partial p}{\partial z}=\dfrac{\partial w}{\partial t}+u\dfrac{\partial w}{\partial x}+v\dfrac{\partial w}{\partial y}+w\dfrac{\partial w}{\partial z}\end{cases} \tag{4-20a}$$

式（4-20a）就是直角坐标系中理想流体的**运动方程**（Momentum equation），也称为**欧拉运动微分方程**。此方程是研究理想流体运动规律的基础。对可压缩流体与不可压缩流体、

定常流动与非定常流动均适用。其矢量形式为

$$\boldsymbol{f}-\frac{\nabla p}{\rho}=\boldsymbol{a}=\frac{\partial \boldsymbol{V}}{\partial t}+(\boldsymbol{V}\cdot\nabla)\boldsymbol{V} \tag{4-20b}$$

通常质量力是已知的，因此方程组（4-20）中有五个未知数：u、v、w、p 和 ρ；现已有三个方程，再加上一个连续性方程和一个状态方程，就构成了封闭的方程组。若为不可压缩流体，则 ρ 将不随 p 而变，只需运动方程和连续性方程即可构成封闭的方程组。封闭的方程组在理论上是可以求解的。

4.6 伯努利方程

理想流体运动微分方程是描述理想流体运动的基本方程，用来解决实际流动问题时，需要对其积分。但欧拉运动微分方程积分时，仅在一些特殊条件下才有解析解。本节中主要讨论伯努利积分。

4.6.1 微元流束伯努利方程

1. 伯努利方程的导出

如图 4-7 所示，设 s 为一条流线，s 的方向应与速度的方向一致。根据式（4-20b）可以写出沿流线的运动方程为

$$a_s=f_s-\frac{1}{\rho}\frac{\partial p}{\partial s}$$

由于

$$a_s=\frac{\partial u}{\partial t}+u\frac{\partial u}{\partial s}$$

这里，u 是流体速度在流线上的分量。显然，速度在流线法向的分量为零。

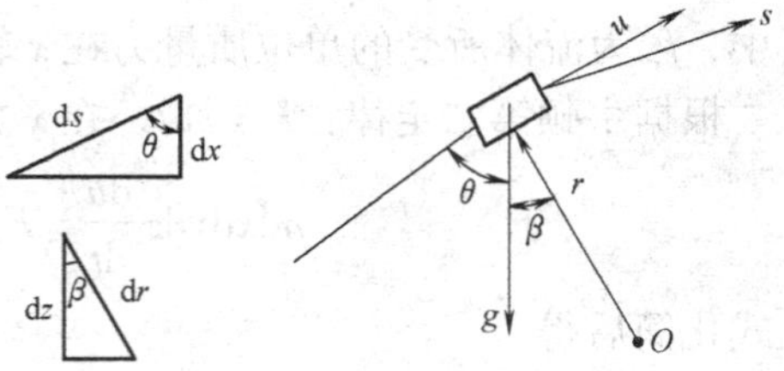

图 4-7 沿流线的运动

在定常流动中，$a_s=u\dfrac{\partial u}{\partial s}$；如果质量力仅有重力，则 $f_s=-g\cos\theta=-g\dfrac{\partial z}{\partial s}$。因此

$$u\frac{\partial u}{\partial s}=-g\frac{\partial z}{\partial s}-\frac{1}{\rho}\frac{\partial p}{\partial s}$$

如果流体不可压缩，ρ 为常数，则有

$$\frac{\partial}{\partial s}\left(gz+\frac{p}{\rho}+\frac{u^2}{2}\right)=0$$

此式沿流线积分，可得

$$gz+\frac{p}{\rho}+\frac{u^2}{2}=C_1 \tag{4-21a}$$

或

$$z+\frac{p}{\rho g}+\frac{u^2}{2g}=C_2 \tag{4-21b}$$

上式是伯努利（D. Bernoulli）于 1738 年首先提出的，故称为**伯努利方程**（Bernoulli equation）。这是工程流体力学中一个十分重要的方程。

从上面的推导过程可以看出，伯努利方程成立的条件是：

1）定常流动；

2）不计黏性力的影响，即为理想流体；

3）密度为常数，即流体不可压缩；

4）质量力仅为重力；

5）方程仅沿流线成立。

尽管上面五个条件的要求非常严格，但在许多工程问题中，这些条件都容易满足，因此，伯努利方程在实际中得到了广泛的应用。

2. 伯努利方程的意义

（1）**能量意义**　伯努利方程（4-21a）中的每一项表示的是单位质量流体所具有的能量，单位是J/kg。其中 gz 表示单位质量流体对某一基准面具有的**位置势能**；p/ρ 表示单位质量流体具有的**压强势能**；$u^2/2$ 表示单位质量流体具有的**动能**。这三项能量之和即为流体的**总机械能**。

伯努利方程表明：同一流线上各点处单位质量流体所具有的位置势能、压强势能和动能之和相等，即**总机械能守恒**，但在流动过程中各能量形式之间可以相互转换。

（2）**几何意义**　伯努利方程（4-21b）中的每一项的量纲为长度。其中 z 表示某位置点相对于某基准面的几何高度，又称为**位置水头**（Elevation head）；$p/(\rho g)$ 表示该位置点处与压强相当的液柱高度，也称为压强水头（Pressure head）或称静水头或测压管高度；$u^2/(2g)$ 表示该位置点处的**速度水头**（Velocity head）或测速管高度；三项之和称为**总水头**（Total head）。

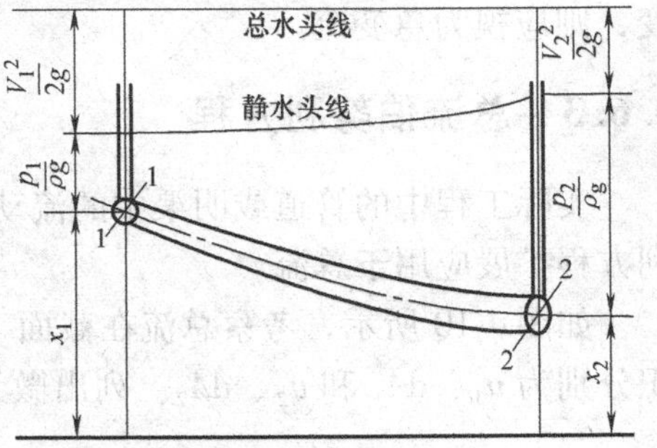

图4-8　理想流体伯努利方程总水头线

因此，伯努利方程表示：在同一条流线上，位置水头、压强水头和速度水头之和是一个常数。如果以基准面为起点，作一条铅垂线，其长度为总水头，如图4-8所示，则流线上各点的总水头 H 高度相同，它们顶点的连线是一条与基准面平行的线，称为**总水头线**。

4.6.2　流线法线方向的压强变化

伯努利方程表述了速度和压强沿流线方向的变化规律，在实际分析计算中往往还需要知道压强沿流线法线方向的变化。

在图4-7中，设流线上某处的曲率中心为 O，曲率半径为 r，沿 $\boldsymbol{r}$ 方向的运动方程为

$$a_r = f_r - \frac{1}{\rho}\frac{\partial p}{\partial r}$$

在定常运动中，a_r 就是向心加速度：

$$a_r = -\frac{u^2}{r}$$

如果流体的质量力仅有重力，则

$$f_r = -g\cos\theta = -g\frac{\partial z}{\partial r}$$

对于不可压缩流体，ρ 为常数，因此

$$-\frac{u^2}{r} = -\frac{\partial}{\partial r}\left(gz + \frac{p}{\rho}\right)$$

当曲率半径很大时，上式左边可忽略不计。右侧对 r 积分，于是沿流线的法线方向，有

$$z + \frac{p}{\rho g} = \text{常数} \tag{4-22}$$

上式说明，当曲率半径很大时，沿流线的法线方向，压强服从静压分布公式。

在管道流动中，如果某处流线的曲率半径都很大，则称为**缓变流**（Gradually varying flow）；如果流线的曲率半径都很小，则称为**急变流**（Rapidly varying flow）。曲率半径要大到什么程度才能视作缓变流，一般无定量标准，这要视实际问题所要求的精度而定。

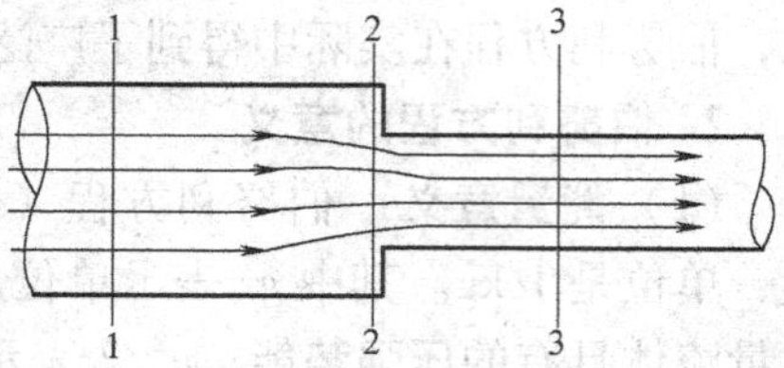

图 4-9 急变流与缓变流

在同一条管流中，往往某处是缓变流，另一处是急变流。图 4-9 表示管道截面积发生突变时的流线图案。离收缩截面 2—2 较远的截面 1—1 和 3—3 可视作缓变流，但在收缩截面 2—2 附近，过流截面变化较大，流线方向发生强烈改变，则应视为急变流。

4.6.3 总流伯努利方程

实际工程中的管道或明渠中的流动，都是有限截面的总流，因此，应将微小流束的伯努利方程扩展应用于总流。

如图 4-10 所示，考察总流在截面 1—1 和 2—2 之间的部分，取某一流束，速度和截面积分别为 u_1、dA_1 和 u_2、dA_2。列出微元流束两截面的伯努利方程：

$$z_1 + \frac{p_1}{\rho g} + \frac{u_1^2}{2g} = z_2 + \frac{p_2}{\rho g} + \frac{u_2^2}{2g} \tag{4-23}$$

根据不可压缩均质流体的连续性方程：

$$u_1 dA_1 = u_2 dA_2 \tag{4-24}$$

将式（4-23）、式（4-24）左、右两边相乘，并沿整个截面积分：

$$\int_{A_1}\left(z_1 + \frac{p_1}{\rho g} + \frac{u_1^2}{2g}\right)u_1 dA_1 = \int_{A_2}\left(z_2 + \frac{p_2}{\rho g} + \frac{u_2^2}{2g}\right)u_2 dA_2 \tag{4-25}$$

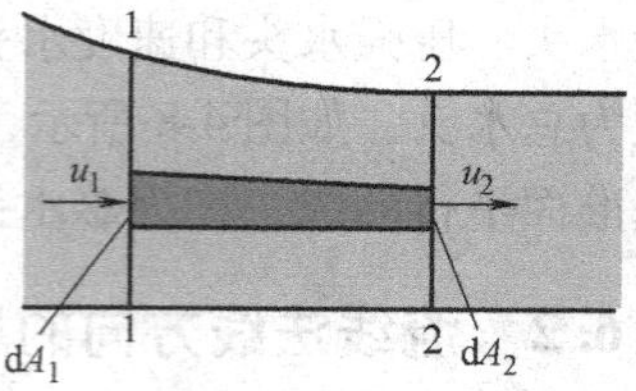

图 4-10 总流伯努利方程推导

设两截面均处在缓变流中，由式（4-22），在 1—1 和 2—2 截面上有 $z + \frac{p}{\rho g} = \text{const}$，即

$$\int_A\left(z + \frac{p}{\rho g}\right)u dA = \left(z + \frac{p}{\rho g}\right)Q_V$$

令

$$\int_A \frac{u^2}{2g} u dA = \alpha \frac{V^2}{2g} V \cdot A$$

式中，$V = Q_V/A$ 为截面平均流速；$\alpha = \frac{1}{A}\int_A\left(\frac{u}{V}\right)^3 dA$，称为**动能修正系数**。

对圆管层流，$\alpha = 2$；工程上的管流通常为湍流，$\alpha \approx 1$（参见第 5 章）。

这样，式（4-25）的积分结果为

$$\left(z_1+\frac{p_1}{\rho g}+\alpha_1\frac{V_1^2}{2g}\right)Q_{V1}=\left(z_2+\frac{p_2}{\rho g}+\alpha_2\frac{V_2^2}{2g}\right)Q_{V2}$$

对于不可压缩流体的定常流动，$Q_{V1}=Q_{V2}$，故有

$$z_1+\frac{p_1}{\rho g}+\alpha_1\frac{V_1^2}{2g}=z_2+\frac{p_2}{\rho g}+\alpha_2\frac{V_2^2}{2g} \tag{4-26}$$

式（4-26）称为**总流伯努利方程**，它与微元流束的伯努利方程（4-21）在形式上相同。在解决实际问题时，如果要计算点速度，就使用式（4-21）；如果要计算截面平均流速，就使用式（4-26）。

从上面的推导过程可以看出，总流伯努利方程的应用条件是：

1）定常流动；

2）不计黏性力的影响，即为理想流体；

3）不可压缩均质流体，密度为常数；

4）质量力仅为重力；

5）两截面处在缓变流中，但两截面之间可以出现急变流。

4.7　伯努利方程的扩展应用

本节讨论伯努利方程的一些典型的应用。

4.7.1　分流或汇流

图 4-11 所示为沿程流动过程中存在流体分流与汇流的情况。

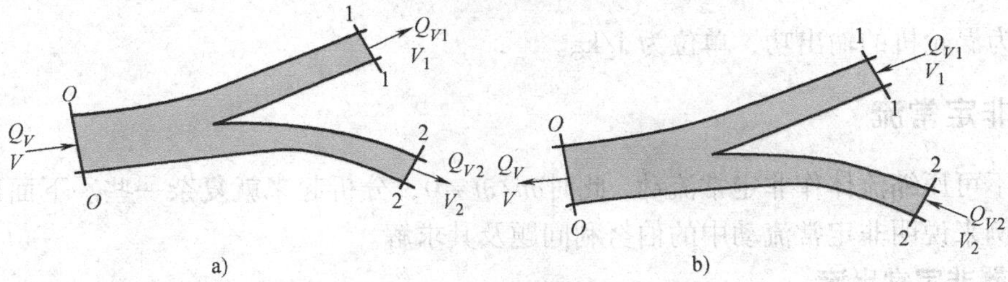

图 4-11　分流与汇流

a）分流　b）汇流

以分流情况为例，如图 4-11a 所示，对于总流与支流，由质量守恒定律有

$$Q_V=Q_{V1}+Q_{V2} \tag{4-27}$$

选取上游总流过流截面 0—0、下游两支流过流截面 1—1 与 2—2 为控制体，沿流动方向分别写出过流截面 0—0 与 1—1，以及 0—0 与 2—2 之间的总流伯努利方程：

$$\begin{cases} z_0+\dfrac{p_0}{\rho g}+\dfrac{\alpha_0 V_0^2}{2g}=z_1+\dfrac{p_1}{\rho g}+\dfrac{\alpha_1 V_1^2}{2g} \\ z_0+\dfrac{p_0}{\rho g}+\dfrac{\alpha_0 V_0^2}{2g}=z_2+\dfrac{p_2}{\rho g}+\dfrac{\alpha_2 V_2^2}{2g} \end{cases} \tag{4-28}$$

将式（4-28）的两个方程分别乘以 $\rho g Q_{V1}$ 与 $\rho g Q_{V2}$ 再两式相加，然后利用式（4-27）可得

$$Q_V\left(z_0+\frac{p_0}{\rho g}+\frac{\alpha_0 V_0^2}{2g}\right)=Q_{V1}\left(z_1+\frac{p_1}{\rho g}+\frac{\alpha_1 V_1^2}{2g}\right)+Q_{V2}\left(z_2+\frac{p_2}{\rho g}+\frac{\alpha_2 V_2^2}{2g}\right) \tag{4-29}$$

上式即为分流伯努利方程。

对于汇流，同理可得类似的伯努利方程。注意上式只适用于不可压缩流动。

4.7.2 有能量输入或输出的情形

当在总流流动过程中装有水泵、风机或涡轮机等叶轮机械时，流体经过叶轮机械将获得能量（如流经水泵或风机）或者对叶片做功而失去能量（如涡轮机）。这时，必须将流体系统与外界的能量交换加以考虑，并包括到总流伯努利方程中。

（1）装有风机

$$\rho g z_1+p_1+\alpha_1\frac{\rho V_1^2}{2}+P=\rho g z_2+p_2+\alpha_2\frac{\rho V_2^2}{2} \tag{4-30}$$

式中，P 为风机的静压头，单位为 Pa。

（2）装有水泵

$$z_1+\frac{p_1}{\rho g}+\alpha_1\frac{V_1^2}{2g}+H=z_2+\frac{p_2}{\rho g}+\alpha_2\frac{V_2^2}{2g} \tag{4-31}$$

式中，H 为水泵的扬程，单位为 mH_2O。

（3）流体流经涡轮机

$$gz_1+\frac{p_1}{\rho}+\alpha_1\frac{V_1^2}{2}=gz_2+\frac{p_2}{\rho}+\alpha_2\frac{V_2^2}{2}+N \tag{4-32}$$

式中，N 为涡轮机的输出功，单位为 J/kg。

4.7.3 非定常流

如果不可压缩流体作非定常流动，此时 $\partial u/\partial t\neq 0$，分析起来就复杂一些。下面以一些简单情况为例来说明非定常流动中的伯努利问题及其求解。

1. 容器非定常出流

如图 4-12 所示，容器的液面下 h 深处有一条长度为 l 的旁管，当打开管口阀门时，出流速度 u 从零开始逐渐增加。对于任一条从液面到管道出口的流线，可得非定常流动的运动方程为

$$\frac{\partial u}{\partial t}+u\frac{\partial u}{\partial s}=-g\frac{\partial z}{\partial s}-\frac{1}{\rho}\frac{\partial p}{\partial s}$$

或写成

$$\frac{\partial u}{\partial t}+\frac{\partial}{\partial s}\left(gz+\frac{p}{\rho}+\frac{u^2}{2}\right)=0 \tag{4-33}$$

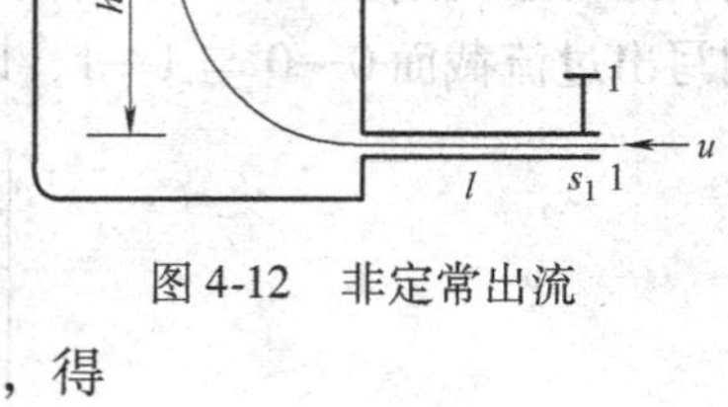

图 4-12 非定常出流

取容器自由液面所在截面 0—0 及旁管出口截面 1—1 为两端控制面，任取一条流线，并在自 0 到 1 点沿流线积分，得

$$\int_{s_0}^{s_1}\frac{\partial u}{\partial t}\mathrm{d}s+\left(gz_1+\frac{p_1}{\rho}+\frac{u^2}{2}\right)=gz_0+\frac{p_0}{\rho}+\frac{u_0^2}{2} \tag{4-34}$$

由于：①$p_1=p_0=p_a$，且 $z_0-z_1=h$；②容器内流体速度很小，可以忽略，$u_0=0$；③在旁管中，流速 u 不随流程而改变，所以上式左边第一项的$\partial u/\partial t$ 可移出积分号外，得

$$l\frac{\partial u}{\partial t}=gh-\frac{u^2}{2}$$

当 $t=0$ 时，$u=0$，因此有

$$\int_0^u\frac{\mathrm{d}u}{gh-\frac{u^2}{2}}=\frac{1}{l}\int_0^t\mathrm{d}t$$

积分得

$$u=\sqrt{2gh}\tanh\left(\frac{\sqrt{2gh}}{2l}t\right) \tag{4-35}$$

当 $t\to\infty$时，$u=\sqrt{2gh}$，这是定常流动时的解。

假设 $z_0-z_1=1\mathrm{m}$，$l=0.2\mathrm{m}$，则 $u=\sqrt{2gh}\cdot\tanh(11t)$，当 $t=0.2\mathrm{s}$ 时，$u=0.98\sqrt{2gh}$，与定常解相差仅为 2%，可见旁管出流从开始过渡到定常流动的过程是极为短暂的。

2. U 形管中液体的振荡

考虑液体在等截面 U 形管中的振荡，如图 4-13 所示。设两端管与水平线的夹角分别为 α 和 β，管中液柱的长度为 l，初始时刻液面在一条水平线上，振荡时，左液面和右液面的轴线位移是 x。应用式（4-33），有

$$l\frac{\partial u}{\partial t}=-gx(\sin\alpha+\sin\beta) \tag{4-36}$$

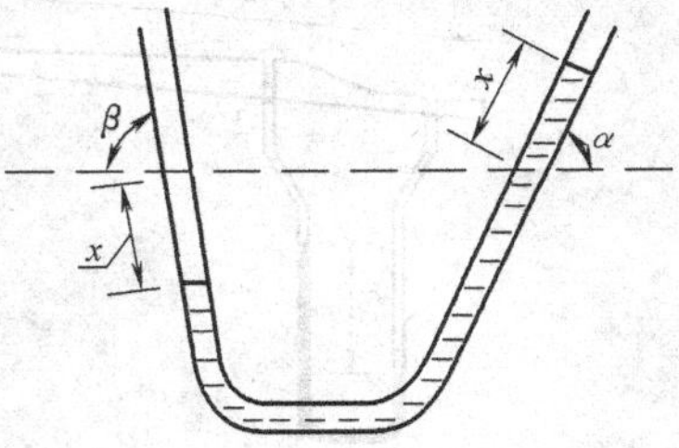

图 4-13　液体的振荡

由于 $u=\dfrac{\mathrm{d}x}{\mathrm{d}t}$，令

$$\omega=\sqrt{\frac{g(\sin\alpha+\sin\beta)}{l}}$$

则有

$$\frac{\mathrm{d}^2x}{\mathrm{d}t^2}+\omega^2x=0$$

解得

$$x=x_0\sin\omega t \tag{4-37}$$

4.7.4　毕托管测量流速

毕托管（Pitot tube）由总压管 0 和静压管 1 组成，并用套管外包着，如图 4-14 所示。将毕托管正对来流方向，流体沿管轴线流至管口中心点 0，绕过管头沿管壁流至静压管的管口中心点 1，再沿管壁流至下游。上游流体速度为 u，到了 0 点，速度减小至零，压强为 p_0；沿管壁流至点 1，速度为 u，压强变为 p_1。点 0、1 的位置高度相近，在 0 至 1 之间的流线

上，应用沿流线的伯努利方程

$$\frac{p_0}{\rho g}=\frac{p_1}{\rho g}+\frac{u^2}{2g}$$

解之可得

$$u=\sqrt{\frac{2g(p_0-p_1)}{\rho g}}=\sqrt{\frac{2(p_0-p_1)}{\rho}} \tag{4-38}$$

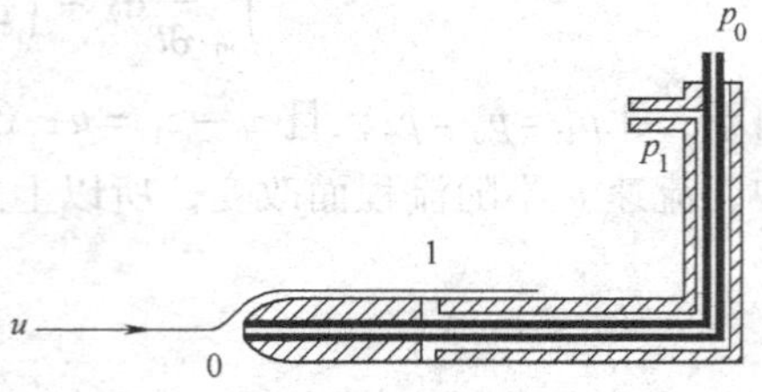

图 4-14　毕托管

毕托管中点 0 的速度为零，其压强称为**总压**，相应地，点 1 的压强称为**静压**。因此，毕托管头部与侧壁测压孔对应的测压管也称为总压管和静压管，其压差 p_0-p_1 可用倾斜式微压计等测压仪器测量。

4.7.5　文丘里流量计

文丘里流量计（Venture flux meter）是一种测量管道中液体体积流量的仪器，它由收缩段、喉部及扩散段三部分组成，测量时接入待测管道中，如图 4-15 所示。

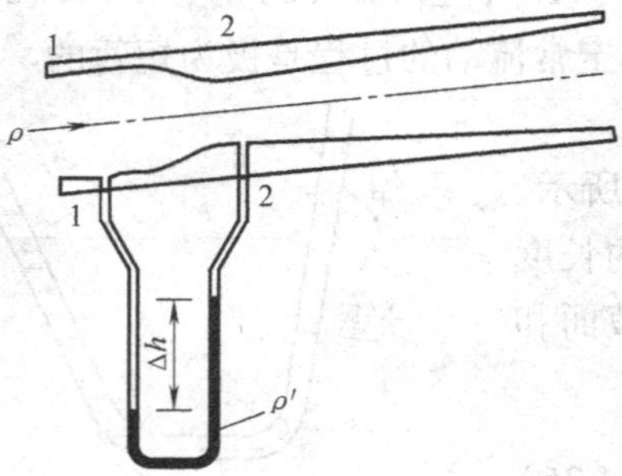

a)

b)

图 4-15　文丘里流量计

a）文丘里流量计示意图　b）文丘里流量计实际装置

收缩段从管径为 D 的截面 1—1 光滑地收缩至管径为 d 的喉部截面 2—2，然后又逐渐扩大。显然截面 1—1、2—2 均处在缓变流中，假定两截面上的动能修正系数 $\alpha=1$，则有

$$z_1+\frac{p_1}{\rho g}+\frac{V_1^2}{2g}=z_2+\frac{p_2}{\rho g}+\frac{V_2^2}{2g}$$

以连续性方程 $V_1A_1=V_2A_2$ 代入上式，得

$$\frac{V_2^2}{2g}\left[1-\left(\frac{A_2}{A_1}\right)^2\right]=\left(z_1+\frac{p_1}{\rho g}\right)-\left(z_2+\frac{p_2}{\rho g}\right)$$

上式右边的参数可以在轴线上取值。为了测量压差，在截面 1—1 和 2—2 处各引一个测压管接至汞 U 形管测压计，设汞的密度为 ρ'，并设截面 2—2 的中心至 U 形管右边汞面的高差为 y，则

$$p_2+\rho gy+\rho' g\Delta h=p_1+\rho g(y-z_2+z_1+\Delta h)$$

即
$$\frac{p_1-p_2}{\rho g}+z_1-z_2=\frac{\rho'-\rho}{\rho}\Delta h$$

因此，喉部截面的平均速度为

$$V_2=\sqrt{\frac{2g(\rho'/\rho-1)\Delta h}{1-(d/D)^4}} \tag{4-39}$$

考虑到流体的黏性影响及制造工艺等因素，实际流量等于上述速度乘以面积再乘以一个校正系数ξ（称为**流量系数**），即

$$Q_V=\xi\frac{\pi d^2}{4}\sqrt{\frac{2g(\rho'/\rho-1)\Delta h}{1-(d/D)^4}} \tag{4-40}$$

文丘里流量计的流量系数一般通过标定后在说明书中给出，也可用试验方法测定，一般$\xi=0.95\sim0.98$。

4.8　动量方程与动量矩方程

对欧拉运动微分方程积分可以解得流场中的压强与速度分布，但由于方程的数学求解很困难，因而大大限制了该方程的实际应用。很多工程问题中，人们仅关心流体与外界的相互作用，而不需要了解流体质点的压强与速度详细分布，此时可沿用理论力学中的动量定律，得到流体的动量方程来求解一些受力问题。

4.8.1　动量方程

理论力学中的动量定律指出：运动物体的动量随时间的变化率与该物体所受外力之合力相等。设物体动量为$\boldsymbol{K}$，则

$$\sum\boldsymbol{F}=\frac{\mathrm{d}\boldsymbol{K}}{\mathrm{d}t}=\frac{\mathrm{d}\left(\sum m\boldsymbol{V}\right)}{\mathrm{d}t} \tag{4-41a}$$

或
$$\mathrm{d}\boldsymbol{K}=\sum\boldsymbol{F}\cdot\mathrm{d}t \tag{4-41b}$$

以一元流动为例，来获得两截面间的一段流体的动量方程的具体形式。

如图4-16所示，在具有边界1—1和2—2截面间的控制体内取一微小流束，其在1—1及2—2处的截面积分别为$\mathrm{d}A_1$与$\mathrm{d}A_2$，相应的流速为u_1和u_2。在1—1截面处的全部流体质点，经时间$\mathrm{d}t$后运动到$1'$—$1'$截面，流过的体积流量为$u_1\mathrm{d}t\cdot\mathrm{d}A_1$，质量流量为$\rho u_1\mathrm{d}t\cdot\mathrm{d}A_1$，具有的动量为$\rho u_1^2\mathrm{d}t\cdot\mathrm{d}A_1$，则1—1截面至$1'$—$1'$截面间的全部流体质点的总动量（相当于1—1截面处流入控制体的总动量）为

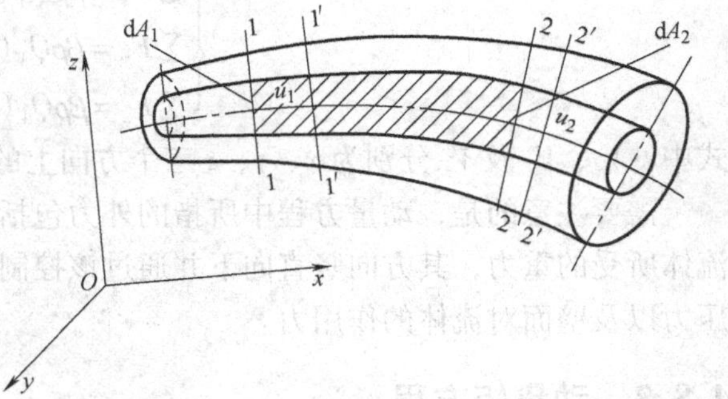

图4-16　动量方程的推导用图

$$K_{1-1'}=\int_{A_1}\rho u_1^2\mathrm{d}t\cdot\mathrm{d}A_1 \tag{4-42a}$$

同理，2—2截面处流出控制体的总动量为

$$K_{2-2'} = \int_{A_2} \rho u_2^2 \mathrm{d}t \cdot \mathrm{d}A_2 \tag{4-42b}$$

由于截面上速度分布难以确定，故要按式（4-42a）、式（4-42b）积分较困难，工程上常用截面平均流速来表示截面上的动量。由于用截面平均流速代替实际流速计算动量时会引起误差，因此引入**动量修正系数 $\boldsymbol{\beta}$** 予以修正。即令

$$\int_A \rho u^2 \mathrm{d}A = \beta\rho V^2 A$$

于是

$$\beta = \frac{1}{A}\int_A \left(\frac{u}{V}\right)^2 \mathrm{d}A \tag{4-43}$$

β 值的大小取决于截面上的速度分布，截面上的速度分布越均匀，β 值越接近于 1。对于层流，$\beta = 1.33$，对于湍流 $\beta = 1.01 \sim 1.05$（参见第 5 章）。工程中的管流多为湍流，故通常近似地取 $\beta = 1$。

于是，在 dt 时间内 1—1 及 2—2 截面间控制体内的流体动量的变化量为

$$\mathrm{d}K = K_{2-2'} - K_{1-1'} = \rho\beta(V_2^2 A_2 - V_1^2 A_1)\mathrm{d}t \tag{4-44}$$

应用不可压缩均质流体连续性方程

$$Q_V = V_1 A_1 = V_2 A_2$$

代入式（4-44），得

$$\mathrm{d}K = \rho\beta Q_V (V_2 - V_1)\mathrm{d}t \tag{4-45}$$

代入式（4-41a），则有

$$\sum F = \frac{\mathrm{d}K}{\mathrm{d}t} = \beta\rho Q_V (V_2 - V_1) \tag{4-46}$$

式（4-46）就是不可压缩流体一维定常流动的**总流动量方程**（Momentum equation）。它表明作用在控制体上的合外力等于单位时间内流出与流入控制体的流体动量净变化量对时间的变化率。

在三维流动中，通常沿坐标轴分别列出三个方向的动量方程，即

$$\begin{cases} \sum F_x = \beta\rho Q_V (V_{2x} - V_{1x}) \\ \sum F_y = \beta\rho Q_V (V_{2y} - V_{1y}) \\ \sum F_z = \beta\rho Q_V (V_{2z} - V_{1z}) \end{cases} \tag{4-47}$$

式中，V_x、V_y 及 V_z 分别为 x、y、z 三个方向上的断面平均流速分量。

需要注意的是，动量方程中所指的外力包括体积力与表面力。通常，体积力即控制体内流体所受的重力，其方向竖直向下并通过该控制体的质心。表面力是包括控制体截面所受的压力以及壁面对流体的作用力。

4.8.2 动量矩方程

将式（4-46）中各变量对相同点取矩，可得

$$\boldsymbol{M} = \sum \boldsymbol{F} \times \boldsymbol{r} = \beta\rho Q_{V2} \cdot \boldsymbol{V}_2 \times \boldsymbol{r}_2 - \beta\rho Q_{V1} \cdot \boldsymbol{V}_1 \times \boldsymbol{r}_1 \tag{4-48}$$

式中，$\boldsymbol{V} \times \boldsymbol{r}$ 表示速度矢量与矢径的矢量积。上式称为总流的**动量矩方程**（Angular Momentum equation）。它表明：在不可压缩定常流动中，单位时间内从控制体流出的动量矩与流入

控制体的动量矩之差值，等于作用在控制体上的所有外力矩之和。

如果沿总流流程所选取的控制体上有若干个流体入口面和出口面，则动量和动量矩方程分别为

$$\sum \boldsymbol{F} = \sum(\beta\rho Q_V \cdot \boldsymbol{V})_{out} - \sum(\beta\rho Q_V \cdot \boldsymbol{V})_{in} \tag{4-49}$$

$$\sum \boldsymbol{F} \times \boldsymbol{r} = \sum(\beta\rho Q_V \cdot \boldsymbol{V} \times \boldsymbol{r})_{out} - \sum(\beta\rho Q_V \cdot \boldsymbol{V} \times \boldsymbol{r})_{in} \tag{4-50}$$

应用定常流的动量和动量矩方程时应注意以下几点：

1）动量和动量矩方程是矢量方程，为计算方便，可选择一个适当的坐标系，求出并要注意流动方向和投影值的正负；

2）适当地选择控制体，并完整地考虑作用在控制体内流体上的所有外力；

3）计算只涉及流入、流出截面上的流动和所有外力，不必顾及控制体内的流动状态；

4）方程的未知数较多，常常需要联立连续性方程和伯努利方程才能求解。

4.8.3　动量方程与动量矩方程的应用举例

下面通过几个实例来说明动量与动量矩方程的应用。

1. 水流对弯管的作用力

【例4-3】 如图4-17所示，一变径弯管，轴线位于同一水平面，转角 $\alpha=60°$，直径由 $d_A=0.2\text{m}$ 变成 $d_B=0.15\text{m}$，流量 $Q_V=2.5\text{m}^3/\text{s}$，静压头 $p_A=3.84\text{kPa}$，流体密度为 $\rho=1.2\text{kg/m}^3$。求气流对 AB 段弯管的作用力（不计弯管的压头损失）。

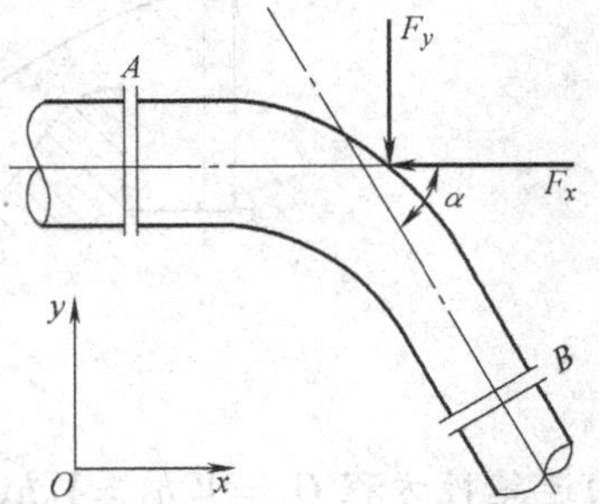

图4-17　弯管受力分析

解：（1）应用连续性方程求出 V_A 与 V_B

$$V_A = \frac{Q_{VA}}{A_A} = \frac{2.5}{\pi \times \left(\frac{0.2}{2}\right)^2}\text{m/s} = 79.6\text{m/s}$$

$$V_B = \frac{Q_{VB}}{A_B} = \frac{2.5}{\pi \times \left(\frac{0.15}{2}\right)^2}\text{m/s} = 141.5\text{m/s}$$

（2）列出伯努利方程计算 B 点静压 p_B

$$p_A + \frac{\rho V_A^2}{2} + \rho g h_{位A} = p_B + \frac{\rho V_B^2}{2} + \rho g h_{位B}$$

代入具体数值得：$\left(3840\text{Pa} + \frac{1.2 \times 79.6^2}{2}\text{Pa} + 0\text{Pa} = p_B + \frac{1.2 \times 141.5^2}{2}\text{Pa} + 0\text{Pa}\right.$

解得

$$p_B = (3840 + 3802 - 12013)\ \text{Pa} = 4371\text{Pa}$$

（3）将流段 AB 作为控制体，取向右为 x 轴正方向，向下为 y 轴正方向，假定气流对弯管的作用力 F 在两坐标轴的分量分别为 F_x 与 F_y，由式（4-47），取 $\beta=1$，有

x 方向：$\sum F_x = \rho Q_V(V_{Bx} - V_{Ax})$

$$p_A A_A - p_B A_B \cos 60° - F_x = \rho Q_V(V_B \cos 60° - V_A)$$

解得

$$F_x = 108.53\text{N}$$

y 方向：$\sum F_y = \rho Q_V(V_{By} - V_{Ay})$

$$p_B A_B \cos 30° - F_y = \rho Q_V(-V_B \cdot \cos 30° - 0)$$

解得

$$F_y = 434.47\text{N}$$

气流对 AB 段弯管的作用力大小为

$$F=\sqrt{F_x^2+F_y^2}=\sqrt{108.53^2+434.47^2}\text{N}=447.82\text{N}$$

设 F 与 x 方向夹角为 θ，则

$$\tan\theta=\frac{F_y}{F_x}=\frac{434.47}{108.53}=4.0$$

解得

$$\theta=75.97°$$

故 F 指向斜上方（第一象限），与 x 轴夹角为 75.97°。

2. 水流对水坝的作用力

【例 4-4】 溢流坝是水工建筑物，坝面上的动水压强分布很复杂。试用动量方程求水流对坝体的合力。

解： 图 4-18 所示坝体，选取单位厚度坝体的上、下游截面 1—1 与 2—2 为控制面，可认为这两个截面都处于缓变流，截面上的压力由静力学规律求解。水流对坝体的合力指向下游。取如图所示控制体，坝体对控制体内的流体的合力 F 指向上游。动量方程为

$$-F+\frac{1}{2}\rho g(h_1^2-h_2^2)=\rho Q_V(V_2-V_1)$$

所以

$$F=\frac{1}{2}\rho g(h_1^2-h_2^2)-\rho Q_V(V_2-V_1)$$

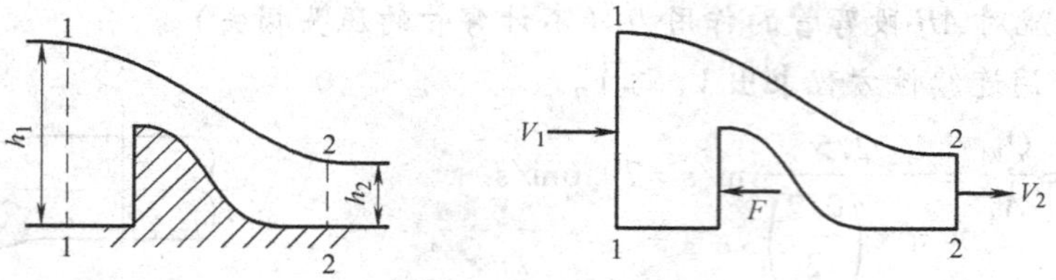

图 4-18 水坝受力分析

由连续性方程 $Q_V=V_1h_1=V_2h_2$，得

$$\rho Q_V\ (V_2-V_1)\ =\rho V_2^2h_2\left(1-\frac{h_2}{h_1}\right)$$

联立伯努利方程

$$h_1+\frac{p_a}{\rho g}+\frac{V_1^2}{2g}=h_2+\frac{p_a}{\rho g}+\frac{V_2^2}{2g}$$

可求得

$$V_2^2=\frac{2g\ (h_1-h_2)}{1-\left(\frac{h_2}{h_1}\right)^2}$$

代入动量方程得

$$F=\frac{\rho g}{2}\frac{(h_1-h_2)^3}{h_1+h_2}$$

3. 射流对平板的作用力

【例 4-5】 如图 4-19 所示，平面射流射向一平板（单位宽度），射流的流量为 Q_V，速度为 V，求射流对于平板的作用力（不计重力影响）及板面上两股流体的流量分配。

解： 取如图所示控制体。进口截面和两出口截面上的压强近似地都等于大气压，如果射流处在水平面上，则位置高度都相同。

根据伯努利方程，三个自由表面流速之间的关系满足：$V_1 = V_2 = V$（请读者尝试列出伯努利方程并求证此关系）。

板面上，水压强的合力与板面垂直。板对控制体的合力 F，方向如图所示。射流与平板的夹角为 θ。

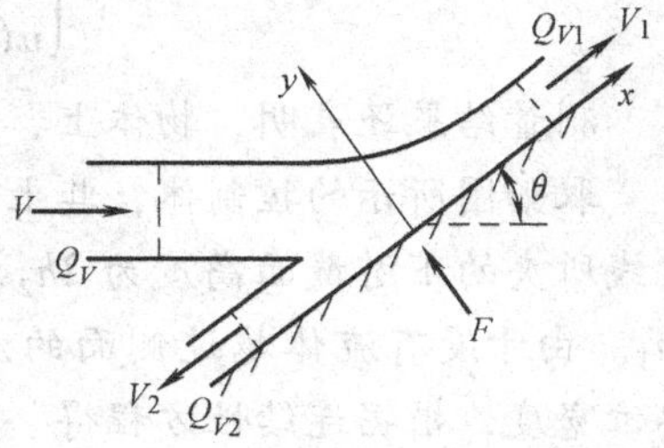

图 4-19　射流对平板的作用力

下面分别列出 x、y 方向的动量方程。

x 方向：　$\rho Q_{V1}V_1 - \rho Q_{V2}V_2 - \rho VQ_V\cos\theta = 0$

y 方向：　　　$F = \rho VQ_V\sin\theta$

联立连续性方程 $Q_V = Q_{V1} + Q_{V2}$，可以得到

$$Q_{V1} = \frac{1+\cos\theta}{2}Q_V,\quad Q_{V2} = \frac{1-\cos\theta}{2}Q_V$$

4. 射流对叶片的作用力

【例 4-6】 图 4-20 所示是一股射向固定叶片的射流，射流速度为 V_0，射流截面积为 A_0，叶片的折角为 θ。取如图所示的控制体。射流与大气接触，进口和出口截面的高程相差不大，可认为相同。根据伯努利方程，进、出口的流速相同，只是方向改变了角度 θ。设叶片对控制体流体的反作用力为 F_x 和 F_y，方向如图所示。射流对叶片的作用力与之大小相等，而方向相反。根据连续性方程，进、出口的过流断面面积相等。

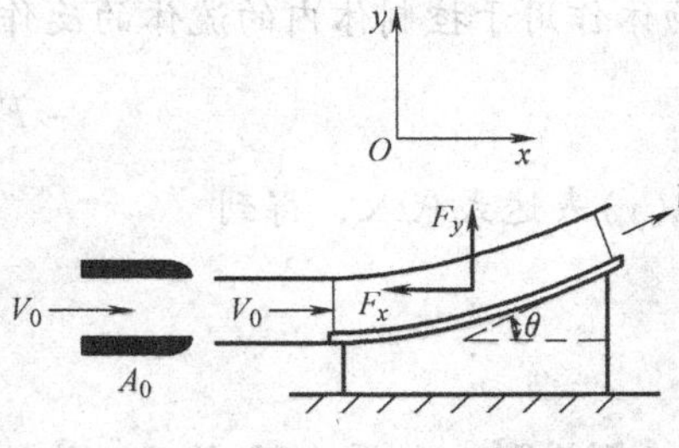

图 4-20　射流对固定叶片的作用

由动量方程易得

$$F_x = \rho V_0^2 A_0(1-\cos\theta)$$
$$F_y = \rho V_0^2 A_0\sin\theta$$

在一些情形下叶片是运动的，如在叶轮机械中，其模型可用图 4-21 表示。如图所示，一个固定不动的喷嘴流出的射流，其速度为 V_0，截面积为 A_0，这股射流冲击一个以常速度 u 向右运动的叶片，将动坐标系固结在运动叶片上，则在此动坐标系上观察到的流动是定常的。取如图所示的控制体，显然，此控制体进、出口截面上的速度应为相对速度 $V_0 - u$，过流面积仍为 A_0。应用动量方程，则有

$$F_x = \rho(V_0 - u)^2 A_0(1-\cos\theta)$$
$$F_y = \rho(V_0 - u)^2 A_0\sin\theta$$

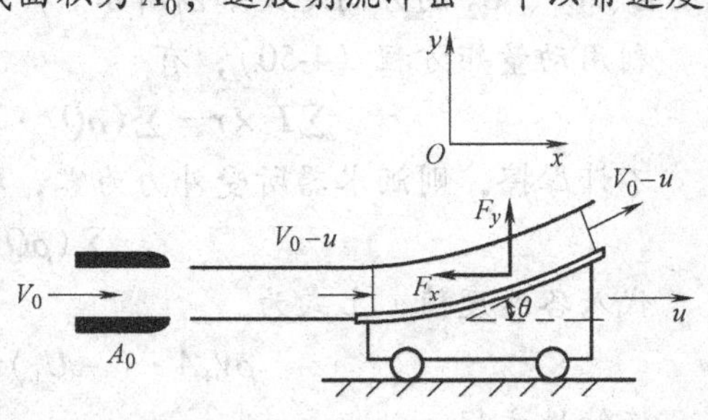

图 4-21　射流对运动叶片的作用

此时，射流对叶片所做功的功率为

$$P = F_x u = \rho(V_0 - u)^2 uA_0(1-\cos\theta)$$

5. 不可压缩气流对绕流物体的作用力

【例 4-7】 在工程流体力学中，常使用动量方程求物体的阻力。如图 4-22 所示，速度为 V_0 的均匀流体绕过一个物体后，在下游的一个截面上测得速度 $u(y)$ 的分布为

$$\begin{cases} u(y) = V_0\sin\left(\dfrac{\pi y}{2h_2}\right), & 0\leqslant |y| \leqslant h_2 \\ u(y) = V_0, & |y| > h_2 \end{cases}$$

测量结果还表明，物体上、下游的压强基本上等于大气压 p_a。

取如图所示的控制体，其上、下侧面为流线，这两条流线所夹的下游截面高度为 $2h_2$，所夹的上游截面高度为 $2h_1$。由于没有流体越过侧面的流线，并设垂直于纸面为单位宽度，根据连续性方程得

$$2V_0h_1 = 2\int_0^{h_2} u\mathrm{d}y$$

代入 $u(y)$，解得

$$h_1 = \frac{2}{\pi}h_2$$

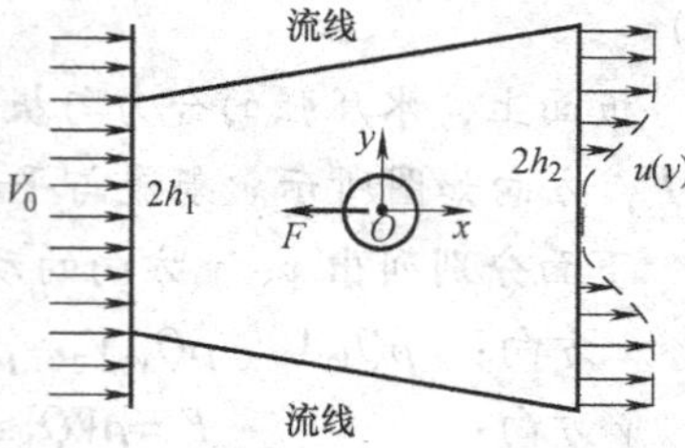

图 4-22　绕流情况下的流体动量分析

设物体作用于控制体内的流体的反作用力为 F，方向沿 x 轴负向，根据动量方程得

$$-F = 2\int_0^{h_2}\rho u^2\mathrm{d}y - 2\rho V_0^2h_1$$

将 $u(y)$ 表达式代入，得到

$$F = \left(\frac{4}{\pi}-1\right)\rho V_0^2h_2$$

【例 4-8】 如图 4-23 所示，旋转洒水器两臂长度不等，$l_1=0.2\text{m}$，$l_2=0.4\text{m}$，若喷口和来流管的直径 $d=20\text{mm}$，每个喷口的水流量为 $q_V=0.0157\text{m}^3/\text{s}$，不计摩擦，求转速。

解： 将洒水器作为隔离体，取坐标系如图所示，设左、右侧喷口喷出相对速度分别为 V_1、V_2，旋转角速度为 ω，则左、右侧喷口喷出的绝对速度为

$$U_1 = \omega\cdot l_1 - V_1 \tag{a}$$

$$U_2 = \omega\cdot l_2 - V_2 \tag{b}$$

ω、U_1、U_2 的方向定义如图所示。

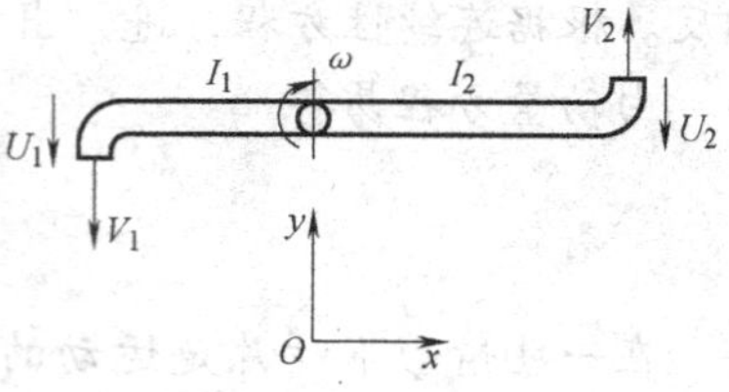

图 4-23　洒水器

利用动量矩方程（4-50），有

$$\sum\boldsymbol{F}\times\boldsymbol{r} = \sum(\rho Q_V\cdot\boldsymbol{V}\times\boldsymbol{r})_{\text{out}} - \sum(\rho Q_V\cdot\boldsymbol{V}\times\boldsymbol{r})_{\text{in}}$$

不计摩擦，则洒水器所受外力为零，即 $\sum\boldsymbol{F}=\boldsymbol{0}$。且右边第二项对转轴而言为零，故

$$\sum(\rho Q_V\cdot\boldsymbol{V}\times\boldsymbol{r})_{\text{out}} = \boldsymbol{0}$$

代入各速度值，上式为

$$\rho V_1A\cdot(-U_1)\cdot l_1 + \rho V_2A\cdot U_2\cdot l_2 = 0 \tag{c}$$

连续性方程：

$$q_V = V_1A + V_2A \tag{d}$$

由伯努利方程得

$$\frac{1}{2}\left(\frac{q_V}{A}\right)^2 = \frac{U_1^2}{2} + \frac{U_2^2}{2} \tag{e}$$

代入数据后，式（a）~式（e）形成方程组如下：

$$\begin{cases} U_1 = 0.2\omega - V_1 \\ U_2 = 0.4\omega - V_2 \\ V_1 U_1 - 2V_2 U_2 = 0 \\ V_1 + V_2 = 50 \\ U_1^2 + U_2^2 = 2500 \end{cases}$$

该方程组可用消元法和试凑法进行求解，其中一组合理的解是

$\omega = 171.615\text{rad/s}$，$V_1 = 31.26\text{m/s}$，$V_2 = 18.74\text{m/s}$，$U_1 = 3.06\text{m/s}$，$U_2 = 49.91\text{m/s}$

于是转速为

$$n = \frac{\omega}{2\pi} \times 60 = 1638.8\text{r/min}$$

4.9* 叶轮机械基本方程

在水泵、风机、水轮机等涡轮机械中，常常利用流体作为工作介质，实现能量的转换。本节讨论涡轮机械中流体运动基本方程。

4.9.1 涡轮机械内相对运动的伯努利方程

流体在涡轮机械中，一方面沿叶片间的通道作相对运动；另一方面，流体又随叶轮一起以匀角速度旋转。如果采用与叶轮一起转动的动坐标系，则在此坐标系上观察到的流体运动是定常的。

图4-24所示是涡轮机示意图。叶片固定在内轮（半径 R_1）和外轮（半径 R_2）之间，流体沿叶片通道由内向外流动，取一条流线 s（如图中粗实线），沿此流线，不考虑重力影响，流体运动方程为：

$$a_s = f_s - \frac{1}{\rho}\frac{\partial p}{\partial s} \tag{4-51a}$$

由于是定常流动，因此有

$$a_s = u\frac{\partial u}{\partial s} = \frac{\partial}{\partial s}\left(\frac{u^2}{2}\right) \tag{4-51b}$$

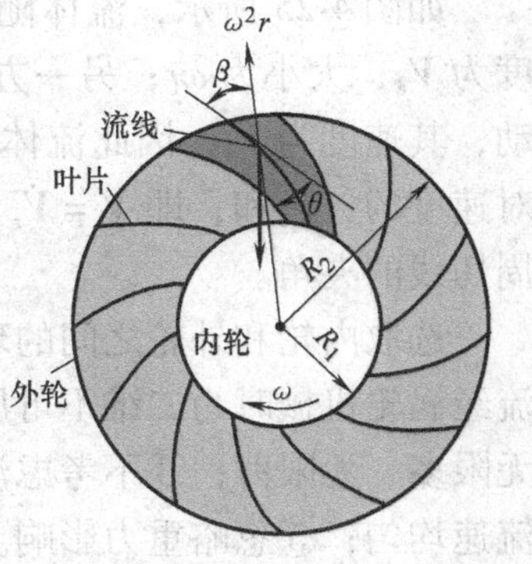

图4-24　涡轮机结构原理

流体流经涡轮机叶片时所受的体积力包括重力与惯性力，故有

$$f_s = -g\cos\theta + \omega^2 r\cos\beta = -g\frac{\mathrm{d}z}{\mathrm{d}s} + \omega^2 r\frac{\mathrm{d}r}{\mathrm{d}s} \tag{4-51c}$$

将式（4-51b）、式（4-51c）代入式（4-51a），得

$$u\frac{\partial u}{\partial s} = -g\frac{\mathrm{d}z}{\mathrm{d}s} + \omega^2 r\frac{\mathrm{d}r}{\mathrm{d}s} - \frac{1}{\rho}\frac{\mathrm{d}p}{\mathrm{d}s} \tag{4-52}$$

式中，u 是沿流线的（相对）速度；$\omega^2 r$ 是由于流体随涡轮机转动（牵连运动）引起的离心惯性力；θ 是离心惯性力与流线切向的夹角，$\cos\theta = \frac{\mathrm{d}r}{\mathrm{d}s}$。

如果流体为不可压缩均质流体，则由式（4-52）可得

$$\frac{\mathrm{d}}{\mathrm{d}s}\left(gz+\frac{p}{\rho}+\frac{u^2}{2}-\frac{\omega^2r^2}{2}\right)=0 \tag{4-53}$$

沿流线积分得

$$z_1+\frac{p_1}{\rho g}+\frac{u_1^2}{2g}-\frac{\omega^2R_1^2}{2g}=z_2+\frac{p_2}{\rho g}+\frac{u_2^2}{2g}-\frac{\omega^2R_2^2}{2g} \tag{4-54}$$

这就是涡轮机内不可压缩理想流体定常运动的伯努利方程，与绝对运动的伯努利方程比较，多了一项由离心力引起的水头。将点 1、2 选在内、外轮上，并用 H 表示总水头，即

$$H=z+\frac{p}{\rho g}+\frac{u^2}{2g} \tag{4-55}$$

则式（4-54）也可表示为

$$H_1+\frac{\omega^2(R_2^2-R_1^2)}{2g}=H_2 \tag{4-56}$$

式（4-56）说明，流体在涡轮机出口的总水头等于流体进口水头与其流经涡轮机过程中动能变化量之和。上式中，由于 $R_2>R_1$，因此流体从内轮向外流到外轮后总水头增加了，这说明叶轮机械对流体做功，水泵、风机就是根据这个原理设计出来的。反之，如果流体从外轮向内流到内轮，总水头减小，此时流体对叶轮机械做功，如水轮机、汽轮机等。

4.9.2 涡轮机内流体的动量方程与动量矩方程

流体经过涡轮机械时，在叶片之间的通道中的流动由牵连运动和相对运动组成。

如图 4-25 所示，流体随叶轮作匀角速度旋转，其牵连速度为 $\boldsymbol{V}_{\mathrm{e}}$，大小为 ωr；另一方面，流体又沿叶片通道作相对运动，其速度为 $\boldsymbol{V}_{\mathrm{r}}$，因此流体的绝对速度 $\boldsymbol{V}$ 等于牵连速度及相对速度的矢量和，即 $\boldsymbol{V}=\boldsymbol{V}_{\mathrm{e}}+\boldsymbol{V}_{\mathrm{r}}$，其中 α 是绝对速度 $\boldsymbol{V}$ 与圆周切线的夹角。

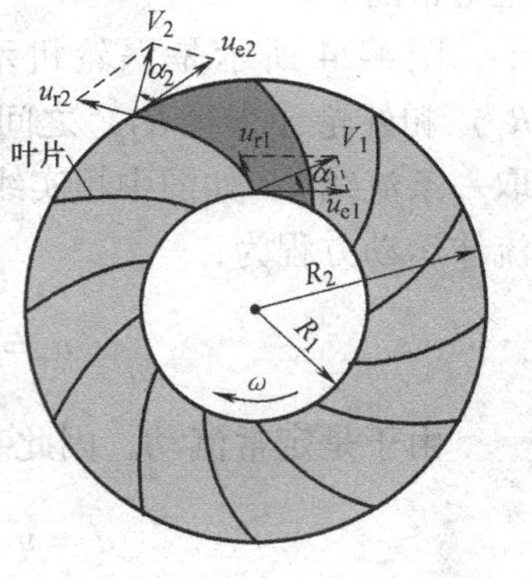

图 4-25 流体流经涡轮机械时的速度分解

选取内轮和外轮之间的环形空间为控制体。假设：①流体流经涡轮机械时为二维不可压缩定常流动；②涡轮机械的叶片无限多、无限薄；③不考虑流体黏性作用；④在任一圆周面上流速均匀；⑤忽略重力影响。

此时，取一微小流束，可写出此微元流束的动量矩方程为

$$\mathrm{d}M=\rho\mathrm{d}Q_V\cdot(V_2R_2\cos\alpha_2-V_1R_1\cos\alpha_1)$$

将上式沿圆周积分，即可得叶片作用在流体的力对转轴的力矩 M 为

$$M=\rho Q_V\cdot(V_2R_2\cos\alpha_2-V_1R_1\cos\alpha_1) \tag{4-57}$$

式中，Q_V 为流经涡轮机的流量。

叶片对流体所做功的功率为

$$\begin{aligned}P&=M\cdot\omega\\&=\rho Q_V\cdot(V_2\omega R_2\cos\alpha_2-V_1\omega R_1\cos\alpha_1)\\&=\rho Q_V\cdot(V_2u_{\mathrm{e}2}\cos\alpha_2-V_1u_{\mathrm{e}1}\cos\alpha_1)\end{aligned} \tag{4-58}$$

上式称为涡轮机械的欧拉方程。

由式（4-58）可以看出：当 $P>0$ 时，叶轮机械对流体做功（如水泵、风机），这时流体从内轮流入，从外轮流出，α_1 和 α_2 均小于 90°；当 $P<0$ 时，流体对叶轮做功（如汽轮机），这时流体自外轮流向内轮，α_1 和 α_2 均大于 90°。

思考与练习

4-1　流体运动与刚体运动有何区别？

4-2　描述流体运动的两种方法有何区别？分别适用于什么情形？

4-3　什么是随体导数？它由哪几部分构成？

4-4　迹线和流线是如何定义的？有何特点和联系？

4-5　流动截面上的流量和平均流速是如何表述的？

4-6　系统和控制体是如何定义的？二者有何区别和联系？

4-7　伯努利方程成立的条件是什么？为什么说它是流体的机械能守恒方程？

4-8　急变流与缓变流的区别是什么？讨论它们有何意义？

4-9　总流的伯努利方程与沿流线的伯努利方程有何区别？其应用条件是什么？

4-10　伯努利积分是否适用于非定常流动情形？为什么？

4-11　请说明毕托管测定流速的原理及其注意事项。

4-12　试讨论文丘里管测定流量的原理和适用条件，以及怎样提高测量精度。

4-13　河流中两艘船如果行驶时相距过近就会有碰撞的危险，请用流体力学原理解释之。

4-14　应用动量和动量矩方程时应注意哪些事项？

4-15　涡轮机流道内伯努利方程有何特点？其对流体做功功率如何表示？

4-16　已知流场的速度分布为 $\boldsymbol{v}=(4x^3+2y+xy)\boldsymbol{i}+(3x-y^3+z)\boldsymbol{j}$，试确定：（1）该流动属于几维流动；（2）点（2，2，3）上的加速度。

4-17　已知流场的速度分布为 $v_x=yz+t$，$v_y=xz-t$，$v_z=xy$，试确定：（1）该流动是否为定常流动；（2）$t=0$ 时点（1，1，1）上的加速度。

4-18　不可压缩流体流过圆形截面的收缩管，入口处管直径 0.45m，出口管直径 0.15m，管长 0.3m，管径沿管长线性变化。如果流动是定常的，体积流量为 0.3m³/s，试确定在管长 1/2 处的加速度。

4-19　两水平放置的平板相距 a，其间流体的速度为 $v=-10(y/a)+20(y^2/a^2)$，坐标原点在平板上，y 轴垂直向上。试确定单位厚度平板间的体积流量和平均流速。

4-20　不可压缩流体在分支管道中流动，总管直径为 20mm，一支管直径为 10mm，另一支管直径为 15mm，管内流速分别为 0.3m/s 和 0.6m/s，试计算总管内流体的体积流量和流速。

4-21　用毕托管和倾斜式微压计测气流速度，已知气体密度 $\rho=1.2\text{kg/m}^3$，酒精密度 $\rho'=800\text{kg/m}^3$，斜管倾角 $\theta=30°$，读数 $l=12\text{cm}$。试计算气流的速度。

4-22　文丘里管测流量。已知 $D=25\text{mm}$，$d=14\text{mm}$，喉部与其上游的压差为 883Pa，流量系数 $\xi=0.96$，求管中水的流量 Q_V。

4-23　为了测量矿山排风管道的气体流量，在其出口处装有一个收缩-扩张形管嘴，在喉部处安装一个细管，下端插入水中，如图 4-26 所示。已知 $\rho=1.25\text{kg/m}^3$，$\rho'=1000\text{kg/m}^3$，$h=45\text{mm}$，$d_1=400\text{mm}$，$d_2=600\text{mm}$，求 Q_V。

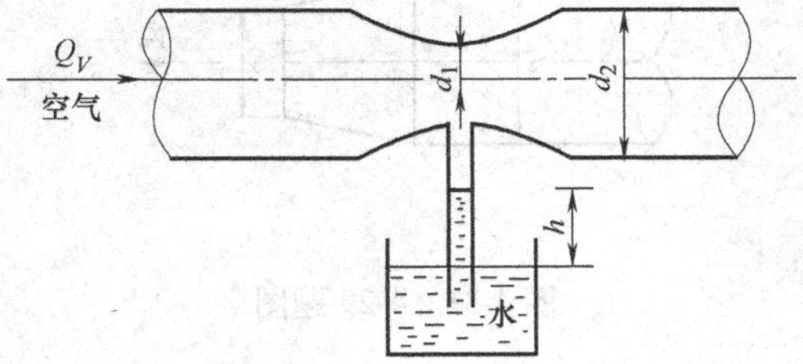

图 4-26　4-23 题图

4-24　如图 4-27 所示，池的水位高 $h=4\text{m}$，池壁有一小孔，孔口到水面高差为 y。如果从孔口射出的水流到达地面的水平距离 $x=2\text{m}$，求 y 的值。

4-25 水龙头和压力水箱相连接，若水龙头的进水速度不计，计示压强为 1.7×10^5Pa，水龙头向大气喷水，设水柱不破裂，试计算水流能到达的最大高度。

4-26 图 4-28 所示为大水箱连接一变截面管道。已知 $d_1=100$mm，$d_2=150$mm，$d_3=125$mm，$d_4=75$mm，自由液面上计示压强为 $p'=147150$Pa，$H=5$m，若不计损失，求通过管道的水流量，并绘制测压管水头线。

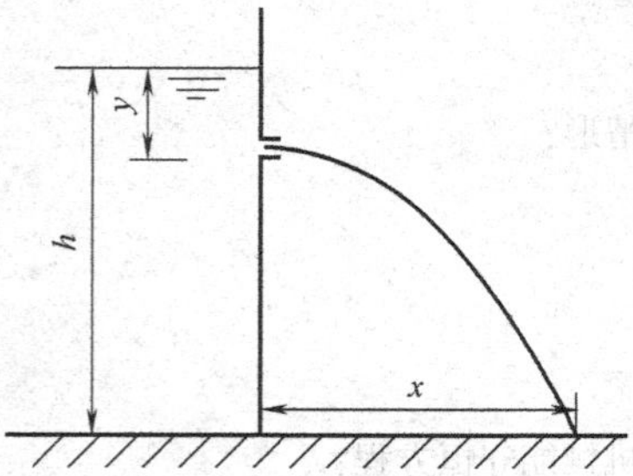

图 4-27 4-24 题图

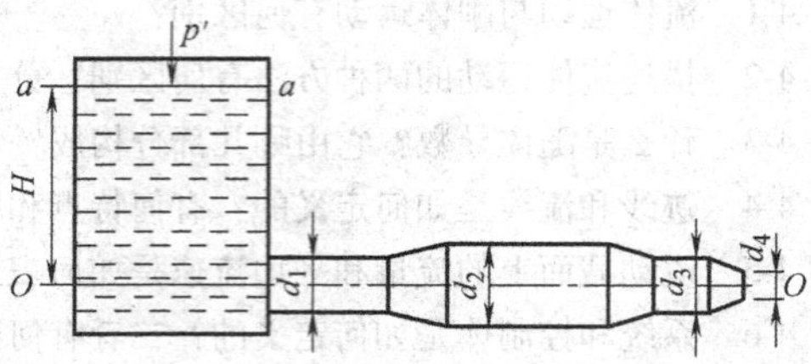

图 4-28 4-26 题图

4-27 如图 4-29 所示，已知离心水泵出水量 $Q_V=0.03\text{m}^3/\text{s}$，吸水管直径 $d=150$mm，水泵离水面高 $H=7$m，若不计损失，求水泵入口处的真空度。

4-28 如图 4-30 所示，水从水井 A 利用虹吸管引到水井 B 中，已知体积流量 $Q_V=100\text{m}^3/\text{h}$，$H=3$m，$z=6$m，若不计虹吸管水头损失，求虹吸管的管径及上端管中的压强。

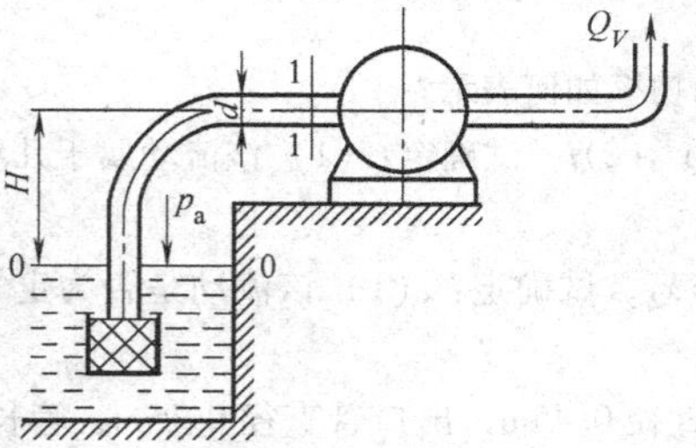

图 4-29 4-27 题图

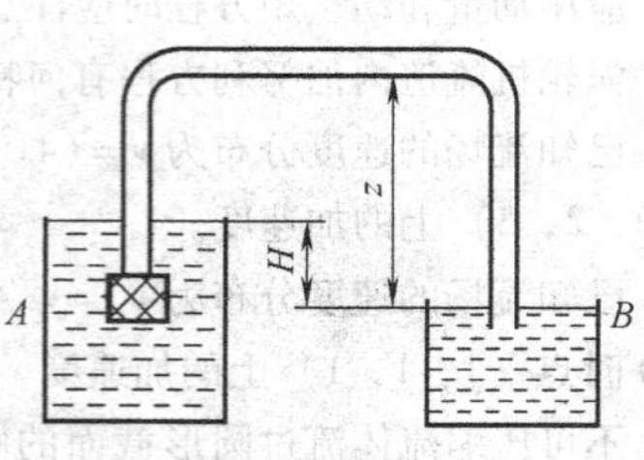

图 4-30 4-28 题图

4-29 如图 4-31 所示，消防水枪水平工作，水枪进口直径 $d_1=15$mm，出口直径 $d_0=7$mm，水枪工作水量 $Q_V=0.0027\text{m}^3/\text{s}$，试确定水枪的后坐力。

4-30 连续管系中的 90°渐缩弯管放在水平面上，如图 4-32 所示，进口直径 $d_1=150$mm，出口直径 $d_2=75$mm，入口处的平均流速 $V_1=2.5$m/s，计示压强为 $p_1'=6.86\times10^4$Pa，若不计损失，求支撑弯管所需的水平力。

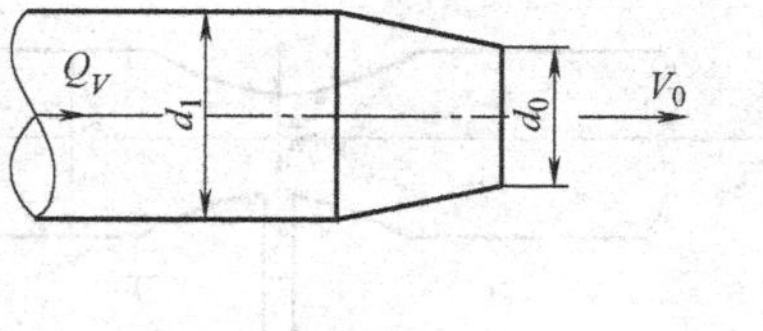

图 4-31 4-29 题图

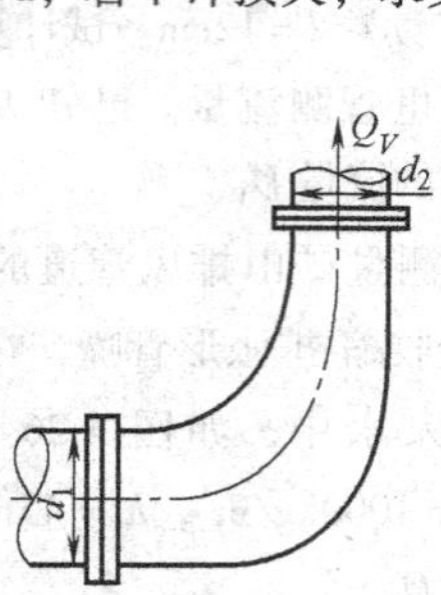

图 4-32 4-30 题图

4-31 喷水船用水泵从船头吸水、从船尾以高速喷水而运动。已知流量 $Q_V=0.08\text{m}^3/\text{s}$，船头吸水的相

对速度 $V_1=0.5\text{m/s}$，船尾喷水的相对速度 $V_2=12\text{m/s}$，试确定船的推进力。

4-32　用试验确定流体作用在圆柱体上的力。如图4-33所示，将长为 L、直径为 D 的圆柱体浸入不可压缩流体速度为 V_∞ 的定常、均匀流场中，测得圆柱体前后的速度分布如图所示，试确定流体作用在圆柱体上的力。

4-33　如图4-34所示，一射流初速度为 V_0，流量为 Q_V，平板向着射流以匀速 V 运动，试导出使平板运动所需功率。

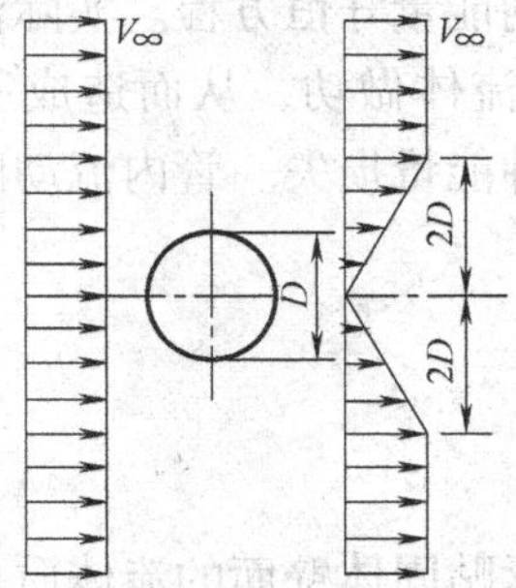

图4-33　4-32题图

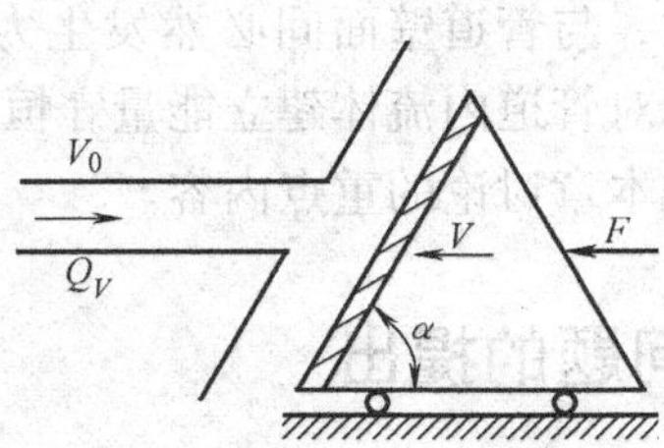

图4-34　4-33题图

4-34　具有对称臂的洒水器如图4-35所示，总流量为 $5.6\times10^{-4}\text{m}^3/\text{s}$，每个喷嘴的面积为 $0.93\times10^{-6}\text{m}^3$，不计损失，求其转速；如果不让它转动，试问需加多大的力矩？

4-35　水在 $p=2\times10^5\text{Pa}$ 的压强作用下沿鸭嘴形弯管流出，如图4-36所示，体积流量为 $Q_V=0.125\text{m}^3/\text{s}$，弯管直径 $d=200\text{mm}$，$r=600\text{mm}$。若忽略能量损失和重力的影响，求弯管所受的力矩 M。

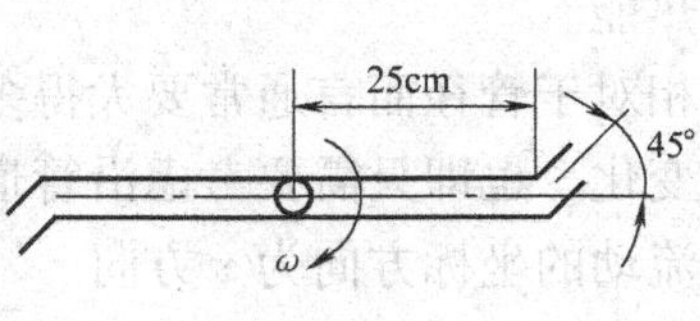

图4-35　4-34题图

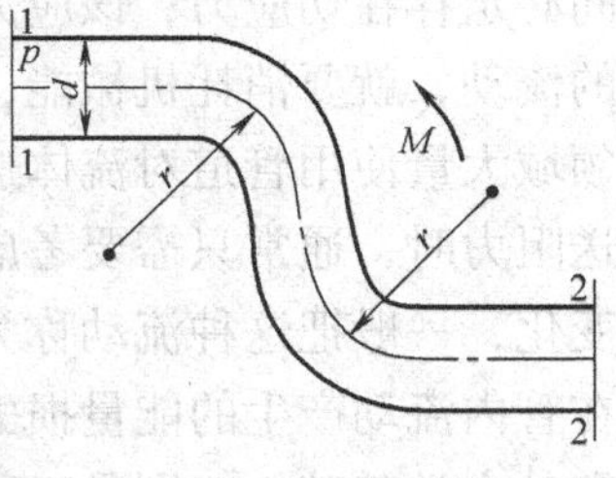

图4-36　4-35题图

4-36　如图4-37所示，直径为 d、流量为 Q_V 的水射流冲击一个对称的叶片，叶片的转角为 θ，如果叶片以速度 u 远离射流而去，求射流对叶片所做的功率 P。试问当 u 等于多少时，功率 P 最大？

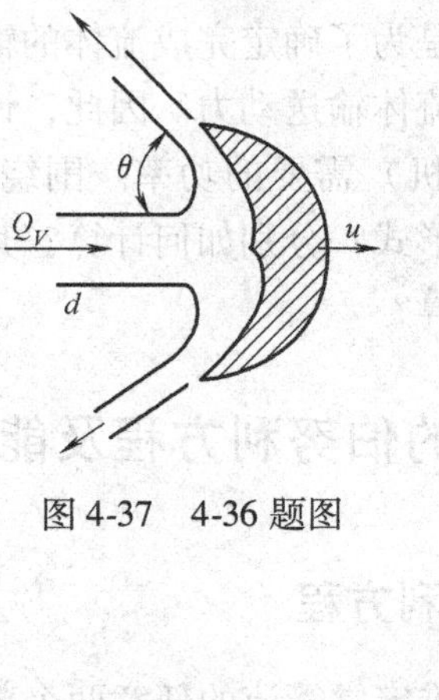

图4-37　4-36题图

第5章 不可压缩黏性流体一元流动

上一章讨论的理想流体伯努利方程，可视为理想流体的能量守恒方程。实际流体在管道内流动时，与管道壁面间必然发生力的作用，这种力将对流体做功，从而造成所谓能量损失，所以对管道内流体建立能量守恒方程时，必须考虑这种能量损失。管内流动的能量损失计算正是本章讨论的重点内容。

5.1 问题的提出

实际流体都是有黏性的，黏性流体流经固体壁面时，紧贴固体壁面的流体质点将黏附在固体壁面上，它们之间的相对速度等于零，这一点与理想流体不同。既然流体质点要黏附在固体壁面上，在固体壁面和流体的主流之间必定有一个由固体壁面的速度过渡到主流速度的流速变化区域；倘若固体壁面是静止不动的，则存在有一个由零到主流速度 u 的流速变化区域。由此可见，在同样的通道中流动的理想流体和黏性流体，它们沿截面的速度分布是不相同的。对于流速分布不均匀的黏性流体，在流动的垂直方向上出现速度梯度，在相对运动着的流层之间必定存在切应力，该应力对流动起阻碍作用，即为流动阻力。要克服阻力，维持黏性流体的流动，就要消耗机械能，并不可逆地转化为热能。

工程领域大量使用管道对流体进行输送，管道长度相对于管径而言通常要大得多，在考虑管道输送阻力时，通常只需要考虑流动参数沿管程的变化，也即只需要考虑沿管道流动方向的参数变化，一般把这种流动称为一元流动，且默认流动的坐标方向为 x 方向。

流体在管内流动产生的能量损失也称为流动阻力损失，或简称阻力损失。前面讨论了流体运动学和动力学基础，特别是工程上最常用到的一维流动的连续性方程和总流的伯努利方程，这为讨论黏性流体管内流动的能量损失和水力计算奠定了基础。

对于管流的能量损失，除少数问题可以用理论分析方法加以计算外，多数实际问题因为现象复杂，数学分析上遇到很大困难，因而要依靠实验研究解决。

计算管流能量损失的目的，是为了确定完成流体的输送所需要的外加动力来克服这种损失，工程上常用泵或风机来提供流体输送动力。因此，计算管内流动阻力损失的目的就是为了确定输送流体的机械（泵或风机）需要的功率。围绕这个核心目标，下面需要讨论的问题是：管流的能量损失有哪几种形式？分别如何计算？其影响因素是什么？当多种管道组合成管网时，其能量损失又如何计算？

5.2 黏性流体管内流动的伯努利方程及能量损失

5.2.1 黏性流体总流的伯努利方程

由上一章可知，重力场中一维定常管流的任意两个截面的能量积分满足下列方程：

$$\int_{A_2}\rho gu\left(\frac{e}{g}+\frac{u^2}{2g}+z+\frac{p}{\rho g}\right)\mathrm{d}A-\int_{A_1}\rho gu\left(\frac{e}{g}+\frac{u^2}{2g}+z+\frac{p}{\rho g}\right)\mathrm{d}A=0 \tag{5-1a}$$

式中，$\frac{e}{g}$、$\frac{u^2}{2g}$、z、$\frac{p}{\rho g}$分别为流体的内能、动能、重力势能和静压能所对应水头。由于在缓变流截面上$z+\frac{p}{\rho g}=$常数，故上式势能部分的积分项可写成

$$\int_{A}\rho gu\left(z+\frac{p}{\rho g}\right)\mathrm{d}A=\rho gQ_V\left(z+\frac{p}{\rho g}\right) \tag{5-1b}$$

而动能积分项采用有效截面的平均流速V来计算，即

$$\int_{A}\rho gu\frac{u^2}{2g}\mathrm{d}A=\alpha\rho gQ_V\frac{V^2}{2g} \tag{5-1c}$$

式中，$\alpha=\frac{1}{A}\int_{A}\left(\frac{u}{V}\right)^3\mathrm{d}A$，为**动能修正系数**。

将式（5-1a）中的热力学能（内能）增量表示为

$$\int_{A_2}\rho gu\frac{e}{g}\mathrm{d}A-\int_{A_1}\rho gu\frac{e}{g}\mathrm{d}A=\int_{Q}\rho(e_2-e_1)\mathrm{d}Q_V=\rho gQ_Vh_{\mathrm{w}} \tag{5-1d}$$

在由截面A_1至截面A_2的流动过程中，由于流体黏性应力所做的**摩擦功**要消耗有用的机械能转化为热能，使流体的温度升高，**热力学能**增大，而这部分能量通常将耗散到环境中去，因此构成**能量损失**。式中，h_{w}代表的正是平均单位质量流体损失的机械能。将式（5-1b）~式（5-1d）代入式（5-1a），并同除以ρgQ_V，得

$$z_1+\frac{p_1}{\rho g}+\alpha_1\frac{V_1^2}{2g}=z_2+\frac{p_2}{\rho g}+\alpha_2\frac{V_2^2}{2g}+h_{\mathrm{w}} \tag{5-2}$$

这就是**黏性流体总流的伯努利方程**。它适用于在重力作用下不可压缩黏性流体总流的定常绝热的缓变流动。由于机械能沿流程不断损失，总水头线将不断降低，如图5-1所示。

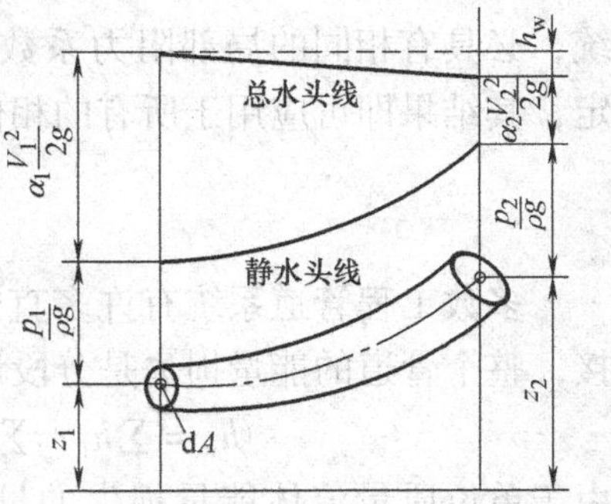

图5-1　黏性流体总流的伯努利方程几何意义图示

应用该方程时，不必顾及两个缓变流截面间有无急变流；若管流有分流或汇流情形，则要在分流或汇流点前后分段应用该方程。

动能修正系数可按截面上的流速分布求得，其值恒大于1。在工业管道通常流动条件下，$\alpha=1.01\sim1.10$；流动的紊乱程度越大，流速分布越均匀，其数值越接近于1。因此，在设计工业管道时，通常近似地取$\alpha=1$，并且以V代表管流的平均流速。

黏性流体在管道中流动时的能量损失有两大类：沿程阻力损失和局部阻力损失。

5.2.2　沿程阻力损失

沿程阻力损失简称沿程损失（Head loss in long），是流体在流动过程中克服黏性力作用而造成的损失，是发生在缓变流整个流程中的能量损失。

沿程损失用h_{f}表示，这种损失的大小与流体的流动状态有着密切的关系。理论分析和

实验表明，h_f 与流程 l 成正比，对于管道流动，与管径 d 成反比，即

$$h_f = \lambda \frac{l}{d}\frac{V^2}{2g} \tag{5-3}$$

式（5-3）称为**达西公式**（H. Darcy，1856 年）。式中，λ 称为**沿程阻力系数**（Friction factor）。λ 与流体的黏度、流速、管道的内径以及管壁粗糙度等有关，是一个量纲一的系数，通常由实验确定，特殊情况下可以解析计算得到。l 为管道长度，d 为管道内径，$\frac{V^2}{2g}$为流体的动压头（速度水头）。由式（5-3）可以看出，在同样条件下，管道越长，损失的能量越大，这是沿程阻力损失的特征。

5.2.3 局部阻力损失

流体在流动过程中，如果遇到因边界发生急剧变化的局部障碍（如阀门、截面突变等），从而导致流体速度分布急剧变化、流体微团激烈碰撞、流体中产生旋涡等而造成能量损失，称为局部阻力损失，简称**局部损失**（Local head loss），记作 h_j。**局部损失产生的根本原因在于流体的内摩擦力**。局部阻力损失的大小通常无法用解析方法得到解答，只能利用相似原理通过试验方法，测定出各相似（几何形状）条件下的阻力（压头损失）与动压头之比值（可理解为欧拉数）。后者称为**局部阻力系数**（Local loss factor），用 ζ 表示。即

$$\zeta = \frac{h_j}{h_{动}} \tag{5-4a}$$

按照相似理论观点，现象相似的系统，其决定性准则数必相等（参见第 12 章）。由此得出如下推论：①引起局部阻力的主要原因是管道的局部变形，即决定局部阻力大小的主要原因是几何形状；②几何形状相似的系统，其阻力欧拉数必相等。也就是说，几何相似的系统，必具有相同的局部阻力系数 ζ。因此，只要对工程中常见的一些局部变形进行实验测定，其结果即可应用于所有的相似形中。最后，按 ζ 的定义即可计算出局部阻力：

$$h_j = \zeta h_{动} = \zeta \frac{\rho V^2}{2} \tag{5-4b}$$

多数工程管道系统有许多直管段，这些直管段用管件（如变径管、接头、阀门等）连接，整个管道的能量损失是分段计算出的能量损失的叠加，即

$$h_w = \sum h_f + \sum h_j \tag{5-5}$$

由于单位质量流体能量损失的量纲为长度，故也称为**水头损失**（Head loss）。

5.2.4 流体输送系统的能量方程

在进行流体输送时，为了克服流动阻力损失，通常需要采用泵或风机提供能量来补偿流动的能量损失。换句话说，计算流动阻力损失的目的，就是为了确定泵或风机需要的功率。此时需要用到流体输送系统的能量方程。以图 5-2 所示的流体输送系统为例，其能量守恒方程可写成

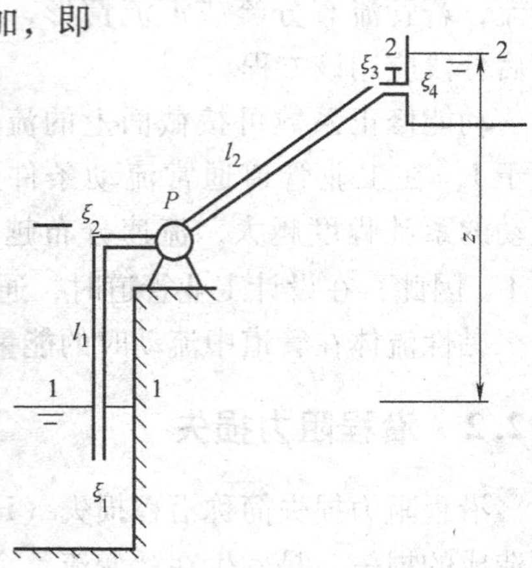

图 5-2　水泵抽水系统示意图

$$z_1+\frac{p_1}{\rho g}+\alpha_1\frac{V_1^2}{2g}+E_p=z_2+\frac{p_2}{\rho g}+\alpha_2\frac{V_2^2}{2g}+\sum h_{\mathrm{f}}+\sum h_{\mathrm{j}} \tag{5-6a}$$

或

$$E_p=(z_2-z_1)+\frac{p_2-p_1}{\rho g}+\left(\alpha_2\frac{V_2^2}{2g}-\alpha_1\frac{V_1^2}{2g}\right)+\sum h_{\mathrm{f}}+\sum h_{\mathrm{j}} \tag{5-6b}$$

式中，(z_2-z_1) 为第 2 点与第 1 点的位置高差；$\frac{p_2-p_1}{\rho g}$ 为第 2 点与第 1 点的静水头差；$\left(\alpha_2\frac{V_2^2}{2g}-\alpha_1\frac{V_1^2}{2g}\right)$ 为第 2 点与第 1 点的动水头差；$\sum h_{\mathrm{f}}$ 为所有管道的沿程损失水头；$\sum h_{\mathrm{j}}$ 为全部局部损失水头之和。由此得到的 E_p 则为泵的扬程，单位为 m。

值得注意的是，如用风机输送气体，通常需要获得风机的压头，故应用式（5-6）时，要注意各项单位的换算。

应用总流伯努利方程求解工程实际问题时，其关键是获得流动系统的沿程阻力系数和局部阻力系数，而这又与管内流动形态有密切关系。

5.3　两种流动形态

19 世纪初，许多研究者发现圆管流动中的水头损失与速度大小有一定的关系。当速度较小的时候，水头损失与速度的一次方成正比，而速度较大时，水头损失与速度的二次方或者接近二次方成正比。为了揭示问题的实质，英国物理学家雷诺（O. Reynolds）在 1883 年发表的论著中，不仅通过试验肯定了层流和湍流两种流动形态，而且测定了流动损失与这两种流动状态的关系。

雷诺试验装置如图 5-3 所示。当管 2 中的水流速度较低时，拧开颜色水瓶 4 下的阀门，可看到一条明晰的细小的着色流束，此流束不与周围的水相混，如图 5-4a 所示。如果将细管 5 的出口移至管 2 进口的其他位置，看到的仍然是一条明晰的细小的着色流束。由此可以判断，管 2 内的整个流场呈一簇互相平行的流线，这种流动状态称为**层流**（Laminar flow）。当管 2 内的流速逐渐增大时，着色流束开始振荡，处于不稳定状态，如图 5-4b 所示。如果流速继续增加，振荡的流束会破裂，着色流束在距进口段一定距离后完全消失，而与周围的

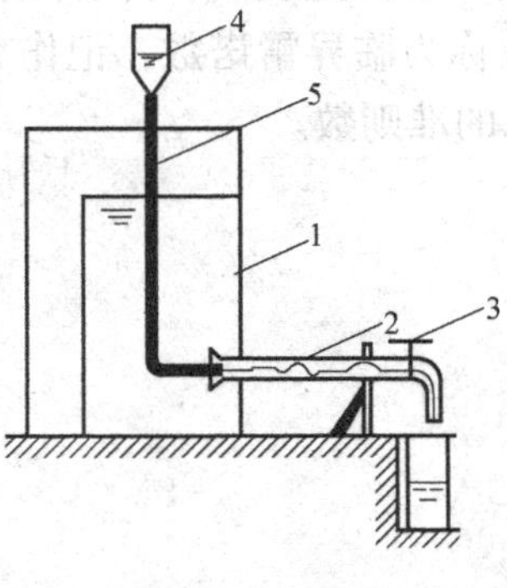

图 5-3　雷诺实验装置

1—水箱　2—玻璃管　3—阀门

4—颜色水瓶　5—细管

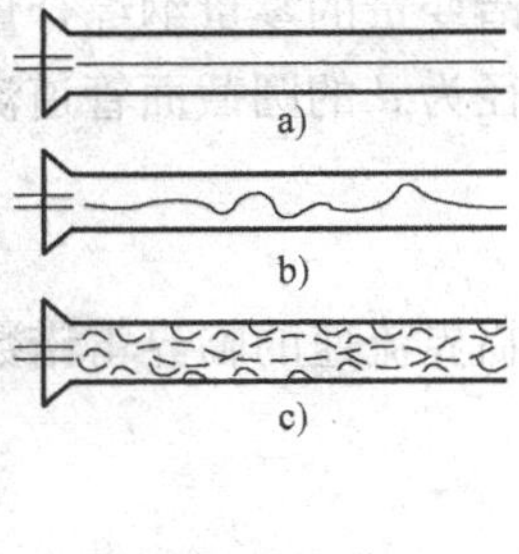

图 5-4　雷诺实验的流动状态

a）层流　b）过渡流　c）湍流

流体相混，颜色扩散至整个玻璃管内，如图 5-4c 所示。这时流体质点作复杂的无规则的运动，这种流动状态称为**湍流或紊流**（Turbulent flow）。由层流过渡到湍流的速度极限值称为**上临界速度**（V'_{cr}）。继续增大流速，将进一步增加流动的紊乱程度。如果管内流速自高于上临界速度逐渐降低，则发现当流速降低到比上临界速度更低的下**临界速度**（V_{cr}）时，原先处于湍流状态的流动才会稳定地转变为层流状态，着色流束重新成为一条明晰的细小的直线。

由雷诺试验可以看出，黏性流体存在层流和湍流两种流动形态。当流速超过上临界速度时，层流转变为湍流；当流速低于下临界速度时，湍流转变为层流；当流速介于上、下临界速度之间时，流动状态可能是层流也可能是湍流，与实验的起始状态和有无扰动等因素有关，这通常称为**过渡流**。

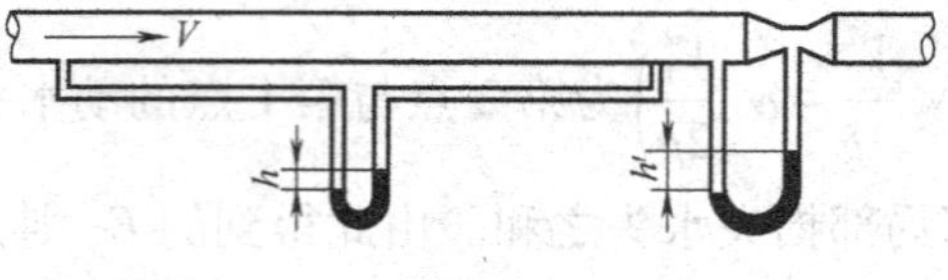

图 5-5　雷诺测定沿程损失的实验装置

雷诺曾经用图 5-5 所示的简单装置测定了沿程损失 λ 随流速 V 变化的规律，从而得出沿程损失与流动状态之间的关系。当流速由低到高升高时，试验点沿 OAB 凹线移动（图 5-6a）；当流速由高到低降低时，试验点沿 DAO 线移动。如果用对数坐标整理试验结果，便可得到图 5-6b 所对应的直线关系，其方程为

$$h_f = kV^n \quad 或 \quad \lg h_f = \lg k + n\lg V \tag{5-7}$$

式中，k 为系数；n 为指数，均由试验确定。试验结果证明：当 $V < V_{cr}$ 时，$n = 1$，即层流中的沿程损失与平均流速的一次方成正比；当 $V > V_{cr}$时，$n = 1.75 \sim 2$，即湍流中的沿程损失与平均流速的 1.75 ~2 次方成正比。

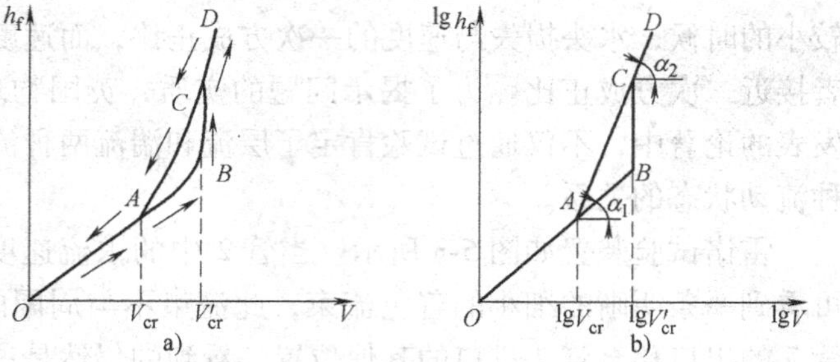

图 5-6　沿程损失与流速的关系示意图

试验中还发现，仅靠临界速度来判别流体的流动状态和整理试验资料很不方便，因为随着流体的黏度、密度以及流道线性尺寸的不同，临界速度也不同。雷诺对不同的流体在不同的管径中进行试验。试验结果表明，临界速度 V_{cr}与流体的黏度 μ 成正比、与流体的密度 ρ 和流道直径 d 成反比，其比例系数称为**临界雷诺数**，记作 Re_c。**雷诺数**正是上述诸变量的零量纲综合量，是判别流体流动形态的**准则数**。

对于直径为 d 的圆截面管道流动，

$$Re = \frac{\rho Vd}{\mu} = \frac{Vd}{\nu} \tag{5-8a}$$

对应于临界流速的临界雷诺数为

$$Re_c = \frac{\rho V_{cr}d}{\mu} = \frac{V_{cr}d}{\nu} \tag{5-8b}$$

由于临界速度有上、下临界速度之分，相应的雷诺数也有上、下临界雷诺数之分。试验结果表明，不论流体的性质和管径如何变化，上临界雷诺数约为 12 000 ~40 000，上临界雷诺数与试验的环境条件和流动的起始状态有关，处于极不稳定的状态，上临界雷诺数在工程

上没有实用意义。下临界雷诺数比较稳定，约为 2320。

在工程实践中，通常认为，当管流的雷诺数超过 2320，即 $Re>2320$ 时，流动是湍流；当 $Re<2320$ 时，流动为层流。

【例 5-1】 水在内径 $d=100\text{mm}$ 的管中流动，流速 $V=0.5\text{m/s}$，水的运动黏度 $\nu=1\times10^{-6}\text{m}^2/\text{s}$。试问水在管中呈何种流动状态？若管中的流体是油，流速不变，但运动黏度 $\nu'=31\times10^{-6}\text{m}^2/\text{s}$。试问油在管中呈何种流动状态？

解： 水流的雷诺数
$$Re=\frac{Vd}{\nu}=\frac{0.5\times0.1}{1\times10^{-6}}=5\times10^4>2320$$

水在管中呈湍流状态。

油流的雷诺数
$$Re=\frac{Vd}{\nu'}=\frac{0.5\times0.1}{31\times10^{-6}}=1610<2320$$

油在管中呈层流状态。

5.4　圆管中层流流动分析

黏性流体在圆形截面管道流动时，截面上的速度分布是不均匀的。在管道壁面上，由于黏附作用，流体的速度为零，越接近轴线速度越大，在轴线上速度达到最大值。

考虑不可压缩黏性流体通过无限长圆截面直管道的定常层流流动，如图 5-7 所示。由于流动的对称性，取一个以管轴为中心轴的长度为 l、半径为 r 的圆柱体，作用在圆柱体内流体的外力（表面力和质量力）平衡，即

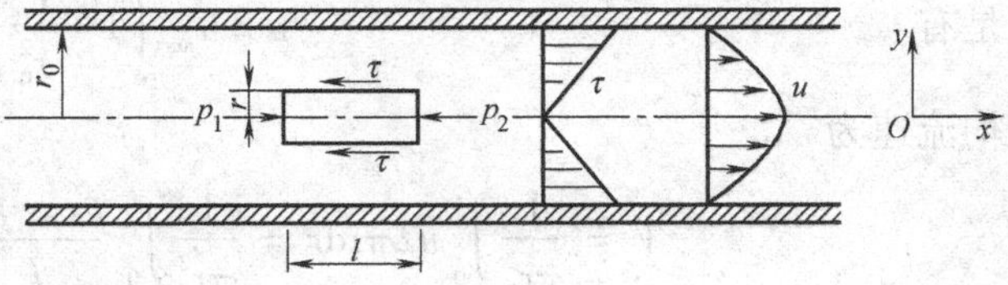

图 5-7　圆管中黏性流体的层流流动

$$(p_1-p_2)\pi r^2-2\pi rl\tau=0$$

或
$$\tau=\frac{p_1-p_2}{l}\frac{r}{2}=-\frac{\Delta p}{l}\frac{r}{2} \tag{5-9a}$$

可见，黏性流体在圆管中作定常层流流动时，同一截面上的切应力的大小与半径 r 成正比（图 5-7），在管壁处切应力最大，称为壁面切应力：
$$\tau_{\mathrm{w}}=-\frac{\Delta p}{l}\frac{r_0}{2}=-\frac{\Delta p}{l}\frac{d}{4} \tag{5-9b}$$

注意图 5-7 中所表示的切应力分布是内层流体作用在外层流体上的。此外，由伯努利方程可知，管流的沿程阻力损失 $h_{\mathrm{f}}=(p_1-p_2)/\rho g=-\Delta p/\rho g$，与达西公式（5-3）比较，可得到沿程阻力系数与壁面切应力的关系为
$$\tau_{\mathrm{w}}=\frac{\lambda}{8}\rho V^2 \tag{5-9c}$$

式中，V 为截面平均流速。上式的推导过程中没有涉及流态，因此，对黏性流体在圆管中的湍流流动同样适用。

下面讨论**管内层流的流速分布**情况。如果流体作层流运动，由牛顿黏性定律表达式（2-

11)，式（5-9a）中的切应力可表示为

$$\tau = -\mu \frac{\mathrm{d}u}{\mathrm{d}r} \tag{5-9d}$$

由式（5-9a）和式（5-9d）得

$$-\mu \frac{\mathrm{d}u}{\mathrm{d}r} = \frac{p_1 - p_2}{l} \frac{r}{2}$$

上式积分可得

$$u = -\frac{p_1 - p_2}{l} \frac{1}{4\mu}(r^2 + C)$$

当 $r = r_0$ 时，$u = 0$，因此积分常数 $C = -r_0^2$，于是

$$u = \frac{p_1 - p_2}{l} \frac{1}{4\mu}(r_0^2 - r^2) \tag{5-10}$$

可见，黏性流体在圆管中作层流流动时，流速的分布规律为旋转抛物面分布，如图 5-7 所示。在管轴上的最大流速 $u_{\max}$ 为

$$u_{\max} = \frac{p_1 - p_2}{l} \frac{r_0^2}{4\mu} \tag{5-11}$$

于是有

$$u = u_{\max}\left(1 - \frac{r^2}{r_0^2}\right) \tag{5-12}$$

平均流速为

$$V = \frac{1}{\pi r_0^2}\int_0^{r_0} u 2\pi r \mathrm{d}r = \frac{1}{\pi r_0^2}\int_0^{r_0} \frac{p_1 - p_2}{l} \frac{1}{4\mu}(r_0^2 - r^2) 2\pi r \mathrm{d}r$$

$$= \frac{p_1 - p_2}{l} \frac{r_0^2}{8\mu} = \frac{1}{2} u_{\max} \tag{5-13}$$

可见圆管中层流流动时的平均流速为最大流速的一半，而体积流量为

$$Q_V = \int_0^{r_0} u \cdot 2\pi r \mathrm{d}r = \frac{p_1 - p_2}{l} \frac{\pi r_0^4}{8\mu} = \frac{1}{2}\pi r_0^2 u_{\max} \tag{5-14}$$

该式称为**哈根-泊肃叶公式**（Hagen-Poiseuille formula）。

流体的压强差为

$$\Delta p = \frac{128\mu l Q_V}{\pi d^4} \tag{5-15}$$

可见，压降与流体的黏度、管道长度、流体的流量成正比，与管道内径的四次方成反比。

于是，流体的沿程损失为

$$h_{\mathrm{f}} = \frac{\Delta p}{\rho g} = \frac{32\mu l V}{\rho g d^2} = \frac{64}{Re} \frac{l}{d} \frac{V^2}{2g} = \lambda \frac{l}{d} \frac{V^2}{2g} \tag{5-16}$$

式中，

$$\lambda = \frac{64}{Re} \tag{5-17}$$

式（5-16）即**达西公式**，式（5-17）是**管内层流运动时的阻力系数公式**。由此两式可知，层流流动的沿程损失与平均流速的一次方成正比，沿程阻力损失系数仅与雷诺数有关，

而与管道壁面粗糙与否无关。这一结论已为实验所证实。

得到管内流速分布式（5-10）后，容易得出层流流动的动能修正系数：

$$\alpha = \frac{1}{\pi r_0^2}\int_0^{r_0}\left(\frac{u}{V}\right)^3 2\pi r \mathrm{d}r = 2$$

这说明，黏性流体在圆管中作层流流动时的实际动能等于按平均流速计算的动能的两倍。而此时的动量修正系数为

$$\beta = \frac{1}{\pi r_0^2}\int_0^{r_0}\left(\frac{u}{V}\right)^2 2\pi r \mathrm{d}r = \frac{4}{3}$$

【例5-2】 水平放置的毛细管黏度计，内径 $d=0.50\text{mm}$，两测点间的管长 $l=1.0\text{m}$，液体的密度 $\rho=999\text{kg/m}^3$，当液体的流量 $Q_V=880\text{mm}^3/\text{s}$ 时，两测点间的压降 $\Delta p=1.0\text{MPa}$，试求该液体的黏度。

解： 假定流动为充分发展的层流，则有

$$\mu = \frac{\pi d^4 \Delta p}{128 l Q_V} = \frac{\pi(0.50\times10^{-3})^4\times1.0\times10^6}{128\times1.0\times880\times10^{-9}}\text{Pa}\cdot\text{s} = 1.743\times10^{-3}\text{Pa}\cdot\text{s}$$

由于 $$Re = \frac{4Q_V\rho}{\pi d\mu} = \frac{4\times(880\times10^{-9})\times999}{\pi(0.5\times10^{-3})\times(1.743\times10^{-3})} = 1284\times10^{-3} < 2320$$

说明层流的假定是对的，计算成立。

5.5 管内湍流的分区特征与速度分布

5.5.1 分区特征

由5.3节可知，湍流的基本特征是存在剧烈的速度脉动，这种脉动使得流体沿管道横向产生强烈的掺混运动，由此可以判断，管内湍流的截面速度分布应当比层流时更均匀（或更平坦），二者比较如图5-8所示。

图5-8所示为平均流速相等时圆管中层流与湍流的速度分布示意图。从图中可见，湍流的速度（指时均速度，参见第10章）分布不同于层流，它的中心部分较平坦而近壁面处速度梯度较大。中心部分较平坦，这是由于湍流中的横向脉动在流层间进行的动量交换所导致的；近壁面处速度梯度较大，则是由于紧贴壁面有一因壁面限制而脉动消失的层流薄层，其黏滞力使流速急剧下降。这一薄层称为**黏性底层**（Viscous sublayer）。

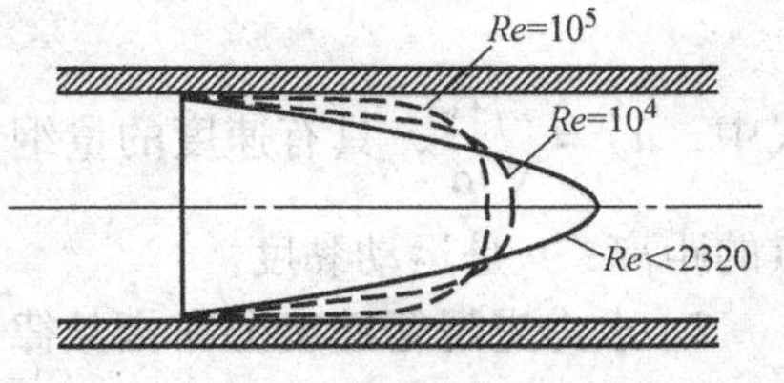

图5-8　圆管中的速度分布示意图

由此可见，湍流流动可以分为：湍流充分发展的**湍流核心层**（Turbulent sublayer），紧靠壁面的黏性底层以及由黏性底层到湍流核心层的**过渡层**。过渡层通常较薄，一般不单独考虑，而把它和湍流核心层合在一起统称为湍流层。由于壁面附近的速度梯度很大，所以湍流的切应力也主要在此区域起作用，而且比层流时要大得多。

通常黏性底层很薄，其厚度 δ 通常只有几分之一毫米。但是，它对湍流流动的能量损失以及流体与壁面间的热交换等却有重要的影响。这种影响与管道壁面的粗糙程度直接有关。

管壁粗糙凸出部分的平均高度 ε 称为管壁的**绝对粗糙度**（Roughness），绝对粗糙度与管径的比值 ε/d 称为管壁的**相对粗糙度**。常用工业管道管壁的绝对粗糙度 ε 列于书末附录B。

当 $\delta>\varepsilon$ 时，黏性底层完全淹没了管壁的粗糙凸出部分，如图5-9a所示。这时黏性底层以外的湍流完全感受不到管壁粗糙度的影响，流体好像在完全光滑的管子中流动一样。这种情况的管内流动称“**水力光滑**”（Hydraulically smooth），简称“**光滑管**”。

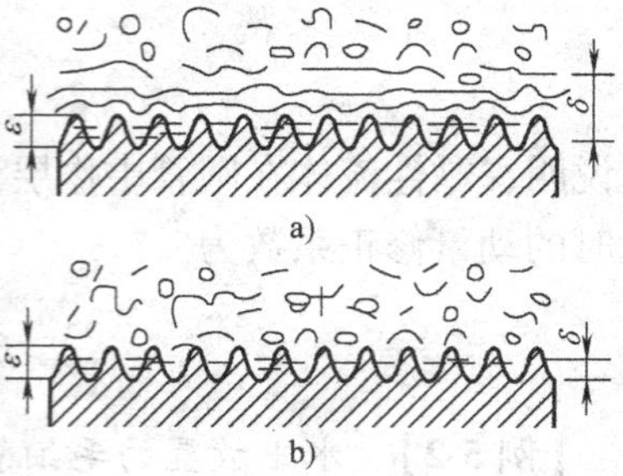

图5-9　水力光滑与水力粗糙

当 $\delta<\varepsilon$ 时，管壁的粗糙凸出部分有一部分或大部分暴露在湍流区中，如图5-9b所示。这时，流体流过凸出部分时将产生旋涡，造成新的能量损失，管壁粗糙度将对湍流产生影响。这种情况下的管内流动称“**水力粗糙**”（Hydraulically rough），简称“**粗糙管**”。

实验证明，黏性底层的厚度随着雷诺数的改变而变化。因此，同样一条管道，流动的雷诺数不同时，可能处于“水力光滑”或“水力粗糙”的不同流动情况。计算黏性底层厚度的经验公式为

$$\delta=34.2\frac{d}{Re^{0.875}} \tag{5-18}$$

5.5.2　湍流的速度分布

湍流的速度分布导出主要有两种思路：一是根据试验结果进行拟合（或假设），较为典型的是布拉修斯的1/7指数分布律；二是应用混合长度理论导出湍流流过平面壁和圆管时的速度分布对数律。这部分内容将在本书第11章详细讨论，这里先引用部分结果。

1. 黏性底层的速度分布

实验观测得到，黏性底层的速度分布接近于线性分布：

$$\frac{u}{u_*}=\frac{yu_*}{\nu} \tag{5-19}$$

式中，$u_*=\sqrt{\frac{\tau_w}{\rho}}$，具有速度的量纲，称为**摩擦速度**（Friction velocity）；y 是从壁面到流动质点的距离；ν 是运动黏度。

2. 水力光滑管速度分布指数律

布拉修斯（H. Blasius）1911年根据大量的试验结果，总结出了水力光滑管内湍流速度分布指数律：

$$\frac{u}{u_*}=8.74\left(\frac{yu_*}{\nu}\right)^{\frac{1}{7}} \tag{5-20}$$

式（5-20）称为流速分布的**1/7次方分布律**，该公式适用的范围是 $Re=\frac{Vd}{\nu}\leqslant10^5$。更一般地，可设

$$\frac{u}{u_{\max}}=\left(\frac{y}{r_0}\right)^{\frac{1}{n}} \tag{5-21}$$

称为**布拉修斯速度分布指数律**（Exponential law），其中 n 的取值范围为 6 ~ 12（可取整数或非整数）。

按 1/7 次方分布律，可得平均流速

$$V = \frac{1}{\pi r_0^2}\int_0^{r_0} u \cdot 2\pi r \mathrm{d}r = \frac{1}{r_0^2}\int_0^{r_0} u_{\max}\left(1 - \frac{r}{r_0}\right)^{1/7} \cdot 2r\mathrm{d}r$$

$$= \frac{49}{60}u_{\max}$$

可见，与层流情况对比，管内湍流的流速分布更加均匀。容易得到此时的动能修正系数及动量修正系数分别为

$$\alpha = \frac{1}{\pi r_0^2}\int_0^{r_0}\left(\frac{u}{V}\right)^3 \cdot 2\pi r\mathrm{d}r = \frac{43200}{40817} \approx 1.058$$

$$\beta = \frac{1}{\pi r_0^2}\int_0^{r_0}\left(\frac{u}{V}\right)^2 \cdot 2\pi r\mathrm{d}r = \frac{50}{49} \approx 1.020$$

可见湍流时，由于剖面上的速度分布较层流均匀得多，其动能修正系数和动量修正系数都接近于 1，所以工程计算中可将它们近似取为 1。

3. 水力光滑管速度分布对数律

由普朗特（L. Prandtl，1913 年）和卡门（T. Von. Karman，1921 年）等根据混合长度理论（Mixing Length theory），并结合试验结果，得到在更大的 Re 范围内，**水力光滑管的速度分布对数律**（Logarithm law）：

$$\frac{u}{u_*} = 2.5\ln\frac{u_* y}{\nu} + 5.5 \tag{5-22a}$$

或

$$\frac{u}{u_*} = 5.75\lg\frac{u_* y}{\nu} + 5.5 \tag{5-22b}$$

利用这个速度分布，可以计算圆管截面的平均速度 V。由于黏性底层的厚度很小，计算流量时可以只计算湍流区的流量。

$$V = \frac{1}{\pi r_0^2}\int_0^{r_0} u \cdot 2\pi r\mathrm{d}r = \frac{1}{r_0^2}\int_0^{r_0}\left(2.5u_*\ln\frac{u_*(r_0 - r)}{\nu} + 5.5\right)\cdot 2r\mathrm{d}r$$

$$= 2.5u_*\ln\frac{u_* r_0}{\nu} + 1.75u_*$$

$$= 5.75u_*\lg\frac{u_* r_0}{\nu} + 1.75u_*$$

$$= 5.75u_*\lg\left(Re\frac{u_*}{V}\right) + 0.017u_* \tag{5-23a}$$

注意到 $y = r_0$ 时得到最大流速：

$$u_{\max} = 2.5u_*\ln\frac{u_* r_0}{\nu} + 5.5u_* = 2.5u_*\ln\left(Re\frac{u_*}{V}\right) + 3.77u_* \tag{5-23b}$$

4. 水力粗糙管速度分布对数律

对于水力粗糙管，粗糙度 ε 对速度分布有显著影响，式（5-22）的常数中应包含有 ε。

根据大量的实验结果，**水力粗糙管的速度分布式**为

$$\frac{u}{u_*}=2.5\ln\frac{y}{\varepsilon}+8.5 \tag{5-24}$$

注意，$\varphi=r_0-r$，由此求得的水力粗糙管的平均速度为

$$V=2.5u_*\ln\frac{r_0}{\varepsilon}+4.75u_* \tag{5-25}$$

5.6 管内湍流的沿程阻力系数

5.6.1 经验公式

湍流沿程阻力系数，是人们在试验的基础上提出某些假设，导出速度分布和沿程损失的理论公式，再根据试验进行修正得出的半经验公式，或根据试验归纳出来的经验公式。

由式（5-9c）及摩擦速度的定义式 $u_*=\sqrt{\frac{\tau_w}{\rho}}$，可知

$$\left(\frac{V}{u_*}\right)^2=\frac{8}{\lambda} \tag{5-26}$$

代入式（5-23a）中，可得湍流光滑管的沿程阻力系数的计算公式为

$$\frac{1}{\sqrt{\lambda}}=2.035\lg(Re\sqrt{\lambda})-0.9129$$

上式与试验结果有一定误差，经修正后，得

$$\frac{1}{\sqrt{\lambda}}=2.0\lg(Re\sqrt{\lambda})-0.8 \tag{5-27}$$

这就是**卡门-普朗特公式**（Karman-Prandtl formula），适用于 $Re=5\times10^4\sim3\times10^6$ 的湍流流动。

另外，布拉修斯得出了 $Re=4000\sim10^5$ 时，湍流光滑管的沿程阻力系数的计算公式为

$$\lambda=\frac{0.3164}{Re^{0.25}} \tag{5-28}$$

称为**布拉修斯公式**（Blasius formula）。

由式（5-26）和式（5-25）可得湍流粗糙管的沿程阻力系数的计算公式为

$$\frac{1}{\sqrt{\lambda}}=2.035\lg\frac{d}{2\varepsilon}+1.67$$

根据试验修正后，得

$$\frac{1}{\sqrt{\lambda}}=2.0\lg\frac{d}{2\varepsilon}+1.74 \tag{5-29}$$

该式称为**尼古拉兹公式**（Nikuradse formula），适用于 $Re>2308\left(\frac{d}{\varepsilon}\right)^{0.85}$。

另外，对于**光滑-粗糙过渡区**，有经验公式：

$$\frac{1}{\sqrt{\lambda}}=-2\lg\left(\frac{\varepsilon}{3.7d}+\frac{2.51}{Re\sqrt{\lambda}}\right) \tag{5-30}$$

该式称为**柯列勃洛克（C. F. Colebrook）公式**，适用于 $80\frac{d}{\varepsilon}<Re<2308\left(\frac{d}{\varepsilon}\right)^{0.85}$。采用此式计算沿程阻力系数时，需要进行试凑或迭代求解。

5.6.2　尼古拉兹试验

为了探索沿程阻力系数的变化规律，在 20 世纪 30 年代德国科学家尼古拉兹（J. Nikuradse）对不同内径、粘贴不同粒径均匀砂粒的管道，用不同的流量进行了一系列的试验。试验范围很广，雷诺数 $Re=600\sim10^6$，相对粗糙度 ε/d 为 1/30、1/61.2、1/120、1/252、1/1014。图 5-10 所示是用对数坐标表示的尼古拉兹试验曲线。整个曲线可分为五个区域。

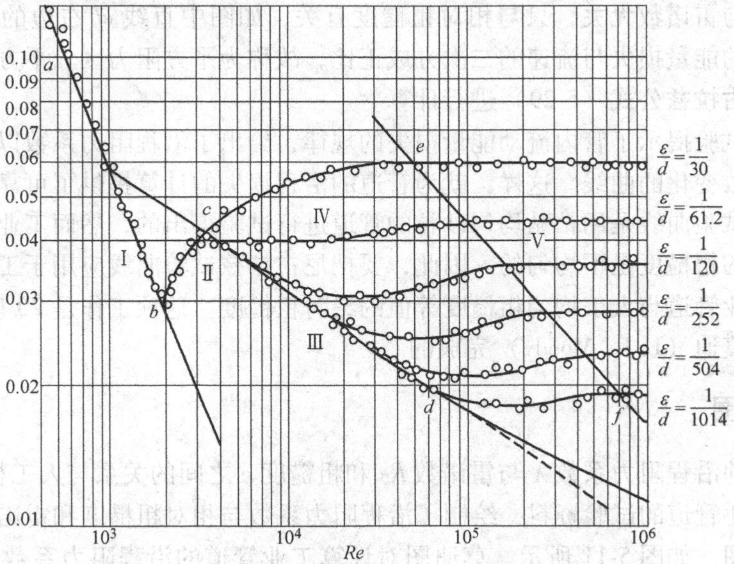

图 5-10　尼古拉兹试验曲线

1. 层流区

当 $Re<2320$ 时，为层流区。试验数据点均落在直线 ab 上，六条曲线重合，说明管壁的相对粗糙度对沿程阻力系数没有影响。直线 ab 所表示的层流沿程阻力系数公式为 $\lambda=64/Re$。b 点对应的雷诺数 $Re=2320$，即临界雷诺数。

2. 过渡区

当 $2320\leqslant Re<4000$ 时，为层流向湍流过渡的不稳定区域，可能是层流也可能是湍流，试验数据点在图中 bc 线附近的区域，试验数据无一定规律，通常也不重要。其沿程阻力系数有人推荐采用经验公式 $\lambda=0.0025Re^{1/3}$ 计算。

3. 湍流光滑管区

当 $4000\leqslant Re<27(d/\varepsilon)^{8/7}$ 时，为湍流光滑管区。试验数据点落在斜线 cd 上，只是它们在该线上所占的区段的大小不同。可见，沿程阻力系数与相对粗糙度无关，只与雷诺数有关。沿程阻力系数可按**布拉修斯公式**（5-28）计算。

4. 湍流光滑-粗糙管过渡区

当$27(d/\varepsilon)^{8/7} \leqslant Re < 2308(d/\varepsilon)^{0.85}$时，为湍流光滑-粗糙管过渡区。随着雷诺数的增大，湍流流动的黏性底层逐渐减薄，由水力光滑管相继变为水力粗糙管，因而脱离光滑管线段cd，进入直线cd与ef所夹的过渡区。图中相对粗糙度大的管流首先离开cd线，而且随着Re的增大，λ也增大。其沿程阻力系数λ与相对粗糙度和雷诺数有关，即$\lambda = f(Re, \varepsilon/d)$，可按**柯列勃洛克公式**（5-30）或**洛巴耶夫公式**计算：

$$\lambda = 1.42\left[\lg\left(Re\frac{d}{\varepsilon}\right)\right]^{-2} = 1.42\left[\lg\left(1.273\frac{Q_V}{\nu\varepsilon}\right)\right]^{-2} \tag{5-31}$$

5. 湍流粗糙管平方阻力区

当$Re \geqslant 2308(d/\varepsilon)^{0.85}$时，为湍流粗糙管平方阻力区。随着雷诺数的增大，流动进入完全湍流粗糙管区，流动能量的损失主要决定于脉动运动，黏性的影响可以忽略不计。因此，沿程阻力系数与雷诺数无关，只与相对粗糙度有关，如图中直线ef右边的区域所示。在这一区域内流动的能量损失与流速的二次方成正比，故称为平方阻力区。平方阻力区的沿程能量损失可按**尼古拉兹公式**（5-29）进行计算。

尼古拉兹试验揭示了管内流动能量损失的规律，给出了沿程阻力系数以相对粗糙度为参变量而随雷诺数变化的曲线。这样，就为管道的沿程损失的计算提供了可靠的试验基础。但是，尼古拉兹试验曲线是用粘贴均匀砂粒的管道进行试验得出的，然而工业上用的管道与此不同，其内壁的粗糙度是不均匀的。因此，要把尼古拉兹试验曲线应用于工业管道，须用试验方法确定工业管道与人工均匀粗糙度等值的绝对粗糙度。这项工作是20世纪40年代由普林斯顿大学的莫迪（L. F. Moody）完成的。

5.6.3 莫迪图

工业管道的沿程阻力系数λ与雷诺数Re和粗糙度ε之间的关系与人工粗糙管不尽相同。莫迪总结了工业管道的试验资料，绘制了沿程阻力系数与相对粗糙度和雷诺数之间的函数关系图，即**莫迪图**，如图5-11所示。莫迪图对计算工业管道的沿程阻力系数很方便，工程上应用极广。

该图也分为五个区域，即层流区、临界区（相当于尼古拉兹曲线的过渡区）、光滑区、过渡区（相当于尼古拉兹曲线的湍流粗糙管过渡区）、完全湍流粗糙区（相当于尼古拉兹曲线的湍流粗糙管平方阻力区）。

莫迪图的理论基础是**柯列勃洛克公式**［式（5-30）］。首先研究工业管道沿程阻力系数的是柯列勃洛克，他在大量试验的基础上于1939年提出了一个适用于湍流光滑-粗糙管过渡区和完全粗糙区的柯列勃洛克公式，得到了广泛应用。但该式的计算比较麻烦，为了方便计算，1944年莫迪在此基础上，结合试验数据，绘制了莫迪图，计算时可由雷诺数Re和相对粗糙度ε/d直接查得沿程阻力系数λ。

【例5-3】 已知通过直径$d = 200\text{mm}$、长$L = 300\text{m}$、绝对粗糙度$\varepsilon = 0.4\text{mm}$铸铁管道的油的体积流量$Q_V = 1000\text{m}^3/\text{h}$，运动黏度$\nu = 2.5\times10^{-6}\text{m}^2/\text{s}$。试求沿程损失$h_f$。

解： 油在管道内的平均流速为

$$V = \frac{4Q_V}{\pi d^2} = \left(\frac{4}{\pi\ (0.2)^2}\times\frac{1000}{3600}\right)\text{m/s} = 8.842\text{m/s}$$

雷诺数 $Re=\dfrac{Vd}{\nu}=\dfrac{8.842\times0.2}{2.5\times10^{-6}}=7.0736\times10^5$

而 $2308\left(\dfrac{d}{\varepsilon}\right)^{0.85}=2308\left(\dfrac{200}{0.4}\right)^{0.85}=454318<Re$

所以流动处于湍流粗糙管平方阻力区，沿程阻力系数为

$$\lambda=\left(2\lg\frac{d}{2\varepsilon}+1.74\right)^{-2}=(2\lg250+1.74)^{-2}=0.0234$$

沿程损失为 $h_f=\lambda\dfrac{L}{d}\dfrac{V^2}{2g}=\left[0.0234\times\dfrac{300}{0.2}\times\dfrac{(8.842)^2}{2\times9.807}\right]mH_2O=140\ mH_2O$

倘若应用莫迪图，则由 $Re=707360$ 和 $\varepsilon/d=0.002$，从图中查得 $\lambda=0.0238$，代入达西公式可得 $h_f=142mH_2O$，与按尼古拉兹公式求出的结果基本相符。虽然两图在湍流粗糙管过渡区的差别较大，然而应用莫迪图进行计算，要简便得多，且更符合工业管道的实际情况。

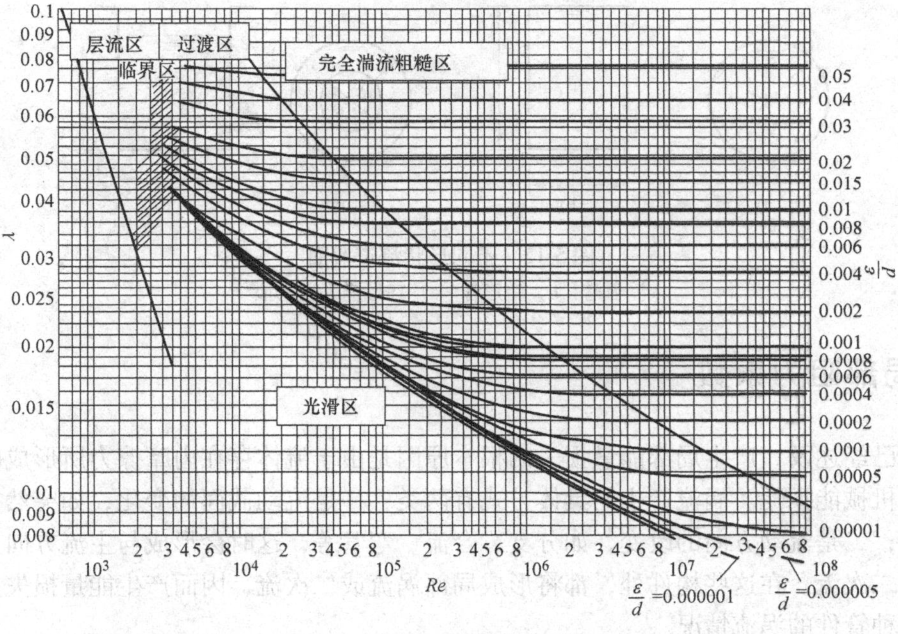

图5-11 莫迪图

5.7 非圆形管道沿程损失的计算

输送流体的管道并不都是圆形截面，电厂中输送空气和烟气的管道大都是矩形截面的，一般的通风管道也以矩形的居多，有些场合还会遇到圆环形管道。在锅炉或其他换热器中还会遇到流过管束的更为复杂的情况。这些非圆形管道沿程损失和雷诺数仍按前面介绍的公式进行计算，只是公式中的直径要换用**当量直径**［或称**水力直径**（Hydraulic diameter）］，其定义是

$$d_{当}=4\times\frac{过流截面面积}{润湿周长} \tag{5-32}$$

应当指出，当应用当量直径对非圆形管道进行计算时，截面形状越偏离圆形，其误差越

大。这是由于非圆形截面的切应力沿固体壁面分布不均匀造成的。各边中点的速度梯度最高，因而切应力最大；角上的速度梯度最低，因而切应力最小。所以，在应用当量直径进行计算时，矩形截面的长边最大不应超过短边的 8 倍，圆环形截面的大直径至少要大于小直径的 3 倍。下面给出几种典型截面的当量直径：

对于圆管（图 5-12a） $d_{当} = 4 \times \dfrac{\pi R^2}{\pi \times 2R} = 2R = d$

对于矩形管（图 5-12b） $d_{当} = 4 \times \dfrac{HB}{2(H+B)} = 2\dfrac{HB}{H+B}$

对于环形管（图 5-12c） $d_{当} = 4 \times \dfrac{\pi(R_1^2 - R_2^2)}{\pi \times 2R_1 + \pi \times 2R_2} = 2(R_1 - R_2) = d_1 - d_2$

对于明渠（图 5-12d） $d_{当} = 4 \times \dfrac{HB}{2H+B}$

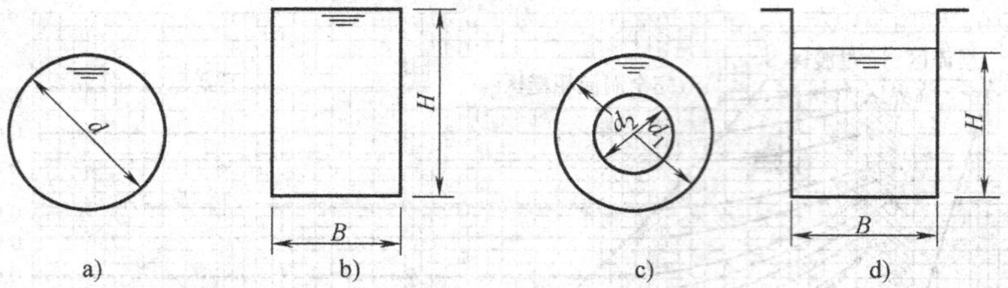

图 5-12 不同形状流道截面

a）圆管 b）矩形管 c）环形管 d）明渠

5.8 局部阻力系数

前文已经述及，产生局部能量损失的根本原因是由于流体存在内摩擦力所形成的局部涡流产生的机械能损耗。涡流产生的具体方式有两类：一是流动截面的变化，如突然扩大、突然收缩等；二是流动方向的改变，如分支、合流、弯管等，这时会形成与主流方向正交的流动，称为二次流。在这些构件处，都将形成局部涡流或二次流，因而产生能量损失。图 5-13 给出了几种管件的涡流情况。

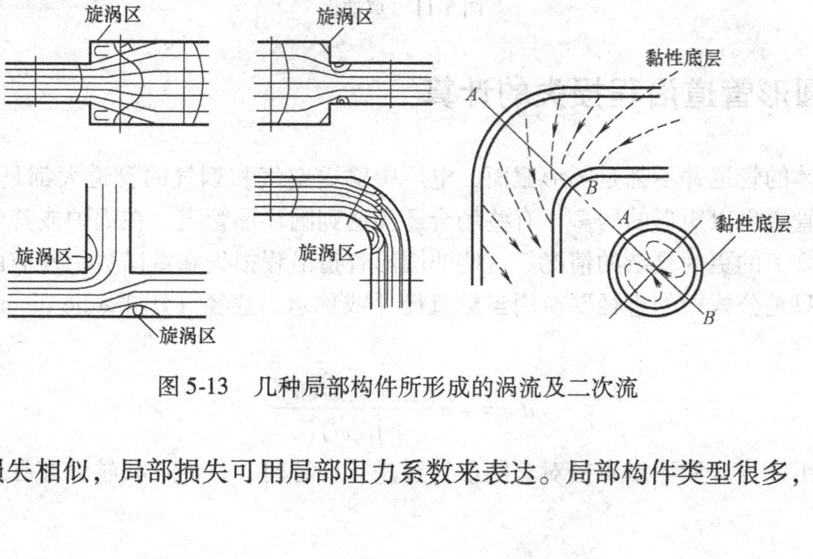

图 5-13 几种局部构件所形成的涡流及二次流

与沿程损失相似，局部损失可用局部阻力系数来表达。局部构件类型很多，流体流过局部构件时形成的涡流或二次流的强度和影响区域很难确定，因此局部阻力系数除极个别情况可用分析方法求得外，大多数情况都需要由试验测定。

下面分析**突然扩大**（简称“突扩”，图 5-14）的局部损失。

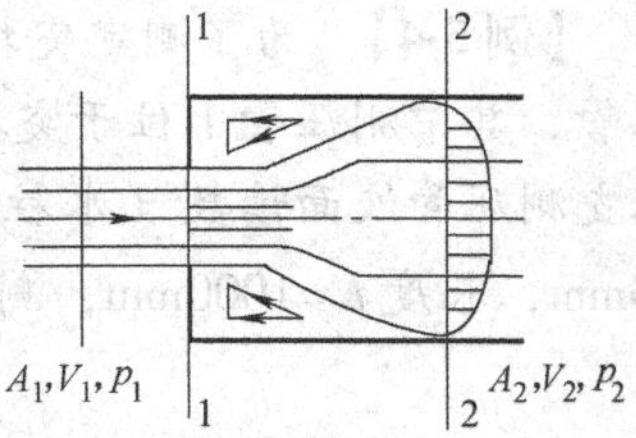

图 5-14 截面突然扩大

如图 5-14 所示，由于流束突然扩大后，将在角部区域形成旋涡，流体的速度将进行重新分布，都将产生机械能的损耗。这种情况可采用理论分析。

在图中取 1—1 和 2—2 两个截面，应用伯努利方程，不计沿程损失，并取动能修正系数 $\alpha=1$，则

$$z_1+\frac{p_1}{\rho g}+\frac{V_1^2}{2g}=z_2+\frac{p_2}{\rho g}+\frac{V_2^2}{2g}+h_j$$

或

$$h_j=\left(z_1+\frac{p_1}{\rho g}\right)-\left(z_2+\frac{p_2}{\rho g}\right)+\frac{V_1^2-V_2^2}{2g}$$

如果取动量修正系数 $\beta=1$，则由控制体动量方程，有

$$p_1A_1-p_2A_2=\rho Q_V(V_2-V_1)$$

由连续性方程 $Q_V=V_1A_1=V_2A_2$，以及取 $z_1=z_2$，则

$$h_j=\left(\frac{p_1}{\rho g}-\frac{p_2}{\rho g}\right)+\frac{V_1^2-V_2^2}{2g}=\frac{\rho V_2(V_2-V_1)}{\rho g}+\frac{V_1^2-V_2^2}{2g}=\frac{(V_1-V_2)^2}{2g}$$

$$=\left(1-\frac{A_1}{A_2}\right)^2\frac{V_1^2}{2g}$$

$$=\left(\frac{A_2}{A_1}-1\right)^2\frac{V_2^2}{2g}$$

可见，如果按突扩上游的速度水头计算，则局部阻力系数为

$$\zeta_1=\left(1-\frac{A_1}{A_2}\right)^2 \tag{5-33a}$$

如果按突扩下游的速度水头计算，则局部阻力系数为

$$\zeta_2=\left(\frac{A_2}{A_1}-1\right)^2 \tag{5-33b}$$

突扩也可以扩展到管流进入一个大空间的情形，此时 $A_1/A_2=0$，则 $\zeta_1=1$，表示此时的速度水头 100% 损失掉了；也可扩展到从大空间流入管内的情形，此时 $A_2/A_1=0$，则 $\zeta_2=1$。

实际上，除了突扩可以用上述理论分析方法得到局部阻力系数外，其他情形都需用试验测定结果所得到的经验公式来获得局部阻力系数。部分常用结果列于书末附录 B 中。

附录 B 中所给出的局部阻力系数的经验公式中，未反映出流动 *Re* 与管壁粗糙度的影响。这可解释为在局部阻力中流体与管壁摩擦中产生的损失所占比重很小。但对逐渐变形的局部阻力，其中也包括了沿程损失在内，这时 *Re* 与管壁粗糙度肯定要产生影响。精确研究时应对此进行修正才更合理。

另外，附录 B 中所列的局部阻力系数都是在单独存在时孤立地测定出的数据，若两个或两个以上局部阻力串联出现时，由于流速分布将因串联方式不同而产生情况复杂的影响。

有些情况下是增强的效果，另一些情况下反而可能有所减弱。这时可考虑用干扰系数加以修正。

【例 5-4】 为了测定突扩管的局部阻力系数和沿程阻力系数，在管道的三个截面装有测压管，其中测压管 1 位于突扩前端，其余两个测压管等距离地安装在下游（图 5-15），测得三支测压管液面读数（水柱）$h_1 = 258\text{mm}$、$h_2 = 163\text{mm}$、$h_3 = 90\text{mm}$，管径 $d = 15\text{mm}$、$D = 20\text{mm}$，长度 $l = 1000\text{mm}$，测得体积流量 $Q_V = 0.954\text{m}^3/\text{h}$。确定 ζ 和 λ 的值，并与理论值比较。

解： 首先计算管道中的平均流速：

$$V_1 = \frac{Q_V}{\pi d^2/4} = \left(\frac{0.954}{3600} \times \frac{4}{3.14 \times 0.015^2}\right)\text{m/s} = 1.50\text{m/s}$$

$$V_2 = \frac{d^2}{D^2}V_1 = \left(1.50 \times \frac{0.015^2}{0.020^2}\right)\text{m/s} = 0.844\text{m/s}$$

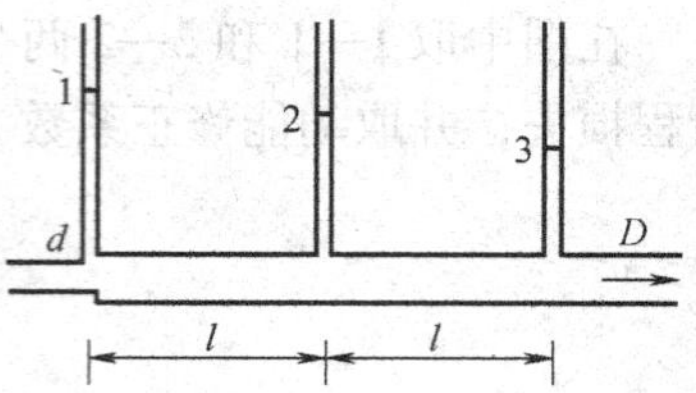

图 5-15 突扩阻力测定示意图

由第 2 和第 3 支测压管的读数，根据达西公式，有

$$\lambda = h_f \frac{D}{l}\frac{2g}{V^2} = \Delta h_{2-3}\frac{D}{l}\frac{2g}{V_2^2} = \frac{(163-90)}{1000} \times \frac{20}{1000} \times \frac{2 \times 9.8}{0.844^2}$$
$$= 0.0402$$

查得常温（20℃）时，水的运动黏度 $\nu = 1.006 \times 10^{-5}\text{m}^2/\text{s}$，则

$$Re = \frac{DV_2}{\nu} = \frac{0.020 \times 0.844}{1.006 \times 10^{-5}} = 1678$$

故属于层流，于是

$$\lambda = \frac{64}{Re} = \frac{64}{1678} = 0.0381$$

可见试验测试值稍大于理论值，主要原因是流体流过测压管时还存在一定的局部损失。另外，根据题意，有

$$h_{j扩} = \Delta h_{1\text{-}2} - h_{f1\text{-}2} = \Delta h_{1\text{-}2} - \lambda\frac{l}{D}\frac{V_2^2}{2g} = \Delta h_{1\text{-}2} - \Delta h_{2\text{-}3}$$
$$= [(258-163)-(163-90)]\text{mmH}_2\text{O} = 22\text{mmH}_2\text{O}$$
$$= \zeta_1\frac{V_1^2}{2g}$$
$$= \zeta_2\frac{V_2^2}{2g}$$

因此，

$$\zeta_1 = \frac{h_{j扩}}{V_1^2/2g} = \frac{22}{1000} \times \frac{2 \times 9.8}{1.50^2} = 0.1916$$

$$\zeta_2 = \frac{h_{j扩}}{V_2^2/2g} = \frac{22}{1000} \times \frac{2 \times 9.8}{0.844^2} = 0.6053$$

理论值：

$$\zeta_1 = \left(1 - \frac{d^2}{D^2}\right)^2 = \left(1 - \frac{15^2}{20^2}\right)^2 = 0.1914$$

$$\zeta_2 = \left(\frac{D^2}{d^2} - 1\right)^2 = \left(\frac{20^2}{15^2} - 1\right)^2 = 0.6049$$

由此可见，实测值与理论计算值相当接近。另外，按不同位置的速度水头计算得到的局部阻力系数是明显不同的，这在工程计算中是需要特别注意的。

5.9* 工程实例分析

流动阻力的计算是工程流体力学的重要任务，下面是一些常见工程实际问题，需要应用本章有关理论进行解答。

5.9.1 虹吸管

如图5-16所示，液体由管道从较高液位的一端经过高出液面的管段自动流向较低液位的另外一端，这种现象称为**虹吸现象**，所用的管道称为虹吸管（Siphon）。充满液体的虹吸管之所以能够引液自流，是由于2-3管段中的液体借重力往下流动时，会在2截面处形成一定的真空，从而把1-2管段中的液体吸上来；显然，顶处的真空度越大，吸水高度 h 越大。但是2截面处的压强最低不能低到该液体在其温度下的饱和压强，否则液体将要汽化，从而也就破坏了虹吸作用。这种现象应用于水泵吸水时，称为“**气蚀**”，产生气蚀时，水泵将无法正常工作，严重时在水泵叶轮上形成气、液交替转换，由此产生的冲击力可能导致叶片损毁。因此通常水泵或虹吸管的**吸水高度一般不应超过7m**。

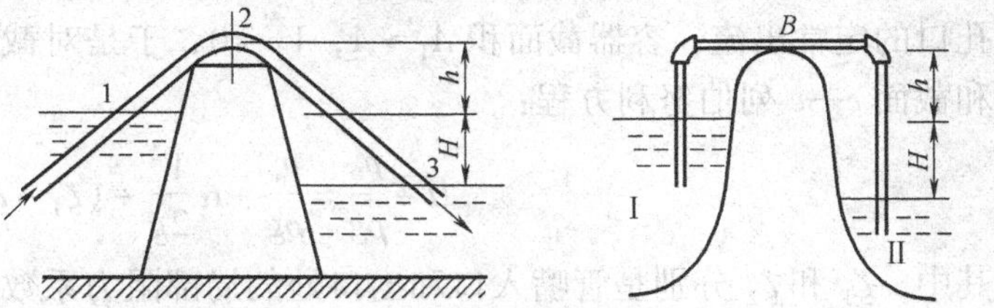

图5-16　虹吸管

假设管内流速为 V，2截面处的压强为 p_2，其真空液柱高为 h；虹吸管总长为 L，内径为 d，沿程阻力系数为 λ，局部阻力系数用 $\sum\zeta$ 表示；1-2管段的管长用 L_1 表示，局部阻力系数用 $\sum\zeta_1$ 表示，则对上、下游液面列伯努利方程（取 $\alpha=1$），得

$$\frac{p_a}{\rho g} = -H + \frac{p_a}{\rho g} + \left(\lambda\frac{L}{d} + \sum\zeta\right)\frac{V^2}{2g}$$

则流速为

$$V = \left(\frac{2gH}{\lambda L/d + \sum\zeta}\right)^{1/2} \tag{5-34a}$$

体积流量为

$$Q_V = \frac{\pi d^2}{4}\left(\frac{2gH}{\lambda L/d + \sum\zeta}\right)^{1/2} \tag{5-34b}$$

对1和2截面列伯努利方程（取 $\alpha=1$），得

$$\frac{p_a}{\rho g} = h + \frac{p_2}{\rho g} + \left(1 + \lambda\frac{L_1}{d} + \sum\zeta_1\right)\frac{V^2}{2g}$$

由上式可得点2截面的静水头为

$$h_2 = \frac{p_a - p_2}{\rho g} = h + \left(1 + \lambda\frac{L_1}{d} + \sum\zeta_1\right)\frac{V^2}{2g} = h + \frac{1 + \lambda L_1/d + \sum\zeta_1}{\lambda L/d + \sum\zeta}H \tag{5-34c}$$

若已知液体在其温度下的饱和压强 p_s，便可由上式求得允许的吸水高度

$$h=\frac{p_a-p_s}{\rho g}-\left(1+\lambda\frac{L_1}{d}+\sum\zeta_1\right)\frac{V^2}{2g}=\frac{p_a-p_s}{\rho g}-\frac{1+\lambda L_1/d+\sum\zeta_1}{\lambda L/d+\sum\zeta}H \tag{5-34d}$$

5.9.2 管嘴（厚壁孔口）定常出流

如图 5-17 所示管嘴定常出流。容器壁面装有一条短管（管嘴），当液体经外伸管嘴自由出流时，由于流线不能突然转折，流束收缩，形成缩颈，而后流束又逐渐扩展，充满整个管嘴后流出至环境（设大地大气压为 p_a）。由于流束的收缩发生在管嘴内，在收缩的流束与管壁之间将形成一小的旋涡区。在离孔口约 $d/2$ 的 c—c 处收缩到最小截面（缩颈）。这里流线近似平行，可以视为缓变流截面。缩颈收缩的程度用收缩系数 κ 表示，它等于缩颈的截面积 A_c 与孔口的截面积 A 之比，即 $\kappa=A_c/A$。设孔口中心线以上的液深为 H，液面压强为 p_0；对于小孔口的定常出流，容器截面积 $A_1\approx A$，$V_1\approx 0$，于是对截面 1—1 和截面 c—c 列伯努利方程：

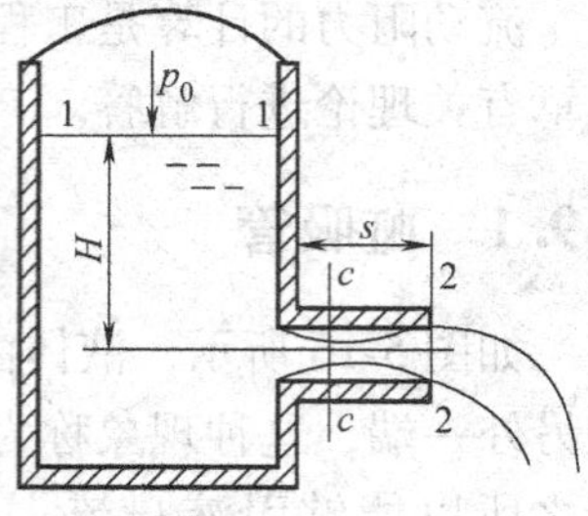

图 5-17 管嘴定常出流

$$H+\frac{p_0}{\rho g}=\frac{p_a}{\rho g}+\alpha\frac{V^2}{2g}+(\zeta_1+\zeta_2)\frac{V^2}{2g}$$

其中，ζ_1 和 ζ_2 分别是管嘴入口和出口处的局部阻力系数。取 $p_0\approx p_a$，则

出流平均流速
$$V=\sqrt{\frac{2gH}{\alpha+\zeta_1+\zeta_2}}=\xi\sqrt{2gH} \tag{5-35a}$$

出流流量
$$Q_V=AV=\frac{1}{\sqrt{\alpha+\zeta_1+\zeta_2}}A\sqrt{2gH}=\xi A\sqrt{2gH} \tag{5-35b}$$

试验表明，可取 $\kappa=0.64$，$\alpha\approx 1$，$\zeta_1=0.04\sim0.06$，$\zeta_2=0.5$，则流量系数 $\xi\approx 0.8$。

5.9.3 烟囱

烟囱的作用有二：一是利用其底部的负压将各种燃烧废气抽吸出来，相当于吸风机的作用；二是借烟囱的高度将有害气体排放到高空，借大气的扩散与稀释作用，以减少对地面的污染。一般中小型炉窑的烟囱多以抽吸作用为主，排放作用为辅，可称之为抽吸烟囱。

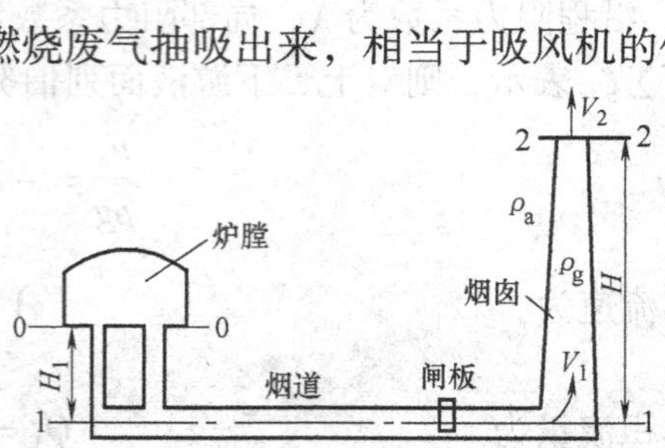

图 5-18 炉窑排烟系统示意图

图 5-18 所示为炉窑排烟系统示意图。设烟囱高度为 H，内部充满密度为 ρ_g 的烟气，周围大气密度为 ρ_a。现设烟囱底部静压为 $h_{静1}$，取顶部截面 2—2 为基准面。列伯努利方程，已知 $h_{静2}=0$。则

$$h_{静1}+H(\rho_a-\rho_g)g+\frac{V_1^2\rho_g}{2}=0+0+\frac{V_2^2\rho_g}{2}+h_{失}$$

整理得
$$h_{静1}=-H(\rho_a-\rho_g)g+\frac{V_2^2-V_1^2}{2}\rho_g+h_{失} \tag{5-36a}$$

一般情况下，$\rho_g<\rho_a$，即 $H(\rho_a-\rho_g)g>0$，若忽略烟囱上下截面的动压头变化及压头损失，则得烟囱底部静压的理论值为

$$h_{静}=-H(\rho_a-\rho_g)g \tag{5-36b}$$

可见烟囱底部为负压，且随着烟囱高度与内外气体的密度差而增大。对于炉窑来说，烟囱相当于抽风机。所以习惯上将烟囱底部的负压的绝对值称为抽力。式（5-36b）的绝对值称为理论抽力。实际抽力可从式（5-36a）得出

$$h_{抽}=-h_{静1}=H(\rho_a-\rho_g)g-\frac{V_2^2-V_1^2}{2}\rho_g-h_{失} \tag{5-36c}$$

当烟囱抽力等于或大于烟道系统流动阻力时，烟囱就能稳定地抽吸出设计条件下的烟气量。对抽吸烟囱，为使烟囱抽力大于整个烟道系统总阻力，一般取

$$h_{抽}=(1.2\sim1.4)\sum h_{失} \tag{5-36d}$$

式中，$\sum h_{失}$为从炉膛出口至烟囱底部整个烟道系统的压强损失。将式（5-36c）与式（5-36d）合并，并考虑到烟囱进出口烟气温度不同，烟气密度分别用 ρ_{g1} 和 ρ_{g2} 表示，可得烟囱设计高度

$$H=\frac{(1.2\sim1.4)\sum h_{失}+(V_2^2\rho_{g2}-V_1^2\rho_{g1})/2+\lambda\dfrac{H}{D}\overline{h}_{动}}{(\rho_a-\rho_g)g} \tag{5-36e}$$

式中，$\overline{h}_{动}$ 表示烟囱内动压的平均值，则 $h_{失}=\lambda\dfrac{H}{D}\overline{h}_{动}$。

$$\overline{h}_{动}=\frac{V_0^2}{2}\rho_0(1+\beta\bar{t}) \tag{5-36f}$$

式中，$\bar{t}$ 为烟囱内部上下气体温度的算术平均值。顶部温度 t_2 与底部温度 t_1 有以下关系：

$$t_2=t_1-H\left(\frac{\Delta t}{\Delta H}\right) \tag{5-36g}$$

式中，$\Delta t/\Delta H$ 为单位高度烟囱的温度降，单位为℃/m。一般按经验取值，对砖烟囱为 1～1.5，无衬砖的钢板烟囱为 3～4，带隔热层的钢板烟囱为 0.5～1.5，混凝土烟囱为 0.1～0.3。

5.9.4 管路计算

管路计算是工程设计与校核中经常遇到的问题，也是流体力学应用于工程技术的一个重要方面。例如，电厂的水、汽、风烟管道的设计都需要进行管路计算，其他工程领域，如石油、化工、冶金、自来水供应，以及矿井通风、给水排水、建筑通风等工程也都会遇到管网计算问题。

1. 长管与短管

在介绍管网计算之前，有必要介绍一下长管与短管的概念。因为管路系统的能量损失包括沿程损失和局部损失两种，通常根据这两种能量损失在总能量损失中所占比例的大小而将管道分为长管与短管。所谓**长管**即计算管路总能量损失时，以沿程损失为主，速度水头与局部损失之和小于沿程损失的5%，局部损失可忽略不计的管道，即

$$\frac{1+\sum\zeta}{\lambda\frac{l}{d}}<5\% \tag{5-37}$$

否则视为所谓短管，即局部损失不能忽略。

2. 当量管长与经济流速

为了计算方便，也可将局部损失折合成一段管道的长度，这个折合的管道长度又称为**当量管长**，用 $l_{当}$ 表示，相当于将管件的局部损失折合成管长为 $l_{当}$ 的管路上的沿程损失：

$$l_{当}=\frac{d}{\lambda}\sum\zeta \tag{5-38}$$

于是

$$h_{\mathrm{w}}=h_{\mathrm{f}}+\sum h_{\mathrm{j}}=\lambda\frac{l+l_{当}}{d}\frac{V^2}{2g}=\lambda\frac{L}{d}\frac{V^2}{2g} \tag{5-39}$$

注意式中假定管径相同。从上述定义来看，长管与短管并不完全是一个几何概念，而是一个阻力计算上的概念。一般情况下，当 $L/d>1000$ 时，按长管计算；否则按短管计算。

管路计算的任务通常有三种情形：

1）已知 Q_V、H(或 h_{w})、L，求 d，即确定管道直径。这类问题在工程上反映为：当管路走向已定，泵或供水(或其他流体)装置已经选定。此时，选用多大直径的管子才能确保供应流量为 Q_V 的流体。

2）已知 Q_V、L、d，求 H(或 h_{w})，即求管路的总水头或总能量损失，也可归结为求维持管路流动所需的总功率 $P=\rho g Q_V H$。工程中，给水、排水泵的选择，即为此类问题。

3）已知 d、L、H(或 h_{w})，求 Q_V，即校核给定管路的流量。例如，在给水管路系统中，某台水泵的扬程为 H_{P}，而实际需要的总水头为 H，若 $H\neq H_{\mathrm{P}}$，此时管路流量为多少，是否满足需要，即为此类问题。

在一定的流量范围内，确定管道直径 d 的经济原则如图 5-19 所示，以确定既经济又满足流量要求的管径。

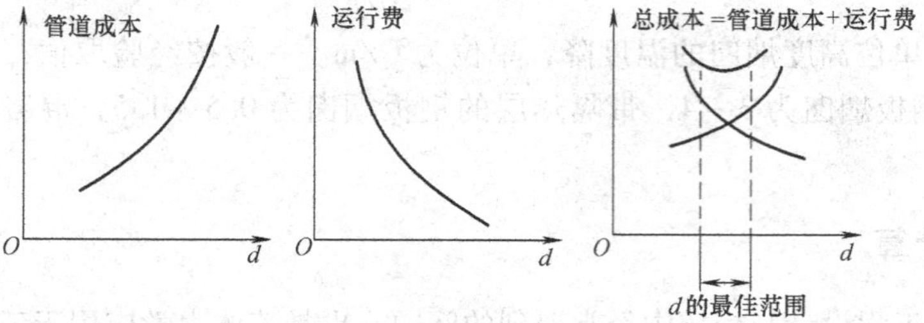

图 5-19　管路系统成本示意图

在工程设计中，通常根据经济流速来确定管径 d。如前所述，在平方阻力区 h_{f} 与流速的二次方成正比，在流量 Q_V 已确定的情况下，流速 V 的大小，仅仅取决于管径 d，若想降低流体的水头损失，当然是选择大管径为好，但管子过大，虽然管内流速降低，水头损失减小，运行费用降低，但建设投资提高。反之，若选择小管径的管道，虽然初投资小，但管内流速加大，水头损失增加，电能消耗增加，即增加了运行费用。所以，在选择管道时，必须两者兼顾，即选择运行费用、维修费用与初投资总和为最小的管路系统。

复杂的管路系统通常由串联管路、并联管路及管网构成。下面分别予以介绍。

3. 串联管路

所谓串联管路即由几段不同管径的简单管路串联而成。串联管路有以下两个特点：

1）串联管路的总能量损失等于各简单管路的水头损失之和。即

$$h_w = h_{w1} + h_{w2} + \cdots = \left(\lambda_1 \frac{l_1}{d_1} + \sum\zeta_1\right)\frac{V_1^2}{2g} + \left(\lambda_2 \frac{l_2}{d_2} + \sum\zeta_2\right)\frac{V_2^2}{2g} + \cdots \tag{5-40}$$

2）串联管路的总流量沿流程不变。即

$$Q_V = Q_{V1} = Q_{V2} = \cdots = Q_{Vn}$$

或

$$V_1A_1 = V_2A_2 = \cdots = V_nA_n \tag{5-41}$$

例如，如图5-20所示的串联管路，列水池液面至管路出口的伯努利方程，则有

$$h_w = \left(\lambda_1 \frac{l_1}{d_1} + \sum\zeta_1\right)\frac{V_1^2}{2g} + \left(\lambda_2 \frac{l_2}{d_2} + \sum\zeta_2\right)\frac{V_2^2}{2g} + \left(\lambda_3 \frac{l_3}{d_3} + \sum\zeta_3\right)\frac{V_3^2}{2g}$$

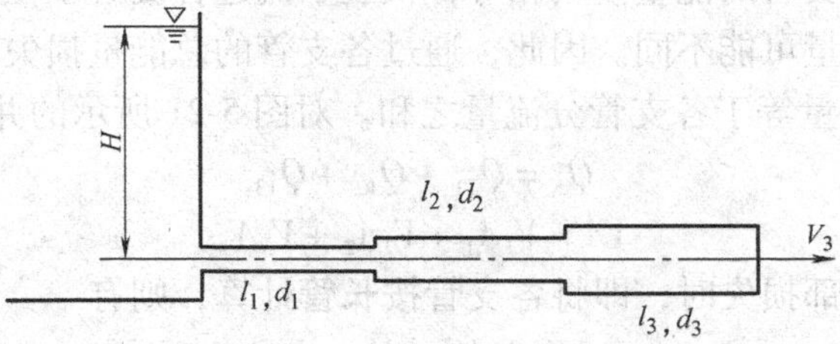

图5-20　串联管路示意图

再由连续性方程

$$Q_V = V_1A_1 = V_2A_2 = V_3A_3$$

得

$$V_1 = V_3\frac{A_3}{A_1},\quad V_2 = V_3\frac{A_3}{A_2}$$

代入 h_w 的表达式，则

$$h_w = \left[\sum_{i=1}^{3}\left(\zeta_i + \lambda_i\frac{l_i}{d_i}\right)\left(\frac{A_3}{A_i}\right)^2\right]\frac{V_3^2}{2g}$$

其中，ζ_i 是对应截面积 A_i、速度为 V_i 时的局部阻力系数。则总水头为

$$H = h_w + \frac{V_3^2}{2g} = \left[1 + \sum_{i=1}^{3}\left(\zeta_i + \lambda_i\frac{l_i}{d_i}\right)\left(\frac{A_3}{A_i}\right)^2\right]\frac{V_3^2}{2g}$$

$$V_3 = \frac{\sqrt{2gH}}{\left[1 + \sum_{i=1}^{3}\left(\zeta_i + \lambda_i\frac{l_i}{d_i}\right)\left(\frac{A_3}{A_i}\right)^2\right]^{1/2}} = \xi\sqrt{2gH}$$

或

$$Q_V = \xi A_3\sqrt{2gH} \tag{5-42}$$

式中，ξ 为**流量系数**，且

$$\xi = \left[1 + \sum_{i=1}^{3}\left(\zeta_i + \lambda_i\frac{l_i}{d_i}\right)\left(\frac{A_3}{A_i}\right)^2\right]^{-1/2}$$

4. 并联管路

几条简单管路的入口端与出口端分别连接在一起，这样的管路就称为并联管路。如图 5-21 所示。

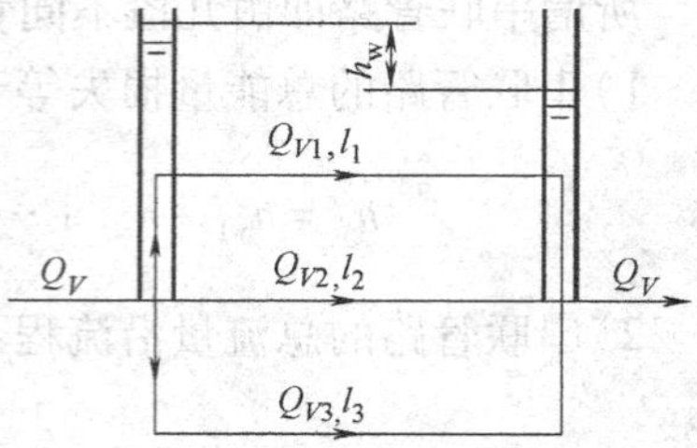

图 5-21 并联管路示意图

并联管路有如下特点：

1）并联管路中各支管的水头损失相等。对图 5-21 所示的并联管路，显然有

$$h_{w1}=h_{w2}=h_{w3}=h_w \tag{5-43}$$

而各支管的能量损失按简单管路计算。对图 5-21 而言，则有

$$\left(\lambda_1\frac{l_1}{d_1}+\sum\zeta_1\right)\frac{V_1^2}{2g}=\left(\lambda_2\frac{l_2}{d_2}+\sum\zeta_2\right)\frac{V_2^2}{2g}=\left(\lambda_3\frac{l_3}{d_3}+\sum\zeta_3\right)\frac{V_3^2}{2g} \tag{5-44}$$

需要指出的是，各支管的能量损失相等，仅表示流过各支管单位重量流体的能量损失相等，而通过各支管的流量可能不同。因此，通过各支管的总能量损失有可能不相等。

2）并联管路的总流量等于各支管分流量之和。对图 5-21 所示的并联管路，显然有

$$Q_V=Q_{V1}+Q_{V2}+Q_{V3} \tag{5-45a}$$

或

$$VA=V_1A_1+V_2A_2+V_3A_3 \tag{5-45b}$$

当忽略各支管的局部损失时，即将各支管按**长管**计算，则有

$$h_{f1}=h_{f2}=h_{f3}=h_f \tag{5-46}$$

将 $V=\dfrac{Q_V}{A}$代入 h_f 的表达式，则有

$$h_f=\lambda\frac{L}{d}\frac{Q_V^2}{2gA^2}$$

上式又可改写成

$$Q_V^2=\frac{2gA^2d}{\lambda}\frac{h_f}{L}=K^2\frac{h_f}{L} \tag{5-47}$$

式中，$K=\sqrt{\dfrac{2gA^2d}{\lambda}}$，称为**流量模数**（Flux modulus），它综合反映了管道截面形状、尺寸以及管壁粗糙度对输水能力的影响。显然，流量模数 K 与流量 Q_V 具有相同的量纲。于是有

$$Q_V=\left(\frac{K_1}{\sqrt{L_1}}+\frac{K_2}{\sqrt{L_2}}+\frac{K_3}{\sqrt{L_3}}\right)\sqrt{h_f} \tag{5-48}$$

应该指出的是，并联管路的计算往往是复杂和烦琐的，这是因为各支管的流量模数未知。由 K 的表达式可见，要知道流量模数，必须要知道 λ 值，而在不知道管道流量（或流速）的情况下，则无法确定 λ 值，进而无法确定 K 值。所以，实际计算采用逐次逼近法，即先假定一个流量分配数值，求出相应的 K 值和各支管流量的大小，然后比较假定值与计算值之差，若有差别再假定第二次流量分配数值，重复计算，直到两者比较接近，误差满足要求为止。由于计算工作较为烦琐，往往采用计算机编程进行。

5. 管网计算

除了简单管路、串并联管路外，在工程中，还有一些更为复杂的管路系统，这种管路系

统即为**管网**。根据管路布置方式的差别，管网又分为**枝状管网**与**环状管网**。下面分别介绍。

（1）枝状管网　所谓枝状管网，即由干管与支管组成的管路系统。主干管将总流量分配至每个支管。支管末端，互不相接，如图 5-22 所示。

对图 5-22 所示的枝状管网，显然有

$$Q_V = q_{V1} + q_{V2} + q_{V3} \tag{5-49}$$

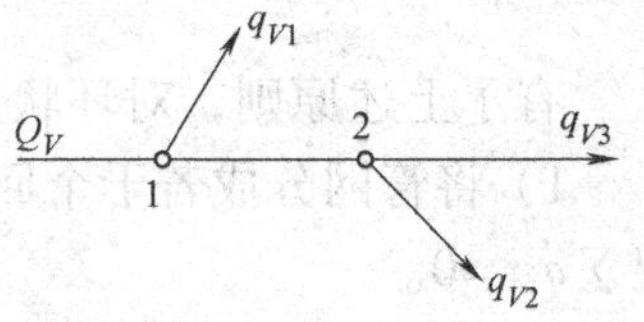

图 5-22　枝状管网示意图

式中，Q_V 为管路的总流量；q_{Vi} 为各支管的分流量。或者，根据不可压流体的连续性原理，对每个节点，则有

$$q_{Vj入} = q_{Vj出} \tag{5-50}$$

式中，$q_{Vj入}$ 与 $q_{Vj出}$ 分别为流入和流出第 j 个节点的总流量。例如，对图 5-22 中的节点 2 列方程，则有

$$Q_V - q_{V1} = q_{V2} + q_{V3} \tag{5-51}$$

且

$$\sum_{i=1}^{n} h_{fi} = \sum_{i=1}^{n} \frac{q_{Vi}^2}{K_i^2} L_i \tag{5-52}$$

枝状管网的计算，主要是确定各管段的直径以及管网的水头损失，在此基础上，确定 H，再选择水泵，或确定水塔高度。计算时，一般从管网末端能量需求最大的某支管算起，逆流而上，逐段向主干管起点计算，其计算步骤如下：

1）根据要求的流量与**经济流速**确定管径，然后再根据管道产品目录选择合适的管道。

2）根据选出的管径，由公式 $h_{fi} = \frac{q_{Vi}}{K_i^2} L_i$，计算各段的沿程损失，并注意要从最不利的某支管算起。

3）求出输送流体需要的总水头 H。

4）利用算出的 H 选择水泵扬程或确定水塔高度。

（2）环状管网　所谓环状管网，即是由若干管道相互连接组成的一些环形回路，而从每一个节点流出的流量可分别来自不同的环形回路，如图 5-23 所示。

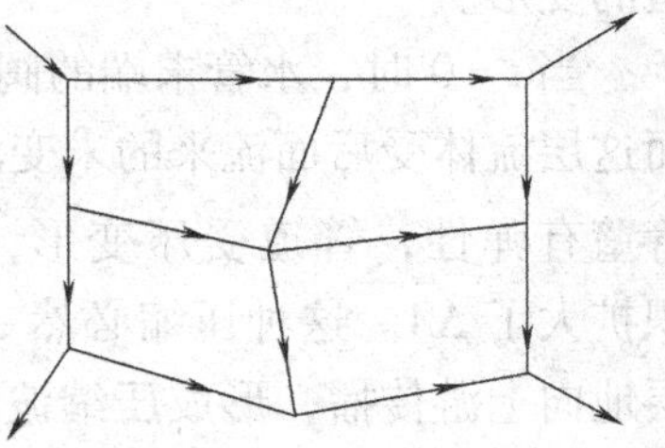

图 5-23　环状管网示意图

环状管网的计算较枝状管网更为复杂，通常要通过重复试算的方法来求解。

对环状管网的计算，必须满足下列两个基本原则：

1)通过任一节点，流入量与流出量相等。即

$$q_{Vj入} = q_{Vj出} \tag{5-53}$$

如果规定流入节点的流量为正，流出节点的流量为负，上式也可改写成

$$\sum q_{Vj} = 0 \tag{5-54}$$

即通过任一节点的净流量等于零。

2）围绕任一闭合回路的净水头损失等于零。即

$$\sum h_{fj}=0 \tag{5-55}$$

式中，j 为闭合回路的序号，$j=1,2,3,\cdots$。并且规定，顺时针方向流动的水头损失为正，逆时针方向流动的水头损失为负。故有

$$\sum h_{fj顺时针}=\sum h_{fj逆时针} \tag{5-56}$$

有了上述原则，对环状管网，其计算步骤如下：

1）将管网分成若干个回路，合理地分配流量，由**经济流速**确定管径，并使任一节点满足$\sum q_{Vj}=0$。

2）分别计算某一回路中的$\sum h_{fj顺时针}=\sum h_{fj逆时针}$。

3）当$\sum h_{fj顺时针}$与$\sum h_{fj逆时针}$的数值差别较大时，计算修正流量 Δq_{Vj}。

4）将修正后的流量代入，再求$\sum h_{fj顺时针}$与$\sum h_{fj逆时针}$，并重复计算 Δq_{Vj}，直至 Δq_{Vj}的值很小并达到精度要求为止。

环状管网的计算是相当烦琐的。目前，工程中已应用计算机程序来进行环状管网的水力计算，详细内容可参看有关管网计算的专门资料。

5.9.5 管流中的水击

工业水管中流动着一定压强的水，当管道中的阀门突然关闭时，水的流速突然降低，其惯性使管道中的局部压强突然升高。这种突然升高的压强首先出现在紧贴阀门上游的一层流体中，而后迅速地向上游传播，并在一定条件下反射回来，产生往复波动而引起管道振动，甚至形成轰轰的振动声，这便是管道中的**水击现象**。水击现象的出现将影响管道系统的正常流动，压强很高的水击还可能造成管道和管件破裂。

现以图 5-24 连接在水池上的排水管道为例分析水击的全过程。假设水管的长度为 L，直径为 d，截面积为 A，管道内水的正常流速为 V，忽略摩擦损失，但考虑水的可压缩性和管道的变形。

当 $t=0$ 时，水管末端的阀门突然关闭，紧贴阀门上游的一层流体的流速由 V 突变为零；而这层流体受后面流来的未变流速的流体压缩，其压强 p 突增了 Δp（称为水击压强）；由于管壁有弹性，管道受压变形，截面积扩大了 ΔA。这种压缩必然一层一层地向上游传播，形成**压缩波**（水击波），其**传播速度**以 c 表示，如图 5-24a 所示。

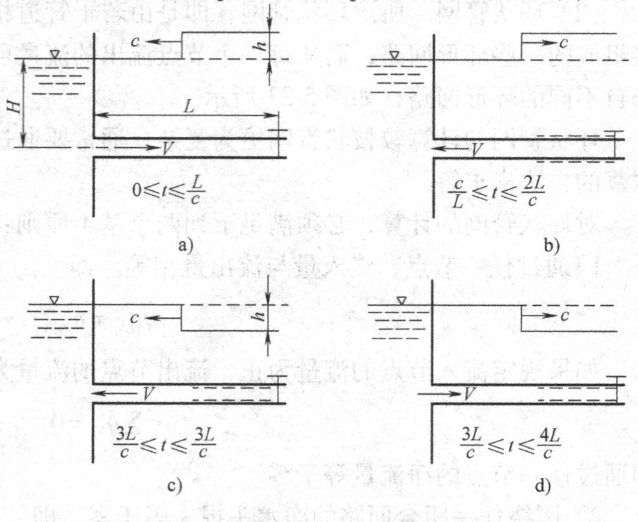

图 5-24 阀门突然关闭时的水击现象过程示意图

当 $t=L/c$ 时，水击波到达管道入口，整个管道内流体处于静止状态，管道内流体的压强为 $p+\Delta p$，而管道入口以外的压强为 p，出现了不平衡的条件，管道内的流体仍不能保持静止状态。在压差的作用下，流体便从入口端开始以速度 V 倒流入池内，致使压强从 $p+\Delta p$ 降低到

p，原先被压缩的流体得到膨胀，管道截面面积恢复到 A。这种压强的降低也是一层一层地向下游传播，形成**膨胀波**，其传播速度也是 c。如图 5-24b 所示。

当 $t=2L/c$ 时，膨胀波到达阀门，这时整个管道内的流体以速度 V 向池内倒流，管内压强和管道截面恢复正常。由于阀门是关闭的，所以流体的继续倒流，必然引起阀门左面的压强进一步降低，直到靠近阀门的一层流体停止倒流，这时压强降低到 $p-\Delta p$，管道截面面积从 A 降低到 $A-\Delta A$。随着时间的推移，减压区逐渐扩大，**减压波**也以速度 c 从右向左传播。如图 5-24c 所示。

当 $t=3L/c$ 时，减压波到达管道入口，整个管道内流体再次处于静止状态。由于管道内的流体压强为 $p-\Delta p$，而管道入口以外流体的压强为 p，又出现不平衡的条件，管道内的流体仍不能保持静止状态。在压差的作用下，流体便从入口端开始以速度 V 再次倒流入池内，致使压强从 $p-\Delta p$ 恢复到 p，管道截面面积恢复到 A。随着时间的推移，恢复区逐渐扩大，水击波以速度 c 从左向右传播。如图 5-24d 所示。

当 $t=4L/c$ 时，传播到达阀门，这时整个管道内流体的流动状态恢复至阀门关闭前的状态，从而完成一个循环。

由水击波的传播过程可以看出，阀门和管壁的压强、面积发生周期性的变化。水击压强相当大，对管道安全构成危害，应采取防护措施。减弱水击的措施有：①避免直接水击，尽可能延长阀门的关闭时间；②采用过载保护，在可能产生水击的管道中设置蓄能器、调压塔或安全阀等，以缓冲水击压强；③可能时降低管内流体速度，缩短管长，使用弹性好的管道等。

【例 5-5】 图 5-25 所示为一足够大的贮水池通过直径 $d=15\text{cm}$ 的管道向外输水。阀门关闭时，压强表的读数 $p_1'=3\times10^5\text{Pa}$；阀门全开时，压强表的读数 $p_2'=0.6\times10^5\text{Pa}$。若不计损失，试求体积流量 Q_V。

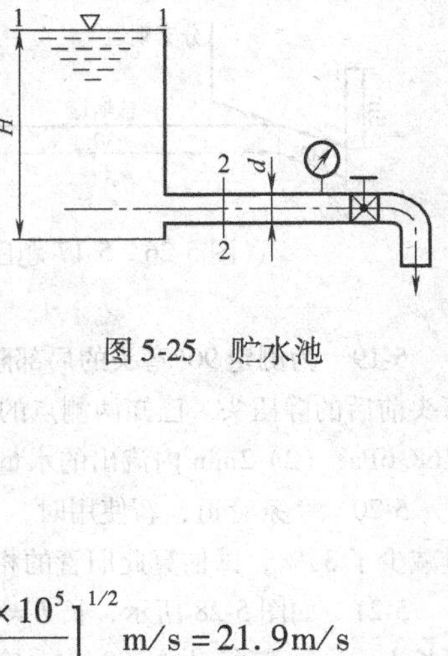

图 5-25 贮水池

解： 贮水池和管道设备都处于大气环境中，如果池深为 H，则当阀门关闭时，由流体静力学基本方程得

$$\rho g H = p_1'$$

当阀门全开时，对 1—1 和 2—2 截面列伯努利方程，得

$$H = \frac{V_2^2}{2g} + \frac{p_2'}{\rho g}$$

联立上述两式，解得

$$V_2 = \left[2g\left(H - \frac{p_2'}{\rho g}\right)\right]^{1/2} = \left[2\left(\frac{p_1' - p_2'}{\rho}\right)\right]^{1/2} = \left[2\times\frac{(3-0.6)\times10^5}{1000}\right]^{1/2}\text{m/s} = 21.9\text{m/s}$$

$$Q_V = \frac{\pi}{4}d^2 V_2 = \left[\frac{\pi}{4}(0.15)^2\times21.9\right]\text{m}^3/\text{s} = 0.3870\text{m}^3/\text{s}$$

思考与练习

5-1 何谓一元流动？讨论一元流动有何意义？

5-2 流动阻力损失包括哪几种类型？它们分别是如何产生的？

5-3　管内流动的动能修正系数为什么常常可以取为1？

5-4　雷诺数的物理意义是什么？它有何作用？管内流动的临界雷诺数一般取为多少？

5-5　圆管层流时的截面速度分布与半径呈何种关系？其平均速度与最大速度是什么关系？其阻力系数与雷诺数呈何种关系？

5-6　管内湍流的速度分布有什么特征？

5-7　何谓水力光滑和水力粗糙？其阻力系数的计算有何不同？

5-8　请总结尼古拉兹试验结果的分区特征。

5-9　对于非圆形截面管，计算阻力损失时应考虑哪些因素？

5-10　流体沿管内正向流动和反向流动时，其阻力损失是否相同？为什么？请举例说明。

5-11　请分析“气蚀”现象产生的原因、后果及危害。

5-12　烟囱的作用是什么？其抽力如何计算？

5-13　试分析抽吸烟囱内静压的变化，为什么能实现静压升高的流动？在排放烟囱内静压的变化情况又如何？若烟囱壁有裂缝对两种烟囱各有何影响？

5-14　请总结管路串联和管路并联时的流量与压差各自所遵循的关系。

5-15　管网水力计算时一般分为哪些步骤？

5-16　管流中的水击是如何产生的？有何危害？如何避免产生水击？

5-17　某烟道系统如图5-26所示，两分支烟道完全对称排列，标准状态下烟气总流量 $Q_{V0}=7200\text{m}^3/\text{h}$，平均温度 $t=819℃$，烟气密度 $\rho=1.3\text{kg/m}^3$，分支烟道截面尺寸为 $0.6\text{m}\times0.6\text{m}$，总烟道截面为 $0.72\text{m}\times1.0\text{m}$，求自分支烟道入口处Ⅰ到烟道底部Ⅱ的总压头损失。

5-18　如图5-27所示并联管路，总管水流量 $Q_V=80\times10^{-3}\ \text{m}^3/\text{s}$，$\lambda=0.02$，求：(1)各支管的流量及两节点间的压头损失(忽视局部阻力)；(2)若要求两支管流量相等，应如何处理？

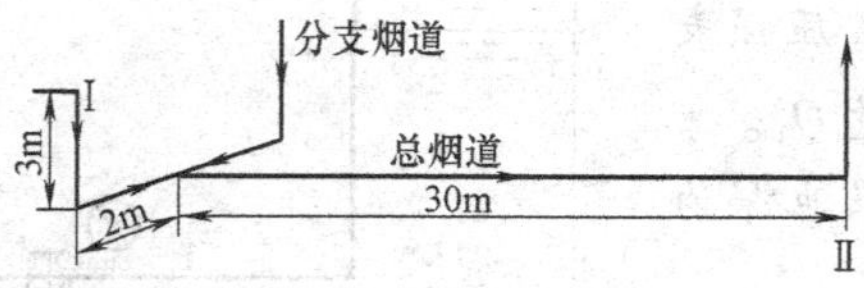

图5-26　5-17题图

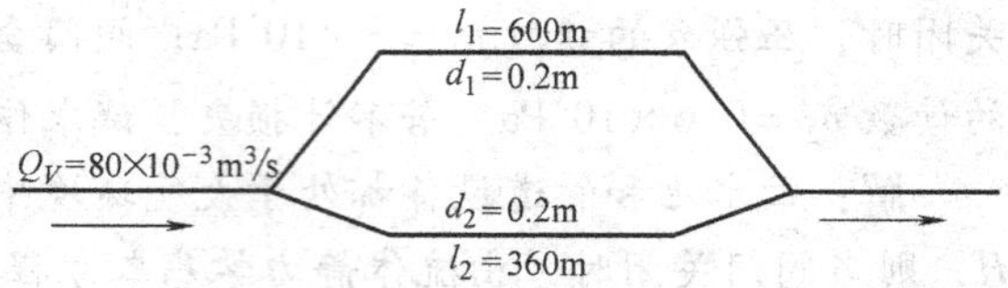

图5-27　5-18题图

5-19　为测定90°弯头的局部阻力系数 ζ，采用 $d=50\text{mm}$ 的水平放置管路，让水流通过一个弯头，测定弯头前后的静压头。已知两测点的管长为10m，$\lambda=0.03$，实测数据如下：(1) 弯头前后两点静压头降落为6168.6Pa；(2) 2min内流出的水量为 0.329m^3，求 ζ。

5-20　一条管道，新使用时，相对粗糙度 $\varepsilon/d=10^{-4}$，使用多年后，发现在水头损失相同的情况下，流量减少了35%，试估算此旧管的相对粗糙度。

5-21　如图5-28所示，长 $L=40\text{m}$ 的自流管，将水由水库引至水井，然后用水泵送至水塔，泵的吸水管长 $l_1=6\text{m}$，管径 $d_1=200\text{mm}$，输水管长 $l_2=150\text{m}$，管径 $d_2=200\text{mm}$，泵的抽水流量 $Q_V=0.044\text{m}^3/\text{s}$，局部阻力系数 $\zeta_1=6$，$\zeta_2=4$，$\zeta_3=5$，$\zeta_4=0.4$，$\zeta_5=4$，沿程阻力系数 $\lambda=0.03$，设计时要求水库和水井的水面高差为 $H=2\text{m}$，泵的扬程 $z=20\text{m}$，水泵的进水口 A 的真空压强为 $4.9\times10^4\text{Pa}$。求：(1) 水泵的安装高度 h；(2) 如果水泵的功率系数 $\eta=0.75$，求水泵的功率。

5-22　发动机润滑油的流量 $Q_V=0.4\text{cm}^3/\text{s}$，油从压力油箱经一输油管供给，如图5-29所示，输油管的直径 $D=6\text{mm}$，管长 $L=5\text{m}$。油的密度 $\rho=820\text{kg/m}^3$，运动黏度 $\nu=1.5\times10^5\text{m}^2/\text{s}$，设输油管的终端压强等于大气压强，求压力油箱所需的位置高度 h。

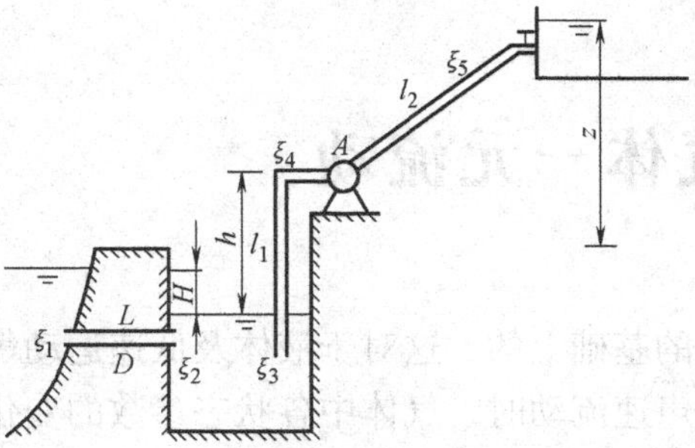

图5-28　5-21题图

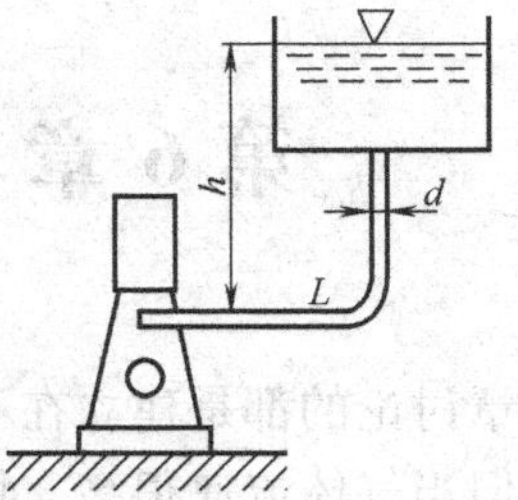

图5-29　5-22题图

5-23　求图5-30所示管路系统的水流量 Q_V。已知 $H=25\text{m}$，$l_1=150\text{m}$，$l_2=100\text{m}$，$l_3=120\text{m}$，$l_4=800\text{m}$，$l_5=1000\text{m}$，$d_1=100\text{mm}$，$d_2=120\text{mm}$，$d_3=90\text{mm}$，$d_4=d_5=150\text{mm}$，$\lambda=0.025$。

5-24　如图5-31所示并联管路的虹吸管，已知 $H=40\text{m}$，$l_1=200\text{m}$，$l_2=100\text{m}$，$l_3=500\text{m}$，$d_1=200\text{mm}$，$d_2=100\text{mm}$，$d_3=250\text{mm}$，$\lambda_1=\lambda_2=0.02$，$\lambda_3=0.025$，求总流量 Q_V。

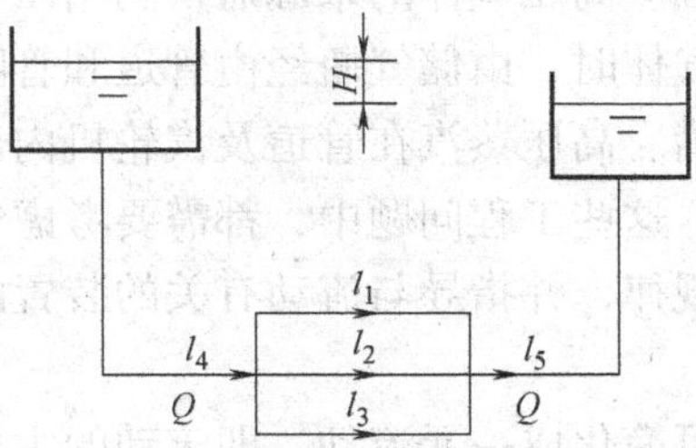

图5-30　5-23题图

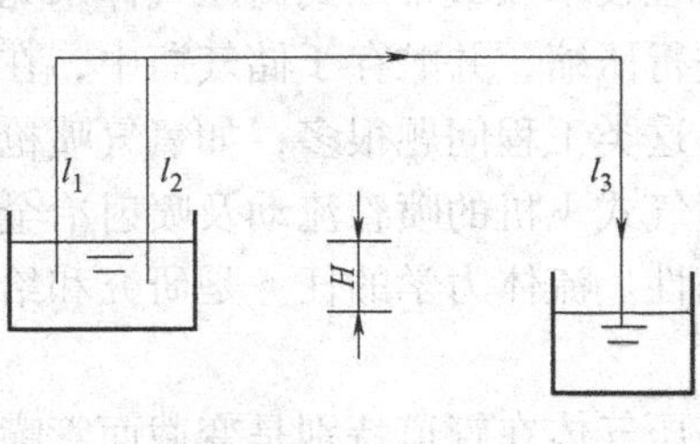

图5-31　5-24题图

5-25　如图5-32所示的分支管道系统，已知 $d_1=0.3\text{m}$，$l_1=300\text{m}$，$\varepsilon_1=1.5\text{mm}$，$z_1=15\text{m}$；$d_2=0.3\text{m}$，$l_2=300\text{m}$，$\varepsilon_2=1.5\text{mm}$；$d_3=0.2\text{m}$，$l_3=300\text{m}$，$\varepsilon_3=0.5\text{mm}$，$z_3=24\text{m}$；$d_4=0.2\text{m}$，$l_4=900\text{m}$，$\varepsilon_4=0.5\text{mm}$，$z_4=30\text{m}$；水泵安装在地面上，水泵特性如下表所示。求进入第3、4容器的流量 Q_{V3}、Q_{V4} 和汇合处 J 的静水头线高度 h_f。

H/m	23.8	21	18	15	12	9	6
Q_V/(m³/s)	0.01	0.07	0.106	0.134	0.154	0.166	0.168
η(%)	0	54	70	80	73	60	40

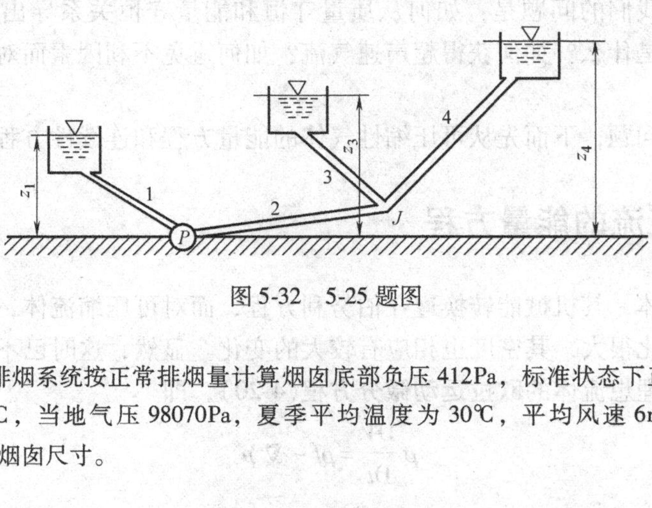

图5-32　5-25题图

5-26　某工业炉排烟系统按正常排烟量计算烟囱底部负压412Pa，标准状态下正常排烟量 $9.96\text{m}^3/\text{s}$，烟囱底部温度为440℃，当地气压98070Pa，夏季平均温度为30℃，平均风速6m/s，烟气密度 $\rho_{0气}=1.3\text{kg/m}^3$，试确定一种烟囱尺寸。

第 6 章　可压缩气体一元流动

前面两章讨论的都是建立在不可压缩流体模型的基础上的，这对于液体及低速运动气体是适用的。但当气体流速很高，特别是接近或超过声速流动时，气体中各状态参数的变化规律与不可压缩流体有显著区别，这时需要考虑气体的可压缩性。本章讨论可压缩性气体的一元流动。

6.1　问题的提出

工程技术领域常用到高压气体来完成各种工艺过程。高压气体的来源通常利用压气机对气体进行压缩，并贮存于储气瓶中，在需要使用压缩气体时，由储气瓶经由管道和管嘴供给用户。这类工程问题很多，如氧气喷枪、高压雾化油嘴、高压蒸汽在管道及汽轮机内部的流动、喷气式飞机的喷管流动及喷射冶金中的喷射流等。这些工程问题中，都需要考虑气体的可压缩性。流体力学的任务是研究和给出流体流动的规律，并指导与流动有关的装置的优化设计。

高压气体在管道特别是变截面管嘴中的流动仍然可简化成一元流动，即流动的主要参数只与一个坐标方向有关（默认为 x 方向）。其流动过程当然应遵从质量守恒和能量守恒关系。通过前面的学习，我们知道，对于不可压缩流体在管内流动时，由于需要满足连续性方程 $VA=V_0A_0$，则当管道截面逐渐收缩时，流速将不断提高。问题是流速可以不受限制的一直提高吗？答案显然是否定的。那么新的问题就产生了，在这种情形下，流速到底受什么因素限制？能够获得的最高流速又是多少？这显然需要从新的视角进行研究，即需要考虑可压缩性的影响。

在考虑气体的可压缩性后，其流动参数必然产生新的变化（如沿程的速度变化、压强变化、密度变化、温度变化，等等），也会产生新的现象（如气体激波），这些因素必然影响到流动装置的设计。我们的问题是：如何从质量守恒和能量守恒关系导出流动参数的变化规律？其影响因素又是什么？如何获得超声速气流？如何避免不利因素而对流动装置进行优化设计？

为了回答这些问题，下面先从可压缩性气体的能量方程和连续性方程展开讨论。

6.2　压缩性气流的能量方程

对不可压缩流体，其机械能转换遵守伯努利方程，而对可压缩流体，如高速流动的气体因流动过程静压变化很大，其密度也相应有较大的变化。显然，这时已不能直接应用伯努利方程，而应当应用理想流体的**欧拉运动微分方程**(4-20)，即

$$\rho\frac{\mathrm{D}\boldsymbol{V}}{\mathrm{D}t}=\rho\boldsymbol{f}-\nabla p \tag{6-1}$$

对于定常的一维流动，不计质量力，且有

$$\frac{\partial p}{\partial x}=\frac{\mathrm{d}p}{\mathrm{d}x},\quad \frac{\partial u}{\partial x}=\frac{\mathrm{d}u}{\mathrm{d}x}$$

则式(6-1)简化成

$$\frac{1}{\rho}\frac{\mathrm{d}p}{\mathrm{d}x}+u\frac{\mathrm{d}u}{\mathrm{d}x}=0$$

或

$$\frac{1}{\rho}\mathrm{d}p+u\mathrm{d}u=0 \tag{6-2}$$

将式(6-2)积分，其中第二项在流通截面上的积分为

$$\int_A u\mathrm{d}u=\beta\frac{V^2}{2}$$

式中，β即**动量修正系数**。对于管内高速气流，β可取1，则

$$\int_A u\mathrm{d}u=\frac{V^2}{2}$$

式(6-2)中第一项的积分$\int \mathrm{d}p/\rho$取决于绝对压强与密度间的变化关系。这涉及流体的热力学特性。当高压气体流出时，气流与管壁接触时间极短，来不及充分与周围进行热交换，故可近似地按**绝热膨胀过程**(或**等熵膨胀过程**)处理，即遵守

$$\frac{p}{\rho^{\gamma}}=C$$

其中，γ为**比热比**($\gamma=c_p/c_V$)。代入后积分得

$$\int\frac{\mathrm{d}p}{\rho}=C^{1/\gamma}\int p^{-1/\gamma}\mathrm{d}p=\frac{\gamma}{\gamma-1}\frac{p}{\rho}$$

最后，式(6-2)的积分成为

$$\frac{\gamma}{\gamma-1}\frac{p}{\rho}+\frac{V^2}{2}=常数 \tag{6-3}$$

对于流动方向上的任意两截面，则有

$$\frac{\gamma}{\gamma-1}\frac{p_1}{\rho_1}+\frac{V_1^2}{2}=\frac{\gamma}{\gamma-1}\frac{p_2}{\rho_2}+\frac{V_2^2}{2} \tag{6-4}$$

上式即为压缩气体作绝热流动时的能量方程。式(6-3)可改写成

$$\frac{1}{\gamma-1}\frac{p}{\rho}+\frac{p}{\rho}+\frac{V^2}{2}=常数 \tag{6-5}$$

此式与不可压缩流体水平流动的伯努利方程$p/\rho+V^2/2=$常数相比，多出了一项：$[1/(\gamma-1)](p/\rho)$。由理想气体热力学关系，得知

$$\frac{1}{\gamma-1}\frac{p}{\rho}=\frac{1}{\gamma-1}RT=\frac{1}{(c_p-c_V)/c_V}RT=\frac{c_VRT}{R}=c_VT=U$$

其中，U为内能。所以式(6-5)又可写成

$$c_VT+\frac{p}{\rho}+\frac{V^2}{2}=常数 \tag{6-6}$$

上式为压缩性气体流动能量方程的另一种形式。此式表明，可压缩性气体流动与不可压缩流体流动的能量转换关系有显著差别：在不可压缩流动中，当无专门的加热与冷却设施时，不考虑流体的温度变化；但在可压缩气体流动时则不同，当流速增大时，流体内能减少，引起温度相应地降低。若速度增大很多，往往使气体温度降低到水的冰点以下。这种效应也可用于喷射式制冷装置。

6.3 压缩性气流的连续性方程

根据连续性方程 $\rho VA = 常数$

对该式微分，得 $d(\rho VA) = \rho V dA + \rho A dV + VA d\rho = 0$

以 ρVA 遍除，得

$$\frac{dA}{A} + \frac{dV}{V} + \frac{d\rho}{\rho} = 0 \tag{6-7}$$

这是压缩性气体流动的连续性方程的微分形式。根据式(6-2)，则有

$$\rho = -\frac{dp}{VdV}$$

代入式(6-7)，得

$$\frac{dA}{A} + \frac{dV}{V} - \frac{VdV}{dp/d\rho} = 0 \tag{6-8}$$

根据物理学概念，气体的声速 a 定义(参见 6.7.1 节)为

$$a = \sqrt{\frac{dp}{d\rho}} \tag{6-9}$$

定义**马赫数**(Mach number)

$$Ma \equiv \frac{V}{a} \tag{6-10}$$

代入式(6-8)，整理得

$$\frac{dA}{A} = \frac{V^2}{a^2}\frac{dV}{V} - \frac{dV}{V} = (Ma^2 - 1)\frac{dV}{V} \tag{6-11}$$

这是压缩性气体流动连续性方程的另一种表达形式。据此可引申出如下结论：

1）当 $Ma < 1$(即 $V < a$)时，$(Ma^2 - 1) < 0$，此时速度变化(dV)与截面面积变化(dA)的符号相反，即截面变小时速度变大。这与不可压缩流体连续性方程的结论一致。

2）当 $Ma = 1$，$Ma^2 - 1 = 0$，即 $dA = 0$ 时，其意义是气流截面沿流动方向变化到当流速等于当地声速时达到极值，这个对应于声速的截面(极小)称为“**临界截面**”，相应的声速也称为**临界速度**。临界截面上的其他参数相应地都称为“**临界参数**(Critical parameter)”。

3）当 $Ma > 1$(即 $V > a$)时，$(Ma^2 - 1) > 0$，即 dV 与 dA 的符号相同，就是说在超声速范围内，气流速度不是随截面积变小而增大，而是相反。只有扩大截面，才能获得超过临界速度(声速)的超声速。上面这个结论的物理解释是：由于在超声速范围内，不仅速度变化与密度变化的趋势相反，而且密度变化率超过速度变化率，故在临界截面达到声速以后，如果截面不继续扩大，便不可能获得超声速气流。所以，为了获得超声速气流，必须使管道截面先收缩，使流速达到声速(临界截面)，然后再扩大(图 6-1b)，保证气流有充分膨胀的余地，

密度继续变小，相应速度才能增大到超声速范围。图 6-1b 所示形状的喷管称为“**拉伐尔喷管**”(Laval nozzle)。

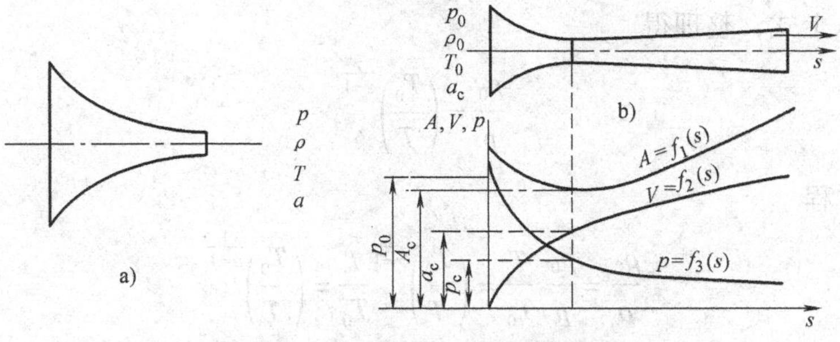

图 6-1 渐缩型喷管与渐缩渐扩型喷管
a)渐缩型喷管 b)渐缩渐扩型喷管

6.4 压缩性气流中各参数的变化规律

6.4.1 滞止参数

贮气罐中的气体或撞击于某固定表面的气体，其流速等于或趋近于零，这种状态称“**滞止状态**(Stagnation state)”，对应于此状态下的参数称“**滞止参数**(Stagnation parameter)”。从能量方程(6-4)可以看出，在不计损失的绝热流动中，各截面的滞止参数是不变的。因此又可将滞止参数理解为该系统的基准参数，分别设为 p_0、T_0、ρ_0、a_0 等。其值可由式(6-4)求出。

$$\frac{\gamma}{\gamma-1}\frac{p_0}{\rho_0}+0=\frac{\gamma}{\gamma-1}\frac{p}{\rho}+\frac{V^2}{2}$$

或

$$\frac{\gamma}{\gamma-1}RT_0=\frac{\gamma}{\gamma-1}RT+\frac{V^2}{2} \tag{6-12}$$

两边同除以$\frac{\gamma}{\gamma-1}RT$后，上式成为

$$\frac{T_0}{T}=1+\frac{\gamma-1}{2}\frac{V^2}{\gamma RT} \tag{6-13}$$

利用理想气体声速公式

$$a=\sqrt{\frac{\mathrm{d}p}{\mathrm{d}\rho}}=\sqrt{\frac{\gamma p}{\rho}}=\sqrt{\gamma RT}$$

代入式(6-13)后，得

$$\frac{T_0}{T}=1+\frac{\gamma-1}{2}\frac{V^2}{a^2}=1+\frac{\gamma-1}{2}Ma^2 \tag{6-14}$$

又利用理想气体在绝热下的状态方程

$$\frac{p_0}{p}=\left(\frac{\rho_0}{\rho}\right)^{\gamma}$$

将 $\rho=p/RT$ 代入上式，整理得

$$\frac{p_0}{p}=\left(\frac{T_0}{T}\right)^{\frac{\gamma}{\gamma-1}} \tag{6-15}$$

另外，由状态方程

$$\frac{\rho_0}{\rho}=\frac{p_0}{p}\frac{T}{T_0}=\left(\frac{T_0}{T}\right)^{\frac{\gamma}{\gamma-1}}\frac{T}{T_0}=\left(\frac{T_0}{T}\right)^{\frac{1}{\gamma-1}} \tag{6-16}$$

利用式(6-14)～式(6-16)，可得出各滞止参数与 Ma 的函数关系：

$$\frac{T_0}{T}=1+\frac{\gamma-1}{2}Ma^2 \tag{6-17a}$$

$$\frac{p_0}{p}=\left(1+\frac{\gamma-1}{2}Ma^2\right)^{\frac{\gamma}{\gamma-1}} \tag{6-17b}$$

$$\frac{\rho_0}{\rho}=\left(1+\frac{\gamma-1}{2}Ma^2\right)^{\frac{1}{\gamma-1}} \tag{6-17c}$$

并由式(6-12)与 $a=(\gamma RT)^{1/2}$，得

$$\frac{a_0}{a}=\left(1+\frac{\gamma-1}{2}Ma^2\right)^{1/2} \tag{6-17d}$$

可见气流速度超过声速越多，即马赫数越大，其温度、压强、密度及声速都比滞止状态时减小得越多。在低流速范围，Ma 很小，其参数的变化也很小。由此可见，马赫数 Ma 是衡量气流压缩性影响程度的指标。

【例 6-1】 已知压缩空气的滞止温度 $T_0=313\text{K}$，求在 Ma 分别为 0.658、1、2、3、4 时的气流温度。又问：在上述各条件下，用温度计插入气流中直接测出的温度为多少(不计散热损失)？

解：(1) 已知空气的 $\gamma=1.4$，利用式(6-17a)，得

$$T=T_0\left(1+\frac{\gamma-1}{2}Ma^2\right)^{-1}=\left[313\times\left(1+\frac{1.4-1}{2}\times0.658^2\right)^{-1}\right]\text{K}=288\text{K}$$

比静止时降低了 313K − 288K = 25K。其他 Ma 值时的计算结果如下表所示：

Ma	0	0.658	1	2	3	4
T/T_0	1	0.920	0.833	0.556	0.357	0.238
T/K	313	288	261	174	112	74.5

(2) 温度计插在气流中，气流与温度计接触时，速度变为零，若不计传热损失，此时测得的气流温度应等于滞止状态的温度，即感受出的温度仍等于 313K。这是高速气流的温度测定中需要注意的。

【例6-2】　滞止压强为 p_0，现要求因高速流出引起压强变化 Δp 的相对值 $\Delta p/\left(\frac{1}{2}\rho V^2\right)$ 不超过1%，试确定流速的范围。

解：利用式(6-17b)：$\frac{p_0}{p}=\left(1+\frac{\gamma-1}{2}Ma^2\right)^{\gamma/(\gamma-1)}$，因 $Ma<1$，按二项式定理将右边展开，仅取前三项已有足够的精确度，得

$$\frac{p_0}{p}=1+\frac{\gamma}{2}Ma^2+\frac{\gamma}{8}Ma^4$$

以 $Ma^2=\frac{V^2}{a^2}=\frac{\rho V^2}{\gamma p}$ 代入上式，整理得

$$p_0=p+\frac{\rho V^2}{2}+\frac{\rho V^2}{2}\frac{Ma^2}{4} \tag{a}$$

对不可压缩流体，即不计压缩性影响时，其滞止压强(p_0')可按伯努利方程确定：

$$p_0'=p+\frac{\rho V^2}{2} \tag{b}$$

式(a)、式(b)两式相减，即得出因压缩性影响而产生的差值

$$\Delta p_0=p_0-p_0'=\frac{\rho V^2}{2}\frac{Ma^2}{4}$$

其相对于动压的误差为

$$\Delta p_0\Big/\left(\frac{\rho V^2}{2}\right)=\frac{Ma^2}{4}$$

当要求相对于动压头的压强变化不超过1%时，其对应的马赫数 $Ma=(4\times0.01)^{1/2}=0.2$。表明在上述要求下，只有当 $V<0.2a$ 时，才可忽略气流压缩性的影响而作为不可压流体对待。对常温空气而言，$a\approx340\text{m/s}$。上述速度限制范围即为不大于 $340\text{m/s}\times0.2=68\text{m/s}$。

6.4.2　临界参数

在压缩性气流的计算中，声速是一个重要参数，是气体动力学中的一种临界状态。所以将对应于声速状态的其他参数亦称为临界参数。分别记为 T_c、p_c、ρ_c、a_c。

将式(6-17a)～式(6-17d)各式中的 Ma 取为1，即可得临界参数与滞止参数之比

$$\frac{T_c}{T_0}=\frac{2}{\gamma+1} \tag{6-18a}$$

$$\frac{p_c}{p_0}=\left(\frac{2}{\gamma+1}\right)^{\frac{\gamma}{\gamma-1}} \tag{6-18b}$$

$$\frac{\rho_c}{\rho_0}=\left(\frac{2}{\gamma+1}\right)^{\frac{1}{\gamma-1}} \tag{6-18c}$$

$$\frac{a_c}{a_0}=\left(\frac{2}{\gamma+1}\right)^{1/2} \tag{6-18d}$$

上式表明，临界参数只与气体比热比及滞止参数有关。对于空气及双原子气体，$\gamma=1.4$，计算可得 $T_c=0.833T_0$，$p_c=0.528p_0$，$\rho_c=0.634\rho_0$，$a_c=0.913a_0$。对单原子气体及金属蒸气，$\gamma=1.67$，则 $T_c=0.749T_0$，$p_c=0.487p_0$，$\rho_c=0.650\rho_0$，$a_c=0.865a_0$。

6.5 压缩性气体经喷管的流动

喷管是指截面急剧变化的短管，当管长为零时就成为孔口出流。

6.5.1 收缩型喷管(或孔口出流)

压缩气体在贮气罐中属滞止状态，经喷管或孔口流出时，流速很高，皆可按绝热过程处理。利用式(6-4)：

$$\frac{\gamma}{\gamma-1}\frac{p_0}{\rho_0}+0=\frac{\gamma}{\gamma-1}\frac{p}{\rho}+\frac{V^2}{2}$$

由理想气体绝热方程得到出口处密度 ρ 为

$$\rho=\rho_0\left(\frac{p}{p_0}\right)^{1/\gamma} \tag{6-19}$$

合并上述两式，整理得到出口流速 V(m/s)为

$$V=\left\{\frac{2\gamma}{\gamma-1}\frac{p_0}{\rho_0}\left[1-\left(\frac{p}{p_0}\right)^{\frac{\gamma-1}{\gamma}}\right]\right\}^{1/2} \tag{6-20a}$$

由式(6-13)，可得

$$V=\left[\frac{2\gamma}{\gamma-1}R(T_0-T)\right]^{1/2} \tag{6-20b}$$

从上面公式可看出，高压气体流出速度是压强比 p/p_0 的函数，而与压强差 (p_0-p) 的大小无直接关系。这是压缩性气体与不可压缩性气体的重要差别之一。

喷管流出的质量流量 Q_m(kg/s)可利用式(6-19)与式(6-20a)，以及 $Q_m=A\rho V$ 得到

$$Q_m=A\left\{\frac{2\gamma}{\gamma-1}p_0\rho_0\left[\left(\frac{p}{p_0}\right)^{\frac{2}{\gamma}}-\left(\frac{p}{p_0}\right)^{\frac{\gamma+1}{\gamma}}\right]\right\}^{\frac{1}{2}} \tag{6-21}$$

或得到 A($\mathrm{m^2}$)

$$A=Q_m\left\{\frac{2\gamma}{\gamma-1}p_0\rho_0\left[\left(\frac{p}{p_0}\right)^{\frac{2}{\gamma}}-\left(\frac{p}{p_0}\right)^{\frac{\gamma+1}{\gamma}}\right]\right\}^{-\frac{1}{2}} \tag{6-22}$$

实际应用时，应该考虑摩擦阻力的影响。一般是乘以由经验确定的小于 1 的**流量系数** ξ 加以修正。

$$V_{实}=\xi V \quad 或 \quad Q_{m实}=\xi Q_m \tag{6-23}$$

还应注意，对普通喷管或孔口，使用式(6-20)～式(6-22)时很容易发生错误。它们只有当 $p/p_0\geqslant p_c/p_0$ 时，才能得出符合实际的结论。因为上述公式都是从能量方程中推导出来的，不能同时反映压强波的传播对流出速度的影响。实际上，当 $p/p_0<p_c/p_0$ 时(例如对室温空气而言，$p/p_0<0.528$)，按式(6-20a)的关系，得到的出口速度将大于临界速度(即相应声速)。但按声波传播的本质，当气流速度达到声速以后，下游压强再低，其影响也无法传播到上游，所以在一般结构的喷管或简单流出孔口，出口速度最大只能达到声速，而 $p<p_c$ 的

影响只是使气流在出口外部进行膨胀而已。

【例6-3】 贮气罐中压缩空气的压强 $p_0=117030\text{Pa}$（绝对压强），$\rho_0=1.32\text{kg/m}^3$，出口处压强 $p=101340\text{Pa}$，求出口流速。又若 p_0 增至 234100Pa，$\rho_0=2.64\text{kg/m}^3$，出口处压强不变。问流速又为多少？

解：(1)
$$\frac{p}{p_0}=\frac{101340}{117030}=0.866>\frac{p_c}{p_0}(=0.528)$$

符合式(6-20a)的使用条件。对空气，$\gamma=1.4$，有

$$V=\left\{\frac{2\gamma}{\gamma-1}\frac{p_0}{\rho_0}\left[1-\left(\frac{p}{p_0}\right)^{\frac{\gamma-1}{\gamma}}\right]\right\}^{1/2}=\left[\frac{2\times1.4}{1.4-1}\times\frac{117030}{1.32}\left(1-0.866^{\frac{1.4-1}{1.4}}\right)\right]^{0.5}\text{m/s}=158\text{m/s}$$

(2)
$$\frac{p}{p_0}=\frac{101340}{234100}=0.433<0.528$$

此条件下出口处的实际压强比仍为 p_c/p_0（即0.528），故流速仍应按临界条件计算，即

$$V=\left[\frac{2\times1.4}{1.4-1}\times\frac{234100}{2.64}\left(1-0.528^{\frac{1.4-1}{1.4}}\right)\right]^{0.5}\text{m/s}=321.8\text{m/s}$$

假如直接按 $p/p_0=0.433$ 代入，则

$$V=\left[\frac{2\times1.4}{1.4-1}\times\frac{234100}{2.64}\left(1-0.433^{\frac{1.4-1}{1.4}}\right)\right]^{0.5}\text{m/s}=363.4\text{m/s}$$

而此时的临界声速可由式(6-18d)及 $a=\sqrt{\gamma RT}$ 得

$$a_c=\left(\frac{\gamma p_0}{\rho}\frac{2}{\gamma+1}\right)^{0.5}=\left(\frac{1.4\times234100}{2.64}\times\frac{2}{1.4+1}\right)^{0.5}\text{m/s}=321.6\text{m/s}$$

可见直接用 $p/p_0=0.433$ 代入公式后的计算结果超过了声速，这在普通喷管中是不可能达到的，因而后一种解法是错误的。

6.5.2 经拉伐尔喷管的流动

拉伐尔喷管为渐缩渐扩型短管，其中最小截面称为“**喉部**”。拉伐尔喷管内的流动仍可按绝热流动处理，故可利用式(6-20)计算流出速度，但此式计算出的速度为理论值，实际速度应小一些。工程中用一经验的**流量系数** ξ 加以修正，ξ 一般取0.96~0.99。

此时的质量流量仍用式(6-21)计算（也可考虑用流量系数 ξ 加以修正）。

在喉部，压强为 p_c，截面积为**临界截面积** A_c。若以临界压强比[式(6-18b)]代入式(6-21)，则得临界截面积的质量流量 Q_{mc}(kg/s)为

$$Q_{mc}=A_c\left[\left(\frac{2\gamma}{\gamma-1}p_0\rho_0\right)\frac{\gamma-1}{2}\left(\frac{2}{\gamma+1}\right)^{\frac{\gamma+1}{\gamma-1}}\right]^{1/2} \tag{6-24}$$

或得临界截面积的面积 A_c(m^2)为

$$A_c=Q_{mc}\left[\gamma\left(\frac{2}{\gamma+1}\right)^{\frac{\gamma+1}{\gamma-1}}p_0\rho_0\right]^{-1/2} \tag{6-25}$$

前面已指出，当喉部达到声速时，其质量流量为最大，故按式(6-24)得到的即为最大质量流量，亦即在拉伐尔喷管的扩张管部分，虽然其速度已经超过临界截面处的临界声速，但

这是由于其密度随截面积增大而继续降低所致，故质量流量不可能大于临界值，所以拉伐尔喷管出口处与临界截面两处的质量流量是相等的，即 $Q_m = Q_{mc}$。由此，从式(6-22)与式(6-25)即可得两截面面积比：

$$\frac{A}{A_c} = \left[\frac{\frac{\gamma-1}{2}\left(\frac{2}{\gamma+1}\right)^{\frac{\gamma+1}{\gamma-1}}}{\left(\frac{p}{p_0}\right)^{\frac{2}{\gamma}} - \left(\frac{p}{p_0}\right)^{\frac{\gamma+1}{\gamma}}}\right]^{1/2} \tag{6-26}$$

当已知 γ、A_c 及 p/p_0 时，则可由式(6-26)来确定出口截面面积。

下面导出**等熵流动**过程中，任意两个截面的面积比与马赫数的关系。

由连续性方程：$\rho_1 V_1 A_1 = \rho_2 V_2 A_2$，有

$$\frac{A_2}{A_1} = \frac{\rho_1 V_1}{\rho_2 V_2}$$

又

$$\frac{\rho_1}{\rho_2} = \left(\frac{T_1}{T_2}\right)^{\frac{1}{\gamma-1}}, \quad \frac{V_1}{V_2} = \frac{Ma_1 a_1}{Ma_2 a_2} = \frac{Ma_1}{Ma_2}\left(\frac{T_1}{T_2}\right)^{\frac{1}{2}}$$

而

$$\frac{T_1}{T_2} = \left(\frac{T_1/T_0}{T_2/T_0}\right) = \frac{1+\frac{\gamma-1}{2}Ma_2^2}{1+\frac{\gamma-1}{2}Ma_1^2}$$

所以

$$\frac{A_2}{A_1} = \frac{Ma_1}{Ma_2}\left[\frac{1+\frac{\gamma-1}{2}Ma_2^2}{1+\frac{\gamma-1}{2}Ma_1^2}\right]^{\frac{\gamma+1}{2(\gamma-1)}} \tag{6-27}$$

对于喉部，$A_1 = A_c$，$M_1 = 1$，则任意截面与喉部的面积比满足：

$$\frac{A}{A_c} = \frac{1}{Ma}\left[\frac{1+\frac{\gamma-1}{2}Ma^2}{\frac{\gamma+1}{2}}\right]^{\frac{\gamma+1}{2(\gamma-1)}} \tag{6-28}$$

【例 6-4】 已知压缩空气滞止压强 $p_0 = 7\times 98070\text{Pa}$(绝对压强)，拉伐尔喷管出口绝对压强 $p = 0.754\times 98070\text{Pa}$。若要求喷管质量为 $Q_m = Q_{mc} = 1500\text{kg/h}$，试设计拉伐尔喷管的喉部与出口截面尺寸。

解： 标准条件下空气的密度 $\rho_a = 1.293\text{kg/m}^3$，按绝热过程可近似求出 $p_0 = 7\times 98070\text{Pa}$ 下，滞止状态时的密度 ρ_0：

$$\rho_0 = \rho_a\left(\frac{p_0}{p_a}\right)^{1/\gamma} = 1.293\times\left(\frac{7\times 98070}{0.754\times 98070}\right)^{1/1.4}\ \text{kg/m}^3 = 5.2\text{kg/m}^3$$

由式(6-25)求临界截面面积

$$A_c=Q_{mc}\left[\gamma\left(\frac{2}{\gamma+1}\right)^{\frac{\gamma+1}{\gamma-1}}p_0\rho_0\right]^{-0.5}=\left\{\frac{1500}{3600}\times\left[1.4\times\left(\frac{2}{1.4+1}\right)^{\frac{1.4+1}{1.4-1}}\times7\times98070\times5.2\right]^{-0.5}\right\}\mathrm{m}^2$$

$$=3.22\times10^{-4}\mathrm{m}^2=322\mathrm{mm}^2$$

临界截面直径 d_c 为

$$d_c=\sqrt{\frac{4A_c}{\pi}}=\sqrt{\frac{4\times322}{\pi}}\mathrm{mm}=20.2\mathrm{mm}$$

由式(6-26)求出口截面面积

$$A=A_c\left[\frac{\frac{\gamma-1}{2}\left(\frac{2}{\gamma+1}\right)^{\frac{\gamma+1}{\gamma-1}}}{\left(\frac{p}{p_0}\right)^{2/\gamma}-\left(\frac{p}{p_0}\right)^{\frac{\gamma+1}{\gamma}}}\right]^{0.5}=322\mathrm{mm}\times\left[\frac{\frac{1.4-1}{2}\times\left(\frac{2}{1.4+1}\right)^{\frac{1.4+1}{1.4-1}}}{\left(\frac{0.754}{7}\right)^{\frac{2}{1.4}}-\left(\frac{0.754}{7}\right)^{\frac{1.4+1}{1.4}}}\right]^{0.5}=596\mathrm{mm}^2$$

出口截面直径　$d=1.128\sqrt{596}\mathrm{mm}=27.5\mathrm{mm}$

此外，出口截面面积也可以直接由式(6-22)求出：

$$A=\left\{\frac{1500}{3600}\times\left\{\frac{2\times1.4}{1.4-1}\times7\times98070\times5.2\left[\left(\frac{0.754}{7}\right)^{\frac{2}{1.4}}-\left(\frac{0.754}{7}\right)^{\frac{1.4+1}{1.4}}\right]\right\}^{-0.5}\right\}\mathrm{m}^2$$

$$=596\times10^{-6}\mathrm{m}^2=596\mathrm{mm}^2$$

两种计算结果相同。

6.6　压缩性气体的等温管流

上面几节中都是将压缩性气体流动当作无能量损失的绝热过程处理，但沿长管道输送压缩性气体时，则应考虑如下两点：

1）气体与管壁有充分的接触和进行换热的时间，因而实际上可近似认为管内气流是处于与周围环境呈热平衡状态下的等温流动；

2）因管道较长，流速又比较高，故不能忽略因摩擦阻力而产生的压降。

6.6.1　基本公式

长管道内的等温气流，因必须考虑摩擦阻力，故理想气体的欧拉运动微分方程不能直接使用。此时式(6-2)可写成

$$\frac{\mathrm{d}p}{\rho}+V\mathrm{d}V+\mathrm{d}h_f=0 \tag{6-29}$$

按达西公式，微元段上单位质量气体的能量损失为

$$\mathrm{d}h_f=\lambda\frac{\mathrm{d}L}{d}\frac{V^2}{2}$$

代入式(6-29)，并以 $V=\dfrac{Q_m}{\rho A}$及 $\rho=\dfrac{p}{C}$代入，整理得

$$\frac{A^2}{Q_m^2}\frac{p}{C}\mathrm{d}p+\frac{\mathrm{d}V}{V}+\frac{\lambda}{2d}\mathrm{d}L=0 \tag{6-30}$$

在等温管流中，λ 可视为常数。对上式各项沿管长 L 积分，得

$$\frac{A^2}{2Q_m^2}\frac{p_2^2-p_1^2}{C}+\ln\frac{V_2}{V_1}+\frac{\lambda}{2d}L=0 \tag{6-31}$$

实际应用中，管道两端速度变化不大，两速度比的对数值相对于其他项可以忽略不计，则上式成为

$$p_1^2-p_2^2=C\frac{\lambda LQ_m^2}{dA^2} \tag{6-32a}$$

将 $C=p/\rho$ 及 $Q_m/A=\rho V$ 代回后，得

$$p_1^2-p_2^2=\frac{p_1}{\rho_1}\frac{\lambda L}{d}\rho_1^2V_1^2=p_1\rho_1\frac{\lambda L}{d}V_1^2 \tag{6-32b}$$

对等温过程，用常数 $C=RT$ 及 $A=\pi d^2/4$，代入式(6-32b)，得

$$p_1^2-p_2^2=\frac{16\lambda RTLQ_m^2}{\pi^2d^5} \tag{6-32c}$$

式(6-30)～式(6-32)即为压缩性气体等温管流的基本公式。

6.6.2 压降公式

按等截面管的连续性方程 $\rho_1V_1=\rho_2V_2$ 及等温下的气体状态方程 $p_1/\rho_1=p_2/\rho_2$，式(6-32b)可写成

$$p_1^2-p_2^2=p_2\rho_2\frac{\lambda L}{d}V_2^2$$

$$p_1=p_2\left(1+\frac{\lambda L}{d}\frac{\rho_2V_2^2}{p_2}\right)^{1/2}=p_2\left(1+\frac{\lambda L}{d}\frac{V_2^2}{RT_2}\right)^{1/2} \tag{6-33a}$$

或

$$p_2=p_1\left(1-\frac{\lambda L}{d}\frac{\rho_1V_1^2}{p_1}\right)^{1/2}=p_1\left(1-\frac{\lambda L}{d}\frac{V_1^2}{RT_1}\right)^{1/2} \tag{6-33b}$$

管道两截面间的压降 Δp 为

$$\Delta p=p_1-p_2=p_2\left[\left(1+\frac{\lambda L}{d}\frac{V_2^2}{RT_2}\right)^{1/2}-1\right] \tag{6-34a}$$

或利用式(6-33b)，得

$$\Delta p=p_1-p_2=p_1\left[1-\left(1-\frac{\lambda L}{d}\frac{V_1^2}{RT_1}\right)^{1/2}\right] \tag{6-34b}$$

为加深理解，可作如下讨论：

令

$$p_{均}=\frac{p_1+p_2}{2}$$

则

$$p_1^2-p_2^2=(p_1+p_2)(p_1-p_2)=2p_{均}\cdot\Delta p$$

代入式(6-32b)后，得

$$\Delta p=\lambda\frac{L}{d}\frac{\rho_1V_1^2}{2}\frac{p_1}{p_{均}} \tag{6-35a}$$

若压降不太大，则 $p_{均}$ 与 p_1 将接近，取 $p_{均}\approx p_1$，且 $\rho_1\approx\rho$，则

$$\Delta p\approx\lambda\frac{L}{d}\frac{\rho V^2}{2} \tag{6-35b}$$

这就还原成了达西公式。因此可以说，可压缩气体等温管流是不可压缩低速流动的扩展。

6.6.3　流量公式

若已知管道任意两截面的压强和温度，为确定流量，可利用式(6-32c)，得

$$Q_m=\left[\frac{\pi^2d^5}{16\lambda RTL}(p_1^2-p_2^2)\right]^{1/2}\quad(\text{kg/s}) \tag{6-36a}$$

或

$$Q_m=A\left(\frac{d}{\lambda L}\frac{p_1^2-p_2^2}{RT}\right)^{1/2}\quad(\text{kg/s}) \tag{6-36b}$$

在直管或简单收缩管中的等温流动，无论始末压强比多大(或终点压强多低)，也不能获得超声速气流，最大速度只能是声速。但对于等温条件下的声速与绝对过程声速概念略有差别，对于声速公式(6-9)，若将声波在等温气流中的传播过程也视为等温的，则有

$$\frac{p}{\rho}=RT=C$$

于是得出 a(m/s)

$$a=\sqrt{C}=\sqrt{p/\rho}=\sqrt{RT} \tag{6-37}$$

从式(6-37)可以看出，在等温长管流动中，管道内可获得的**最大流速**是 $\sqrt{RT}$，即使始末压强差别再大也无法超过 $\sqrt{RT}$。这一结论是对于理想气体推导出来的，对与理想气体差别较大的气体，上述公式不适用。

需要提出的是，有摩擦的可压缩气体长管流动还有**绝热管流**和有**传热管流**两种情况，可以仿照上述过程进行分析，读者可参阅其他相关文献。

【例6-5】　有一直径 $D=100$mm 的输气管道，在某截面测得绝对压强 $p_1=980700$Pa，温度 $T_1=293$K，流速 $V_1=30$m/s，管道内的 $\lambda=0.03$，试计算流过100m后气体的压强降为若干？

解：因已知第一截面的参数，故按式(6-34b)，得

$$\Delta p=p_1\left[1-\left(1-\frac{\lambda L}{D}\frac{V_1^2}{RT_1}\right)^{0.5}\right]=980700\times\left[1-\left(1-\frac{0.03\times100}{0.1}\times\frac{30^2}{287\times293}\right)^{0.5}\right]\text{Pa}$$
$$=172640\text{Pa}$$

若近似地按压降不太大的情况(即不可压缩流体)处理，则可用达西公式(6-35b)，又其中的

$$\rho=\rho_1=\frac{p_1}{RT_1}=\frac{980700}{287\times293}\text{kg/m}^3=11.66\text{kg/m}^3$$

故

$$\Delta p=\left(0.03\times\frac{100}{0.1}\times11.66\times\frac{30^2}{2}\right)\text{Pa}=157410\text{Pa}$$

两种计算结果相差 $\frac{172640-157410}{172640}\times 100\% = 8.82\%$

可见，管道越长，流速越高，直接应用达西公式计算所产生的误差将越大。

6.7* 气体激波

从前面的讨论中可知，对于收缩型喷管，当入口处压强与出口处压强的比值大于一定数值(对于双原子气体，此值为0.528)后，出口处的压强仍将大于出口外侧的环境压强，气体流出后将在出口处完成迅速膨胀以达到环境压强，也即在很小的距离使出口压强降至出口环境压强。换句话说，在出口处将存在一个压强和流速的“**间断面**”。这个间断面即为所谓的**激波面**(Shock wave)，在此间断面的两侧，流动参数可认为出现了“突变”。进一步观察发现，对于拉伐尔管，当流动参数改变时，其内部也可以存在这样的间断面。

由于激波的出现，通常会使得流动阻力急剧增大，所以在工程上应当尽量避免激波的出现。本节重点讨论气体激波的形成及有关规律。

6.7.1 小扰动波的传播及声速

真实的流体都具有一定程度的可压缩性，在可压缩流体中，如果某处产生一个局部的微弱压力扰动，这个压力扰动将以波阵面的形式(称为**小扰动波**)在流体内传播，其传播速度即为**声速**，记作 a。

如图6-2所示，用锤击鼓时，引起鼓膜的振动，势必挤压邻近的一层空气，使其压强和密度稍微升高，于是它又挤压外层的空气，依次传递下去。当鼓膜一凸一凹振动时，会使邻近空气压强一升一降，使密度一密一疏的产生微弱扰动。因此，**声波**实际上是发声器的振动而引起周围空气反复压缩-膨胀的微弱扰动波。

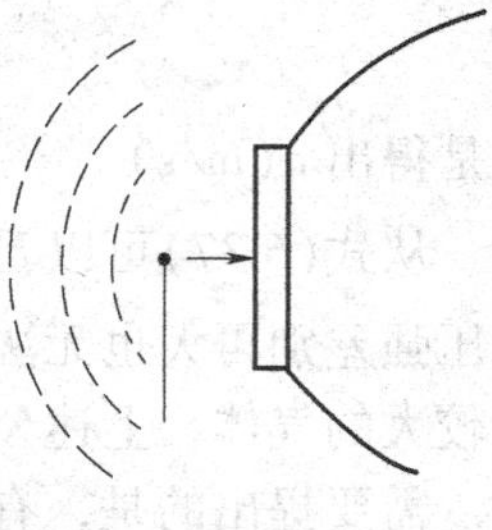

图6-2 锤击鼓时引起的振动波

扰动在流体内的传播是以“波”的形式进行的，称为“**扰动波**(Disturbance wave)”。扰动波通过流体的某一部分介质后使其流动参数发生变化。在受扰部分与未受扰部分之间有一个界面，称为“**波阵面**(Wave array)”。声速就是小扰动波的波阵面在流体中的传播速度。

需要说明的是：①扰动波的传播速度与流体本身的运动速度是两个完全不同的概念；②声音的传播速度依赖于产生扰动波的介质。

下面用一个管道—活塞系统说明微弱扰动波的传播，如图6-3所示。

设在无限长的等截面管道中充满着可压缩流体，其压强、密度、温度分别为 p、ρ、T，当管右端活塞突然以一微小速度 u 向左运动时，对于此控制体，定常运动的连续性方程为

$$\rho aA = (\rho + \mathrm{d}\rho)(a+u)A$$

略去微量后得到

$$u = \frac{-\mathrm{d}\rho}{\rho}a \tag{6-38}$$

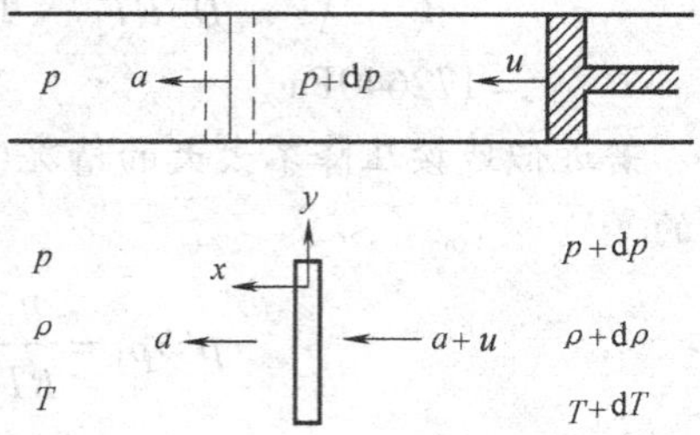

图6-3 微弱扰动波的传播

又，定常运动的动量方程为

$$pA-(p+\mathrm{d}p)A=(\rho+\mathrm{d}\rho)(a+u)^2-\rho a^2A$$

略去微量后得到

$$u=\frac{-\mathrm{d}p}{\rho a} \tag{6-39}$$

由式(6-38)和式(6-39)得到　$a=\sqrt{\dfrac{\mathrm{d}p}{\mathrm{d}\rho}}$

该式也就是式(6-9)。1687 年，牛顿(I. Newton)认为声音的传播是一个等温过程，但计算结果与实验不符。1816 年，拉普拉斯(P. F. Laplace)提出**声音的传播是一个等熵过程**，并推出了声速计算公式，实践证明是正确的。

对于等熵过程：

$$\frac{p}{\rho_\gamma}=常数$$

两边取对数后再微分：

$$\frac{\mathrm{d}p}{\mathrm{d}\rho}=\gamma\frac{p}{\rho}=\gamma RT \quad \left(\gamma=\frac{c_p}{c_V}\right)$$

则得到声速的计算公式为 $a=\sqrt{\gamma RT}$　(R 为理想气体常数)

声速是标志着流体压缩性的一个重要参数。声速小时，使密度改变 $\mathrm{d}\rho$ 所需的压强 $\mathrm{d}p$ 小，流体易压缩。反之，声速大表明流体难压缩。对于不可压缩流体声速趋于无限大，即小扰动在不可压缩流体中的传播是瞬时的，而在压缩性流体中的传播就需要一段时间，这是不可压缩流体和可压缩流体的本质区别之一。

马赫数 Ma 表征流体的惯性力与压缩的弹性力之比(参见第 12 章)。按 Ma 的大小，可压缩流体分成三种类型。

1）$Ma<1$，亚声速流动；

2）$Ma=1$，跨声速流动；

3）$Ma>1$，超声速流动。

点扰动产生的扰动波在无界的静止的可压缩流体中传播时，其波阵面是球面，这个扰动可以传播到整个空间。微弱扰动在空气中的传播可分为四种情况，如图 6-4 所示。

1）扰动源不动，波阵面是一簇同心球面，扰动波可以传播到整个空间，如图 6-4a 所示。

2）扰动以小于声速 a 的速度 u 向左运动，显然，当 $u<a$ 时，扰动波可以传播到扰动源的上游，如图 6-4b 所示。

3）当 $u=a$ 时，微弱扰动波只能传播到扰动源的下游半个空间，如图 6-4c 所示。

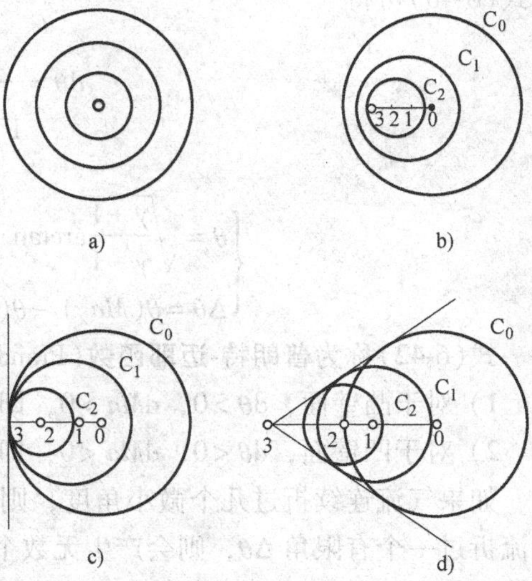

图 6-4　点扰动波的传播

a) $u=0$　b) $u<a$　c) $u=a$　d) $u>a$

4）当 $u>a$ 时，微弱扰动波面是一个圆锥面，如图 6-4d 所示。扰动只能传播到此圆锥面内部空间，这个锥称为“**马赫锥**”，马赫锥的母线称为“马赫波”或“**马赫线**”。马赫锥的顶点就是扰动源，马赫锥顶角的一半称为“**马赫**

角”，记作 θ。且

$$\sin\theta=\frac{a}{u}=\frac{1}{Ma} \tag{6-40}$$

马赫锥外面的空气不受影响，故又称为**寂静区**。当飞机作超声速飞行时，在飞机的前方听不到声音，只有当飞机掠过头顶后才能听到声音，就是这个原因造成的。因此，陆地上的交通车辆不应以超声速行驶，否则行人将听不到车辆的鸣笛声。

6.7.2 膨胀波

当超声速气流中出现微弱压力扰动时，这个微弱扰动可以传播到流场的一部分区域，扰动区和未扰动区的分界面是**马赫线**(马赫波)。如图 6-5 所示。

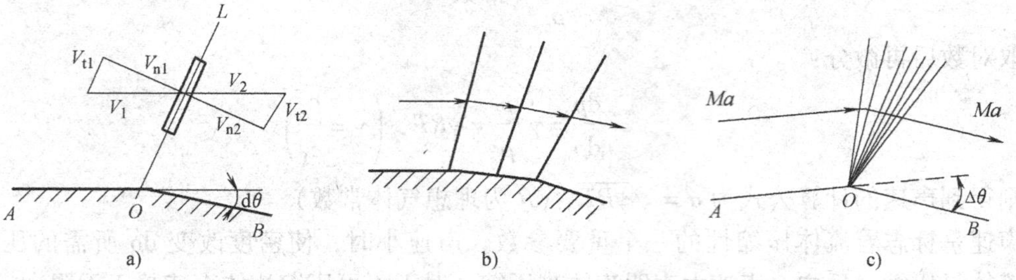

图 6-5 超声速气流中微弱压力扰动波示意图

在图 6-5a 中，由于气流外折一个角度，超声速气流速度增加，马赫数增大，马赫线 OL 与速度 V_1 的夹角就是**马赫角** θ。

由式(6-40)可得

$$\mathrm{d}\theta=\frac{\sqrt{Ma^2-1}}{1+\frac{\gamma-1}{2}Ma^2}\frac{\mathrm{d}Ma}{Ma} \tag{6-41}$$

$$\begin{cases}\theta=\sqrt{\dfrac{\gamma+1}{\gamma-1}}\arctan\sqrt{Ma^2-1}-\arctan\sqrt{Ma^2-1}\\ \Delta\theta=\theta(Ma_2)-\theta(Ma_1)\end{cases} \tag{6-42}$$

式(6-42)称为**普朗特-迈耶函数**(Prandtl-Meyer function)。由式(6-41)可知：

1）对于凸壁面，$\mathrm{d}\theta>0$，$\mathrm{d}Ma>0$，即马赫数增大，气流加速。

2）对于凹壁面，$\mathrm{d}\theta<0$，$\mathrm{d}Ma<0$，即马赫数减小，气流减速。

如果气流连续折过几个微小角度，则会产生几个马赫波，如图 6-5b 所示。如果超声速气流折过一个有限角 $\Delta\theta$，则会产生无数个汇交于 O 点的马赫波，这些发散的马赫波称为**膨胀波**，如图 6-5c 所示。

6.7.3 激波

前面讨论的小扰动波指的是使流动参数发生小的变化，它是个微量，因而可以略去高阶小量而使得方程线性化，它的特点是扰动以当地声速传播，扰动波在传播过程中波形不变。

当飞机、炮弹和火箭以超声速飞行时，或者发生强爆炸、强爆震时，气流受到急剧的压缩，压强和密度发生急剧增加，这时所产生的压强扰动将以比声速大得多的速度传播，波阵面所到之处气流的各种参数发生突然的显著变化，产生突跃，这个强间断面叫作**激波阵面**。

1. 激波的形成

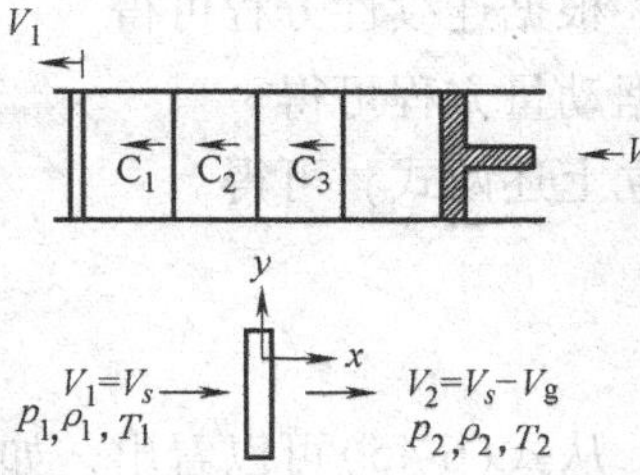

图6-6 激波形成过程示意图

设有一等截面长管，其内充满静止气体，管右端有一活塞，突然加速至V_g，将产生一个强压力扰动，这个强压力扰动波称为**激波**（**正激波**），如图6-6所示。

1）在$t=0\sim\Delta t$时段，活塞速度增至ΔV，气体被扰动产生声波，$a_1=\sqrt{\gamma RT_1}$；波后的温度从T_1增至$T_1+\Delta T_1$，波后气体以ΔV向左运动。

2）在$t=\Delta t\sim 2\Delta t$时段，活塞速度增至$2\Delta V$，产生第二道声波，$a_2=\sqrt{\gamma R(T_1+\Delta T_1)}+\Delta V$。

由于$a_2>a_1$，所以第二道声波很快赶上第一道声波。所以，活塞在t时段，从0加速至V_g的过程中，所发出的压力波将依次赶上前面的压力波，到某时刻全部压力波叠加在一起，形成一个**总的压力波**，即为**激波**。激波将以速度V_s在气体中传播。

激波的性质和原来的各个小压力波有很大的不同。激波是以大于其前方气体的声速来传播的，由于激波是无数道压缩波叠加而成的，这使得气流的性质发生质的变化，并且不再等熵。所以，激波与声波有本质的区别，激波压缩是**绝热**、**增熵**过程。

激波的厚度非常小，在标准大气压中，$Ma=2$的超声速气流中的激波厚度约为2.5×10^{-5}cm。在这个非常小的厚度内，气体的压强、密度、温度等发生急剧变化，内部结构很复杂，因此通常可忽略其厚度，认为波面是一个间断面，激波前后的参数发生突跃性变化。

2. 激波的形式

对于不同流体，形成的激波有多种形式，主要可分为**正激波**、**斜激波**、**脱体激波**和**水激波**等，如图6-7所示。前面已经提到，对于可压缩气体的拉伐尔管流动，可形成正激波和斜激波；而在航空器的超声速飞行时，将出现脱体激波；在河道中，当闸门突然打开时，高水位冲向下游，形成一个水面陡峭**水跃区**，也可视为激波。

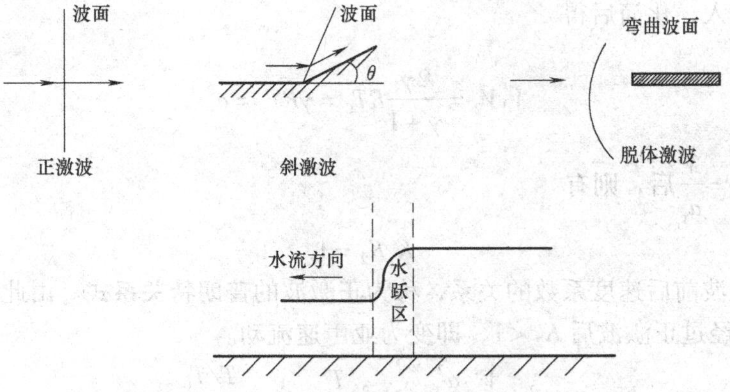

图6-7 各种形式的激波示意图

3. 激波的速度

为求激波的传播速度，将坐标轴 x、y 固定在激波面上，激波前后的流动参数分别为 p_1、T_1、ρ_1 和 p_2、T_2、ρ_2(参见图 6-6)。

根据连续性方程可得
$$\rho_1 V_s = \rho_2 (V_s - V_g) \tag{6-43}$$
根据动量方程可得
$$(p_1 - p_2)A = \rho_2 V_2^2 A - \rho_1 V_1^2 A \tag{6-44}$$
联立上述两式，可得
$$V_s = V_1 = \sqrt{\frac{\rho_2 (p_2 - p_1)}{\rho_1 (\rho_2 - \rho_1)}} \tag{6-45}$$

从式(6-45)可以看出，如果 $\rho_2 \to \rho_1$，$p_2 \to p_1$，激波将变成声波；如果 p_2 远大于 p_1，则激波的速度将趋于无限大。

6.7.4 激波前后的参数关系

由上面的讨论可知，激波厚度很小(可忽略其厚度)，但前后参数有很大变化，其过程可视为绝热过程(注意激波前后的熵并不相等)，满足质量守恒、能量守恒和动量守恒关系式。下面以图 6-6 所示的正激波为例，讨论其前后参数的变化。

图 6-6 所示控制体的连续性方程和动量方程分别为
$$\rho_1 V_1 = \rho_2 V_2 \tag{6-46a}$$
$$p_1 - p_2 = \rho_2 V_2^2 - \rho_1 V_1^2 \tag{6-46b}$$

绝热过程的能量方程为
$$c_p T_1 + \frac{V_1^2}{2} = c_p T_2 + \frac{V_2^2}{2} = c_p T_0 \tag{6-46c}$$

式(6-46b)两边同除以 $\rho_1 V_1$ 或 $\rho_2 V_2$，并利用理想气体状态方程，有
$$V_1 - V_2 = \frac{p_2}{\rho_2 V_2} - \frac{p_1}{\rho_1 V_1} = R\frac{T_2}{V_2} - R\frac{T_1}{V_1}$$
再将能量方程(6-46c)代入，得
$$V_1 - V_2 = \frac{R}{V_2}\left(T_0 - \frac{V_2^2}{2c_p}\right) - \frac{R}{V_1}\left(T_0 - \frac{V_1^2}{2c_p}\right) = RT_0\left(\frac{1}{V_2} - \frac{1}{V_1}\right) + \frac{R}{2c_p}(V_1 - V_2)$$

将 $c_p = \frac{\gamma}{\gamma - 1}R$ 代入，化简后得
$$V_1 V_2 = \frac{2\gamma}{\gamma + 1}RT_0 = \gamma R T_c = a_c^2 \tag{6-47}$$

引入速度系数 $K = \frac{V}{a_c}$后，则有
$$K_1 K_2 = 1 \tag{6-48}$$

上式表示激波前后速度系数的关系，称为正激波的**普朗特关系式**。由此可以看出，超声速气流 $K_1 > 1$，经过正激波后 $K_2 < 1$，即变为亚声速流动。

因
$$K^2 = \frac{V^2}{a^2}\frac{a^2}{a_c^2} = Ma^2 \frac{T}{T_c} = Ma^2 \frac{T/T_0}{T_c/T_0}$$

利用式(6-17a)和式(6-18a)后，可得

$$K^2=\frac{\frac{\gamma+1}{2}Ma^2}{1+\frac{\gamma-1}{2}Ma^2} \tag{6-49}$$

于是，由式(6-48)，有

$$\frac{\frac{\gamma+1}{2}Ma_1^2}{1+\frac{\gamma-1}{2}Ma_1^2}\cdot\frac{\frac{\gamma+1}{2}Ma_2^2}{1+\frac{\gamma-1}{2}Ma_2^2}=1$$

或

$$Ma_2^2=\frac{1+\frac{\gamma+1}{2}Ma_1^2}{\gamma Ma_1^2-\frac{\gamma-1}{2}} \tag{6-50}$$

该式反映了激波前后马赫数的关系。

根据式(6-46a)、式(6-47)、式(6-49)，有

$$\frac{\rho_2}{\rho_1}=\frac{V_1}{V_2}=\frac{V_1^2}{V_1V_2}=\frac{V_1^2}{a_c^2}=K_1^2=\frac{\frac{\gamma+1}{2}Ma_1^2}{1+\frac{\gamma-1}{2}Ma_1^2} \tag{6-51}$$

这是激波前后气流密度的关系式。由此可以看出，$Ma_1>1$，则 $K_1>1$，$\rho_2/\rho_1>1$，所以激波是压缩波。Ma_1 越大，则压缩比越大；但当 $Ma_1\to\infty$ 时，$\rho_2/\rho_1\to(\gamma+1)/(\gamma-1)$，对于空气，这一比值为6。

动量方程(6-46b)可写成

$$\frac{p_2-p_1}{p_1}=\frac{\rho_1V_1^2}{p_1}\left(1-\frac{V_2}{V_1}\right)$$

将式(6-51)代入，则得

$$\frac{p_2}{p_1}=\frac{2\gamma}{\gamma+1}Ma_1^2-\frac{\gamma-1}{\gamma+1} \tag{6-52}$$

这是激波前后压强的关系式。

6.7.5 拉伐尔喷管的非设计工况流动分析

从前文的讨论中得知，当气体在拉伐尔喷管中按设计工况流动时，背压 p_b 必须等于或低于出口压强 p_{e1}（设计工况下的出口处压强），否则得不到预计的超声速气流。

若 $p_b>p_{e2}$（p_{e2}为背压下降到喉部达到临界声速时的出口处压强），则管内及管外均为**亚声速流动**，这种状况相当于**文丘里管**流动（对应图6-8中曲线1）。

当 $p_b=p_{e2}$时，仅在喉部达到临界声速，喉部前后及出口仍为**亚声速流动**，**全程无激波**（对应图6-8中曲线2）。

p_b 继续下降，将在喉部下游形成一道正激波，并随着 p_b 的不断下降朝下游移动，喉部与激波之间处于超声速流动状态，激波的下游仍然为亚声速流动(对应图 6-8 中曲线 3)。

当 p_b 下降到 p_{e1} 时，正激波位于喷管出口处。此时扩张管内为超声速流动，而管外为亚声速流动，这是所希望的设计工况流动状态(对应图 6-8 中曲线 4)。

当 p_b 再下降时，喷管出口处压强维持为 p_{e1} 不再降低，气体将在管外继续膨胀，正激波也就逐渐演变为**斜激波**和**膨胀波**(对应图 6-8 中曲线 5)，后面还会发生波的相交和反射，形成更复杂的波系。

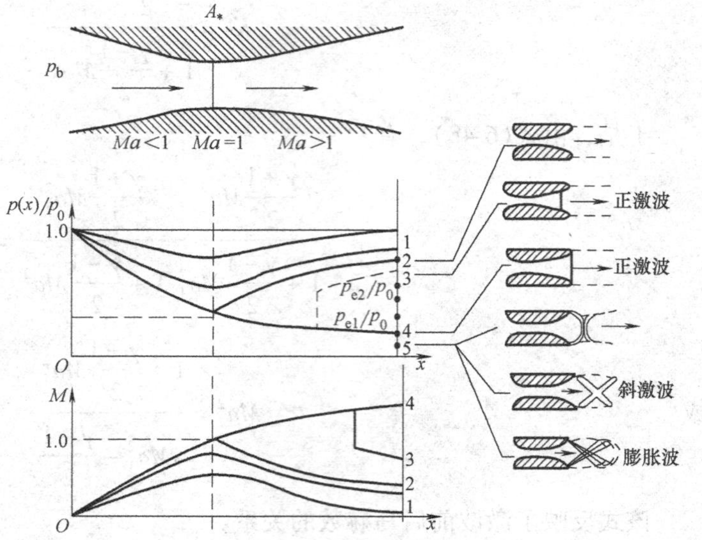

图 6-8 拉伐尔喷管的各种流动工况

不论在管口出现斜激波，还是膨胀波，波间气流都是超声速的，都会在下游产生相交和反射的波系，并发生不可逆过程，产生能量损失。

图 6-9 所示是实际观测到的拉伐尔喷管的流动形态。其中图 6-9a 所示为喉部达到声速，喉部左方为亚声速流动，右方为超声速流动，全程无激波；图 6-9b 所示为在喉部下游出现**正激波**，在激波下游为亚声速流动；图 6-9c、d 所示是喷管出口下游复杂的**激波系**，图 6-9c 以正激波为主，图 6-9d 以斜激波为主。

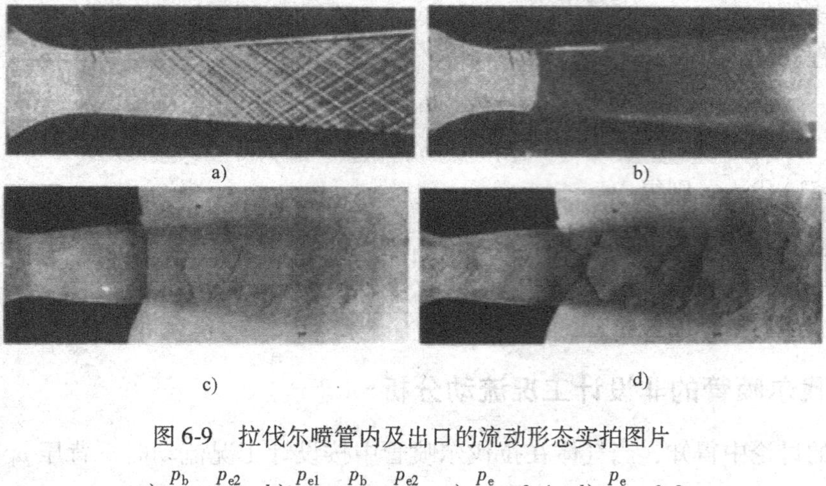

图 6-9 拉伐尔喷管内及出口的流动形态实拍图片

a) $\frac{p_b}{p_0}=\frac{p_{e2}}{p_0}$ b) $\frac{p_{e1}}{p_0}<\frac{p_b}{p_0}<\frac{p_{e2}}{p_0}$ c) $\frac{p_e}{p_b}=0.4$ d) $\frac{p_e}{p_b}=0.8$

【例 6-6】 空气在拉伐尔喷管内流动，并在某处形成正激波，激波所在处面积与喉部面积之比 $A/A_c=4$，出口面积与喉部面积之比 $A_e/A_c=10$。试计算激波前后及出口处的马赫数。

解：先求激波前的马赫数。按等熵流动关系式(6-28)，考虑 $\gamma=1.4$，有

$$\frac{A}{A_c}=\frac{1}{Ma_1}\left(\frac{1+\frac{\gamma-1}{2}Ma_1^2}{\frac{\gamma+1}{2}}\right)^{\frac{\gamma+1}{2(\gamma-1)}}=\frac{1}{Ma_1}\left(\frac{1+0.2Ma_1^2}{1.2}\right)^3=4$$

即

$$(1+0.2Ma_1^2)^3-6.912Ma_1=0$$

该式可采用试凑法或牛顿迭代法求解，其中合理的解为

$$Ma_1=2.9402$$

再由式(6-50)，可求得激波后的马赫数为

$$Ma_2=\left(\frac{1+1.2Ma_1^2}{1.4Ma_1^2-0.2}\right)^{\frac{1}{2}}=0.4788$$

可见激波前后马赫数有很大变化。自激波后到出口，气流作等熵流动，由(6-27)式，有

$$\frac{A_e}{A}=\frac{Ma_2}{Ma_e}\left(\frac{1+\frac{\gamma-1}{2}Ma_e^2}{1+\frac{\gamma-1}{2}Ma_2^2}\right)^{\frac{\gamma+1}{2(\gamma-1)}}=\frac{Ma_2}{Ma_e}\left(\frac{1+0.2Ma_e^2}{1+0.2Ma_2^2}\right)^3=\frac{A_e}{A_c}\frac{A_e}{A}=\frac{10}{4}=2.5$$

将 $Ma_2=0.4788$ 代入后可得

$$(1+0.2Ma_e^2)^3-5.973Ma_e=0$$

采用试凑法或牛顿迭代法求解，其中合理的解为 $Ma_e=0.1704$。

思考与练习

6-1　可压缩气体一元流动的能量方程与不可压缩流动的能量方程有何不同？

6-2　要获得超声速流动，需采用什么措施？

6-3　何谓临界参数？何谓滞止参数？如何理解滞止声速？

6-4　为什么不能利用收缩型喷管获得超声速流动？

6-5　拉伐尔喷管的喉部一定是声速吗？其质量流量取决于哪些因素？

6-6　可压缩气体在管内作等温流动时，如果定义从管道入口至达到声速的管长为“最大管长”，试导出其计算公式。

6-7　如果压缩性气体在有传热的管道内流动，请导出压降和流量的计算公式。

6-8　为什么说声速是流体可压缩性的标志？在可压缩流动中，声速是否为不变量？

6-9　何谓“马赫锥”“马赫线”“马赫角”？

6-10　膨胀波是如何形成的？

6-11　激波有哪些类型？它们是怎样形成的？有何危害？

6-12　请分析拉伐尔喷管可能的流动形态。

6-13　声速、滞止声速与临界声速有何区别和联系？

6-14　在高速气流中用测温计直接感受到的温度与按能量方程计算出的热力学温度有何差异？何者为真实温度？为什么？

6-15　如何理解拉伐尔喷管的纵截面形状。为什么在临界截面以后扩大截面，流速会进一步增大？

6-16　有一贮气罐，其中压缩空气的压强 $p_0=490350\text{Pa}$，温度 $T_0=293\text{K}$，压缩空气从某喷管中流出的

马赫数 $Ma=0.8$，试求滞止声速、当地声速、气流喷出速度及出口压强各为若干。

6-17 某工程计算中，允许压强差对于动压相对误差不超过1.5%，对于293K的压缩空气，问其速度在多大的范围方可按不可压缩流处理并求对应误差范围内的密度相对变化$(\rho_0-\rho)/\rho$。

6-18 已知压缩空气的压强为 $p_0=8\times10^5\text{Pa}$，$T_0=923\text{K}$，通过喷管后压强降到 $p_2=4\times10^5\text{Pa}$，试问喷管的形状如何？并求喷管的临界参数与出口参数。

6-19 已知某双原子气体压强 $p_0=117720\text{Pa}$（绝压），$\rho_0=1.12\text{kg/m}^3$，经收缩管嘴喷入压强为101239Pa的某空间，出口截面积 $A=5\times10^{-4}\text{m}^2$，若速度系数 $\xi=0.6$，试求质量流量。

6-20 某理想气体，其 $\gamma=1.4$，$R=166.5\text{N}\cdot\text{m}/(\text{kg}\cdot\text{K})$，在贮气罐的压强为689300Pa，温度为282℃，经收缩喷管流出，出口后的空间压强 $p=101300\text{Pa}$。试求：（1）喷嘴出口处压强；（2）出口截面处的流速；（3）质量流量为0.45kg/s时的出口截面积。

6-21 已知某天然气输送管道直径为20cm，长度为3000m，气源绝对压强 $p_1=980000\text{Pa}$，$T_1=300\text{K}$，管道摩擦阻力系数 $\lambda=0.012$，天然气的 $R=490\text{N}\cdot\text{m}/(\text{kg}\cdot\text{K})$。当出口外界压强 $p_2=490000\text{Pa}$ 时，求质量流量。

6-22 过热蒸汽[$\gamma=1.33$，$R=462\text{J}/(\text{kg}\cdot\text{K})$，$c_p=1862\text{J}/(\text{kg}\cdot\text{K})$]在拉伐尔喷管内流动，入口处气流速度可忽略不计，其压强为6MPa，温度为743K，测得某截面处的压强为2MPa，直径为1cm，求该截面处的速度、马赫数和质量流量。

6-23 过热蒸汽流入拉伐尔喷管，气流的滞止压强 $p_0=1180\text{kPa}$，$T_0=300℃$，出口背压 $p_b=294\text{kPa}$，若要求质量流量为12kg/s，求出口及喉部的直径。

6-24 滞止压强 $p_0=1500\text{kPa}$ 的空气流入拉伐尔喷管，出口面积与喉部面积之比 $A_e/A_c=8$。（1）如果喉部达到临界状态，试求出口截面的压强；（2）如果在出口截面发生正激波，求激波后的压强；（3）如果背压为 $p_b=500\text{kPa}$，求管内发生激波处的面积与喉部面积的比值 A/A_c。

6-25 用毕托管测量超声速气流时，在毕托管前方形成脱体激波。试求毕托管所测得的滞止压强与激波前来流压强之比 p_{02}/p_1 与来流马赫数 Ma_1 的关系。

第 7 章 理想流体平面运动

前面几章讨论了一元流动的有关规律，但工程上的流动现象并不都可以简化成一元流动，有些问题与两个甚至三个坐标方向有关，这就是所谓**多元流动**(Multi-dimensional flow)。对于多元流动问题，又可分为考虑黏性和忽略黏性两大类，前者为实际流体的多元黏性运动，求解比较复杂，在后续几章再加以讨论；忽略黏性意味着流体为**理想流体**，按照第 4 章的分析，这时重点是需要求解理想流体欧拉方程来得到流动问题的解。如果流动主要与两个坐标方向有关(有时需要进行合适的坐标变换)，则称为**平面流动**(Planar flow)。理想流体平面运动是流体力学的重要内容，同时也是分析实际流体黏性运动的基础，因此本章重点加以分析。

7.1 问题的提出

实践中存在大量近似于理想流体平面运动的实例，如鸟类、昆虫和飞机的飞行运动，为什么它们能够克服自身重力而飞行？这个问题直到儒可夫斯基(N. E. Joukowski，1906 年)提出了物体绕流定理后才得到科学的解释；又如，球类运动中的“飘球”“弧圈球”“香蕉球”等，也是由于球类在飞行中的旋转运动所形成的。

如图 7-1 所示，在重力场中，气流分两种情况托起一球体，平行重力方向(正吹)、和重力方向有一定的夹角(斜吹)。

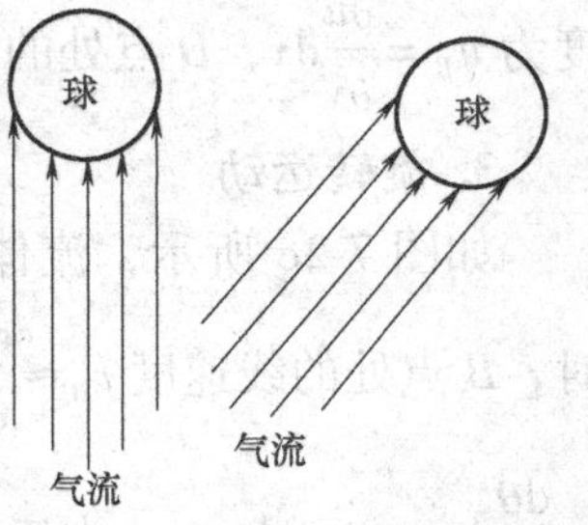

图 7-1 气流绕过球体的运动

有以下几个问题：两种情况下，球受到几种力的作用？球会旋转吗？旋转速度与什么因素有关？球的旋转速度和来流风速有何关系？球在斜吹时旋转方向恒定吗？是顺时针旋转还是逆时针旋转？为什么改变倾斜角后，球在气流中仍能保持基本平衡？这些问题都可归结为球体在理想流体中的运动和受力分析。

理想流体的运动可分为**有势流**(无旋流动)和**旋涡流**。流体力学的核心问题是求解速度场和流体的作用力。根据第 4 章的分析，通过求解欧拉方程，可得到速度和压强分布，进而得到作用力；有势流动存在势函数和流函数，故可通过求解势函数和流函数得到速度，而势函数满足拉普拉斯方程。于是，求解平面势流的思路为：拉普拉斯方程—势函数—速度—压强—力。而拉普拉斯方程的解法有：流网法、势流叠加和数值求解。

本章将从流体微团运动的分析出发，将速度势函数和流函数引入无旋流动中，介绍几种简单的平面势流，并利用势流叠加原理将较为复杂的流动分解成几种简单的平面势流，此外还将讨论旋涡流动的产生机理以及运动规律。

7.2 理想流体微团运动分析

我们知道，刚体存在平移和旋转两种形式的运动，同样，流体也存在这两种形式的运动，不同的是，由于流体的可压缩性，流动过程中还存在线性变形运动（膨胀或收缩），此外，由于实际流体运动还受到黏性切应力的作用，因而还存在剪切变形运动。这两种变形运动使得研究流体运动的困难大大增加。对于理想流体，不考虑黏性切应力，因而只存在平移、旋转和线性变形三种形式的运动。

在分析流体运动过程中划分的一个具有一定质量的流体微小团块称为**流体微团**。需要指出的是，质点和流体微团是不同的，虽然两者都具有一定质量，但质点是没有尺寸的微小点，而流体微团具有一定尺寸，且不能忽略。下面讨论理想流体微团运动的数学表述。

7.2.1 理想流体运动分解

1. 平移运动

如图 7-2a 所示，在 xOy 平面中若只存在平移运动，流体微团各点相对静止，运动到新位置的流体微团的大小和形状不变。A 点的速度为 u_A、v_A。

2. 线变形运动

如图 7-2b 所示，流体微团在 x 和 y 方向的线变形量分别为 $\frac{\partial u}{\partial x}\mathrm{d}x\mathrm{d}t$、$\frac{\partial v}{\partial y}\mathrm{d}y\mathrm{d}t$（图中 $\frac{\partial v}{\partial y}$ 为负值），则 B 点处的 x 方向的速度为 $u_B=\frac{\partial u}{\partial x}\mathrm{d}x$，$D$ 点处的 y 方向的速度为 $v_D=\frac{\partial v}{\partial y}\mathrm{d}y$。

3. 旋转运动

如图 7-2c 所示，流体微团以通过 A 点的轴线发生旋转时，B 点处的线速度 $v_B\approx\frac{\mathrm{d}\theta}{\mathrm{d}t}\mathrm{d}x=\omega_z\mathrm{d}x$，$D$ 点处的线速度 $u_D\approx-\frac{\mathrm{d}\theta}{\mathrm{d}t}\mathrm{d}y=-\omega_z\mathrm{d}y$；$\omega_z$ 为流体微团绕 z 轴旋转运动的角速度。

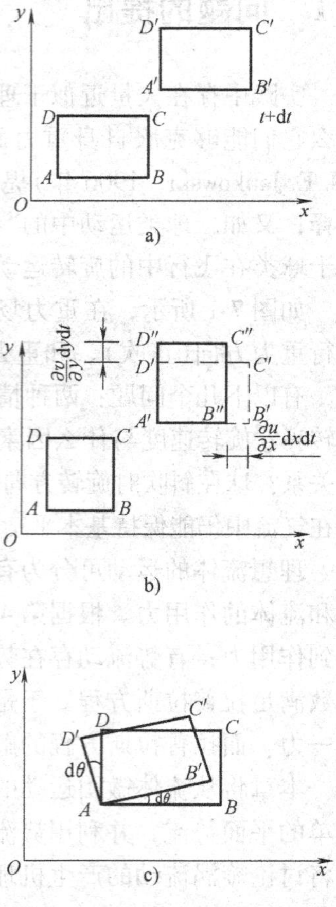

图 7-2

a) 流体微团平移运动示意图
b) 流体微团线变形运动示意图
c) 流体微团旋转运动示意图

由于存在上述三种形式的运动，若 A 点的速度为 u_A、v_A，则 B 点的速度可表示为

$$u_B=u_A+\frac{\partial u}{\partial x}\mathrm{d}x \tag{7-1a}$$

$$v_B=v_A+\frac{\partial v}{\partial x}\mathrm{d}x+\omega_z\mathrm{d}x \tag{7-1b}$$

D 点的速度可表示为

$$u_D=u_A+\frac{\partial u}{\partial y}\mathrm{d}y-\omega_z\mathrm{d}y \tag{7-2a}$$

$$v_D=v_A+\frac{\partial v}{\partial y}\mathrm{d}y \tag{7-2b}$$

C 点的速度可表示为

$$u_C=u_A+\frac{\partial u}{\partial x}\mathrm{d}x+\frac{\partial u}{\partial y}\mathrm{d}y-\omega_z\mathrm{d}y \tag{7-3a}$$

$$v_C = v_A + \frac{\partial v}{\partial x}\mathrm{d}x + \frac{\partial v}{\partial y}\mathrm{d}y + \omega_z \mathrm{d}x \tag{7-3b}$$

上述结果可由**亥姆霍兹速度分解定理**(Helmholtz velocity decomposing theorem，1858 年)得到(参见 8.3 节)。

需要指出的是，理想流体只存在平移、线性变形和旋转三种形式的运动，而实际流体由于存在黏性切应力的作用，将出现**角变形运动**，这一点将在下一章中详细讨论。

7.2.2　有旋流动与无旋流动

根据对流体微团运动的分析，可将流体运动分为**有旋流动**和**无旋流动**（Irrotational flow)。由于有旋流动会在局部产生旋涡，因此有旋流动也被称为**有涡流动**，无旋流动则被称为**无涡流动**。可以根据流体微团的旋转角速度来判断流体运动是否有旋。在流场中，如果任意流体微团都满足 $\omega_x = \omega_y = \omega_z = 0$，则流动为无旋流动；流场中任何一个流体微团三个方向上的旋转角速度 ω_x、ω_y 和 ω_z 只要有一个不为零，这种流动均为有旋流动。

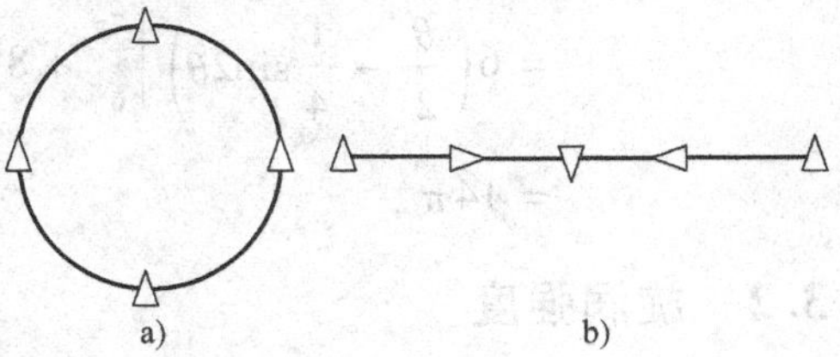

图 7-3　有旋与无旋运动图解
a) 无旋流动　b) 有旋流动

流动是否有旋与其流动轨迹无关，只由每个流体微团旋转角速度是否为零决定，即流体微团是否存在绕其自身轴的旋转。如图 7-3a 所示，虽然运动轨迹为一圆环，但流体微团并不绕其自身轴旋转，因此属于无旋流动；图 7-3b 所示的流动轨迹虽然为直线，但流体微团在运动过程中绕其自身轴旋转，因此属于有旋流动。

7.3　速度环量与涡量

在流体流动中通常会关心流体的流速和流量，而这些物理量都可以通过直接测量的方法获得。然而对于有旋流动，流体微团在流动的过程中发生旋转，在流体中可能会形成旋涡，而旋涡的强度以及相关物理量很难直接测量，并且已有的物理量无法详细地描述有旋流动，因此需要定义一些新的物理量来描述有旋流动。

7.3.1　速度环量

如图 7-4 所示，在二维流场中取一封闭曲线 L，B 为封闭曲线 L 上任意一点，该点速度为 $\boldsymbol{V}$，与曲线夹角为 α，取封闭曲线内一微小段 $\mathrm{d}\boldsymbol{l}$，**速度环量**(Velocity circulation) Γ_c 定义为速度 $\boldsymbol{V}$ 沿着封闭曲线的积分：

$$\Gamma_c = \oint_L \boldsymbol{V} \cdot \mathrm{d}\boldsymbol{l} = \oint_L V \cdot \cos\alpha \cdot \mathrm{d}l$$

$$= \oint_L (u\mathrm{d}x + v\mathrm{d}y + w\mathrm{d}z) \tag{7-4}$$

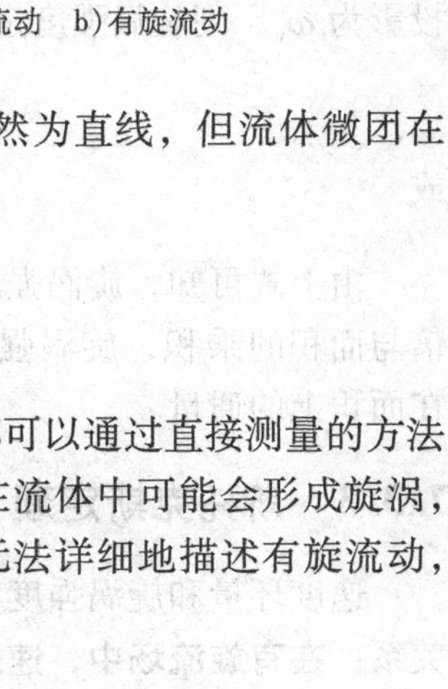

图 7-4　封闭曲线速度环量图

式中，u、v、w 和 $\mathrm{d}x$、$\mathrm{d}y$、$\mathrm{d}z$ 分别为速度 $\boldsymbol{V}$ 和 $\mathrm{d}\boldsymbol{l}$ 在 x、y、z 三个方向上的分量。

速度环量 Γ_c 是一个标量，由式(7-4)可知，速度环量的大小取决于速度在曲线上的积分，而其正负由曲线绕行方向和速度方向共同决定，同向为正，异向为负。

【例 7-1】 不可压缩流体平面流动的速度分布为 $u=-6y$，$v=8x$，求绕圆 $x^2+y^2=1$ 的速度环量。

解：
$$\Gamma_c=\oint_L(u\mathrm{d}x+v\mathrm{d}y)=\oint_L(-6y\mathrm{d}x+8x\mathrm{d}y)$$

积分路径在圆上，由于圆半径等于1，故积分式中有 $x=\cos\theta$，$y=\sin\theta$，代入上式得

$$\begin{aligned}\Gamma_c&=\oint_L(-6y\mathrm{d}x+8x\mathrm{d}y)=\int_0^{2\pi}(-6\sin\theta)\mathrm{d}(\cos\theta)+\int_0^{2\pi}8\cos\theta\mathrm{d}(\sin\theta)\\&=\int_0^{2\pi}6\sin^2\theta\mathrm{d}\theta+\int_0^{2\pi}8\cos^2\theta\mathrm{d}\theta\\&=6\left(\frac{\theta}{2}-\frac{1}{4}\sin2\theta\right)\Bigg|_0^{2\pi}+8\left(\frac{\theta}{2}+\frac{1}{4}\sin2\theta\right)\Bigg|_0^{2\pi}\\&=14\pi\end{aligned}$$

7.3.2 旋涡强度

如图7-5所示，在流场内取一微元面积 $\mathrm{d}A$，其外法线为 $\boldsymbol{n}$，旋转角速度 $\boldsymbol{\omega}$ 在法线方向的投影为 $\boldsymbol{\omega}_n$，则旋涡强度定义为 $2\boldsymbol{\omega}_n$ 与面积的乘积，即

$$\mathrm{d}\boldsymbol{I}=2\boldsymbol{\omega}_n\mathrm{d}A$$

或
$$\boldsymbol{I}=2\iint_A\boldsymbol{\omega}_n\mathrm{d}A \tag{7-5}$$

由上式可知，旋涡强度为旋转角速度在曲面外法线方向投影的两倍与面积的乘积，旋涡强度又称为**涡量**(Vorticity)，表示旋转角速度在面积上的通量。

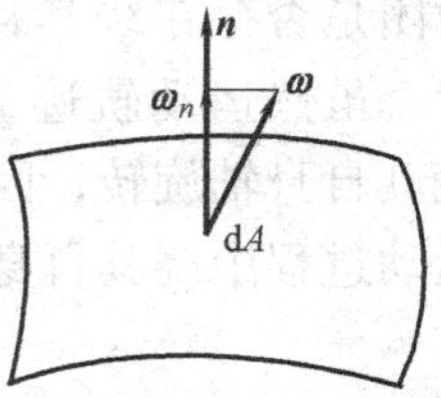

图 7-5 旋涡强度定义图

7.3.3 斯托克斯定理

速度环量和旋涡强度都是反映有旋流动的重要物理量，斯托克斯定理描述了两者存在的关系：**在有旋流场中，速度矢量沿一条封闭曲线积分所产生的速度环量 Γ_c 等于以该封闭曲线为界的任意曲面上的涡通量 $\boldsymbol{I}$。** 斯托克斯定理的证明如下：

如图7-6所示，在流体空间内取一微元面积，四点坐标分别为 $A(x,\ y)$、$B(x+\mathrm{d}x,\ y)$、$C(x+\mathrm{d}x,\ y+\mathrm{d}y)$、$D(x,\ y+\mathrm{d}y)$。$B$、$C$、$D$ 三点的速度为 A 点速度的泰勒展开式，由速度环量的定义得

$$\mathrm{d}\Gamma_c=u\mathrm{d}x+v\mathrm{d}y=\frac{u_A+u_B-u_C-u_D}{2}\mathrm{d}x+\frac{v_B+v_C-v_A-v_D}{2}\mathrm{d}y$$

将图中 A、B、C、D 四点速度代入得

$$\mathrm{d}\Gamma_c=\left(\frac{\partial v}{\partial x}-\frac{\partial u}{\partial y}\right)\mathrm{d}x\mathrm{d}y=2\omega_z\mathrm{d}A=\mathrm{d}I \tag{7-6a}$$

上式表明，微元面积上的涡量等于边界上的速度环量。这就证明了斯托克斯定理。

上述是对于微元面积上斯托克斯定理的证明过程，这是否能应用到任意大小面积或封闭曲线上呢？如图7-7所示，任意有限封闭曲线可分为有限个微元面，则

$$\Gamma_c = \sum \mathrm{d}\Gamma_c = \sum 2\omega_z \mathrm{d}A = \sum \mathrm{d}I \tag{7-6b}$$

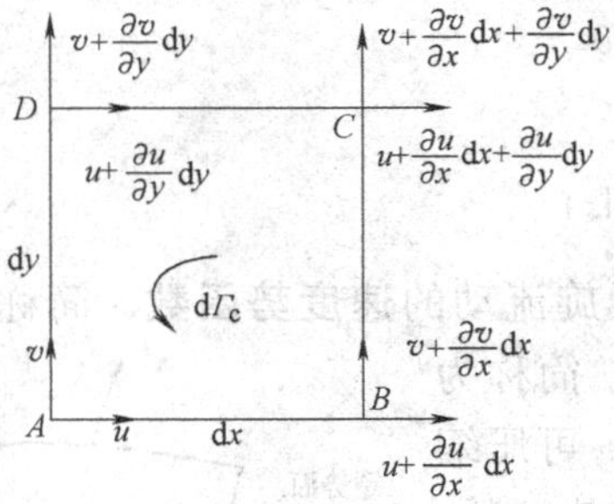

图7-6　微元面速度环量图

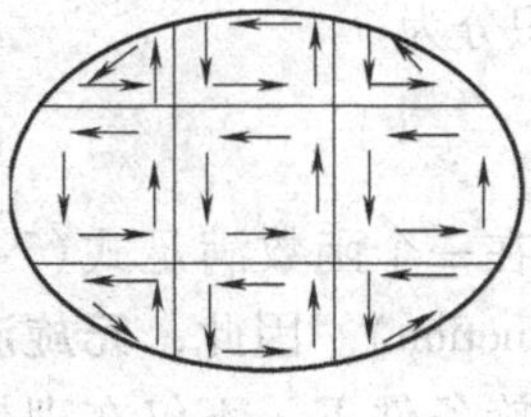

图7-7　任意封闭曲线上的斯托克斯定理图解

从图中可以看出，微元面间相邻边界上有两个速度，其大小相等，方向相反，则该边界线上的速度环量为零，同理内部所有共用边界上的速度环量都为零。因此，总速度环量等于边界线上的速度环量，同时等于该面积上的旋涡强度。

特别提示：上述导出过程对于单连通域（封闭曲面内无固体区域）是正确的，但对多连通域，式（7-6）会有不同形式，有兴趣的读者可参阅其他文献。

旋涡强度是有旋流动中的一个重要物理量，但求解旋涡强度必须对偏微分速度进行积分。斯托克斯定理将旋涡强度转化成求解速度环量，把原来的偏微分求解转化成容易求解的线积分问题，难度大大降低。这就是斯托克斯定理的作用。

7.4　速度势与流函数

速度势和流函数对流体运动研究有着重要意义。在无旋流动中，利用速度势，将求解 u、v、w 三个未知量，转化为求解一个关于 x、y、z 的函数 φ，这使得问题求解大大简化。同样，利用流函数可求出流体的运动图案，有利于对流体运动的进一步研究。

7.4.1　速度势函数

在直角坐标系中，旋转角速度被定义为

$$\omega_x = \frac{1}{2}\left(\frac{\partial w}{\partial y} - \frac{\partial v}{\partial z}\right),\ \omega_y = \frac{1}{2}\left(\frac{\partial u}{\partial z} - \frac{\partial w}{\partial x}\right),\ \omega_z = \frac{1}{2}\left(\frac{\partial v}{\partial x} - \frac{\partial u}{\partial y}\right)$$

在无旋流动中，旋转角速度 $\omega_x = \omega_y = \omega_z = 0$，则

$$\frac{\partial w}{\partial y} = \frac{\partial v}{\partial z},\ \frac{\partial u}{\partial z} = \frac{\partial w}{\partial x},\ \frac{\partial v}{\partial x} = \frac{\partial u}{\partial y}$$

由高等数学知识可知，满足上述等式的充要条件是存在一个函数 $\varphi(x, y, z, t)$，使得 $u\mathrm{d}x + v\mathrm{d}y + w\mathrm{d}z$ 为该函数的全微分，即

$$d\varphi = \frac{\partial \varphi}{\partial x}dx + \frac{\partial \varphi}{\partial y}dy + \frac{\partial \varphi}{\partial z}dz = udx + vdy + wdz \tag{7-7}$$

因此，有

$$u = \frac{\partial \varphi}{\partial x},\ v = \frac{\partial \varphi}{\partial y},\ w = \frac{\partial \varphi}{\partial z} \tag{7-8}$$

对式(7-7)积分为

$$\varphi = \int (udx + vdy + wdz) \tag{7-9}$$

如果存在一个函数满足式(7-7)，则该函数称为无旋流动的**速度势函数**，简称**势函数**(Potential function)。因此，**无旋流动**也称为**有势流动**，简称为**势流**。在无旋条件下，不仅在理想流体中存在势函数，可压缩流体中也存在，无论在定常流还是非定常流中，都存在势函数，由此可知，**无旋必有势**。这也可以从矢量运算式得到说明：

$$\nabla \times \boldsymbol{V} = \nabla \times \nabla \varphi \equiv 0$$

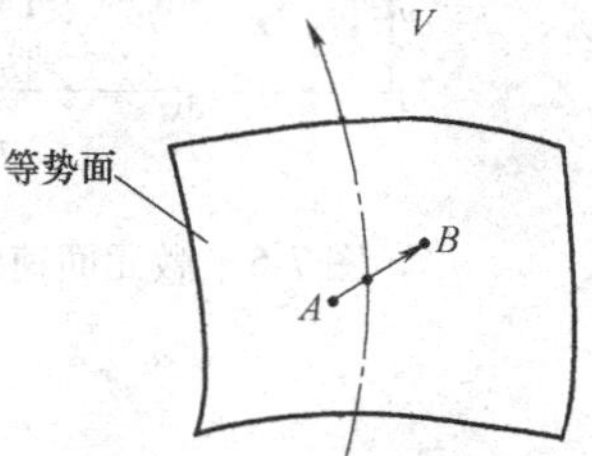

图 7-8　等势面与流线正交图

势函数在求解理想流体无旋流动中有着重要作用，主要有以下性质：

1）速度势是一个标量，在速度势空间中存在等势线或等势面，并且等势线或等势面与流线正交。

令某时刻势函数 $\varphi(x, y, z)$ 为某常数 C，得到方程

$$\varphi(x, y, z) = C$$

在三维速度势空间内，速度势为 C 的所有点构成一个曲面，该曲面称为等势面。如图7-8 所示，在等势面内取任意邻近两点 A、B，令 $\overrightarrow{AB} = dx\boldsymbol{i} + dy\boldsymbol{j} + dz\boldsymbol{k}$，穿过等势面的速度矢量 $\boldsymbol{V} = u\boldsymbol{i} + v\boldsymbol{j} + w\boldsymbol{k}$，则有

$$\overrightarrow{AB} \cdot \boldsymbol{V} = (dx\boldsymbol{i} + dy\boldsymbol{j} + dz\boldsymbol{k}) \cdot (u\boldsymbol{i} + v\boldsymbol{j} + w\boldsymbol{k}) = udx + vdy + wdz = d\varphi$$

由于 A、B 为等势面上任意邻近两点，由任意微向量 $\overrightarrow{AB}$ 所构成的平面与等势面相切，$d\varphi$ 始终为零，则等势面上任意微向量 $\overrightarrow{AB}$ 与该处速度矢量 $\boldsymbol{V}$ 正交，由此证明了等势面与流线正交这一结论。

2）不可压缩流体无旋流动的势函数满足拉普拉斯方程，是调和函数。

根据第 4 章的讨论，不可压缩流体的连续性方程为

$$\frac{\partial u}{\partial x} + \frac{\partial v}{\partial y} + \frac{\partial w}{\partial z} = 0 \tag{7-10}$$

将式(7-8)代入上式，得

$$\frac{\partial}{\partial x}\left(\frac{\partial \varphi}{\partial x}\right) + \frac{\partial}{\partial y}\left(\frac{\partial \varphi}{\partial y}\right) + \frac{\partial}{\partial z}\left(\frac{\partial \varphi}{\partial z}\right) = \frac{\partial^2 \varphi}{\partial x^2} + \frac{\partial^2 \varphi}{\partial y^2} + \frac{\partial^2 \varphi}{\partial z^2} = 0 \tag{7-11}$$

上式为**拉普拉斯方程**，因此不可压缩有势流动满足拉普拉斯方程，是一个调和函数。

3）任意两点间曲线的速度环量等于这两点的势函数之差，且与速度环量的积分路径无关。

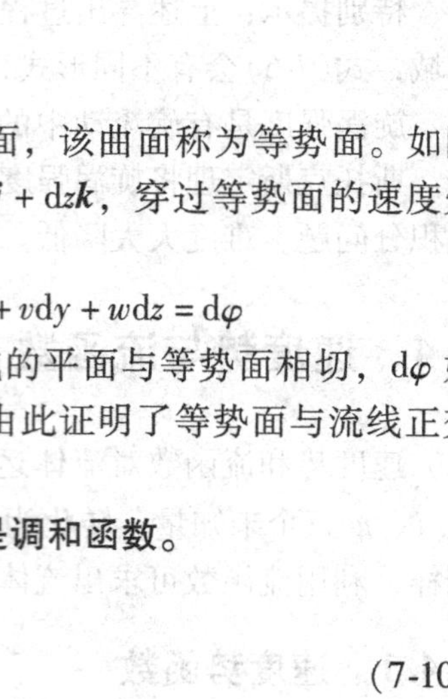

图 7-9　两点间不等同曲线速度环量

如图 7-9 所示，在流场内有 A、B 两点，有两条曲线同时

经过两点，流速分别为V_1、V_2，则速度环量为

$$\Gamma_{cAB} = \int_A^B \boldsymbol{V} \cdot \mathrm{d}\boldsymbol{s} = \int_A^B (u\mathrm{d}x + v\mathrm{d}y + w\mathrm{d}z)$$

$$= \int_A^B \mathrm{d}\varphi = \varphi_B - \varphi_A \tag{7-12}$$

因此，在不可压缩无旋流动中，求解任意两点间的速度环量问题可转化为求解两点速度势差，而对于封闭曲线，速度环量始终为零。

7.4.2　流函数

对于二维流动，在 xOy 平面内，不可压缩流动的连续性方程为

$$\frac{\partial u}{\partial x} + \frac{\partial v}{\partial y} = 0 \tag{7-13a}$$

即

$$\frac{\partial u}{\partial x} = \frac{\partial(-v)}{\partial y} \tag{7-13b}$$

根据高等数学知识可知，存在一个函数 $\psi(x, y)$ 的全微分为 $-v\mathrm{d}x + u\mathrm{d}y$，即

$$\mathrm{d}\psi = -v\mathrm{d}x + u\mathrm{d}y \tag{7-14}$$

则

$$\mathrm{d}\psi = \frac{\partial \psi}{\partial x}\mathrm{d}x + \frac{\partial \psi}{\partial y}\mathrm{d}y = -v\mathrm{d}x + u\mathrm{d}y$$

且

$$\frac{\partial \psi}{\partial x} = -v, \quad \frac{\partial \psi}{\partial y} = u \tag{7-15}$$

将式(7-14)两边积分，得

$$\psi = \int(-v\mathrm{d}x + u\mathrm{d}y) \tag{7-16}$$

满足方程(7-14)的函数 $\psi(x, y)$ 称为二维不可压缩流动的**流函数**(Stream function)。流函数 ψ 存在的充要条件是满足连续性方程，也就是说，对于连续的平面运动，流函数 ψ 总是存在的。

流函数具有以下性质：

1）流函数满足拉普拉斯方程，是调和函数。

对于平面无旋流动，角速度 ω_z 为零，则 $\omega_z = \dfrac{1}{2}\left(\dfrac{\partial v}{\partial x} - \dfrac{\partial u}{\partial y}\right) = 0$，将式(7-15)代入，得

$$\frac{\partial}{\partial x}\left(-\frac{\partial \psi}{\partial x}\right) - \frac{\partial}{\partial y}\left(\frac{\partial \psi}{\partial y}\right) = 0$$

即

$$\frac{\partial^2 \psi}{\partial x^2} + \frac{\partial^2 \psi}{\partial y^2} = 0 \tag{7-17}$$

由此可知，流函数满足拉普拉斯方程，是一个**调和函数**。

2）所有等流函数线都是流线。

如图 7-10 所示，在流线 s 取一小段 $\mathrm{d}s$，在 x 和 y 方向的分量分别为 $\mathrm{d}x$、$\mathrm{d}y$，将 $\mathrm{d}s$ 视为

矢量，即 $ds = dx\boldsymbol{i} + dy\boldsymbol{j}$。在 ds 处速度矢量为 $\boldsymbol{V} = u\boldsymbol{i} + v\boldsymbol{j}$。由于速度方向与流线相切，当 $ds \to 0$ 时，矢量 ds 与速度矢量 $\boldsymbol{V}$ 平行，则

$$\frac{dx}{u} = \frac{dy}{v}$$

或
$$-v dx + u dy = d\psi = 0$$

所以
$$\psi = C \quad (\text{其中 } C \text{ 为常数})$$

由此说明，一条流线上的所有点的流函数值相等。

3）两流函数值之差为对应两流线之间的体积流量。

如图 7-11 所示，取流场内任意两条流线 ψ_m、ψ_n，并在两条流线上分别取两点 M 和 N，取流线的垂直截线为 l，则通过截线 l 的体积流量 Q_V 为

$$Q_V = \int_N^M (-v dx + u dy) = \int_N^M d\psi = \psi_m - \psi_n \tag{7-18}$$

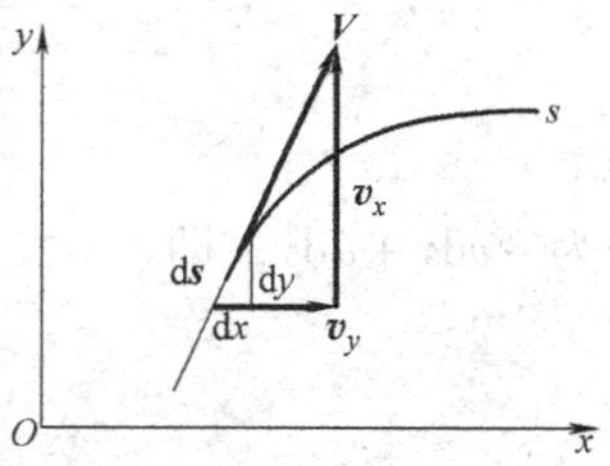

图 7-10 流函数性质 2 推导

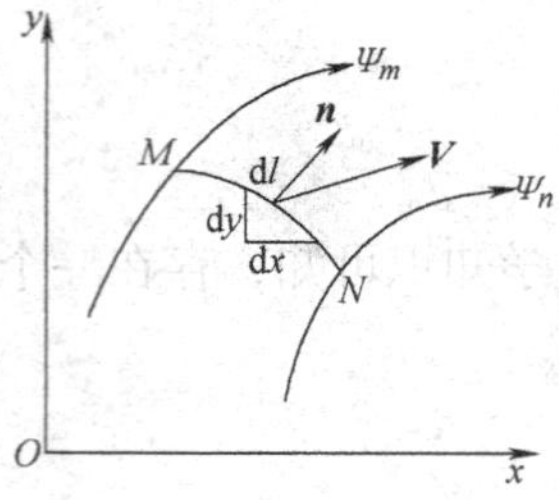

图 7-11 流函数性质 3 推导

由此可见，两条流线间通过的体积流量与积分途径无关，只和两条流线的流函数值之差相关。同时可以看出，流函数等值线(即流线)间距越小的地方通过的体积流量越大。

7.4.3 势函数与流函数的关系

流函数与势函数的关系可以通过速度反映出来，从式(7-8)和式(7-15)可得

$$u = \frac{\partial \varphi}{\partial x} = \frac{\partial \psi}{\partial y},\ v = \frac{\partial \varphi}{\partial y} = -\frac{\partial \psi}{\partial x} \tag{7-19}$$

在讨论势函数的性质时，我们知道等势面与流线正交，而在讨论流函数性质时，知道流函数等值线就是流线，因此势函数形成的等势面与流函数形成的流线正交，等势线与流线在二维流动中表现为正交的网格。

【例 7-2】 已知平面势流的速度势函数 $\varphi = 4(x^2 - y^2)$，试求速度与流函数的表达式。

解： 由式(7-8)得速度分量

$$u = \frac{\partial \varphi}{\partial x} = 8x,\ v = \frac{\partial \varphi}{\partial y} = -8y$$

$$V = (u^2 + v^2)^{\frac{1}{2}} = 8(x^2 + y^2)^{\frac{1}{2}}$$

合速度及与 x 轴的夹角分别为

$$\theta = \arctan\frac{u}{v} = \arctan\left(-\frac{y}{x}\right)$$

由式(7-15)知
$$u = 8x = \frac{\partial \psi}{\partial y}$$
积分后，得
$$\psi = 8xy + f(x)$$
由于$\frac{\partial \psi}{\partial x} = 8y + f'(x) = -v = 8y$，即$f'(x) = 0$，$f(x) = C$。当取常数$C = 0$时，并不影响流动的图谱，最后得到一簇代表性双曲线流线的流函数：
$$\psi = 8xy$$

7.5 复位势及其性质

7.5.1 复位势的概念

从上节流函数和势函数的导出过程可知，对于不可压缩流体平面无旋流动，都存在流函数ψ和势函数φ。那么如何用这两种函数来表示这类流动呢?

由两者与速度的关系，有
$$\frac{\partial \varphi}{\partial x} = \frac{\partial \psi}{\partial y},\quad \frac{\partial \varphi}{\partial y} = -\frac{\partial \psi}{\partial x}$$

满足上述条件的函数φ和ψ，称为**共轭函数**。此条件称为**柯西-黎曼条件**。利用此条件，通过速度u和v就可以导出φ和ψ，也可以通过这对共轭函数其中之一，求得另一个函数。

由于ψ与φ都是调和函数，且
$$\nabla^2 \psi = 0,\quad \nabla^2 \varphi = 0$$
则可以在复平面定义一个复函数$W(z)$，它以φ为实部，以ψ为虚部。即
$$W(z) = \varphi(x, y) + \mathrm{i}\psi(x, y) \tag{7-20a}$$

这个复函数称为**复位势**(Complex potential)。显然，任意一种平面势流都有一个确定的复位势$W(z)$；反之，任意一个$W(z)$都表示着一种平面势流。这样，不可压缩流体的平面势流就由复位势表示了出来。

下面简单讨论一下复位势与流速的关系。复位势的导数可写为
$$\frac{\partial W}{\partial z} = \frac{\partial W}{\partial (\mathrm{i}y)} = \frac{\partial \varphi}{\partial x} + \mathrm{i}\frac{\partial \psi}{\partial x} = u - \mathrm{i}v \tag{7-20b}$$

上式称为**复速度**(Complex velocity)。从式(7-20b)中容易看出，其实部$\mathrm{Re}\left|\frac{\mathrm{d}W}{\mathrm{d}z}\right|$为$x$方向分速度，虚部$\mathrm{Im}\left|\frac{\mathrm{d}W}{\mathrm{d}z}\right|$为$y$方向速度分量的负值；速度的模$V = \sqrt{u^2 + v^2} = \left|\frac{\mathrm{d}W}{\mathrm{d}z}\right|$。

7.5.2 复位势的性质

由上面的讨论，可得复位势的性质如下：

性质1：**平面势流中两点复位势之差仍为一复数**。由势函数的性质可知，实部之差为两点连线上的速度环量；虚部之差为通过两点间的流量。即

$$\int_l \frac{\mathrm{d}W}{\mathrm{d}z} = \int_l \mathrm{d}\varphi + \int_l \mathrm{i}\mathrm{d}\psi = \Gamma + \mathrm{i}Q \tag{7-20c}$$

性质 2：**复位势与任一复常数相加，不改变其所表示的流动。**

性质 3：**不同的平面势流可以叠加，得到的流动仍为平面势流。**叠加后的表达式为不同势流的复位势相加。此性质又被称为**势流叠加原理**，具体应用将在 7.7 节中介绍。

7.6 基本的平面势流

本节介绍几种简单的平面势流。大多数复杂的理想流动都可以用这几种简单势流的叠加而得到。基本的平面势流有：均匀直线流、点源与点汇、点涡等。

7.6.1 均匀直线流

流体作均匀直线流动，如图 7-12 所示，流场中每个点的速度均为常数 V_∞。假设流动方向与 x 方向的夹角为 θ，于是有

$$u = V_\infty \cos\theta,\ v = V_\infty \sin\theta \tag{7-21}$$

由复速度的表达式可以得到

$$\frac{\mathrm{d}W}{\mathrm{d}z} = u - \mathrm{i}v = V_\infty(\cos\theta - \mathrm{i}\sin\theta) \tag{7-22}$$

根据复速度与复位势的关系，积分上式可得

$$\begin{cases} W(z) = V_\infty(\cos\theta - \mathrm{i}\sin\theta)z \\ z = x + \mathrm{i}y \end{cases} \tag{7-23}$$

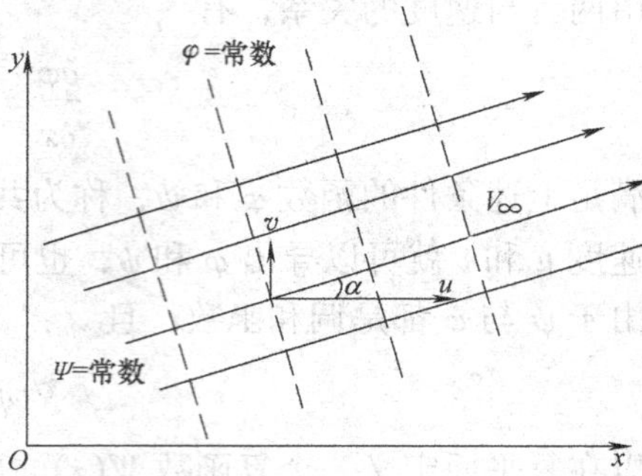

图 7-12 均匀直线流

将式(7-23)展开，可得势函数和流函数：

$$\varphi = V_\infty(x\cos\theta + y\sin\theta) \tag{7-24a}$$

$$\psi = V_\infty(y\cos\theta - x\sin\theta) \tag{7-24b}$$

观察式(7-24a)和式(7-24b)两式，可知等势线和流线垂直。各流线与 x 轴的夹角可以表示为 $\theta = \arctan(v/u)$。当流动平行 x 轴时，表达式可以简化为

$$\varphi = V_\infty x,\quad \psi = V_\infty y$$

当流动平行 y 轴时，有 $\varphi = V_\infty y,\ \psi = -V_\infty x$

另外，由于均匀直线流动中，平面各点的速度都为常数，因此，如果流动在同一水平面内(或者重力影响可以忽略时)，根据伯努利方程容易得到

$$\frac{p}{\rho g} + z = \text{常数，故 } p = C \tag{7-25}$$

即在此类流动中，压强处处相等。

7.6.2 点源和点汇

在无限大平面中有一点 O，流体连续地从 O 点沿径向均匀地向各个方向扩散流动。以 O

点为圆心，作一个半径为 r 的圆周，其径向速度为 v_r，切向速度 $v_\theta=0$，通过圆周的流量 $Q=2\pi r v_r$ 在 r 改变时保持恒定。当 $v_r>0$ 时，此种流动称为**点源流**(Source)，Q 称为**点源强度**。若 $v_r<0$，即流体从四周沿径向流入点 O，则称之为**点汇**(Sink)，相应的 Q 称为**点汇强度**。点源和点汇的流动图案如图 7-13 所示。

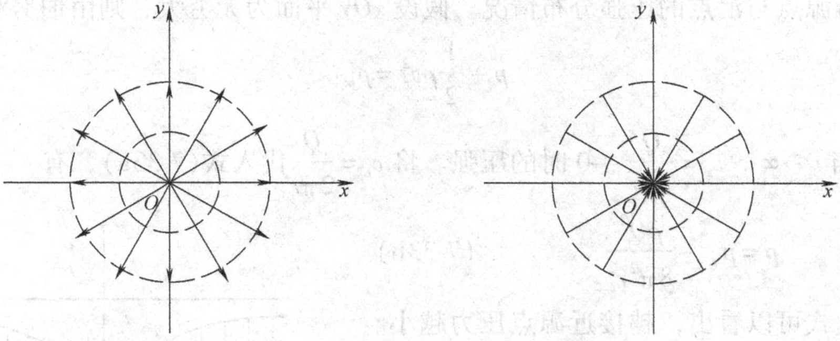

图 7-13　点源与点汇的流动图案

这种情况下，利用极坐标进行分析较为简单。根据点源的性质，可以列出以下条件：

$$v_\theta=0,\ 2\pi r v_r=Q \text{ 或 } v_r=\frac{Q}{2\pi r} \tag{7-26}$$

根据势函数与流函数的性质有

$$\mathrm{d}\varphi=v_r\mathrm{d}r+v_\theta r\mathrm{d}\theta=v_r\mathrm{d}r=\frac{Q\mathrm{d}r}{2\pi r} \tag{7-27a}$$

$$\mathrm{d}\psi=-v_\theta\mathrm{d}r+v_r r\mathrm{d}\theta=v_r r\mathrm{d}\theta=\frac{Q}{2\pi}\mathrm{d}\theta \tag{7-27b}$$

将式(7-27a)和式(7-27b)积分，得(令积分常数 $C=0$)

$$\varphi=\frac{Q}{2\pi}\ln r,\ \psi=\frac{Q}{2\pi}\theta \tag{7-28}$$

用复位势 W 表示：

$$W(z)=\varphi+\mathrm{i}\psi=\frac{Q}{2\pi}(\ln r+\mathrm{i}\theta) \tag{7-29}$$

若用模和幅角来表示复变量($z=r\mathrm{e}^{\mathrm{i}\theta}$)，则 $W(z)$ 写为

$$W(z)=\frac{Q}{2\pi}\ln z \tag{7-30}$$

从 φ 和 ψ 的表达式可以看出，流线簇是以源点为起点的辐射线，而等势线簇则是以源点为圆心的同心圆。这说明等势线与流线是正交的。

由于点源与点汇为互逆过程，因此它们的势函数与流函数表达式相同，只是符号相反。易得

$$\varphi=-\frac{Q}{2\pi}\ln r,\ \psi=-\frac{Q}{2\pi}\theta \tag{7-31}$$

$$W(z)=-\frac{Q}{2\pi}\ln z \tag{7-32}$$

由于 $v_r=\dfrac{Q}{2\pi r}$，接近坐标原点处，当 $r\to 0$ 时，$v_r\to\infty$，所以源点和汇点都是奇点。因此，其势函数与流函数只对源点和汇点以外的点存在，即除源点和汇点以外，整个平面都是有势流。

接着分析源点与汇点的压强分布情况。假设 xOy 平面为无穷大，则由伯努利方程：

$$p+\frac{1}{2}\rho v_r^2=p_\infty \tag{7-33a}$$

式中，p_∞ 为当 $r\to\infty$，$v_r=\dfrac{Q}{2\pi r}\to 0$ 时的压强。将 $v_r=\dfrac{Q}{2\pi r}$ 代入式(7-33a)，有

$$p=p_\infty-\frac{\rho Q^2}{8\pi^2 r^2} \tag{7-33b}$$

从该表达式可以看出，越接近源点压力越小。当 $r=\sqrt{\dfrac{\rho Q^2}{8\pi^2 p_\infty^2}}$ 时，$p=0$。当 $r<\sqrt{\dfrac{\rho Q^2}{8\pi^2 p_\infty^2}}$ 时，$p<0$，实际上这并不成立，因为实际流动中，源点是有一定截面积的。图 7-14 表示了当 $r_0<r<\infty$ 时，点汇沿半径 r 的压强分布。

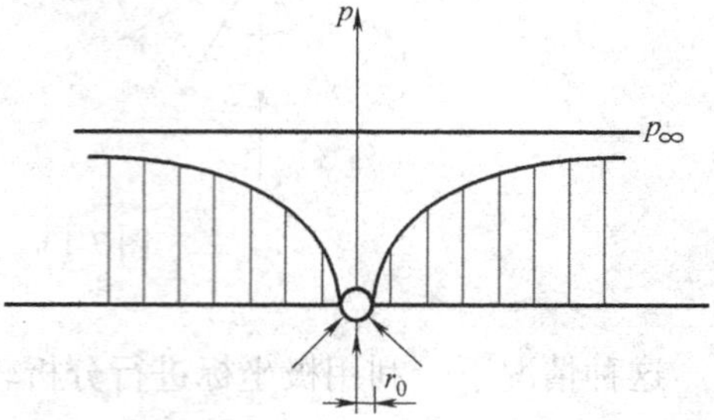

图 7-14　点汇流沿半径的压强分布

7.6.3　点涡

假想有原点 O，流体在平面内沿半径为 r 的圆周绕原点流动。切向速度 v_θ 沿圆周均匀分布，径向速度 $v_r=0$，如图 7-15 所示。将切向速度沿圆周积分，可以得到速度环量 $\Gamma_c=2\pi v_\theta$。若 Γ_c 保持不变，则称这种流动为**点涡**(Eddy)，Γ_c 即为**点涡强度**。为了与速度环量加以区别，以下记为 Γ。

各条不同的圆周流线上，流动的速度是不同的。其径向速度分布可以由斯托克斯定理求得。由该定理可知，沿圆周流线上的速度环量 Γ_c 等于涡束的旋涡强度 I。

$$\Gamma=2\pi r v_\theta=I=\text{常数} \tag{7-34}$$

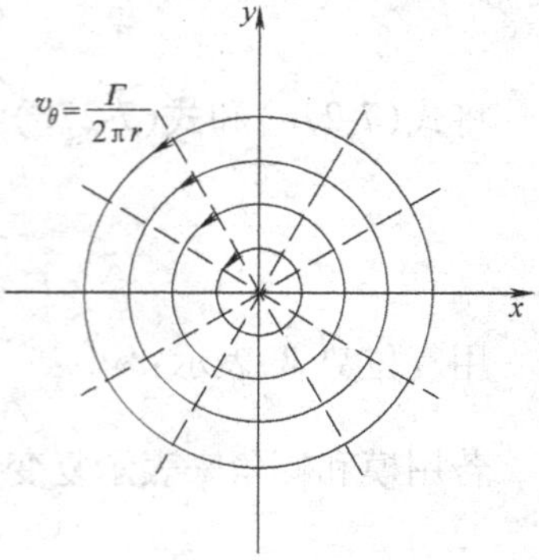

图 7-15　点涡流动图案

由点涡的定义，有

$$v_\theta=\frac{\Gamma}{2\pi r},\ v_r=0 \tag{7-35}$$

由此可以导出势函数与流函数：

$$\mathrm{d}\varphi=\frac{\partial\varphi}{\partial r}\mathrm{d}r+\frac{\partial\varphi}{\partial\theta}\mathrm{d}\theta=v_r\mathrm{d}r+v_\theta r\mathrm{d}\theta=\frac{\Gamma}{2\pi}\mathrm{d}\theta \tag{7-36a}$$

$$\mathrm{d}\psi=\frac{\partial\psi}{\partial r}\mathrm{d}r+\frac{\partial\psi}{\partial\theta}\mathrm{d}\theta=-v_\theta\mathrm{d}r+v_r r\mathrm{d}\theta=-\frac{\Gamma}{2\pi r}\mathrm{d}r \tag{7-36b}$$

令积分常数为零，积分式(7-36a)和式(7-36b)，有

$$\begin{cases} \varphi = \dfrac{\Gamma}{2\pi}\theta \\ \psi = -\dfrac{\Gamma}{2\pi}\ln r \end{cases} \tag{7-37}$$

则复位势为

$$W(z) = \varphi + \mathrm{i}\psi = \frac{\Gamma}{2\pi}(\theta - \mathrm{i}\ln r) = \frac{\Gamma}{2\pi \mathrm{i}}\ln z \tag{7-38}$$

下面分析点涡流动的压强分布。由速度表达式 $v_\theta = \dfrac{\Gamma}{2\pi r}$ 可知，当 $r\to\infty$ 时，$v_\theta \to 0$，$p = p_\infty$。对于涡束外的势流区，由伯努利方程可得

$$p = p_\infty - \frac{1}{2}\rho v_\theta^2 = p_\infty - \frac{\rho\Gamma^2}{8\pi^2 r^2} \tag{7-39}$$

上式说明，涡束内压强随半径的减小而降低。然而从上式可以看出，当 $r\to 0$ 时，$p\to -\infty$，显然不成立。事实上，在涡束内部存在以等角速度转动的旋涡，称为**涡核**。假设涡核半径为 r_0，则涡核边缘上的压强为

$$p_0 = p_\infty - \frac{\rho\Gamma^2}{8\pi^2 r_0^2} \tag{7-40}$$

由于涡核区为有旋流动，伯努利常数各不相同。因此径向上的压强分布需要通过欧拉方程求得。流体主法线方向的欧拉方程为

$$\frac{1}{\rho}\frac{\partial p}{\partial r} + g\frac{\partial z}{\partial r} = \frac{v_\theta^2}{r} \tag{7-41}$$

对于 xOy 平面内的压强分布，可以认为 $z=0$，令涡核内的速度 $v_\theta = \omega r$，则式(7-41)可以简化为

$$\mathrm{d}p = \rho\omega^2 r\mathrm{d}r$$

积分得
$$p = \frac{1}{2}\rho\omega^2 r^2 + C$$

积分常数 C 可由涡核边缘上的压强[式(7-40)]确定：

$$p_0 = \frac{1}{2}\rho\omega^2 r_0^2 + C = p_\infty - \frac{\rho\Gamma^2}{8\pi^2 r_0^2}$$

考虑到
$$\frac{\Gamma}{2\pi r} = \omega r$$

得
$$C = p_\infty - \rho\omega^2 r_0^2$$

最后得到涡核内的压强分布表达式为

$$p = (p_\infty - \rho\omega^2 r_0^2) + \frac{1}{2}\rho\omega^2 r^2 \tag{7-42}$$

涡核内、外的速度分布和压强分布如图 7-16 所示。

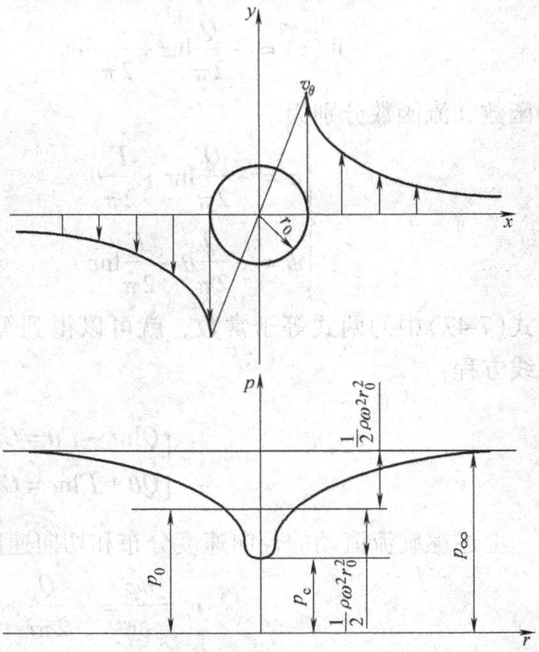

图 7-16　涡流中涡核内外的速度和压强分布

7.7 有势流动的叠加

由于调和函数的和仍为调和函数，势函数与流函数都是调和函数，所以可以将若干个有势流动的势函数和流函数线性组合，得到新的有势流动的势函数和流函数。即

$$\begin{cases}\varphi = \varphi_1 + \varphi_2 + \varphi_3 + \cdots \\ \psi = \psi_1 + \psi_2 + \psi_3 + \cdots\end{cases} \tag{7-43}$$

显然叠加后仍然满足拉普拉斯方程，即

$$\nabla^2 = \nabla_1^2 + \nabla_2^2 + \nabla_3^2 + \cdots \tag{7-44}$$

这里，$\nabla^2 = \frac{\partial^2}{\partial x^2} + \frac{\partial^2}{\partial y^2} + \frac{\partial^2}{\partial z^2}$称**拉普拉斯算子**(Laplace operator)。

由速度势函数与速度分量之间的关系有

$$\begin{cases}u = u_1 + u_2 + u_3 + \cdots \\ v = v_1 + v_2 + v_3 + \cdots \\ w = w_1 + w_2 + w_3 + \cdots\end{cases} \tag{7-45}$$

叠加原理方法简单，意义重大。利用这一原理，可以将复杂流动分解为已知简单流动，也可以由简单流动叠加得到所需要的复杂流动。下面分析几种典型的叠加流动。

7.7.1 螺旋流

如图7-17所示，等势线组和流线组是两组互相正交的对数螺旋线组，故称螺旋流。螺旋流可以看作点涡与点汇的叠加。设点汇的强度为Q，点涡强度为Γ，叠加后的复位势为前两者的复位势叠加，即

$$W(z) = -\frac{Q}{2\pi}\ln z + \frac{\Gamma}{2\pi \mathrm{i}}\ln z \tag{7-46}$$

势函数和流函数分别为

$$\begin{cases}\varphi = -\dfrac{Q}{2\pi}\ln r + \dfrac{\Gamma}{2\pi}\theta \\ \psi = -\dfrac{Q}{2\pi}\theta - \dfrac{\Gamma}{2\pi}\ln r\end{cases} \tag{7-47}$$

图7-17 螺旋流流动图案

令式(7-47)中的两式等于常数，就可以得到等势线方程和流线方程：

$$\begin{cases}Q\ln r - \Gamma\theta = C_1 \\ Q\theta + \Gamma\ln r = C_2\end{cases} \text{或} \begin{cases}r = C_1 \mathrm{e}^{\frac{\Gamma\theta}{Q}} \\ r = C_2 \mathrm{e}^{-\frac{Q\theta}{\Gamma}}\end{cases} \tag{7-48}$$

上述螺旋流流动的径向速度分布和切向速度分布分别为

$$v_r = \frac{\partial\varphi}{\partial r} = -\frac{Q}{2\pi r},\quad v_\theta = \frac{1}{r}\frac{\partial\varphi}{\partial\theta} = \frac{\Gamma}{2\pi r} \tag{7-49}$$

合速度为
$$V=\sqrt{v_r^2+v_\theta^2}=\frac{\sqrt{Q^2+\Gamma^2}}{2\pi r} \tag{7-50}$$

压强分布可由伯努利方程得到
$$p=p_\infty-\frac{1}{2}\rho V^2=p_\infty-\frac{\rho(Q^2+\Gamma^2)}{8\pi^2}\frac{1}{r^2} \tag{7-51}$$

工程上，螺旋流应用的实例有离心式水泵和风机、旋风燃烧室和旋风除尘设备等。

7.7.2　偶极子流

设平面中有两点 $A(0,\ 0)$、$B(\Delta r\cos\alpha,\ \Delta r\sin\alpha)$，在这两点处分别存在流量均为 Q 的点源和点汇，则其叠加后的流动表达式：
$$\varphi=\frac{Q}{2\pi}(\ln r_A-\ln r_B) \tag{7-52a}$$
$$\psi=\frac{Q}{2\pi}(\theta_A-\theta_B) \tag{7-52b}$$
用复位势可以表达为（B 点坐标表示为 $\Delta z=\Delta r\mathrm{e}^{\mathrm{i}\alpha}$）：
$$W(z)=-\frac{Q}{2\pi}z+\frac{Q}{2\pi}(z-\Delta z) \tag{7-53}$$

当两点无限接近时，$\Delta z\to 0$，α 保持不变，同时 Q 无限增大，使 $Q\Delta r$ 保持为一有限常数 M，这样的流动称为**偶极子流**（Doublet），图 7-18 所示为偶极子及其形成的流动图案。M 为**偶极子矩**，也称**偶极子强度**。这时表达式写为
$$W(z)=\lim_{\substack{\Delta r\to 0\\ Q\Delta r=M}}\left[-\frac{Q}{2\pi}\Delta r\mathrm{e}^{\mathrm{i}\alpha}\frac{\ln z-\ln(z-\Delta z)}{\Delta z}\right]=-\frac{M\mathrm{e}^{\mathrm{i}\alpha}}{2\pi z} \tag{7-54}$$

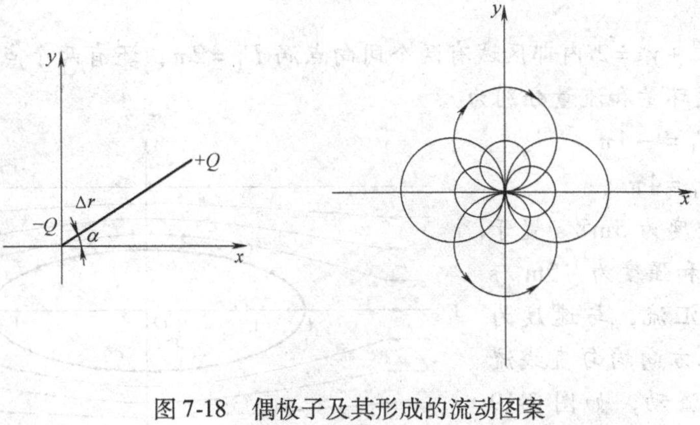

图 7-18　偶极子及其形成的流动图案

令偶极子位于原点，即 $\alpha=\pi$，则表达式写为
$$W(z)=\frac{M}{2\pi z} \tag{7-55}$$
将 $z=x+\mathrm{i}y$ 代入式（7-55），可以得到 φ 与 ψ：

$$\begin{cases}\varphi = \dfrac{Mx}{2\pi(x^2+y^2)} \\ \psi = -\dfrac{My}{2\pi(x^2+y^2)}\end{cases} \tag{7-56}$$

令两式分别等于常数 C_1、C_2，则可以得到等势线方程与流线方程：

$$\begin{cases}\left(x-\dfrac{M}{4\pi C_1}\right)^2+y^2=\left(\dfrac{M}{2\pi C_1}\right)^2 \\ x^2+\left(y+\dfrac{M}{4\pi C_2}\right)^2=\left(\dfrac{M}{2\pi C_2}\right)^2\end{cases} \tag{7-57}$$

显然都属于圆簇曲线，而且彼此正交。

【例 7-3】 已知复位势为

$$W(z)=(1+\mathrm{i})\ln(z^2+1)+(2-3\mathrm{i})\ln(z^2+4)+\frac{1}{z}$$

(1) 分析流动由哪些基本的势流组成；(2) 求圆周 $x^2+y^2=2$ 上的速度环量 Γ 和流量 Q。

解: (1) 因

$$W(z)=\left(\frac{2\pi}{2\pi}-\frac{2\pi}{2\pi\mathrm{i}}\right)[\ln(z-\mathrm{i})+\ln(z+\mathrm{i})]+\left(\frac{4\pi}{2\pi}+\frac{6\pi}{2\pi\mathrm{i}}\right)[\ln(z-2\mathrm{i})+\ln(z+2\mathrm{i})]+\frac{1}{z}$$

对比点源、点汇、偶极子的复位势，可以看出此流动由下列简单流动组成：

位于原点的偶极子，其强度 $M=2\pi$，方向角为 π；

在(0, 1)和(0, −1)各有一个点源和点涡，点源强度为 $Q_1=2\pi$，点涡强度为 $\Gamma_1=2\pi$，方向为顺时针。

在(0, 2)和(0, −2)各有一个点源和点涡，点源强度为 $Q_2=4\pi$，点涡强度为 $\Gamma_2=6\pi$，方向为逆时针。

(2) 在圆周 $x^2+y^2=2$ 内部区域有两个同向点涡 $\Gamma_1=2\pi$，还有两个点源 $Q_1=2\pi$，因此在此圆周上的速度环量和流量分别为

$$\Gamma=-2\Gamma_1=-4\pi$$

$$Q=2Q_1=4\pi$$

【例 7-4】 强度为 $5\mathrm{m^2/s}$ 置于(−1,0)点的源流和强度为 $-5\mathrm{m^2/s}$ 置于(1, 0)点的汇流，与速度为 15m/s 的沿 x 轴正方向均匀直线流组合成一个新的流动，如图 7-19 所示。试求：(1) 两个驻点的位置及其之间的距离；(2) 上游无穷远处到 (−1, 1) 点间水流的压差。

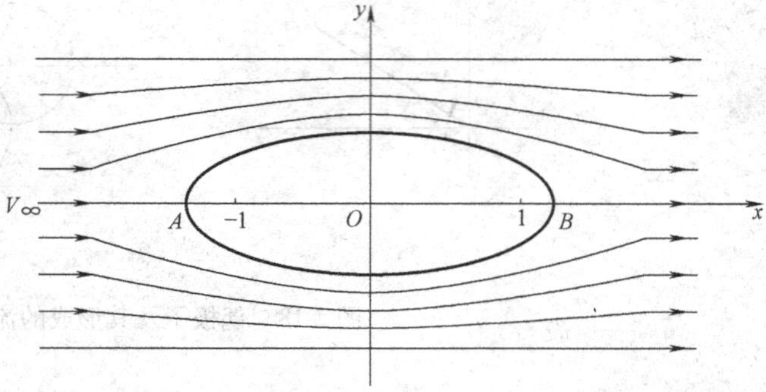

图 7-19 例 7-4 图

解: (1) 求两个驻点的位置及其之间的距离。

对于点源 $$\psi_1=\frac{Q}{2\pi}\theta=\frac{5}{2\pi}\arctan\frac{y}{x+1}$$

对于点汇 $$\psi_2=-\frac{Q}{2\pi}\theta=-\frac{5}{2\pi}\arctan\frac{y}{x-1}$$

对于均匀直线流 $$\psi_3=V_\infty y=15y$$

于是组合流场的流函数为

$$\psi=\psi_1+\psi_2+\psi_3=\frac{5}{2\pi}\left(\arctan\frac{y}{x+1}-\arctan\frac{y}{x-1}\right)+15y$$

组合流动的速度分量为

$$u=\frac{\partial\psi}{\partial y}=\frac{5}{2\pi}\left[\frac{x+1}{(x+1)^2+y^2}-\frac{x-1}{(x-1)^2+y^2}\right]+15$$

$$v=-\frac{\partial\psi}{\partial x}=-\frac{5}{2\pi}\left[\frac{-y}{(x+1)^2+y^2}+\frac{y}{(x-1)^2+y^2}\right]$$

$$=\frac{5}{2\pi}\left[\frac{y}{(x+1)^2+y^2}-\frac{y}{(x-1)^2+y^2}\right]$$

由已知条件可知，两驻点均在 x 轴上，即 $y=0$，这时 $v=0$，由 $u=0$，得

$$\frac{5}{2\pi}\left(\frac{1}{x+1}-\frac{1}{x-1}\right)+15=0$$

解此方程，得 $$x_1=-1.052\text{m},\ x_2=1.052\text{m}$$

故两驻点的位置分别为 $A(-1.052,\ 0)$ 和 $B(1.052,\ 0)$。它们之间的距离为

$$L=|x_1|+|x_2|=(2\times1.052)\text{m}=2.104\text{m}$$

(2) 求上游无穷远处到 $(-1,\ 1)$ 点间水流的压差。

点 $(-1,\ 1)$ 处流体的速度为

$$u=\left(\frac{1}{\pi}+15\right)\text{m/s}=15.32\text{m/s}$$

$$v=\frac{2}{\pi}\text{m/s}=0.64\text{m/s}$$

$$V=\sqrt{u^2+v^2}=\sqrt{15.32^2+0.64^2}\text{m/s}=15.33\text{m/s}$$

因为是有势流动，利用伯努利方程，得

$$p_\infty+\frac{1}{2}\rho V_\infty^2=p+\frac{1}{2}\rho V^2$$

所以 $$p_\infty-p=\frac{1}{2}\rho(V^2-V_\infty^2)=\left[\frac{1}{2}\times1000\times(15.33^2-15^2)\right]\text{Pa}=5.0\text{kPa}$$

7.7.3* 均匀等速流绕圆柱体无环量流动

这种流动可以分解为均匀直线流和轴线方向与之相反的偶极子流的叠加。为了简化分析，可以认为均匀直线流的方向平行于 x 轴，速度为 V_∞；偶极子流的强度为 M，位于坐标原点上。在此条件下，叠加流动的势函数与流函数为

$$\begin{cases} \varphi = \left(V_\infty r + \dfrac{M}{2\pi r} \right) \cos\theta \\ \psi = \left(V_\infty r - \dfrac{M}{2\pi r} \right) \sin\theta \end{cases} \tag{7-58}$$

复位势为

$$W(z) = V_\infty z + \frac{M}{2\pi z} \tag{7-59}$$

令 φ 与 ψ 等于常数 C，就可以得到等势线和流线方程。选取不同的 C 值，就能得到流动的图案。特别地，当 $\psi = C = 0$ 时，所得到的方程称为零流线方程。

$$V_\infty r\sin\theta \left(1 - \frac{M}{2\pi V_\infty} \frac{1}{r^2} \right) = 0 \tag{7-60}$$

式(7-60)可以转化为

$$\begin{cases} r\sin\theta = 0 \\ r^2 = \dfrac{M}{2\pi V_\infty} \end{cases} \tag{7-61}$$

容易看出，方程(7-61)的轨迹是由一个圆心在坐标原点、半径为 $r_0 = \left(\dfrac{M}{2\pi V_\infty} \right)^{1/2}$ 的圆与 x 轴相交而成。由于流体不能穿过流线，因此零流线可以看作是一个圆柱体的截面。对于实际的绕圆柱流动，都是 $r \geqslant r_0$ 的情况。通过势函数可以求出组合流动的速度：

$$\begin{cases} v_r = \dfrac{\partial \varphi}{\partial r} = V_\infty \left(1 - \dfrac{r_0^2}{r^2} \right) \cos\theta \\ v_\theta = \dfrac{\partial \varphi}{r\partial \theta} = -V_\infty \left(1 + \dfrac{r_0^2}{r^2} \right) \sin\theta \end{cases} \tag{7-62}$$

无穷远处，即 $r \to \infty$ 时，由式(7-62)计算可得 $v_r = V_\infty \cos\theta$，$v_\theta = -V_\infty \sin\theta$，$V = \sqrt{v_r^2 + v_\theta^2} = V_\infty$。而在零流线上，即圆柱表面上的速度分布：

$$v_r = 0,\quad v_\theta = -2V_\infty \sin\theta \tag{7-63}$$

容易看出，速度按正弦规律分布，而在 $\theta = 180°$、$\theta = 0°$时的两点上，$v_\theta = 0$，分别称为**前驻点**(Stagnation point)和**后驻点**；在 $\theta = \pm 90°$处，速度达到最大值 $|v_\theta| = 2V_\infty$。

可以证明，此流动为无环量流动：

$$\Gamma_c = \oint v_\theta \mathrm{d}s = -V_\infty \left(1 + \frac{{r_0}^2}{r^2} \right) \int_0^{2\pi} \sin\theta \mathrm{d}\theta = 0$$

下面分析流动的压强分布。由伯努利方程可以得到

$$p + \frac{1}{2}\rho v_\theta^2 = p_\infty + \frac{1}{2}\rho V_\infty^2$$

将 $v_\theta = -2V_\infty \sin\theta$ 代入，可得

$$p = p_\infty + \frac{1}{2}\rho V_\infty^2 (1 - 4\sin^2\theta) \tag{7-64}$$

工程中通常用量纲一的压强系数 K_p 表示压强分布，其定义为

$$K_p = \frac{p - p_\infty}{\frac{1}{2}\rho V_\infty^2} = 1 - \left(\frac{v_\theta}{V_\infty}\right)^2 \tag{7-65}$$

将 K_p 代入式(7-64)，得到圆柱表面上的压强系数：

$$K_p = 1 - 4\sin^2\theta \tag{7-66}$$

由此可以看出，K_p 的表达式与半径无关，这使计算方便了许多，因此在工程中广泛采用。

根据压强分布可知，在前、后驻点处压强达到最大值 $K_p = 1$；而在 $\theta = \pm 90°$ 时压强达到最小值，$K_p = -3$，并且压强分布对称于圆柱的中心。由对称性原理可知，这种情况下，圆柱面上的总压力为零。总压力平行来流方向的分力称为**阻力** F_D，垂直于来流方向的分力称为**升力** F_L，于是有

$$F_D = -\int_0^{2\pi} r_0 \left[p_\infty + \frac{1}{2}\rho V_\infty^2 (1 - 4\sin^2\theta)\right]\cos\theta \mathrm{d}\theta = 0 \tag{7-67}$$

$$F_L = -\int_0^{2\pi} r_0 \left[p_\infty + \frac{1}{2}\rho V_\infty^2 (1 - 4\sin^2\theta)\right]\sin\theta \mathrm{d}\theta = 0 \tag{7-68}$$

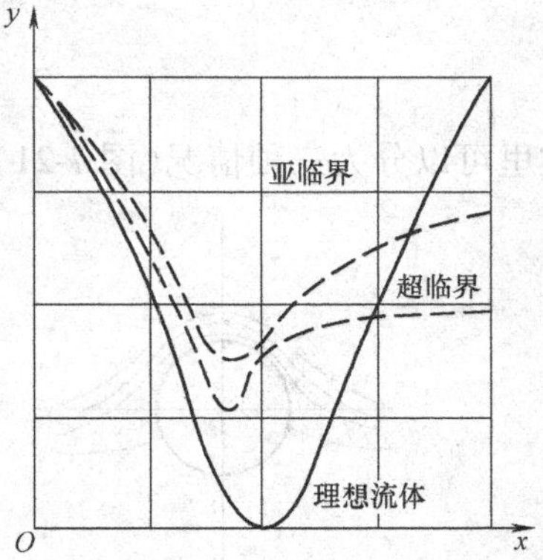

图 7-20　压强系数沿圆柱面的分布

计算结果得到两个力都为零，而试验表明，即使流体黏性很小，也存在阻力，这与试验结果不符。这一在当时不能解释的矛盾被称为**达朗贝尔佯谬**（D' Alembert paradox，1752 年），实际上这是由于流体黏性不能被忽略造成的，将在后面的章节中讨论。

7.7.4* 均匀等速流绕圆柱体有环量流动

在上述流动基础上再叠加一个点涡，得到的流动就是有环量的绕圆柱体流动。利用叠加原理可以得到势函数与流函数：

$$\begin{cases} \varphi = V_\infty \left(1 + \dfrac{r_0^2}{r^2}\right) r\cos\theta + \dfrac{\Gamma}{2\pi}\theta \\ \psi = V_\infty \left(1 - \dfrac{r_0^2}{r^2}\right) r\sin\theta - \dfrac{\Gamma}{2\pi}\ln r \end{cases} \tag{7-69}$$

复位势写为

$$W(z) = V_\infty \left(z + \frac{r_0^2}{z}\right) + \frac{\mathrm{i}\Gamma}{2\pi}\ln z \tag{7-70}$$

由式(7-69)可以求出速度的表达式，即

$$\begin{cases} v_r = \dfrac{\partial \varphi}{\partial r} = V_\infty \left(1 - \dfrac{r_0^2}{r^2}\right)\cos\theta \\ v_\theta = \dfrac{\partial \varphi}{r\partial \theta} = -V_\infty \left(1 + \dfrac{r_0^2}{r^2}\right)\sin\theta + \dfrac{\Gamma}{2\pi r} \end{cases} \tag{7-71}$$

可以看出，$r = r_0$ 处，$\psi = -\Gamma \ln r_0/(2\pi) =$ 常数。即 $r = r_0$ 是一条流线。在该流线上，有

$$v_r = 0,\ v_\theta = -2V_\infty \sin\theta + \frac{\Gamma}{2\pi r_0} \tag{7-72}$$

这符合流体不脱离流线的绕流条件，所以可以认为是圆柱面。

当 $\Gamma < 0$ 时，圆柱上部流体绕流的方向与均匀直线流的速度方向相同，在上部形成速度增高的区域，而下部的方向相反，使速度降低，流动不再对称，前后驻点均下移。当 $\Gamma > 0$ 时，情况与前者相反。为确定驻点的位置，令 $v_\theta = 0$，可以得到

$$\sin\theta = \frac{\Gamma}{4\pi r_0 V_\infty} \tag{7-73}$$

这里可以分为三种情况(图 7-21)：

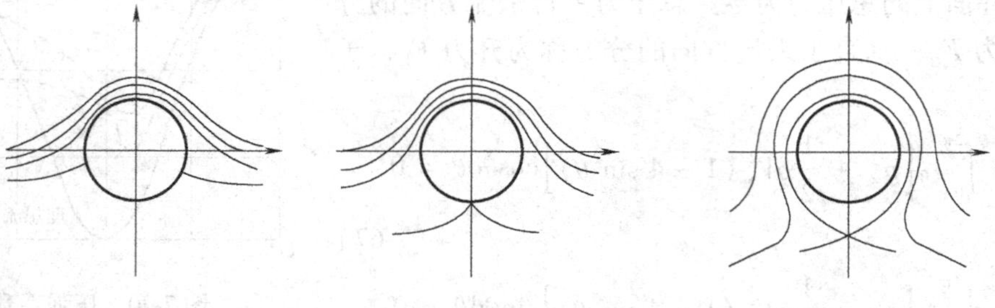

a)　　　　b)　　　　c)

图 7-21　均匀直线流绕圆柱有环量流动

a) $|\Gamma| < 4\pi r_0 V_\infty$　b) $|\Gamma| = 4\pi r_0 V_\infty$　c) $|\Gamma| > 4\pi r_0 V_\infty$

1) $|\Gamma| < 4\pi r_0 V_\infty$ 时，$\sin\theta < 1$。驻点分别位于第三、四象限(图 7-21a)。

2) $|\Gamma| = 4\pi r_0 V_\infty$ 时，两个驻点重合在 $\theta = 3\pi/2$ 处(图 7-21b)。

3) $|\Gamma| > 4\pi r_0 V_\infty$ 时，驻点离开柱面，移到流场内部(图 7-21c)，位置为

$$\begin{cases} \theta = \dfrac{3\pi}{2} \\ r = \dfrac{\Gamma}{4\pi V_\infty} + \sqrt{\left(\dfrac{\Gamma}{4\pi V_\infty}\right)^2 - r_0^2} \end{cases} \tag{7-74}$$

下面分析流动的压强分布。由伯努利方程易得

$$p = p_\infty + \frac{1}{2}\rho\left[V_\infty^2 - \left(2V_\infty \sin\theta + \frac{\Gamma}{2\pi r_0}\right)^2\right] \tag{7-75}$$

它关于 y 轴是对称的，所以 $F_D = 0$，而升力

$$F_L = -\int_0^{2\pi} p r_0 \sin\theta \mathrm{d}\theta = \rho V_\infty \Gamma \tag{7-76}$$

此式称为**库塔-儒可夫斯基定律**(Kutta-Joukowski theorem)。来流的方向按照环量的方向

转90°便可以得到升力的方向。该定律还可以应用到均匀等速流绕任意形状的柱体的有环量无分离的平面流动。图 7-22 给出了流线图以及升力的四种方向。

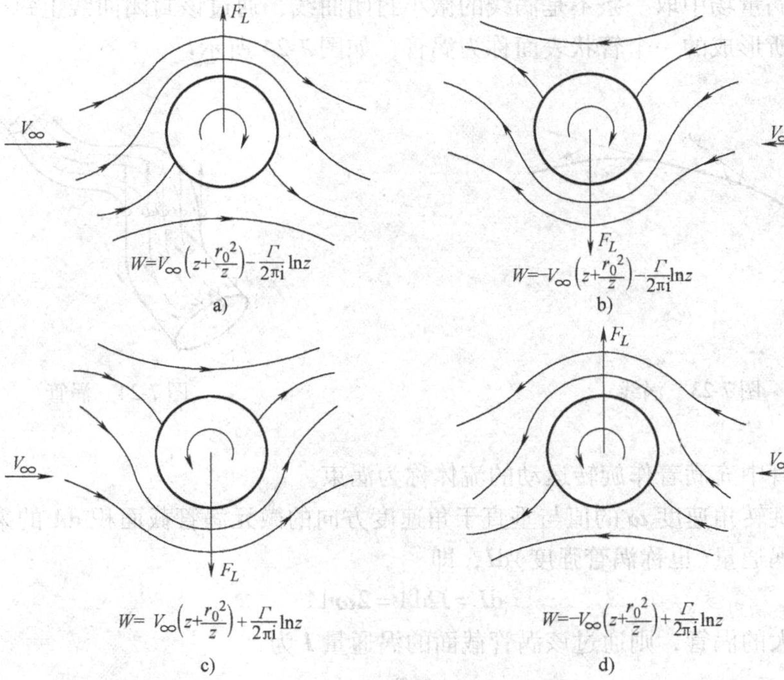

图 7-22 四种情况下圆柱的升力方向

7.8 理想流体的旋涡运动

本章开始已经介绍过理想流体的运动分为无旋运动和有旋运动，有旋运动也称为旋涡运动，本节将在涡量场中引入涡线、涡管、涡束和涡通量的概念，探讨理想流体中旋涡的产生机理和运动规律。

7.8.1 涡线、涡管、涡束和涡通量

从前面的讨论中知道，流体微团旋转角速度的两倍称为**涡量**，记为 $\boldsymbol{\Omega}$，即

$$\boldsymbol{\Omega}=2\boldsymbol{\omega} \tag{7-77}$$

前面给出理想流体有旋运动的流场中存在旋转角速度矢量 $\boldsymbol{\omega}$，并且 $\boldsymbol{\omega}\neq\mathbf{0}$，于是可以利用角速度 $\boldsymbol{\omega}(x, y, z, t)$表示涡量场，涡量场中的旋转角速度 $\boldsymbol{\omega}$ 和涡量 $\boldsymbol{\Omega}$ 都是空间坐标和时间的函数，记为

$$\boldsymbol{\omega}=\boldsymbol{\omega}(x, y, z, t) \quad 或 \quad \boldsymbol{\Omega}=\boldsymbol{\Omega}(x, y, z, t) \tag{7-78}$$

涡线：涡线是在有涡流运动中反映瞬时角速度的一条曲线，在给定瞬时，该曲线上每一点的切线与位于该点的流体微团的速度方向重合，如图 7-23 所示。涡线的微分方程为

$$\frac{dx}{\omega_x(x, y, z, t)}=\frac{dy}{\omega_y(x, y, z, t)}=\frac{dz}{\omega_z(x, y, z, t)} \tag{7-79}$$

与流线类似，在非定常流动中，涡线随时间而变化，不同瞬时呈现出不同的形状，而在定常流动中涡线的形状保持不变，涡线彼此不能相交、分叉。

涡管：在涡量场中取一条不是涡线的微小封闭曲线，通过该封闭曲线上每一点作一条涡线，这些涡线所形成的一个管状表面称为涡管，如图 7-24 所示。

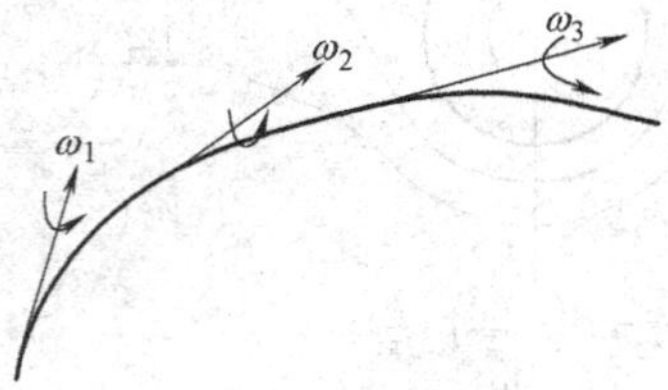

图 7-23　涡线

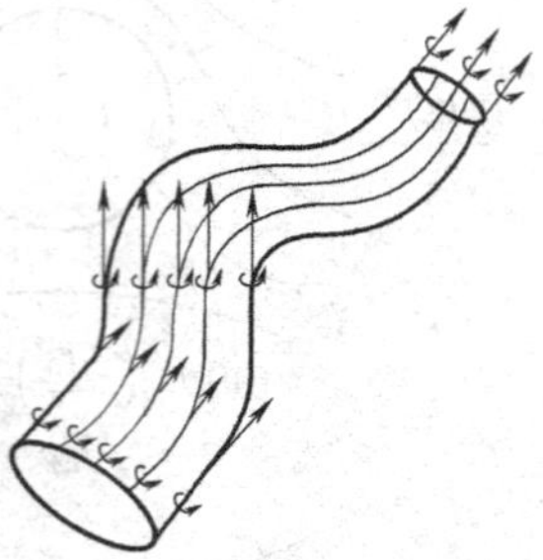

图 7-24　涡管

涡束：涡管中充满着作旋转运动的流体称为涡束。

涡通量：旋转角速度 $\boldsymbol{\omega}$ 的值与垂直于角速度方向的微元涡管截面积 dA 的乘积的两倍称为微元涡管的涡通量（也称涡管强度）$\mathrm{d}\boldsymbol{I}$，即

$$\mathrm{d}\boldsymbol{I}=\boldsymbol{\Omega}\mathrm{d}A=2\boldsymbol{\omega}\mathrm{d}A \tag{7-80}$$

对于有限大的涡管，则通过该涡管截面的涡通量 $\boldsymbol{I}$ 为

$$\boldsymbol{I}=2\iint_A \boldsymbol{\omega}_{\mathrm{n}}\mathrm{d}A \tag{7-81}$$

式中，$\boldsymbol{\omega}_{\mathrm{n}}$ 是微元涡管的旋转角速度沿涡管横截面法线方向的向量。

7.8.2　汤姆逊定理

下面通过汤姆逊（J. Thomson）定理的证明，来讨论旋涡产生的原因。首先了解正压流体的概念：如果流体的密度 ρ 仅与压强有关，而与温度等其他因素无关，这种流体称为**正压流体**（Barotropic fluid）。引入压力函数 P，即

$$P=\int\frac{\mathrm{d}p}{\rho} \tag{7-82}$$

汤姆逊定理：如果理想的、正压的流体在单值的有势质量力作用下，则沿任何由流体质点组成的封闭周线的速度环量不随时间变化。

汤姆逊定理也称为环量对时间守恒定理，下面给出汤姆逊定理的证明过程。

在流体流动过程中，理想正压流体的质点线可以移动和变形，但是组成该线的质点保持不变，故可由速度环量定义式可得速度环量对时间的变化率为

$$\begin{aligned}\frac{\mathrm{d}\Gamma_{\mathrm{c}}}{\mathrm{d}t}&=\frac{\mathrm{d}}{\mathrm{d}t}\oint(u\mathrm{d}x+v\mathrm{d}y+w\mathrm{d}z)\\&=\oint\left[u\frac{\mathrm{d}x}{\mathrm{d}t}+v\frac{\mathrm{d}y}{\mathrm{d}t}+w\frac{\mathrm{d}z}{\mathrm{d}t}\right]+\oint\left(\frac{\mathrm{d}u}{\mathrm{d}t}\mathrm{d}x+\frac{\mathrm{d}v}{\mathrm{d}t}\mathrm{d}y+\frac{\mathrm{d}w}{\mathrm{d}t}\mathrm{d}z\right)\\&=\oint(u\mathrm{d}u+v\mathrm{d}v+w\mathrm{d}w)+\oint(a_x\mathrm{d}x+a_y\mathrm{d}y+a_z\mathrm{d}z)\end{aligned}$$

由理想流体的运动方程 $\boldsymbol{a}=\boldsymbol{f}-\frac{1}{\rho}\nabla p$，可以得出

$$\frac{\mathrm{d}\Gamma_c}{\mathrm{d}t}=\oint(u\mathrm{d}u+v\mathrm{d}v+w\mathrm{d}w)+\oint\left[\left(f_x-\frac{1}{\rho}\frac{\partial p}{\partial x}\right)\mathrm{d}x+\left(f_y-\frac{1}{\rho}\frac{\partial p}{\partial y}\right)\mathrm{d}y+\left(f_z-\frac{1}{\rho}\frac{\partial p}{\partial z}\right)\mathrm{d}z\right]$$

$$=\oint\left[\mathrm{d}\left(\frac{u^2}{2}\right)+\mathrm{d}\left(\frac{v^2}{2}\right)+\mathrm{d}\left(\frac{w^2}{2}\right)\right]+\oint\left[(f_x\mathrm{d}x+f_y\mathrm{d}y+f_z\mathrm{d}z)-\frac{1}{\rho}\left(\frac{\partial p}{\partial x}\mathrm{d}x+\frac{\partial p}{\partial y}\mathrm{d}y+\frac{\partial p}{\partial z}\mathrm{d}z\right)\right]$$

如果质量力有势，则可知

$$f_x=-\frac{\partial\pi}{\partial x},\ f_y=-\frac{\partial\pi}{\partial y},\ f_z=-\frac{\partial\pi}{\partial z}\quad 或\quad \boldsymbol{f}=-\nabla\pi$$

如果流体正压，则有

$$\frac{\partial P}{\partial x}=\frac{1}{\rho}\frac{\partial p}{\partial x},\ \frac{\partial P}{\partial y}=\frac{1}{\rho}\frac{\partial p}{\partial y},\ \frac{\partial P}{\partial z}=\frac{1}{\rho}\frac{\partial p}{\partial z}\quad 或\quad \nabla P=\frac{1}{\rho}\nabla p$$

故可得

$$\frac{\mathrm{d}\Gamma_c}{\mathrm{d}t}=\oint\left[\mathrm{d}\left(\frac{u^2}{2}\right)+\mathrm{d}\left(\frac{v^2}{2}\right)+\mathrm{d}\left(\frac{w^2}{2}\right)\right]+\oint\left[(f_x\mathrm{d}x+f_y\mathrm{d}y+f_z\mathrm{d}z)-\frac{1}{\rho}\left(\frac{\partial p}{\partial x}\mathrm{d}x+\frac{\partial p}{\partial y}\mathrm{d}y+\frac{\partial p}{\partial z}\mathrm{d}z\right)\right]$$

$$=\oint\left[\mathrm{d}\left(\frac{V^2}{2}\right)-\mathrm{d}\pi-\mathrm{d}p\right]=\oint\mathrm{d}\left(\frac{V^2}{2}-\pi-p\right)=0$$

由于之前已经假设，V、π 和 p 都是 x、y、z 和 t 的单值连续函数，所以沿封闭周线的积分等于零，即速度环量是定值。至此汤姆逊定理得证。

由此可见，质量力无势、流体不正压是理想流体旋涡产生的根本原因。汤姆逊定理告诉我们：**理想正压流体在单值有势质量力作用下，速度环量和旋涡都不是能够自行产生和凭空消失的**。如果流场中原来有旋涡和速度环量，则永远保持有旋涡和原有的速度环量；原来没有，则永远没有旋涡和环量。假如流体从静止开始流动后，由于某种原因，瞬间流场中产生了旋涡，有了速度环量，则根据汤姆逊定理，在同一瞬间必然产生一个与此环量大小相等而方向相反的旋涡，以保持流场总环量为零。

7.8.3 亥姆霍兹定理

亥姆霍兹(H. L. F. Von Helmholtz)关于理想流体的有旋运动提出了三个旋涡定理，这些定理揭示了旋涡的基本性质，在此只对第一定理作出证明，有兴趣的读者可自行证明第二定理和第三定理。

亥姆霍兹第一定理：在同一瞬时，涡管截面上的涡通量都相等。

如图7-25 所示，在涡管上取两个截面 A 和 B，AB 和 $A'B'$ 是涡管表面无限接近的两条线，由于在封闭曲线 $ABB'A'A$ 内涡通量为零。

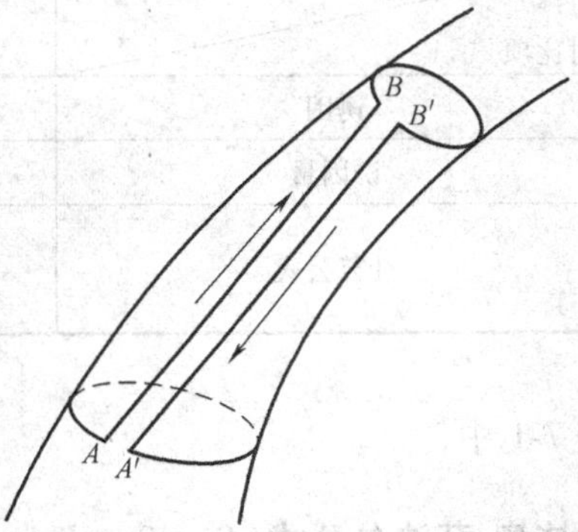

图7-25 亥姆霍兹第一定理的证明

由斯托克斯定理，沿闭环曲线的速度环量也为零。此外，沿 AB 和 $B'A'$ 两条线的切向速度积分大小相等、方向相反，故可得

$$\Gamma_{ABB'A'A}=\Gamma_{BB'}+\Gamma_{A'A}=0$$

$$\Gamma_{BB'}=-\Gamma_{A'A}$$

即说明沿包围涡管任一截面的封闭周线的速度环量都相等，而由斯托克斯定理，这速度环量都等于穿过封闭周线所包围截面的涡通量，故涡管各截面上的涡通量相等，即

$$2\iint_A \omega_n \mathrm{d}A = 常数$$

由第一定理可以看出，在同一条涡管上，涡管不可能在流体中终止，如果涡管的截面缩小到零，则角速度趋于无穷大，这在物理学中是不可能的。因此，涡管在流体中既不能开始，也不能终止，而只能形成环形管，或始、终于边界。

亥姆霍兹第二定理：理想正压流体在有势的质量力作用下，组成涡管的流体质点将始终组成涡管。这一定理表明，涡管在随流体流动中可以改变其位置和形状，但流体内的质点不会发生变化，形象地称为“流体质点不随波逐流”。

亥姆霍兹第三定理（涡管强度守恒定理）：理想正压流体在有势质量力作用下，任何涡管的强度都不随时间变化，永远保持定值。在实际流体的流场中，开始并不存在旋涡，只是流体绕过物体或流体流经特变的边界时才产生旋涡。这表明，旋涡既能在流体中产生也会在流体中消失。黏性是旋涡产生和消失的根本原因。

综上，亥姆霍兹第一定理是斯托克斯定理的推论，既适用于理想流体也适用于黏性流体，而第二定理和第三定理只适用于理想正压流体。工程中实际不存在理想流体，但在一定条件下可以认为流体为理想流体，从而简化研究过程。

7.8.4 涡丝的诱导速度

截面无限小的涡管称为**涡丝**（Vortex filament），该涡管任意一截面的旋涡强度 Γ 称为涡丝强度，其方向与速度环量构成右手定则。前面已经介绍到，由于点涡的存在，使其周围流体产生运动，将此流动速度称为点涡**诱导速度**（Induced velocity）。

物理学中，如果已知一载流长直导线上的电流 I，可以通过毕奥-萨法尔公式求出微元导线 $\mathrm{d}l$ 对场点 E 产生的磁感应强度。参照此模型，设在流场中有一条强度为 Γ 的涡丝，则可求出在涡丝外的一点 E 处诱导速度。为了更好地理解这一原理，就两者对比如表 7-1 所示。

表 7-1 诱导速度场与电磁场类比

对比项 \ 诱导场	电磁场	速度场
诱因	带电导线	涡丝(线)
诱因量	电流 I	旋涡强度 Γ
计算公式	$\boldsymbol{B}=\frac{u_0}{4\pi}\int_L \frac{I\mathrm{d}\boldsymbol{l}\times\boldsymbol{r}}{r^3}$	$\boldsymbol{V}=\frac{\Gamma}{4\pi}\int_L \frac{\mathrm{d}\boldsymbol{l}\times\boldsymbol{r}}{r^3}$

表 7-1 中，

$$\boldsymbol{V}=\frac{\Gamma}{4\pi}\int_L \frac{\mathrm{d}\boldsymbol{l}\times\boldsymbol{r}}{r^3} \tag{7-83}$$

即毕奥-萨法尔公式（*Biot-Savart formula*），为涡丝诱导速度计算公式。如图 7-26 所示，式中，$\mathrm{d}\boldsymbol{l}$ 为涡丝段的矢量；$\boldsymbol{r}$ 是涡丝微段 $\mathrm{d}\boldsymbol{l}$ 的起点到点 E 的矢径；Γ 是涡丝强度。$\mathrm{d}\boldsymbol{l}$ 与速度环量

成右手定则，点 $\boldsymbol{E}$ 的诱导速度方向与纸面垂直指向纸里。对于此公式的证明，有兴趣的读者可自行尝试。

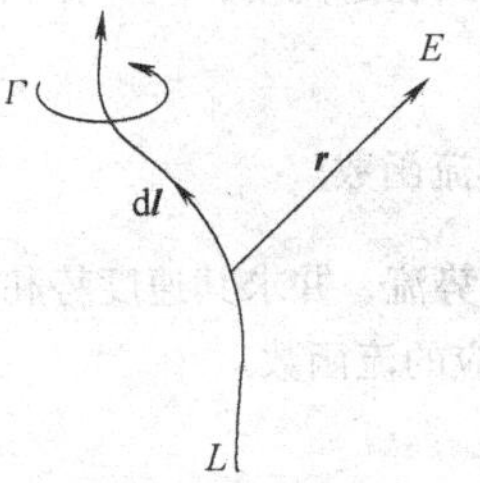

图7-26　涡丝对 E 点的诱导速度

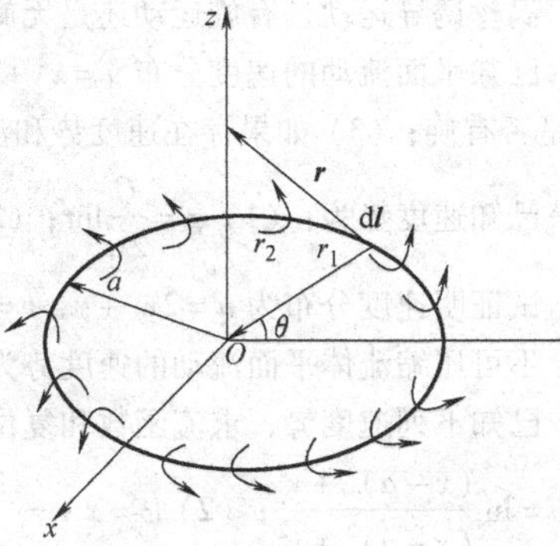

图7-27　例7-5图

【例7-5】　如图7-27所示，已知半径为 a、强度为 Γ 的环状涡丝，试求过圆心对称轴线上的诱导速度。

解： 图7-27中的 Oz 轴即为过涡环圆心的对称轴线，根据任意涡丝的诱导速度公式(7-83)，可得对称轴线上的速度分布为

$$\boldsymbol{V}=\frac{\Gamma}{4\pi}\int_L\frac{\mathrm{d}\boldsymbol{l}\times\boldsymbol{r}}{r^3}$$

考虑到 $\boldsymbol{r}=\boldsymbol{r}_1+\boldsymbol{r}_2$，$r=\sqrt{a^2+z^2}$，因而

$$\begin{aligned}V&=-\frac{\Gamma}{4\pi}\int_L\frac{\mathrm{d}\boldsymbol{l}\times\boldsymbol{r}}{r^3}=-\frac{\Gamma}{4\pi}\int_L\frac{\mathrm{d}\boldsymbol{l}\times\boldsymbol{r}_1}{r^3}-\frac{\Gamma}{4\pi}\int_L\frac{\mathrm{d}\boldsymbol{l}\times\boldsymbol{r}_2}{r^3}\\&=\frac{\Gamma}{4\pi}\int_0^{2\pi}\frac{a\cdot a\mathrm{d}\theta}{r^3}\boldsymbol{k}+\frac{\Gamma}{4\pi}\int_0^{2\pi}\frac{z\cdot a\mathrm{d}\theta}{r^3}(\boldsymbol{i}\cos\theta+\boldsymbol{j}\sin\theta)\\&=\frac{\Gamma}{4\pi}\frac{2\pi a^2}{r^3}\boldsymbol{k}=\frac{\Gamma a^2}{2\left(a^2+z^2\right)^{\frac{3}{2}}}\boldsymbol{k}\end{aligned}$$

这就是环状涡丝在对称轴线上的诱导速度，环量方向如图所示，轴线上的速度方向为 Oz 轴方向。

思考与练习

7-1　何谓理想流体平面运动？讨论它有何意义？

7-2　理想流体二维运动可分解成哪几种形式的运动？各有何特点？

7-3　速度环量和涡通量是如何定义的？二者有何关系？

7-4　何谓势函数？何谓流函数？各有何性质？二者存在何种关系？

7-5　试证明：无旋运动必然存在势函数。

7-6　复速度和复位势是如何定义的？复位势有哪些性质？

7-7　基本平面势流有哪几种？其运动特征是什么？其复速度分别如何表述？

7-8　试总结势流叠加原理及应用过程。

7-9　试分析飞机的升力是如何产生的？

7-10 理想流体产生旋涡的原因有哪些？一旦产生了旋涡，则流场会呈现什么特征？

7-11 涡管具有哪些性质？

7-12 涡丝诱导运动是有旋运动还是无旋运动？为什么？

7-13 已知平面流动的速度分布 $u=x^2+2x-4y$，$v=-2xy-2y$。试确定流动：(1) 是否满足连续性方程；(2) 是否有旋；(3) 如果存在速度势和流函数，求出它们。

7-14 已知速度势为：(1) $\varphi=\dfrac{Q}{2\pi}\ln r$；(2) $\varphi=\dfrac{\Gamma}{2\pi}\arctan\dfrac{y}{x}$。求其流函数。

7-15 试证明速度分布为 $u=2xy+x$，$v=x^2-y^2-y$ 的平面流动为势流，并求其速度势和流函数。

7-16 不可压缩流体平面流动的速度势为 $\varphi=x^2-y^2+x$，试求相应的流函数。

7-17 已知下列速度势，求流函数和复位势。

(1) $\varphi=\ln\dfrac{(x-a)^2+y^2}{(x+a)^2+y^2}$；(2) $\varphi=x+\dfrac{x}{x^2+y^2}$；(3) $\varphi(x)=\ln\dfrac{[(x-a)^2+y^2][(x-b)^2+y^2]}{x^2+y^2}$

7-18 已知复位势 $W(z)=\ln\left(z+\dfrac{1}{z}\right)$，问：(1) 该流动由哪些基本流动组成；(2)求通过 $z_1=\dfrac{\mathrm{i}}{2}$ 和 $z_2=1$ 两点连线的流量 Q。

7-19 x 轴上两点 $(a,0)$ 和 $(-a,0)$ 分别放置强度为 Q 的点汇和点源。试证明叠加后的组合流动的流函数为

$$\psi=\frac{Q}{2\pi}\arctan\frac{2ay}{x^2+y^2-a^2}$$

7-20 设 x 轴是固体壁面，在上方平面中的一点 $(0,b)$ 处有一个强度为 Q 的点源，试求壁面上速度 u 的分布式，并求其极大值的位置。

7-21 有一个速度为 V_∞、方向与 x 轴正向一致的均匀流和一个位于坐标原点的强度为 Q 的点源叠加而成，试求经过驻点的流线方程，并绘出其流线的大致形状。

7-22 湖中有一竖直管道，该管道上均匀地开有很多小孔。热电厂的冷却水通过这根管道将水排入湖中，管道轴线到湖边的距离设为 a 和 b。湖水中的流场可以视为点源流动，点源强度为 Q。试求湖岸边的水流速度。

7-23 正 x 轴和正 y 轴是壁面，在第一象限点 (a,b) 处有一个强度为 Γ 的点涡，试求壁面上的速度分布(利用镜像原理)。

7-24 在理想不可压缩平面流体的无旋流动中，一个位于原点的点源在 $x=3$，$y=4$ 处产生的径向速度为5，又在原点叠加一个点涡，该点涡在 $x=-5$，$y=0$ 处产生的速度平行于轴，方向朝下，大小为10。

(1) 求流场的复位势；(2) 求绕圆周 $|z-1|=2$ 的速度环量和通过此圆的流量；(3) 求点 $(-1,2)$ 处的速度大小和方向。

7-25 直径 $D=1.2\text{m}$，长度 $l=5\text{m}$ 的圆柱体绕其轴旋转的转速为 $n=90\text{r/min}$，均匀正交于圆柱轴的气流速度为 $V_0=80\text{km/h}$，空气密度为 $\rho=1.025\ \text{kg/m}^3$，求速度环量 Γ、升力 F_L 以及驻点位置。

7-26 速度分布为

$$u=y+2z,\ v=z+2x,\ w=x+2y$$

(1) 求涡量及涡线；(2) 求在平面 $x+2y+3z=1$ 上面积为 $\mathrm{d}A=10^{-2}$ 的涡通量；(3) 求在 $z=0$ 的平面上 $\mathrm{d}A=10^{-2}$ 的微面积上的涡通量。

7-27 设有一条强度为 Γ 的有限长涡丝，空间某点 E 到直线涡丝的距离为 R。试求点 E 处的诱导速度。

7-28 设有一条强度为 Γ 的 Π 形涡丝，其两端伸向无穷远，试求图 7-28 中所示的点 E 处的诱导速度。

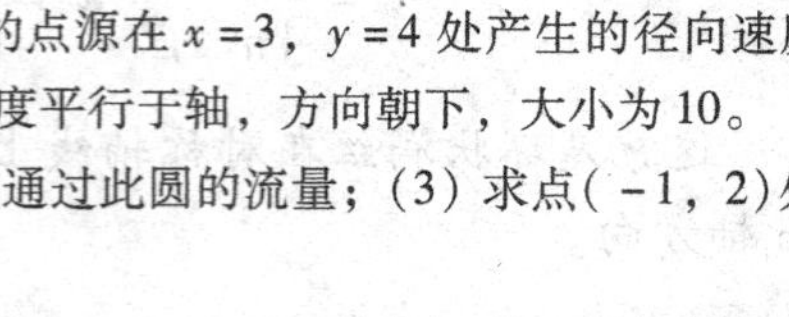

图 7-28　7-28 题图

第 8 章　黏性流体运动方程及其基本解

流体的运动遵从现有的守恒定律，即遵从质量守恒定律、动量守恒定律和能量守恒定律。本章将详细地推导黏性流体运动所应满足的基本方程，也就是要得到守恒定律在黏性流体运动中的具体表述形式，并利用这些基本方程，针对一些简单工程问题进行求解。

8.1　问题的提出

在第 2 章中已经介绍了黏性的发现及牛顿黏性定律，为了加强理解，下面再看几个实例（视频短片：旋转容器中液体的黏性效应演示、冷热流体在管内的流动、柱体绕流）。

图 8-1a、b 所示两种情况下，在液体表面所绘制的图案或文字，随着容器的旋转都会发生变形，当容器反向旋转时，图案或文字可以恢复到原位、原形；图 8-1c 所示情况下，放置在液体表面刚性圆圈，随着容器的旋转也会发生旋转，当容器反向旋转时，也可以恢复到原位；图 8-1d 所示情况下，放置在液体表面的弹性体，随着容器的旋转会发生旋转和拉伸变形，但当容器反向旋转时，已不能恢复到原来的形状。我们的问题是：为什么这几种情形下，结果会不同？是什么原因造成了这种差别？

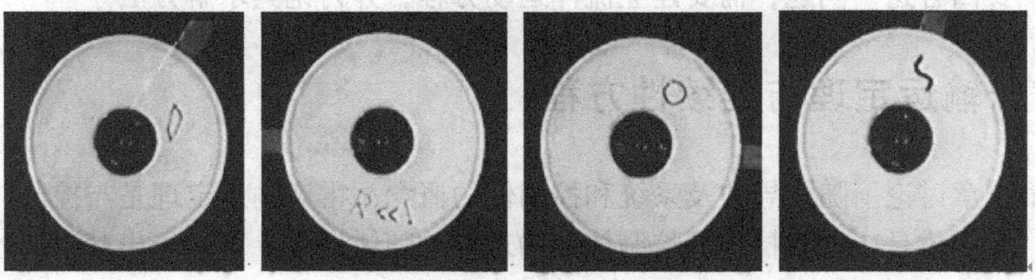

a)　　b)　　c)　　d)

图 8-1　旋转容器中液体的黏性效应演示

通过图 8-2a、b 所示两种情况的比较，可以看出，热流体在上和热流体在下时，其冷、热流体的界面会出现明显区别。造成这种情况的原因又是什么？

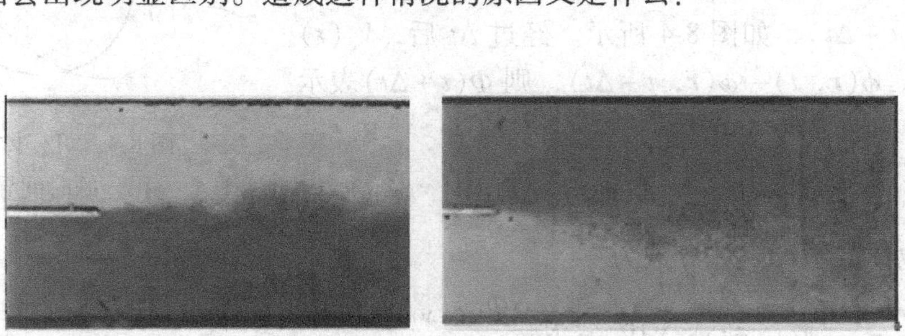

a)　　b)

图 8-2　冷热流体在管内的流动

图 8-3 所示是柱体划过液体时出现的绕流现象，其中图 8-3a 划过的速度较低，呈现为较稳定的层流状态，图 8-3b 划过的速度较高，呈现为美丽的尾迹，并且其尾迹可以发展成图 8-3c 所示的成对的旋涡。其原因又是什么呢?

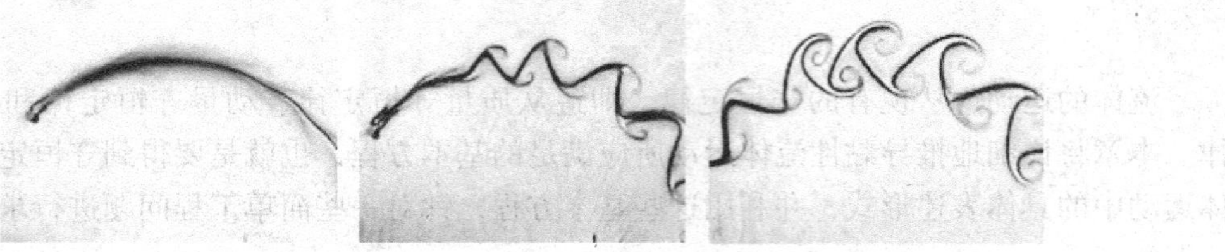

a)　　b)　　c)

图 8-3　柱体绕流

上述问题的答案就是因为实际流体存在着黏性而表现出来的不同运动形态!

我们再回忆一下牛顿黏性实验获得的结果。流体运动时，流体内部存在黏性切应力，其大小可以表示为

$$\tau = -\mu \frac{\mathrm{d}u}{\mathrm{d}y} \tag{8-1}$$

这提示我们，黏性切应力可以与速度对坐标的变化率(或称**变形率**)关联起来，即：已知流动的速度场的情况下，可以求出切应力的大小和分布。现在的问题是：如何求解流动的速度场呢? 要回答这一问题，需要建立流体运动方程，并讨论其求解方法。

8.2　雷诺输运定理与连续性方程

本书第 4 章讨论了随体导数及系统和控制体的概念，雷诺输运定理是与控制体和系统相关的定律，其实质是应用欧拉法求控制体内物理量的随体导数。下面给出其导出过程。

设某时刻流场中，单位体积流体的物理量分布为 $\phi(\boldsymbol{r},\ t)$，则 t 时刻在流体域 $V_c(t)$ 内的流体的总物理 Φ 为

$$\Phi(t) = \iiint_{V_c} \phi(\boldsymbol{r},t)\mathrm{d}V_c \xlongequal{\text{简记为}} \int_{V_c} \phi(\boldsymbol{r},t)\mathrm{d}V_c \tag{8-2}$$

设 t 时刻体积在空间 $V_c(t)$ 上，$t+\Delta t$ 时刻该体积到达另一位置 $V_c(t+\Delta t)$，如图 8-4 所示。经过 Δt 后，$V_c(t) \to V_c(t+\Delta t)$，$\phi(\boldsymbol{r},\ t) \to \phi(\boldsymbol{r},\ t+\Delta t)$，则 $\Phi(t+\Delta t)$ 表示为

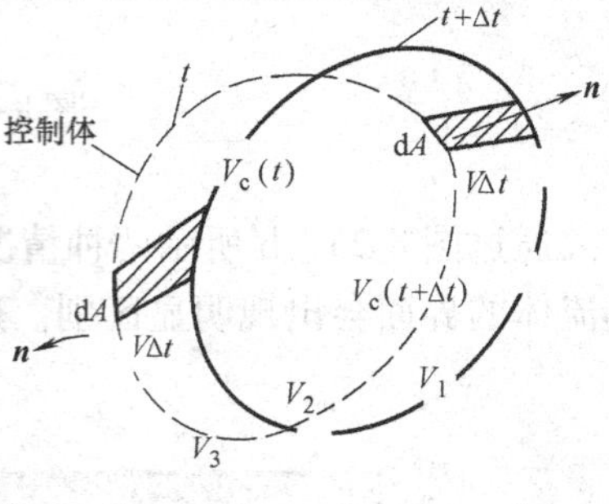

图 8-4　可变体积上积分的时间导数

$$\Phi(t+\Delta t) = \int_{V_c(t+\Delta t)} \phi(\boldsymbol{r},t+\Delta t)\mathrm{d}V_c \tag{8-3}$$

系统的物质导数即随体导数为

$$\frac{\mathrm{D}\Phi}{\mathrm{D}t} = \frac{\mathrm{D}}{\mathrm{D}t}\int_{V_c(t)} \phi(\boldsymbol{r},t)\mathrm{d}V_c = \lim_{\Delta t \to 0} \frac{\Phi_{V_c(t+\Delta t)}(t+\Delta t) - \Phi_{V_c(t)}(t)}{\Delta t}$$

$$= \lim_{\Delta t \to 0} \frac{\Phi_{V_c}(t+\Delta t) - \Phi_{V_c}(t)}{\Delta t} + \lim_{\Delta t \to 0} \frac{\Phi_{V_1}(t+\Delta t)}{\Delta t} - \lim_{\Delta t \to 0} \frac{\Phi_{V_3}(t+\Delta t)}{\Delta t} \tag{8-4}$$

式中，第一项

$$\lim_{\Delta t \to 0} \frac{\Phi_{V_c}(t+\Delta t) - \Phi_{V_c}(t)}{\Delta t} = \frac{\partial}{\partial t} \int_{V_c(t)} \phi(\boldsymbol{r},t)\,\mathrm{d}V_c \tag{8-5}$$

注意到体积元 $\mathrm{d}V_c = \boldsymbol{V} \cdot \boldsymbol{n}\mathrm{d}A \cdot \Delta t$，$A_1$ 为 V_c 和 V_1 的公共表面，式(8-4)中第二项表示通过 A_1 面移出的物理量。则第二项可写成

$$\lim_{\Delta t \to 0} \frac{\Phi_{V_1}(t+\Delta t)}{\Delta t} = \lim_{\Delta t \to 0} \frac{\int_{V_1} \phi(\boldsymbol{r},t+\Delta t)\,\mathrm{d}V_c}{\Delta t}$$

$$= \lim_{\Delta t \to 0} \frac{\iint\limits_{A_1} \phi(\boldsymbol{r},t+\Delta t)\boldsymbol{V} \cdot \boldsymbol{n}\mathrm{d}A \cdot \Delta t}{\Delta t} = \iint\limits_{A_1} \phi(\boldsymbol{r},t)\boldsymbol{V} \cdot \boldsymbol{n}\mathrm{d}A \tag{8-6}$$

同理，式(8-4)中第三项可以写成

$$\lim_{\Delta t \to 0} \frac{\Phi_{V_3}(t+\Delta t)}{\Delta t} = \iint\limits_{A_2} \phi(\boldsymbol{r},t)\boldsymbol{V} \cdot \boldsymbol{n}\mathrm{d}A \tag{8-7}$$

式中，A_2 为 V_c 与 V_3 的公共表面，此式表示通过 A_2 面移出的物理量。

式(8-6)和式(8-7)两项合并，$A_1 + A_2$ 正好组成的控制体 V_c 的全部边界 A，即

$$\iint\limits_{A_1} \phi(\boldsymbol{r},t)\boldsymbol{V} \cdot \boldsymbol{n}\mathrm{d}A + \iint\limits_{A_2} \phi(\boldsymbol{r},t)\boldsymbol{V} \cdot \boldsymbol{n}\mathrm{d}A = \iint\limits_{A_1+A_2} \phi(\boldsymbol{r},t)\boldsymbol{V} \cdot \boldsymbol{n}\mathrm{d}A$$

$$= \oint_A \phi(\boldsymbol{r},t)\boldsymbol{V} \cdot \boldsymbol{n}\mathrm{d}A \tag{8-8}$$

上式右端表示时刻 t 在单位时间内从控制体的表面 S 净向外输运的物理量。

将式(8-8)和式(8-5)一起代入式(8-4)得

$$\frac{\mathrm{D}\Phi}{\mathrm{D}t} = \frac{\mathrm{D}}{\mathrm{D}t} \int_{V_c} \phi(\boldsymbol{r},t)\,\mathrm{d}V_c = \frac{\partial}{\partial t} \int_{V_c} \phi(\boldsymbol{r},t)\,\mathrm{d}V_c + \oint_A \phi(\boldsymbol{r},t)\boldsymbol{V} \cdot \boldsymbol{n}\mathrm{d}A \tag{8-9}$$

上式即是**雷诺输运定理**(Reynolds transport theorem)：某时刻一可变体积系统内的总物理量的时间变化率等于该时刻所在空间域(控制体)内的物理量的时间变化率与单位时间内通过该空间边界面的净输运的流体物理量之和。

注意：①式中 $\boldsymbol{V}$ 为流体质点相对于控制体表面的速度；②当控制体以常速度运动但不变形时，速度 $\boldsymbol{V}$ 可用相对速度或绝对速度代替；③如果控制体是固定的或不变形的，则**雷诺输运方程**可写成

$$\frac{\mathrm{D}}{\mathrm{D}t} \int_{V_c} \phi(\boldsymbol{r},t)\,\mathrm{d}V_c = \int_{V_c} \frac{\partial \phi(\boldsymbol{r},t)}{\partial t}\mathrm{d}V_c + \oint_A \phi(\boldsymbol{r},t)\boldsymbol{V} \cdot \boldsymbol{n}\mathrm{d}A \tag{8-10}$$

利用面积分与体积分转换的**高斯公式**：

$$\oint_A \phi(\boldsymbol{r},t)\boldsymbol{V} \cdot \boldsymbol{n}\mathrm{d}A = \int_{V_c} \boldsymbol{\nabla} \cdot (\phi(\boldsymbol{r},t)\boldsymbol{V})\,\mathrm{d}V_c$$

式(8-10)可写成

$$\frac{\mathrm{D}}{\mathrm{D}t}\int_{V_c}\phi(\boldsymbol{r},t)\,\mathrm{d}V_c = \int_{V_c}\left[\frac{\partial\phi(\boldsymbol{r},t)}{\partial t} + \nabla\cdot(\phi(\boldsymbol{r},t)\boldsymbol{V})\right]\mathrm{d}V_c \tag{8-11}$$

注意 ϕ 可以是任意的物理量，令 $\phi=\rho$，有

$$\frac{\mathrm{D}}{\mathrm{D}t}\int_{V_c}\rho\,\mathrm{d}V_c = \int_{V_c}\left[\frac{\partial\rho}{\partial t} + \nabla\cdot(\rho\boldsymbol{V})\right]\mathrm{d}V_c \tag{8-12}$$

根据控制体内流体质量守恒，有

$$\frac{\mathrm{D}m}{\mathrm{D}t} = \frac{\mathrm{D}}{\mathrm{D}t}\int_{V_c}\rho\,\mathrm{d}V_c = 0 \tag{8-13}$$

利用式(8-12)，即

$$\int_{V_c}\left[\frac{\partial\rho}{\partial t} + \nabla\cdot(\rho\boldsymbol{V})\right]\mathrm{d}V_c = 0 \tag{8-14}$$

此式称为**欧拉连续性积分方程**。由于 V_c 是流动域中任意控制体积，故得

$$\frac{\partial\rho}{\partial t} + \nabla\cdot(\rho\boldsymbol{V}) = 0 \tag{8-15}$$

此式与式(4-15a)完全相同，称为**欧拉连续性微分方程**。这里是根据控制体质量守恒导出的结果，理论上比第4章直接用微分法的推导过程更严谨。

应用矢量运算法则，上式可写成

$$\frac{\partial\rho}{\partial t} + \boldsymbol{V}\cdot\nabla\rho + \rho\nabla\cdot\boldsymbol{V} = 0$$

取 $\phi=\rho$，直接应用随体导数，有

$$\frac{\mathrm{D}\rho}{\mathrm{D}t} = \frac{\partial\rho}{\partial t} + (\boldsymbol{V}\cdot\nabla)\rho \neq 0$$

则式(8-15)变为

$$\frac{\mathrm{D}\rho}{\mathrm{D}t} + \rho\nabla\cdot\boldsymbol{V} = 0 \tag{8-16}$$

此式与式(4-15b)完全相同。

另外，在应用雷诺输运方程时，如果把($\rho\phi$)看作一个物理量，并应用高斯公式，则

$$\begin{aligned}\frac{\mathrm{D}}{\mathrm{D}t}\int_{V_c}(\rho\phi)\,\mathrm{d}V_c &= \int_{V_c}\frac{\partial}{\partial t}(\rho\phi)\,\mathrm{d}V_c + \oint_A(\rho\phi)(\boldsymbol{n}\cdot\boldsymbol{V})\,\mathrm{d}A\\ &= \int_{V_c}\frac{\partial}{\partial t}(\rho\phi)\,\mathrm{d}V_c + \int_{V_c}\nabla\cdot(\rho\phi\boldsymbol{V})\,\mathrm{d}V_c\\ &= \int_{V_c}\left[\left(\rho\frac{\partial\phi}{\partial t} + \phi\frac{\partial\rho}{\partial t}\right) + \nabla\cdot(\rho\phi\boldsymbol{V})\right]\mathrm{d}V_c\\ &= \int_{V_c}\left[\rho\frac{\mathrm{D}\phi}{\mathrm{D}t} + \phi\left(\frac{\mathrm{D}\rho}{\mathrm{D}t} + \rho\nabla\cdot\boldsymbol{V}\right)\right]\mathrm{d}V_c\end{aligned}$$

利用连续性方程(8-16)，有

$$\frac{D}{Dt}\int_{V_c}(\rho\phi)\,dV_c = \int_{V_c}\rho\frac{D\phi}{Dt}dV_c \tag{8-17}$$

此式称为**雷诺第二输运方程**。

8.3 变形率张量与亥姆霍兹定理

在时刻 t 的流场中取一点 $M_0(\boldsymbol{r}) = M_0(x_1, x_2, x_3)$ 邻域中的任一点 $M(\boldsymbol{r}+\delta\boldsymbol{r}) = M(x_1 + \delta x_1, x_2 + \delta x_2, x_3 + \delta x_3)$，如图 8-5 所示。设 M_0 点的速度为 $\boldsymbol{V}(M_0)$，由泰勒展开式，当 $|\delta\boldsymbol{r}|$ 为小量时，邻点 M 的速度为

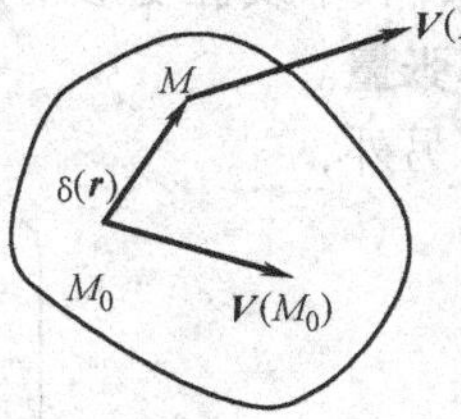

图 8-5 一点邻域的速度

$$v_i(\boldsymbol{r}+\delta\boldsymbol{r}) = v_i(\boldsymbol{r}) + \left(\frac{\partial v_i}{\partial x_j}\right)\cdot\delta x_j = v_i(\boldsymbol{r}) + \delta v_i \tag{8-18}$$

而

$$\begin{aligned}\delta v_i = \frac{\partial v_i}{\partial x_j}\delta x_j &= \left(\frac{1}{2}\frac{\partial v_i}{\partial x_j} + \frac{1}{2}\frac{\partial v_i}{\partial x_j} + \frac{1}{2}\frac{\partial v_j}{\partial x_i} - \frac{1}{2}\frac{\partial v_j}{\partial x_i}\right)\delta x_j \\ &= \frac{1}{2}\left(\frac{\partial v_i}{\partial x_j} + \frac{\partial v_j}{\partial x_i}\right)\delta x_j + \frac{1}{2}\left(\frac{\partial v_i}{\partial x_j} - \frac{\partial v_j}{\partial x_i}\right)\delta x_j \\ &= S_{ij}\delta x_j + \omega_{ij}\delta x_j\end{aligned} \tag{8-19}$$

式中，i 和 j 分别可以取为 1、2、3。所以用 i、j 表示的双下标对应的量都含有 9 个元素，这种量称为**二阶张量**(Tensor，参见附录 D)，它们也可以用 3×3 矩阵来表示。其中，

$$\begin{aligned}S_{ij} &= \frac{1}{2}\left(\frac{\partial v_i}{\partial x_j} + \frac{\partial v_j}{\partial x_i}\right) \\ &= \begin{pmatrix}\frac{\partial v_1}{\partial x_1} & 0 & 0 \\ 0 & \frac{\partial v_2}{\partial x_2} & 0 \\ 0 & 0 & \frac{\partial v_3}{\partial x_3}\end{pmatrix} + \begin{pmatrix} 0 & \frac{1}{2}\left(\frac{\partial v_1}{\partial x_2}+\frac{\partial v_2}{\partial x_1}\right) & \frac{1}{2}\left(\frac{\partial v_1}{\partial x_3}+\frac{\partial v_3}{\partial x_1}\right) \\ \frac{1}{2}\left(\frac{\partial v_1}{\partial x_2}+\frac{\partial v_2}{\partial x_1}\right) & 0 & \frac{1}{2}\left(\frac{\partial v_2}{\partial x_3}+\frac{\partial v_3}{\partial x_2}\right) \\ \frac{1}{2}\left(\frac{\partial v_1}{\partial x_3}+\frac{\partial v_3}{\partial x_1}\right) & \frac{1}{2}\left(\frac{\partial v_2}{\partial x_3}+\frac{\partial v_3}{\partial x_2}\right) & 0\end{pmatrix} \\ &= \chi_{ij} + \theta_{ij}\end{aligned} \tag{8-20}$$

式中，

$$\chi_{ij} = \begin{pmatrix}\frac{\partial v_1}{\partial x_1} & 0 & 0 \\ 0 & \frac{\partial v_2}{\partial x_2} & 0 \\ 0 & 0 & \frac{\partial v_3}{\partial x_3}\end{pmatrix} \tag{8-21}$$

$$\theta_{ij}=\begin{pmatrix}0 & \frac{1}{2}\left(\frac{\partial v_1}{\partial x_2}+\frac{\partial v_2}{\partial x_1}\right) & \frac{1}{2}\left(\frac{\partial v_1}{\partial x_3}+\frac{\partial v_3}{\partial x_1}\right)\\ \frac{1}{2}\left(\frac{\partial v_1}{\partial x_2}+\frac{\partial v_2}{\partial x_1}\right) & 0 & \frac{1}{2}\left(\frac{\partial v_2}{\partial x_3}+\frac{\partial v_3}{\partial x_2}\right)\\ \frac{1}{2}\left(\frac{\partial v_1}{\partial x_3}+\frac{\partial v_3}{\partial x_1}\right) & \frac{1}{2}\left(\frac{\partial v_2}{\partial x_3}+\frac{\partial v_3}{\partial x_2}\right) & 0\end{pmatrix} \tag{8-22}$$

χ_{ij}表示线性变形率，称为**线变形率张量**(Strain rate tensor)；θ_{ij}表示角变形率，称为**角变形率张量**。

另外，

$$\omega_{ij}=\begin{pmatrix}0 & -\frac{1}{2}\left(\frac{\partial v_2}{\partial x_1}-\frac{\partial v_1}{\partial x_2}\right) & \frac{1}{2}\left(\frac{\partial v_1}{\partial x_3}-\frac{\partial v_3}{\partial x_1}\right)\\ \frac{1}{2}\left(\frac{\partial v_2}{\partial x_1}-\frac{\partial v_1}{\partial x_2}\right) & 0 & -\frac{1}{2}\left(\frac{\partial v_3}{\partial x_2}-\frac{\partial v_2}{\partial x_3}\right)\\ -\frac{1}{2}\left(\frac{\partial v_1}{\partial x_3}-\frac{\partial v_3}{\partial x_1}\right) & \frac{1}{2}\left(\frac{\partial v_3}{\partial x_2}-\frac{\partial v_2}{\partial x_3}\right) & 0\end{pmatrix} \tag{8-23}$$

如果定义**涡量**(Vorticity)：

$$\boldsymbol{\Omega}=\nabla\times\boldsymbol{V}=\begin{pmatrix}\boldsymbol{e}_1 & \boldsymbol{e}_2 & \boldsymbol{e}_3\\ \frac{\partial}{\partial x_1} & \frac{\partial}{\partial x_2} & \frac{\partial}{\partial x_3}\\ v_1 & v_2 & v_3\end{pmatrix} \tag{8-24}$$

式中，$\nabla\times\boldsymbol{V}=\mathrm{rot}\boldsymbol{V}$，称为**速度的旋度**(参见附录 C)；$e_1$、$e_2$、$e_3$ 为坐标单位向量。则**旋转角速度**为

$$\boldsymbol{\omega}=\frac{1}{2}\boldsymbol{\Omega}=\omega_1\boldsymbol{e}_1+\omega_2\boldsymbol{e}_2+\omega_3\boldsymbol{e}_3=\omega_i\boldsymbol{e}_i \tag{8-25}$$

式中，
$$\omega_1=\frac{1}{2}\left(\frac{\partial v_3}{\partial x_2}-\frac{\partial v_2}{\partial x_3}\right),\ \omega_2=\frac{1}{2}\left(\frac{\partial v_1}{\partial x_3}-\frac{\partial v_3}{\partial x_1}\right),\ \omega_3=\frac{1}{2}\left(\frac{\partial v_2}{\partial x_1}-\frac{\partial v_1}{\partial x_2}\right) \tag{8-26}$$

于是

$$\omega_{ij}=\begin{pmatrix}0 & -\omega_3 & \omega_2\\ \omega_3 & 0 & -\omega_1\\ -\omega_2 & \omega_1 & 0\end{pmatrix} \tag{8-27}$$

可见 ω_{ij} 表示**旋转变形率**，称为**旋转变形率张量**。

于是，式(8-18)可以写成

$$v_i(\boldsymbol{r}+\delta\boldsymbol{r})=v_i(\boldsymbol{r})+\chi_{ij}\cdot\delta x_j+\theta_{ij}\cdot\delta x_j+\omega_{ij}\cdot\delta x_j \tag{8-28}$$

式中，右边第一项代表流体质点以位移速度 $\boldsymbol{V}_0$ 由 M_0 点向 M 所作的平移运动；第二项代表流体质点在 M_0 点邻域内的线性变形运动；第三项代表流体质点在 M_0 点邻域内的剪切变形运动；第四项代表流体质点在 M_0 点邻域内的旋转变形运动。这样就把流体质点在 M_0 点邻域内的运动分解为**平移**、**线变形**、**剪切变形**、**旋转**四种运动形式。这就是著名的**亥姆霍兹速**

度分解定理（Helmholtz velocity decomposing theorem，1858 年）。式(8-28)也可以写成矢量形式：

$$\boldsymbol{V}(\boldsymbol{r}+\delta\boldsymbol{r})=\boldsymbol{V}(\boldsymbol{r})+[\chi]\cdot\delta\boldsymbol{r}+[\theta]\cdot\delta\boldsymbol{r}+\frac{1}{2}\nabla\times\boldsymbol{V}\times\delta\boldsymbol{r} \tag{8-29}$$

运动分解也可以用**图解法**来说明（回顾 7.2 节）。考察一个二维流体微元，在 t 时刻处于 $ABCD$ 位置，在 $t+\Delta t$ 时将处于 $A_1B_4C_4D_4$，以直角坐标系进行讨论，如图 8-6 所示。则：

由 $ABCD$ 到 $A_1B_1C_1D_1$ 是其平移运动；

由 $A_1B_1C_1D_1$ 到 $A_1B_2C_2D_2$ 是线性膨胀运动（线性变形运动）；

由 $A_1B_2C_2D_2$ 到 $A_1B_3C_3D_3$ 是剪切变形运动；

由 $A_1B_3C_3D_3$ 到 $A_1B_4C_4D_4$ 是旋转运动。

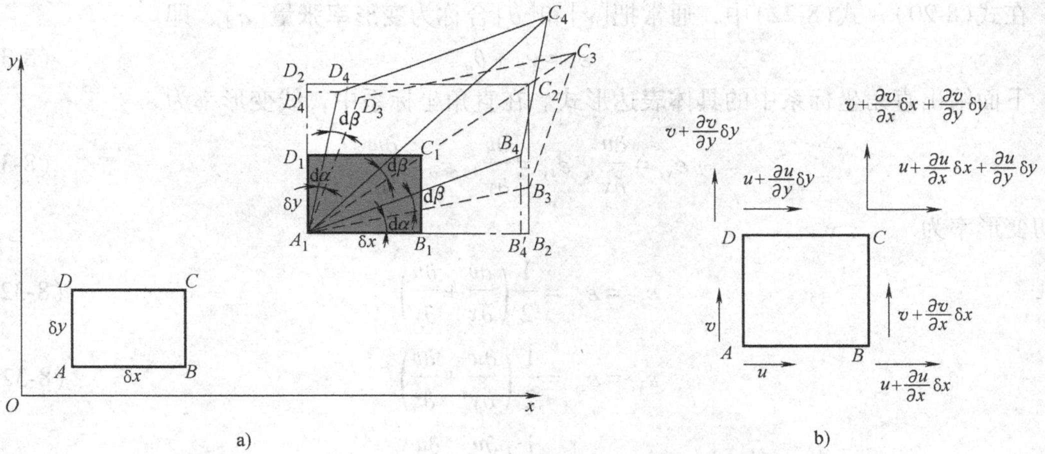

图 8-6　直角坐标系中流体微元速度分解图示

a）微元流体运动分解图示　b）A 点邻域各点的速度展开情况

在图 8-6 中，根据图中几何尺度与速度的关系，有

线段长度：$\overline{B_1B_4'}=\frac{\partial u}{\partial x}\delta x\cdot \mathrm{d}t$，　$\overline{B_4'B_4}=\frac{\partial v}{\partial x}\delta x\cdot \mathrm{d}t$

$$\overline{D_1D_4'}=\frac{\partial v}{\partial y}\delta y\cdot \mathrm{d}t,\quad \overline{D_4'D_4}=\frac{\partial u}{\partial y}\delta y\cdot \mathrm{d}t$$

变形角度：$\mathrm{d}\alpha+\mathrm{d}\beta\approx\tan(\mathrm{d}\alpha+\mathrm{d}\beta)=\dfrac{\overline{B_4'B_4}}{\overline{A_1B_1}+\overline{B_1B_4'}}=\dfrac{\frac{\partial v}{\partial x}\delta x\cdot \mathrm{d}t}{\delta x+\frac{\partial u}{\partial x}\delta x\cdot \mathrm{d}t}\approx\dfrac{\partial v}{\partial x}\cdot \mathrm{d}t$

$$\mathrm{d}\alpha-\mathrm{d}\beta\approx\tan(\mathrm{d}\alpha-\mathrm{d}\beta)=\frac{\overline{D_4'D_4}}{\overline{A_1D_1}+\overline{D_1D_4'}}=\frac{\frac{\partial u}{\partial y}\delta y\cdot \mathrm{d}t}{\delta y+\frac{\partial v}{\partial y}\delta y\cdot \mathrm{d}t}\approx\frac{\partial u}{\partial y}\cdot \mathrm{d}t$$

上式中略去了分母中的高阶小量。由此两式可解得

$\frac{d\alpha}{dt}=\frac{1}{2}\left(\frac{\partial v}{\partial x}+\frac{\partial u}{\partial y}\right)=\theta_z$ （表示垂直于 z 轴平面的剪切变形角速度）

$\frac{d\beta}{dt}=\frac{1}{2}\left(\frac{\partial v}{\partial x}-\frac{\partial u}{\partial y}\right)=\omega_z$ （表示绕 z 轴的旋转角速度）

同理，分别垂直于 x、y 轴的平面的剪切变形角速度(定义为剪切变形率)以及分别绕 x、y 轴的旋转角速度也可类似地得到。

此外，可以定义

$$\varepsilon_{xx}=\frac{\partial u}{\partial x},\ \varepsilon_{yy}=\frac{\partial v}{\partial y},\ \varepsilon_{zz}=\frac{\partial w}{\partial z}$$

为线性变形(膨胀)率。

在式(8-20)～式(8-22)中，通常把[χ]和[θ]合称为**变形率张量**[ε]，即

$$\varepsilon_{ij}=\chi_{ij}+\theta_{ij} \tag{8-30}$$

下面给出直角坐标系中的具体表达形式。在直角坐标系中，线变形率为

$$\varepsilon_{xx}=\frac{\partial u}{\partial x},\ \varepsilon_{yy}=\frac{\partial v}{\partial y},\ \varepsilon_{zz}=\frac{\partial w}{\partial z} \tag{8-31}$$

剪切变形率为

$$\varepsilon_{xy}=\varepsilon_{yx}=\frac{1}{2}\left(\frac{\partial v}{\partial x}+\frac{\partial u}{\partial y}\right) \tag{8-32a}$$

$$\varepsilon_{yz}=\varepsilon_{zy}=\frac{1}{2}\left(\frac{\partial w}{\partial y}+\frac{\partial v}{\partial z}\right) \tag{8-32b}$$

$$\varepsilon_{zx}=\varepsilon_{xz}=\frac{1}{2}\left(\frac{\partial u}{\partial z}+\frac{\partial w}{\partial x}\right) \tag{8-32c}$$

上述 9 个变形速度分量构成一个二阶张量：

$$[\varepsilon]=\begin{pmatrix}\varepsilon_{xx} & \varepsilon_{xy} & \varepsilon_{xz}\\ \varepsilon_{yx} & \varepsilon_{yy} & \varepsilon_{yz}\\ \varepsilon_{zx} & \varepsilon_{zy} & \varepsilon_{zz}\end{pmatrix} \tag{8-33}$$

称为**变形率张量**，显然[ε]是**二阶对称张量**。

此外，应注意到：

$$\varepsilon_{xx}+\varepsilon_{yy}+\varepsilon_{zz}=\frac{\partial u}{\partial x}+\frac{\partial v}{\partial y}+\frac{\partial w}{\partial z}=\mathrm{div}\boldsymbol{V}=\nabla\cdot\boldsymbol{V} \tag{8-34}$$

此即为连续性方程中的相对体积膨胀率项。其中 $\mathrm{div}\boldsymbol{V}=\nabla\cdot\boldsymbol{V}$，称为**速度的散度**(参见附录 C)。

最后来分析一下涡量。涡量也叫作旋度，经常用来作为流体运动是否有旋的判据。其符号表示为 $\boldsymbol{\Omega}$，它的定义为

$$\begin{aligned}\boldsymbol{\Omega}&=2\boldsymbol{\omega}=\mathbf{rot}\boldsymbol{V}=\nabla\times\boldsymbol{V}\\ &=\left(\frac{\partial w}{\partial y}-\frac{\partial v}{\partial z}\right)\boldsymbol{i}+\left(\frac{\partial u}{\partial z}-\frac{\partial w}{\partial x}\right)\boldsymbol{j}+\left(\frac{\partial v}{\partial x}-\frac{\partial u}{\partial y}\right)\boldsymbol{k}\end{aligned} \tag{8-35}$$

当 $\boldsymbol{\Omega}=\mathbf{0}$ 时，流体的运动为无旋运动；当 $\boldsymbol{\Omega}\neq 0$ 时，流体的运动为有旋运动。

8.4　黏性流体的受力分析

在本书前几章已经述及，作用于流体的力有质量力和表面力两类。

在静止的流体中，作用于单位面积上的表面力(静压强)永远沿着作用面的内法线方向，而且其大小与作用面所处的方位无关，也就是说流体中一点的静压强沿各个方向相等。对于理想流体由于不计黏性，没有切向力，因而动压强也垂直于作用面，而且沿各个方向相等。但是对于黏性流体，由于黏性的存在，产生了切向力，因而单位面积上的表面力(应力)就不一定垂直于作用面，而且沿各个方向的大小也不一定相等。

如果对微元体进行受力分析，将涉及微元体的多个表面，而每个表面既有压力也有切向力，它们将构成所谓的**应力张量**。在给出应力张量以前，先规定一下作用面的法线方向与一些下标的含义。

如图 8-7 所示，微元曲面 dA 是闭曲面的一部分，取外法线方向为 dA 的正方向。如果 dA 所在的曲面不封闭，则可以规定某一方向为正。正方向所指的流体作用于 dA 上的应力以 τ_n 表示，负方向所指的流体作用于 dA 上的应力以 $\boldsymbol{\tau}_{-n}$表示，显然 $\boldsymbol{\tau}_{-n}=-\boldsymbol{\tau}_n$。

如果作用面垂直于坐标系上的任一坐标轴，则应力可以分解成三个分量。其中一个垂直于作用面——称为**法向应力**；另外两个与作用面相切——称为切向应力(**切应力**)，分别平行于另外两个坐标轴——即切应力在坐标轴上的分量。因此可用两个下标来表示这些应力，**第一个下标**表示与应力作用面垂直的坐标轴，即应力作用面的法线方向；**第二个下标**表示应力在哪一个坐标轴上的分量，即应力投影方向，如图 8-8 所示。

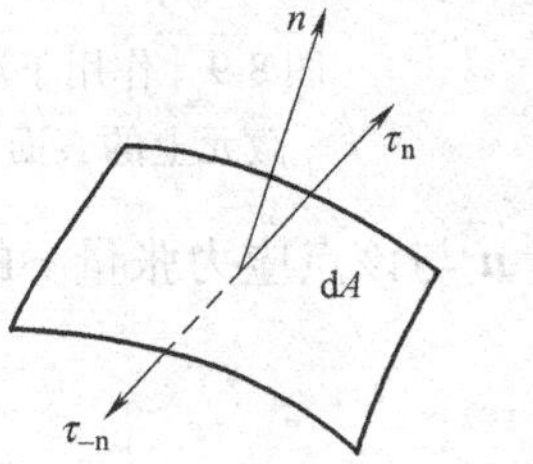

图 8-7　作用于微元面上的应力

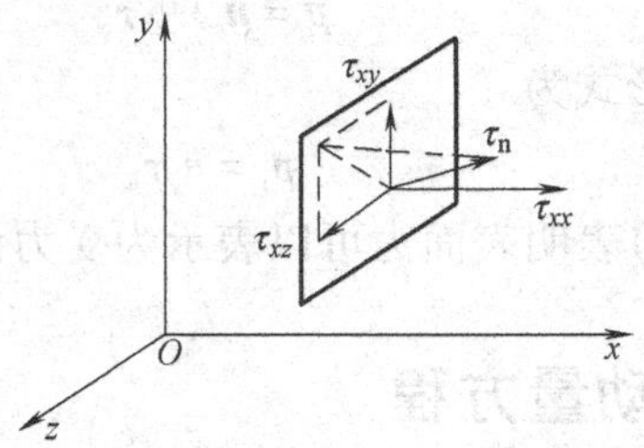

图 8-8　作垂直于 x 轴面上的应力

由上面的分析知道，作用在空间点以 n 为法线方向的微元面 dA 上的应力 $\boldsymbol{\tau}_n$，可以由过该点作用在三个垂直于坐标轴的平面上的 9 个应力分量完全确定。这 9 个分量构成一个**二阶对称张量**，在直角坐标系中表示为

$$[\tau]=\begin{pmatrix}\tau_{xx} & \tau_{xy} & \tau_{xz}\\ \tau_{yx} & \tau_{yy} & \tau_{yz}\\ \tau_{zx} & \tau_{zy} & \tau_{zz}\end{pmatrix} \tag{8-36}$$

它称为**应力张量**。其法线方向应力之和 $\tau_{xx}+\tau_{yy}+\tau_{zz}$ 为一**张量不变量**，此不变量的三分之一取负值定义为**平均压强**：

$$p=-\frac{1}{3}(\tau_{xx}+\tau_{yy}+\tau_{zz}) \tag{8-37}$$

此即为流体质点的静压强，也即热力学压强。

为清楚起见，设单位面积上的表面力为 $\boldsymbol{p}$，它是空间坐标 $\boldsymbol{x}$、时间 t 和作用面外法线方向 $\boldsymbol{n}$ 的函数，$\boldsymbol{n}$ 为单位法线向量。令

$$[\boldsymbol{p}]=(p_1,\ p_2,\ p_3) \tag{8-38}$$

$$[\boldsymbol{n}]=(n_1,\ n_2,\ n_3) \tag{8-39}$$

式中，下标 1、2、3 分别表示在 x_1、x_2、x_3 轴（如常用的 x、y、z 轴）上的分量。某时刻 t，流场中某一坐标点处，三个坐标方向的表面力是垂直于相应坐标轴的表面的外法线单位向量 $\boldsymbol{n}$ 的向量函数，可写为

$$\begin{cases}p_1=\tau_{11}n_1+\tau_{21}n_2+\tau_{31}n_3\\ p_2=\tau_{12}n_1+\tau_{22}n_2+\tau_{32}n_3\\ p_3=\tau_{13}n_1+\tau_{23}n_2+\tau_{33}n_3\end{cases} \tag{8-40}$$

直角坐标系中一点的应力状态如图 8-9 所示，常用应力张量 $\boldsymbol{\tau}_{ij}$ 来表示。$\boldsymbol{\tau}_{ij}$ 的下标中，i 表示作用面的外法线方向，j 表示表面力的方向。$\boldsymbol{\tau}_{ij}$ 为空间点坐标及时间 t 的函数。

$$\tau_{ij}=[\boldsymbol{\tau}]=\begin{pmatrix}\tau_{11} & \tau_{12} & \tau_{13}\\ \tau_{21} & \tau_{22} & \tau_{23}\\ \tau_{31} & \tau_{32} & \tau_{33}\end{pmatrix} \tag{8-41}$$

式(8-40)的矢量形式为

$$\boldsymbol{p}=\boldsymbol{n}\cdot[\boldsymbol{\tau}] \tag{8-42}$$

其张量形式为

$$p_i=n_j\tau_{ji} \tag{8-43}$$

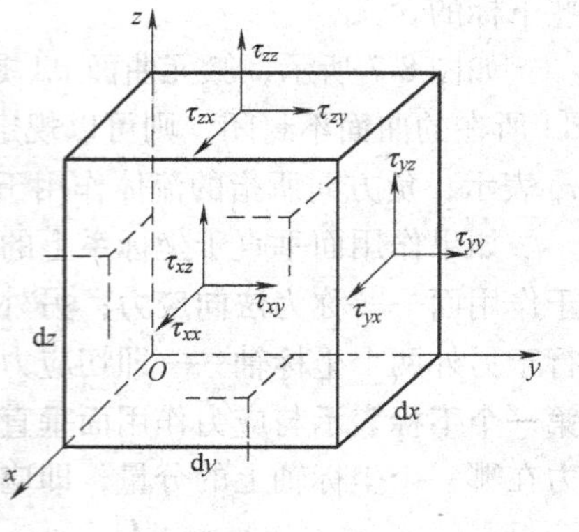

图 8-9　作用于流体微元上的表面力

式(8-42)表明表面力可以表示为受力面积外法线单位向量 $\boldsymbol{n}$ 与该点应力张量 $\boldsymbol{\tau}$ 的点积。

8.5　动量方程

动量方程是动量守恒定律在流体运动中的表达方式。运动着的流体微团（质点）的动量可表示为

$$\boldsymbol{V}\mathrm{d}m=\rho\boldsymbol{V}\mathrm{d}V_{\mathrm{c}} \tag{8-44}$$

式中，$\mathrm{d}V_{\mathrm{c}}$ 表示微元体积。动量守恒定律要求流体系统的动量变化率等于该系统上的全部作用力之和，即

$$\frac{\mathrm{D}}{\mathrm{D}t}\int_{V_{\mathrm{c}}}\rho\boldsymbol{V}\mathrm{d}V_{\mathrm{c}}=\sum\boldsymbol{F} \tag{8-45}$$

式中，$\boldsymbol{F}$ 为作用于运动流体的力，包括体积力（或质量力）和表面力。

流体微元的体积力为　　$\rho\boldsymbol{f}\mathrm{d}V_{\mathrm{c}}$

流体微元的表面力为　　$\boldsymbol{p}\mathrm{d}A$

于是动量方程可写为

$$\frac{\mathrm{D}}{\mathrm{D}t}\int_{V_{\mathrm{c}}}\rho\boldsymbol{V}\mathrm{d}V_{\mathrm{c}}=\int_{V_{\mathrm{c}}}\rho\boldsymbol{f}\mathrm{d}V_{\mathrm{c}}+\oint_{A_{\mathrm{c}}}\boldsymbol{p}\mathrm{d}A \tag{8-46}$$

此即**拉格朗日积分形式动量方程**(Momentum equation)。右侧第一项为体积力，第二项为表面力。应用雷诺第二输运方程后，此式改写为

$$\int_{V_c}\rho\frac{\mathrm{D}\boldsymbol{V}}{\mathrm{D}t}\mathrm{d}V_c=\int_{V_c}\rho\boldsymbol{f}\mathrm{d}V_c+\oint_{A_c}\boldsymbol{n}\cdot\boldsymbol{\tau}\mathrm{d}A \tag{8-47}$$

此即**欧拉积分形式动量方程**，此式的张量形式为

$$\int_{V_c}\rho\frac{\mathrm{D}v_i}{\mathrm{D}t}\mathrm{d}V_c=\int_{V_c}\rho f_i\mathrm{d}V_c+\oint_{A_c}n_j\tau_{ji}\mathrm{d}A \tag{8-48}$$

由**高斯公式**(参见附录 C)，式(8-48)右侧第二项的面积分写为体积分的形式：

$$\oint_{A_c}n_j\tau_{ji}\mathrm{d}A=\int_{V_c}\frac{\partial\tau_{ji}}{\partial x_j}\mathrm{d}V_c$$

从而动量方程写为

$$\int_{V_c}\rho\frac{\mathrm{D}v_i}{\mathrm{D}t}\mathrm{d}V_c=\int_{V_c}\left(\rho f_i+\frac{\partial\tau_{ji}}{\partial x_j}\right)\mathrm{d}V_c \tag{8-49}$$

由于 $V_c(t)$ 是任取的一个控制体体积，上式成立的条件只能是两个被积函数相等。于是可得**微分形式的欧拉动量方程**：

$$\rho\frac{\mathrm{D}v_i}{\mathrm{D}t}=\rho f_i+\frac{\partial\tau_{ji}}{\partial x_j} \tag{8-50}$$

或写为向量形式：

$$\rho\frac{\mathrm{D}\boldsymbol{V}}{\mathrm{D}t}=\rho\boldsymbol{f}+\boldsymbol{\nabla}\cdot[\boldsymbol{\tau}] \tag{8-51}$$

式中，$\boldsymbol{\nabla}\cdot[\boldsymbol{\tau}]$ 为应力张量的散度。将式(8-50)的随体导数展开后可得：

$$\rho\frac{\partial v_i}{\partial t}+\rho v_j\frac{\partial v_i}{\partial x_j}=\rho f_i+\frac{\partial\tau_{ji}}{\partial x_j} \tag{8-52}$$

再利用连续性方程并以 v_i 相乘，得

$$v_i\left(\frac{\partial\rho}{\partial t}+\frac{\partial(\rho v_j)}{\partial x_j}\right)=0 \tag{8-53}$$

将式(8-52)与式(8-53)相加后整理，得

$$\frac{\partial(\rho v_i)}{\partial t}=\rho f_i-\frac{\partial}{\partial x_j}(\rho v_i v_j-\tau_{ji}) \tag{8-54}$$

式中，$(\rho v_i v_j-\tau_{ji})=\pi_{ji}$ 称为**动量通量的张量**，为一对称张量。式(8-54)的矢量形式为

$$\frac{\partial(\rho\boldsymbol{V})}{\partial t}=\rho\boldsymbol{f}-\boldsymbol{\nabla}\cdot[\boldsymbol{\pi}] \tag{8-55}$$

可以证明，$[\boldsymbol{\tau}]$ 和 $[\boldsymbol{\pi}]$ 均为对称张量(证明过程可参阅参考文献[5])。

8.6　本构方程

动量方程中需要求解的未知数通常有三个方向的速度和 9 个应力分量，其未知数的个数

远大于方程的个数，因此还需要建立其他方程。牛顿黏性定律中的速度梯度项$\frac{\mathrm{d}u}{\mathrm{d}y}$对应于上述应变率张量矩阵中的第一行第二个元素。这提示我们，可以参照牛顿黏性定律的方法，将各个应力项与相应的变形率项关联起来。

斯托克斯(G. G. Stokes)首先将牛顿黏性定律推广到了黏性流体的任意流动情形，并假设：

1）流体是连续的，它的应力张量是应变率张量的线性函数。

2）流体是各向同性的，也就是说，它的性质与方向无关。因此无论坐标系如何选取，它的应力与变形率的关系是相同的。

3）当流体静止，即变形率为零时，流体中的应力就是流体的静压强。

根据应力张量与变形率张量是线性关系以及流体是各向同性的假设，可以将应力张量$[\boldsymbol{\tau}]$与变形率张量$[\boldsymbol{\varepsilon}]$的线性关系写成一般关系式：

$$[\boldsymbol{\tau}] = a[\boldsymbol{\varepsilon}] + b[\boldsymbol{\delta}] \tag{8-56a}$$

或

$$\tau_{ij} = a\varepsilon_{ij} + b\delta_{ij} \tag{8-56b}$$

式中，系数a和b是标量；$[\boldsymbol{\delta}]$是单位张量：

$$[\boldsymbol{\delta}] = \begin{pmatrix} 1 & 0 & 0 \\ 0 & 1 & 0 \\ 0 & 0 & 1 \end{pmatrix} \quad 或 \quad \delta_{ij} = \begin{cases} 1, & i=j \\ 0, & i\neq j \end{cases} \tag{8-57}$$

参考牛顿平板试验，对于二维的平面直线运动$u\neq 0$，$v=0$，其变形率张量为

$$\varepsilon_{21} = \varepsilon_{12} = \frac{1}{2}\left(\frac{\partial v}{\partial x} + \frac{\partial u}{\partial y}\right) = \frac{1}{2}\frac{\partial u}{\partial y} = \frac{1}{2}\frac{\partial v_1}{\partial x_2}$$

所以牛顿黏性定律可写为(不考虑方向符号)

$$\tau_{21} = \tau_{12} = \mu\frac{\mathrm{d}u}{\mathrm{d}y} = 2\mu\varepsilon_{12}$$

由于关系式(8-56)是线性的，因此系数a不可能与张量$[\boldsymbol{\tau}]$和$[\boldsymbol{\varepsilon}]$的分量有关，只可能与流体的性质有关且是取决于流体物性的常数。参照牛顿黏性定律，可令

$$a = 2\mu$$

于是，作用于微元上的正应力(法向应力)可表示为

$$\tau_{11} = 2\mu\frac{\partial v_1}{\partial x_1} + b,\ \tau_{22} = 2\mu\frac{\partial v_2}{\partial x_2} + b,\ \tau_{33} = 2\mu\frac{\partial v_3}{\partial x_3} + b$$

三式相加，得

$$\tau_{11} + \tau_{22} + \tau_{33} = 2\mu\left(\frac{\partial v_1}{\partial x_1} + \frac{\partial v_2}{\partial x_2} + \frac{\partial v_3}{\partial x_3}\right) + 3b = 2\mu\,\nabla\cdot\boldsymbol{V} + 3b$$

所以

$$b = \frac{1}{3}(\tau_{11} + \tau_{22} + \tau_{33}) - \frac{2}{3}\mu\,\nabla\cdot\boldsymbol{V} \tag{8-58}$$

在此需要说明的是，之所以将b写成式(8-58)的形式，是因为在式(8-56)中右边第二项是b与单位张量$[\boldsymbol{\delta}]$的乘积，要保持该式的线性关系，b只能是$[\boldsymbol{\tau}]$与$[\boldsymbol{\varepsilon}]$的分量的线性组

合。又由于 b 是标量，所以只能是由它们的分量中的线性不变量组成。

应力张量不变量：　　$\tau_{11}+\tau_{22}+\tau_{33}$

变形率不变量：　　$\varepsilon_{11}+\varepsilon_{22}+\varepsilon_{33}=\nabla\cdot V$

因此可将 b 表示为这两个不变量的组合。

根据平均压强的定义式 $p=-\dfrac{1}{3}(\tau_{11}+\tau_{22}+\tau_{33})$，对压强 p 也可出于类似的考虑，将其写成更普遍的形式，即

$$p=-\frac{1}{3}(\tau_{11}+\tau_{22}+\tau_{33})+\mu'(\varepsilon_{11}+\varepsilon_{22}+\varepsilon_{33}) \tag{8-59}$$

式中，μ'称为**虚拟黏度**(Dummy viscousity)。

由式(8-58)和式(8-59)，b 可写为

$$b=-p+\left(\mu'-\frac{2}{3}\mu\right)\nabla\cdot V \tag{8-60}$$

将式(8-60)连同 $a=2\mu$ 代入式(8-56a)，则

$$[\tau]=2\mu[\varepsilon]+\left[-p+\left(\mu'-\frac{2}{3}\mu\right)\nabla\cdot V\right][\delta] \tag{8-61}$$

通常将 $\mu_2=\mu'-\dfrac{2}{3}\mu$ 定义为**第二黏度**或体积膨胀系数，则

$$[\tau]=2\mu[\varepsilon]+(-p+\mu_2\nabla\cdot V)[\delta] \tag{8-62}$$

此式即称为**本构方程**(Constitutive equation)，也称为**广义牛顿定律**。或写成

$$\tau_{ij}=2\mu\varepsilon_{ij}+\left(-p+\mu_2\frac{\partial v_j}{\partial x_j}\right)\delta_{ij} \tag{8-63}$$

8.7　纳维-斯托克斯方程

在上一节中，介绍了牛顿广义定律(本构方程)，提到了第二黏度或体积膨胀系数 μ_2 的一般表达形式。但在牛顿流体的一般流动问题中，认为 $\mu'=0$，则

$$\mu_2=-\frac{2}{3}\mu$$

于是

$$[\tau]=2\mu[\varepsilon]+\left(-p-\frac{2}{3}\mu\nabla\cdot V\right)[\delta] \tag{8-64}$$

代入动量方程(8-51)，则动量方程可写为

$$\rho\frac{DV}{Dt}=\rho f+\nabla\cdot\left\{2\mu[\varepsilon]+\left(-p-\frac{2}{3}\mu\nabla\cdot V\right)[\delta]\right\} \tag{8-65}$$

如果 μ 为常数，则

$$\rho\frac{DV}{Dt}=\rho f-\nabla p+2\mu\nabla\cdot[\varepsilon]-\frac{2}{3}\mu\nabla(\nabla\cdot V) \tag{8-66}$$

或

$$\rho\left(\frac{\partial v_i}{\partial t}+v_j\frac{\partial v_i}{\partial x_j}\right)=\rho f_i-\frac{\partial p}{\partial x_i}+\mu\frac{\partial}{\partial x_j}\left(\frac{\partial v_i}{\partial x_j}+\frac{\partial v_j}{\partial x_i}\right)-\frac{2}{3}\mu\frac{\partial}{\partial x_i}\left(\frac{\partial v_j}{\partial x_j}\right) \tag{8-67}$$

由于

$$\frac{\partial}{\partial x_j}\left(\frac{\partial v_i}{\partial x_j}+\frac{\partial v_j}{\partial x_i}\right)=\frac{\partial^2 v_i}{\partial x_j\partial x_j}+\frac{\partial}{\partial x_j}\left(\frac{\partial v_j}{\partial x_i}\right)=\frac{\partial^2 v_i}{\partial x_j^2}+\frac{\partial}{\partial x_i}\left(\frac{\partial v_j}{\partial x_j}\right)$$

$$=\boldsymbol{\nabla}\cdot(\boldsymbol{\nabla}\boldsymbol{V})+\frac{\partial}{\partial x_i}(\boldsymbol{\nabla}\cdot\boldsymbol{V})=\boldsymbol{\nabla}^2\boldsymbol{V}+\boldsymbol{\nabla}(\boldsymbol{\nabla}\cdot\boldsymbol{V})$$

故式(8-67)的矢量形式为

$$\rho\frac{\mathrm{D}\boldsymbol{V}}{\mathrm{D}t}=\rho\boldsymbol{f}-\boldsymbol{\nabla}p+\mu\boldsymbol{\nabla}^2\boldsymbol{V}+\frac{1}{3}\mu\boldsymbol{\nabla}(\boldsymbol{\nabla}\cdot\boldsymbol{V}) \tag{8-68}$$

式(8-67)和式(8-68)即是牛顿流体运动方程，称为**纳维-斯托克斯方程**(Navier-Stokes equation)，简称**N-S 方程**。这一方程是由法国力学家纳维(C. L. M. H. Navier)于 1821 年首先提出，由英国力学家斯托克斯(G. G. Stokes)于 1845 年最终完成的。

N-S 方程的几种简化：

1)对于均质不可压缩牛顿流体：$\rho=$常数，$\boldsymbol{\nabla}\cdot\boldsymbol{V}=0$，则

$$\rho\frac{\mathrm{D}\boldsymbol{V}}{\mathrm{D}t}=\rho\boldsymbol{f}-\boldsymbol{\nabla}p+\mu\boldsymbol{\nabla}^2\boldsymbol{V} \tag{8-69}$$

在直角坐标系中，它可以写成

$$\rho\frac{\mathrm{D}u}{\mathrm{D}t}=\rho f_x-\frac{\partial p}{\partial x}+\mu\left(\frac{\partial^2 u}{\partial x^2}+\frac{\partial^2 u}{\partial y^2}+\frac{\partial^2 u}{\partial z^2}\right) \tag{8-70a}$$

$$\rho\frac{\mathrm{D}v}{\mathrm{D}t}=\rho f_y-\frac{\partial p}{\partial y}+\mu\left(\frac{\partial^2 v}{\partial x^2}+\frac{\partial^2 v}{\partial y^2}+\frac{\partial^2 v}{\partial z^2}\right) \tag{8-70b}$$

$$\rho\frac{\mathrm{D}w}{\mathrm{D}t}=\rho f_z-\frac{\partial p}{\partial z}+\mu\left(\frac{\partial^2 w}{\partial x^2}+\frac{\partial^2 w}{\partial y^2}+\frac{\partial^2 w}{\partial z^2}\right) \tag{8-70c}$$

2) 对于不可压缩无黏性流体(理想流体)，$\mu=0$，则

$$\rho\frac{\mathrm{D}\boldsymbol{V}}{\mathrm{D}t}=\rho\boldsymbol{f}-\boldsymbol{\nabla}p \qquad \text{(欧拉运动方程)} \tag{8-71}$$

3) 对于静止流体，$\boldsymbol{V}=\boldsymbol{0}$，则

$$\rho\boldsymbol{f}=\boldsymbol{\nabla}p \qquad \text{(静压平衡方程)} \tag{8-72}$$

由此可见，前面讲述的流体静力学基本方程和理想流体运动方程不过是 N-S 方程简化后的特例。

8.8 运动方程组的封闭性与定解条件

8.8.1 基本方程组的封闭性讨论

前面已经导出了描述流体运动的基本方程组，即

1）连续性方程：

$$\frac{\mathrm{D}\rho}{\mathrm{D}t}+\rho\,\boldsymbol{\nabla}\cdot\boldsymbol{V}=0 \qquad \text{（一个标量方程）} \tag{8-73}$$

2）动量方程：

$$\rho\frac{\mathrm{D}\boldsymbol{V}}{\mathrm{D}t}=\rho\boldsymbol{f}-\boldsymbol{\nabla}p+\mu\,\boldsymbol{\nabla}^2\boldsymbol{V}+\frac{1}{3}\mu\,\boldsymbol{\nabla}(\boldsymbol{\nabla}\cdot\boldsymbol{V}) \qquad \text{（共有三个标量方程）} \tag{8-74}$$

对于不可压缩流体等温流动，ρ = 常数，T = 常数，则描述流体运动的基本方程组为

1）连续性方程：

$$\boldsymbol{\nabla}\cdot\boldsymbol{V}=0 \qquad \text{（一个标量方程）} \tag{8-75}$$

2）动量方程：

$$\frac{\partial\boldsymbol{V}}{\partial t}+(\boldsymbol{V}\cdot\boldsymbol{\nabla})\boldsymbol{V}=\boldsymbol{f}-\frac{1}{\rho}\boldsymbol{\nabla}p+\nu\,\boldsymbol{\nabla}^2\boldsymbol{V} \qquad \text{（共有三个标量方程）} \tag{8-76}$$

对于不可压缩流体的方程组(8-75)和方程组(8-76)，质量力通常是已知的，于是，已知量有：f_1、f_2、f_3、ρ、ν 共 5 个；方程的自变量为：t、x_1、x_2、x_3 共 4 个；未知量有：p、v_1、v_2、v_3 共 4 个。

由于未知量个数与方程个数刚好相等，故方程组是封闭的。

如果要考虑流体的可压缩性，则应当用方程组(8-73)和方程组(8-74)，此时还需要给出流体密度随压强的变化关系，如增加一个气体状态方程，则方程组也是封闭的。

封闭的方程组理论上可解，但由于方程的强烈非线性、强耦合，实际求解非常困难，至今只有少数简单问题通过对方程组进行简化后可求出分析解。借助数值计算大大增多了求解问题数量，但也仍需加以简化，并不是任何问题都可解。

8.8.2　定解条件

上述得到的方程组是偏微分方程组，必须给出**定解条件**(Solution condition)才有唯一解。定解条件的给定与方程的简化同样重要。定解条件必须尽量符合物理现象的实际，要求条件足够且不相互矛盾。

通常定解条件包括：

初始条件(Initial condition)：指给定流场的初始状态，如 $\boldsymbol{V}_0$、p_0 等(对定常流动无初始条件)。

边界条件（Boundary condition)：指给出求解域边界上的物理量满足的方程；通常包括壁面条件，进、出口条件，无限远条件。常用的有：

1）恒定参数边界条件：$\phi\big|_{边界}$ = 常数，如固体壁面处：$\boldsymbol{V}_{边界}=\boldsymbol{0}$。

2）恒定通量条件：$(\phi\cdot\boldsymbol{V}\cdot\boldsymbol{n})\big|_{边界}$ = 常数。

3）对流条件：$(\phi\cdot\boldsymbol{V}\cdot\boldsymbol{n})\big|_{边界}=F\ (\phi-\phi_\infty)$。

具体包括如下类型：

1）流-固分界面。

$\phi\big|_{流体}=\phi\big|_{固体}$，称为**无滑移条件**（No-slip）。

2）液-液分界面。

$\phi_1=\phi_2$，$\tau_1=\tau_2$（下标 1 和 2 分别代表两种不同的液体）。

3）液-气分界面，取为自由面。

自由面方程：$F(x,y,z,t)=0$，即$\frac{DF}{Dt}=0$（运动学条件）；

表面张力：$p_1-p_2=\sigma\left(\frac{1}{R_1}+\frac{1}{R_2}\right)$，其中$\sigma$为液-气界面的表面张力系数；$R_1$、$R_2$为液-气界面的二维曲率半径；

4）无限远条件（或进出口条件）：当$r\to\infty$时，$\boldsymbol{V}=\boldsymbol{V}_\infty$，$p=p_\infty$。

8.8.3 求解方法

流体力学问题中，对微分方程组的求解一直是一个比较复杂的问题，只有极少数的特殊情况可以求得方程的解析解。在实际求解时，往往要根据流动的特征对方程组进行适当的简化，然后采用积分等方法来求解。归纳起来有以下几种求解方法：

（1）**解析法** 根据流动特征对方程组进行适当的简化，将偏微分方程组转化为常微分方程，然后采用积分方法求出解析解。简单情形下可直接积分求解，但多数情形下需要通过数值积分方法得到数值近似解。此外，当不需要了解流动详细状况时，常采用积分方程法来求解。该方法是先利用定解条件，对基本方程（动量方程和能量方程）进行积分，然后通过假设的速度分布解出流动的特征参数（如阻力、边界层厚度等）。解析法得到的解析解或近似解，普适性好；但数学难度大，分析解有限。

（2）**数值计算法** 针对某个问题建立适当的数学模型，利用编程或商业计算软件进行数值计算。该方法是解决流体力学问题的有效方法，也是目前使用较为普遍的方法。随着计算机性能的提高，能够求解的问题也在不断地增多。其存在的主要问题是计算结果的稳定性与可靠性必须进行认真的检验，而且计算结果不具备普适性。

（3）**试验法** 利用相似原理，采用实物或模型试验方法，总结得到量纲一的准则方程（半经验公式）。该方法得到的解有一定的普适性，但得到的是流动的宏观特性，无法了解流动细节，且耗时费力，通常在探索新现象和检验数值计算结果时使用。

本章下面的内容主要讨论解析法，在本书的第13章将介绍数值计算方法。

如上文所述，将某些特殊情况通过简化可得到的精确解和近似解，通常称之为**基本解**。主要有两大类情形：

1）$Re<<1$，可忽略惯性项，将基本方程转化为常微分方程后可求得一部分问题的解，通常称为“层流基本解”。

2）$Re>>1$，黏性只局限在近壁区（边界层内），其余部分按理想流体处理，其具体求解方法将放到下一章进行讲解。

下面针对上述第1）种情况分别就“内流”和“外流”常见实例进行求解。

8.9 二维平面层流解

如图8-10所示的平行平板间的平行流动，假设流动为二维、定常、不可压、层流，这种流动通常称为**库埃特**（M. Couette）**流动**。

采用直角坐标系，则$v=0$，$u=u(x,y)$，运动方程为

x方向：

$$u\frac{\partial u}{\partial x}+v\frac{\partial u}{\partial y}=-\frac{1}{\rho}\frac{\partial p}{\partial x}+\nu\nabla^2 u \tag{8-77a}$$

y 方向：

$$u\frac{\partial v}{\partial x}+v\frac{\partial v}{\partial y}=-\frac{1}{\rho}\frac{\partial p}{\partial y}+\nu\nabla^2 v \tag{8-77b}$$

根据流动特征，有 $\frac{\partial v}{\partial x}=0$，$\frac{\partial v}{\partial y}=0$，$\nabla^2 v=0$

则由式(8-77b)得 $\frac{\partial p}{\partial y}=0$

故 p 只与 x 有关，取 $\frac{\partial p}{\partial x}=\frac{\mathrm{d}p}{\mathrm{d}x}=\frac{\Delta p}{l}$

由连续性方程：$\frac{\partial u}{\partial x}+\frac{\partial v}{\partial y}=0$

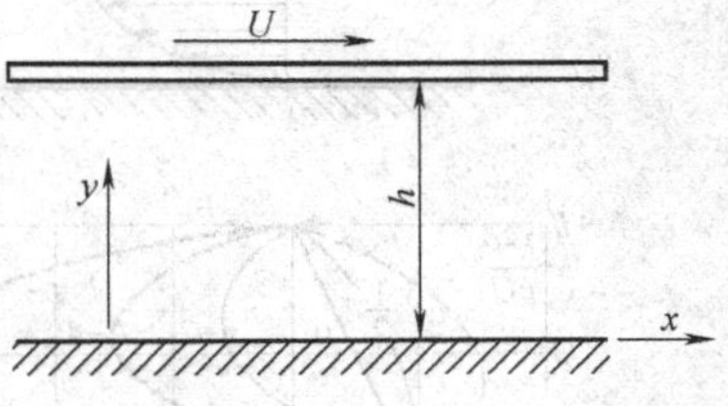

图 8-10　平行平板间的流动

因$\frac{\partial v}{\partial y}=0$，故$\frac{\partial u}{\partial x}=0$，故 u 只与 y 有关，且$\frac{\partial^2 u}{\partial x^2}=0$，而

$$\nabla^2 u=\frac{\partial^2 u}{\partial x^2}+\frac{\partial^2 u}{\partial y^2}=\frac{\partial^2 u}{\partial y^2}$$

并可将上式改写成全导数形式：$\frac{\partial^2 u}{\partial y^2}\to\frac{\mathrm{d}^2 u}{\mathrm{d}y^2}$。最后将式(8-77a)化为

$$\frac{\mathrm{d}^2 u}{\mathrm{d}y^2}=\frac{1}{\mu}\frac{\Delta p}{l} \tag{8-78}$$

方程(8-78)为二阶线性常微分方程，积分两次可得其通解：

$$u=\frac{\Delta p}{\mu l}\frac{y^2}{2}+c_1 y+c_2 \tag{8-79}$$

式中，c_1、c_2 为待定常数，应利用边界条件来确定。现给出四组边界条件：

第一组条件：$\begin{cases}\Delta p=0\\ y=0,\ u=0\\ y=h,\ u=U\end{cases}$，即无压差流动，上板以 U 运动。

代入式(8-79)后，可得 $c_2=0$，$c_1=\frac{U}{h}$，故其解为

$$u=\frac{U}{h}y \tag{8-80}$$

可见此时的速度分布是关于高度方向的线性分布(图 8-11a)。此时的切应力为

$$\tau_{yx}=-\mu\frac{\mathrm{d}u}{\mathrm{d}y}=-\mu\frac{U}{h} \tag{8-81}$$

可见水平方向的切应力为定值(图 8-12a)；其中“－”号表示下层流体对上层流体的阻力。

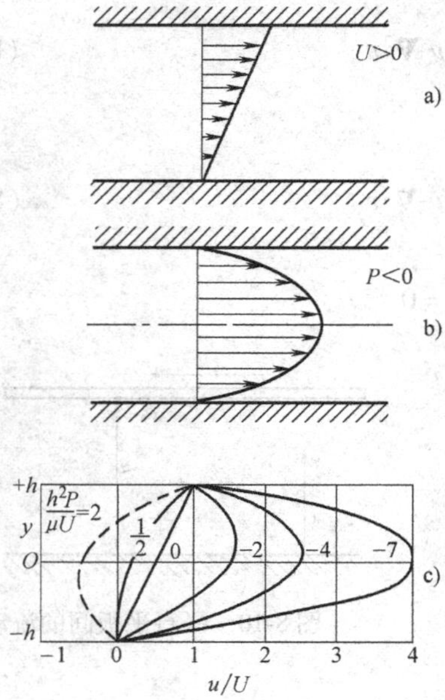

图 8-11　两平行板间定常流动的速度廓线

a）库埃特流　b）二维泊肃叶流　c）一般情形

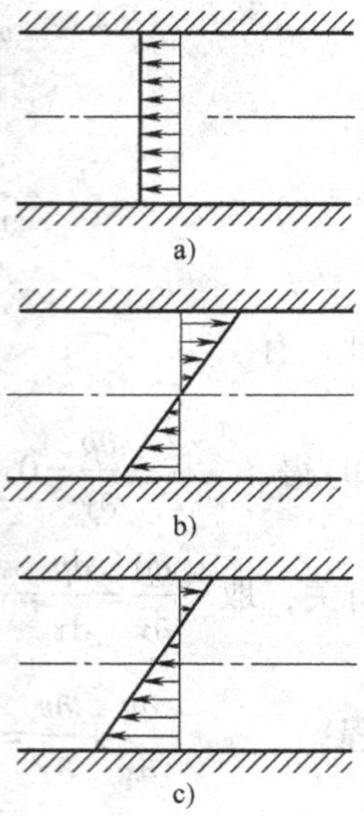

图 8-12　平行平板间切应力分布特征

第二组条件：

$$\begin{cases} U=0 \\ y=0,\ u=0 \\ y=h,\ u=0 \end{cases}$$

这种情形被称为**二维泊肃叶**(J. L. M. Poiseuille)**流动**，即压差流动：$\frac{\Delta p}{l}<0$（顺压梯度）。将其代入式(8-79)后，可得 $c_2=0$，$c_1=-\frac{\Delta p}{2\mu l}h$，故其解为

$$u=\frac{\Delta p}{2\mu l}y(y-h) \tag{8-82}$$

这时的速度分布是对称于 $y=\frac{h}{2}$ 的抛物线(图 8-11b)。此时的切应力为

$$\tau_{yx}=-\mu\frac{\mathrm{d}u}{\mathrm{d}y}=-\frac{\Delta p}{l}\left(y-\frac{h}{2}\right) \tag{8-83}$$

此式为直线分布，如图 8-12b 所示。

第三组条件：

$$\begin{cases} U\neq0,\ \frac{\Delta p}{l}<0 \\ y=0,\ u=0 \\ y=h,\ u=U \end{cases}$$

代入式(8-79)后，可得 $c_2=0$，$c_1=\frac{U}{h}-\frac{\Delta p}{2\mu l}h$，如果取$\left(P=\frac{h^2}{2\mu U}\frac{\Delta p}{l}<0\right)$，则其解为

$$\frac{u}{U}=\frac{y}{h}+P\frac{y}{h}\left(\frac{y}{h}-1\right) \tag{8-84}$$

可见，这种情形的速度是上述两种情形的叠加。对于不同的 P 值，其速度分布图线是图 8-11c 中的右凸曲线。此时的切应力为

$$\tau_{yx} = -\mu \frac{\mathrm{d}u}{\mathrm{d}y} = -\mu \frac{U}{h} - \frac{\Delta p}{l}\left(y - \frac{h}{2}\right) \tag{8-85}$$

此式为关于 $y = \frac{h}{2}$ 对称的两条直线分布，与式(8-83)不同的是直线整体向左移动，如图 8-12c 所示。

第四组条件：$U \neq 0$，$\frac{\Delta p}{l} > 0$（逆压梯度），即 $P > 0$ 情形，其他与第三组条件相同。其解与式(8-84)相同，但其速度分布图线为图 8-11c 中向左凸的曲线。当 P 值足够大时，这时上、下层流动的流动方向将相反。

【例 8-1】 不可压缩流体在两平行平板间作定常流动，如图 8-13 所示，下板固定，上板以 1m/s 速度沿 $-x$ 方向运动，板间距 10mm，倾角 45°，上板开有两测压孔（A、B），其位置高差 1m，测得表压分别为 200kPa 和 100kPa，试确定平板间流体的速度分布，并求出上板受到的切应力（流体的黏度为 1Pa·s，密度为 1000kg/m³）。

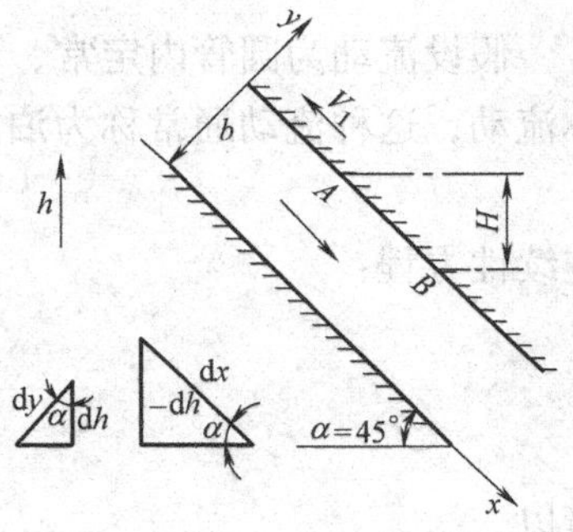

图 8-13 例 8-1 图

解：建立如图 8-13 所示坐标系，根据题意，有

$$\frac{\partial}{\partial t} = 0,\ \frac{\partial}{\partial z} = 0;\ v = 0,\ w = 0$$

重力分量：$g_x = g\sin\alpha$，$g_y = -g\cos\alpha$

由连续性方程得 $\frac{\partial u}{\partial x} = 0$

于是，u 与 x 无关，只与 y 有关，即 $u = u(y)$，两个坐标方向的 N-S 方程简化为

$$\begin{cases} 0 = g\sin\alpha - \dfrac{1}{\rho}\dfrac{\partial p}{\partial x} + \nu \dfrac{\partial^2 u}{\partial y^2} \\ 0 = -g\cos\alpha - \dfrac{1}{\rho}\dfrac{\partial p}{\partial y} \end{cases}$$

设竖直向上的高度为 h，从图中几何关系有 $\frac{\partial h}{\partial y} = \cos\alpha$，$\frac{\partial h}{\partial x} = -\sin\alpha$

所以 N-S 方程可写成

$$\begin{cases} \dfrac{1}{\rho}\dfrac{\partial p}{\partial x} + g\dfrac{\partial h}{\partial x} = \nu \dfrac{\partial^2 u}{\partial y^2} \\ \dfrac{1}{\rho}\dfrac{\partial p}{\partial y} + g\dfrac{\partial h}{\partial y} = 0 \end{cases} \quad \text{或写成} \quad \begin{cases} \dfrac{\mathrm{d}}{\mathrm{d}x}(p + \rho g h) = \mu \dfrac{\mathrm{d}^2 u}{\mathrm{d}y^2} & (1) \\ \dfrac{\mathrm{d}}{\mathrm{d}y}(p + \rho g h) = 0 & (2) \end{cases}$$

式(1)的通解为 $$u = \frac{1}{2\mu}\frac{\mathrm{d}(p + \rho g h)}{\mathrm{d}x}y^2 + c_1 y + c_2$$

由条件 $u(0) = 0$，$u(b) = V_1 = -1\mathrm{m/s}$

可得
$$c_2 = 0,\ c_1 = -\left[V_1 + \frac{1}{2\mu}\frac{\mathrm{d}(p+\rho gh)}{\mathrm{d}x}b^2\right]\frac{1}{b}$$

而
$$\frac{\mathrm{d}(p+\rho gh)}{\mathrm{d}x} = \frac{p_B - p_A - \rho gH}{H/\sin\alpha}$$

代入数据后得
$$u = -38820y^2 + 288y$$

上板板面切应力为

$$\tau_w = -\mu\left.\frac{\mathrm{d}u}{\mathrm{d}y}\right|_{y=10\mathrm{mm}} = (-288 + 77640 \times 0.01)\mathrm{Pa} = 488\mathrm{Pa}$$

8.10 二维轴对称层流解

假设流动为圆管内定常、不可压层流，应用柱坐标系(参阅附录 E)时，化为二维轴对称流动，这种流动通常称为**泊肃叶流动**(Poiseuille flow)。由假设可知：

$$v_r = 0,\quad v_\theta = 0,\quad v_z = v(r,\ \theta)$$

连续性方程：

$$\nabla \cdot \boldsymbol{V} = \frac{\partial v_r}{\partial r} + \frac{v_r}{r} + \frac{1}{r}\frac{\partial v_\theta}{\partial \theta} + \frac{\partial v_z}{\partial z} = 0 \tag{8-86a}$$

所以，
$$\frac{\partial v_z}{\partial z} = 0$$

N-S 方程(已经去掉了明显为零的项)：

$$\begin{cases} -\dfrac{1}{\rho}\dfrac{\partial p}{\partial r} = 0 \\ -\dfrac{1}{\rho}\dfrac{1}{r}\dfrac{\partial p}{\partial \theta} = 0 \\ -\dfrac{1}{\rho}\dfrac{\partial p}{\partial z} + \nu\dfrac{\partial^2 v_z}{\partial r^2} + \nu\dfrac{\partial v_z}{r\partial r} = 0 \end{cases} \tag{8-86b}$$

于是可导出
$$\frac{\mathrm{d}^2 v_z}{\mathrm{d}r^2} + \frac{1}{r}\frac{\mathrm{d}v_z}{\mathrm{d}r} = \frac{1}{\mu}\frac{\mathrm{d}p}{\mathrm{d}z} = \frac{\Delta p}{\mu l} \tag{8-87}$$

或写成
$$\frac{\mathrm{d}}{\mathrm{d}r}\left(r\frac{\mathrm{d}v_z}{\mathrm{d}r}\right) = \frac{\Delta p}{\mu l}r \tag{8-88a}$$

边界条件：$r = r_0$，$v_z = 0$；限制条件：$r = 0$，$\dfrac{\mathrm{d}v_z}{\mathrm{d}r} \neq \infty$。

对式(8-88a)积分一次，得

$$r\frac{\mathrm{d}v_z}{\mathrm{d}r} = \frac{\Delta p}{2\mu l}r^2 + c_1 \tag{8-88b}$$

因 $r = 0$，$\dfrac{\mathrm{d}v_z}{\mathrm{d}r} \neq \infty$，易得 $c_1 = 0$。

于是，有

$$\frac{dv_z}{dr}=\frac{\Delta p}{2\mu l}r \tag{8-88c}$$

再积分一次，得

$$v_z=\frac{1}{4\mu}\frac{\Delta p}{l}r^2+c_2 \tag{8-88d}$$

利用边界条件：$r=r_0$，$v_z=0$，则得

$$c_2=-\frac{1}{4\mu}\frac{\Delta p}{l}r_0^2$$

代入式(8-88d)后，整理可得

$$v_z=-\frac{{r_0}^2}{4\mu}\frac{\Delta p}{l}\left(1-\frac{r^2}{{r_0}^2}\right) \tag{8-89}$$

可见其解亦为抛物线(实际为旋转抛物面)分布，如图 8-14 所示。

沿管轴方向的切应力：

$$\tau_{rz}=-\mu\frac{dv_z}{dr}=-\frac{\Delta p}{2l}r \tag{8-90}$$

式中，“ - ”号是外层流体对内层流体的阻力，上式是沿半径方向逐渐增大的线性分布，在管壁处达到最大值：

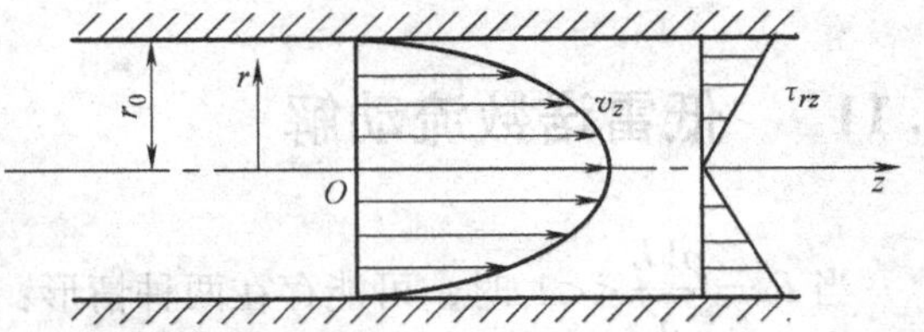

图 8-14　圆管内的层流流动

$$\tau_w=-\frac{\Delta p}{2l}r_0 \tag{8-91}$$

对于管长 l，管壁对流体的作用力

$$F_z=\tau_w\cdot 2\pi r_0\cdot l=-\Delta p\cdot\pi r_0^2 \tag{8-92}$$

该等式正好就是管长为 l 的流体段的力平衡式。

引入**达西公式**：

$$\Delta p=\lambda\frac{l}{d}\frac{\rho V^2}{2} \tag{8-93}$$

式中，V 为管内平均流速。利用式(8-89)，可得

$$V=\frac{1}{\pi r_0^2}\int_0^{r_0}v_z\cdot 2\pi r\cdot dr=-\frac{1}{8\mu}\frac{\Delta p}{l}{r_0}^2 \tag{8-94}$$

代入式(8-93)后，可解得沿程阻力系数：

$$\lambda=\frac{64\mu}{\rho Vd}=\frac{64}{Re} \tag{8-95}$$

这就是管内层流情形下的**阻力系数**表达式，与 5.4 节的结论完全一致，并与 $Re<2320$ 时的实验结果吻合很好。

【例 8-2】 不可压缩流体在截面为同心圆的环形管道(外半径为 r_2，内半径为 r_1)中作定常流动，给定两端压差 Δp，试求流通截面上的速度分布及流量。

解：依题意，可取柱坐标系，其流动特征为

$$v_r=v_\theta=0,\quad \frac{\partial}{\partial t}=\frac{\partial}{\partial\theta}=0,\ \frac{\partial v_z}{\partial z}=0\rightarrow v_z=v_z(r),\quad p=p(z)$$

故 z 方向的 N-S 方程最终可写成

$$\frac{1}{r}\frac{\mathrm{d}}{\mathrm{d}r}\left(r\frac{\mathrm{d}v_z}{\mathrm{d}r}\right)=\frac{1}{\mu}\frac{\mathrm{d}p}{\mathrm{d}z}=\frac{1}{\mu}\frac{\Delta p}{L}$$

积分两次，得通解为
$$v_z=\frac{1}{4\mu}\frac{\Delta p}{L}r^2+c_1\ln r+c_2$$

利用边界条件
$$v_z(r_1)=0,\ v_z(r_2)=0$$

可得
$$c_1=-\frac{1}{4\mu}\frac{\Delta p}{L}\frac{r_2^2-r_1^2}{\ln(r_2/r_1)},\ c_2=-\frac{1}{4\mu}\frac{\Delta p}{L}\left(r_2^2-\frac{r_2^2-r_1^2}{\ln(r_2/r_1)}\ln r_2\right)$$

于是有
$$v_z=\frac{1}{4\mu}\frac{\Delta p}{L}\left(r^2-r_2^2-\frac{r_2^2-r_1^2}{\ln(r_2/r_1)}\ln\frac{r}{r_2}\right)$$

体积流量为
$$Q_V=\int_{r_1}^{r_2}2\pi r\mathrm{d}rv_z=-\frac{\pi}{8\mu}\frac{\Delta p}{L}\left(r_2^4-r_1^4-\frac{(r_2^2-r_1^2)^2}{\ln(r_2/r_1)}\right)$$

8.11* 低雷诺数流动解

当 $Re=\dfrac{\rho VL}{\mu}<<1$ 时，可能存在两种情形：

1）V 大，L 很小，如微生物、粉尘的运动；

2）L 大，V 很小，如极慢流动或蠕动。

假设流动为定常、不可压流动，且不计重力，经过对 N-S 方程进行量纲为一化变换（参见本书第 12 章），则有

$$Sr\frac{\partial \boldsymbol{V}^*}{\partial t}+(\boldsymbol{V}^*\cdot\boldsymbol{\nabla}^*)\boldsymbol{V}^*=-\frac{1}{Fr^2}\cdot\boldsymbol{k}-Eu\,\boldsymbol{\nabla}^*p^*+\frac{1}{Re}\boldsymbol{\nabla}^{*2}\boldsymbol{V}^* \tag{8-96}$$

0　　惯性项　　0　　压差项　　黏性项

式中，Sr、Fr、Eu、Re 分别为**斯特劳哈尔数**、**弗劳德数**、**欧拉数**和**雷诺数**（具体定义参见第 12 章）。

当 $Re<<1$ 时，黏性项 >> 惯性项，故忽略惯性项，然后还原方程，则有

$$\begin{cases}\boldsymbol{\nabla}p=\mu\,\boldsymbol{\nabla}^2\boldsymbol{V}\\ \boldsymbol{\nabla}\cdot\boldsymbol{V}=0\end{cases} \tag{8-97}$$

该方程称为**斯托克斯方程**（Stokes equation）。由斯托克斯方程组中共四个方程可解四个未知数 u、v、w、p。

斯托克斯方程的基本解包括：均匀流、偶极子流、斯托克斯极子、圆球绕流等（可参阅参考文献[5]），均可获得精确解。这里以**圆球绕流**问题为例说明斯托克斯方程的求解方法。

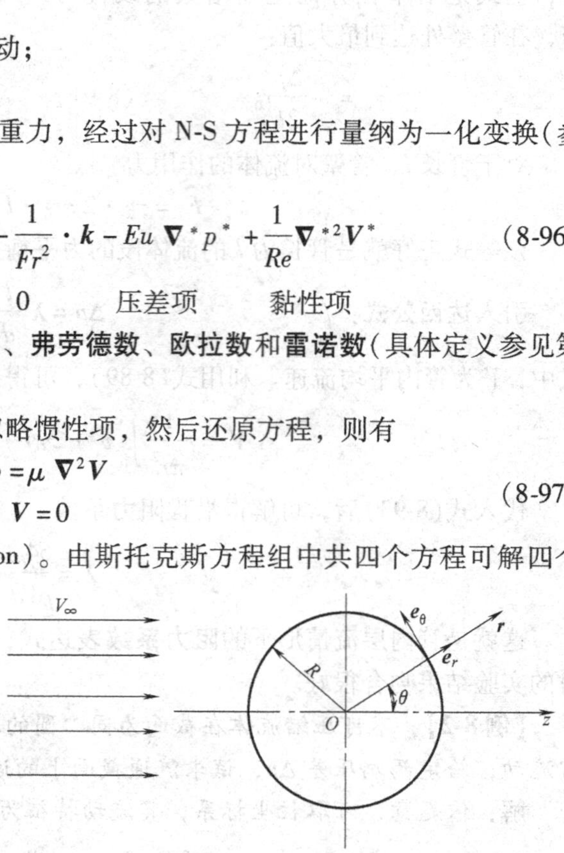

图 8-15　绕球体的均匀流动

如图 8-15 所示，设来流以速度 V_∞ 绕流半径为 R 的球体，并假设为不可压层流

流动。采用球坐标系(参阅附录 E)，则与水平面回转角 ε 无关，故为二维轴对称流动。有

$$\frac{\partial v_\varphi}{\partial \varphi}=0,\quad v_\varphi=0$$

连续性方程

$$\frac{\partial v_r}{\partial r}+\frac{1}{r}\frac{\partial v_\theta}{\partial \theta}+2\frac{v_r}{r}+\frac{v_\theta\cdot\cot\theta}{r}=0 \tag{8-98a}$$

斯托克斯方程

r 方向

$$\frac{\partial p}{\partial r}=\mu\left(\frac{\partial^2 v_r}{\partial r^2}+\frac{1}{r^2}\frac{\partial^2 v_r}{\partial \theta^2}+\frac{2}{r}\frac{\partial v_r}{\partial r}+\frac{\cot\theta}{r^2}\frac{\partial v_r}{\partial \theta}-\frac{2}{r^2}\frac{\partial v_\theta}{\partial \theta}-\frac{2v_r}{r^2}-\frac{2\cot\theta}{r^2}v_\theta\right) \tag{8-98b}$$

θ 方向

$$\frac{1}{r}\frac{\partial p}{\partial \theta}=\mu\left(\frac{\partial^2 v_\theta}{\partial r^2}+\frac{1}{r^2}\frac{\partial^2 v_\theta}{\partial \theta^2}+\frac{2}{r}\frac{\partial v_\theta}{\partial r}+\frac{\cot\theta}{r^2}\frac{\partial v_\theta}{\partial \theta}+\frac{2}{r^2}\frac{\partial v_r}{\partial \theta}-\frac{v_\theta}{r^2\sin^2\theta}\right) \tag{8-98c}$$

来流条件

$$\begin{cases} v_r\big|_{r\to\infty}=V_\infty\cos\theta \\ v_\theta\big|_{r\to\infty}=-V_\infty\sin\theta \\ p\big|_{r\to\infty}=p_\infty \end{cases}$$

球面上边界条件

$$\begin{cases} v_\theta\big|_{r=R}=0 \\ v_r\big|_{r=R}=0 \end{cases}$$

根据边界条件和方程的性质，可采用分离变量法求解。

设

$$\begin{cases} v_r=f(r)\cos\theta \\ v_\theta=-g(r)\sin\theta \\ p-p_\infty=\mu h(r)\cos\theta \end{cases} \tag{8-99}$$

则式(8-98)改写成

$$\begin{cases} \dfrac{\mathrm{d}f}{\mathrm{d}r}+\dfrac{2(f-g)}{r}=0 \\ \dfrac{\mathrm{d}h}{\mathrm{d}r}=\dfrac{\mathrm{d}^2f}{\mathrm{d}r^2}+\dfrac{2}{r}\dfrac{\mathrm{d}f}{\mathrm{d}r}-\dfrac{4(f-g)}{r^2} \\ \dfrac{h}{r}=\dfrac{\mathrm{d}^2g}{\mathrm{d}r^2}+\dfrac{2}{r}\dfrac{\mathrm{d}g}{\mathrm{d}r}+\dfrac{2(f-g)}{r^2} \end{cases} \tag{8-100}$$

边界条件为　$f(\infty)=V_\infty$，$g(\infty)=V_\infty$，$h(\infty)=0$，$f(R)=0$，$g(R)=0$

对方程组(8-100)消元，对 f 有

$$r^4\frac{\mathrm{d}^4f}{\mathrm{d}r^4}+8r^3\frac{\mathrm{d}^3f}{\mathrm{d}r^3}+8r^2\frac{\mathrm{d}^2f}{\mathrm{d}r^2}-8r\frac{\mathrm{d}f}{\mathrm{d}r}=0 \tag{8-101}$$

这是**欧拉型微分方程**，其通解为

$$f=\frac{A}{r^3}+\frac{B}{r}+C+Dr^2 \tag{8-102a}$$

于是，

$$g=\frac{1}{2}r\frac{\mathrm{d}f}{\mathrm{d}r}+f=-\frac{A}{2r^3}+\frac{B}{2r^2}+C+2Dr^2 \tag{8-102b}$$

$$h=\frac{B}{r^2}+10Dr^2 \tag{8-102c}$$

利用边界条件确定 A、B、C、D，得

$$D=0,\quad C=V_\infty,\quad B=-\frac{3}{2}V_\infty R,\quad A=\frac{1}{2}V_\infty R^2$$

于是，

$$\begin{cases} v_r=V_\infty\cos\theta\left(1-\dfrac{3}{2}\dfrac{R}{r}+\dfrac{1}{2}\dfrac{R^3}{r^3}\right) \\ v_\theta=-V_\infty\sin\theta\left(1-\dfrac{3}{4}\dfrac{R}{r}-\dfrac{1}{4}\dfrac{R^3}{r^3}\right) \\ p=p_\infty-\dfrac{3}{2}\mu\dfrac{V_\infty R}{r^2}\cos\theta \end{cases} \tag{8-103}$$

根据广义牛顿黏性定律，可得到球面上的切应力：

$$\tau_{rr}\big|_{r=R}=\left(-p+2\mu\frac{\partial v_r}{\partial r}\right)\bigg|_{r=R}=-p_\infty+\frac{3}{2}\mu\frac{V_\infty}{R}\cos\theta \tag{8-104a}$$

$$\tau_{r\theta}\big|_{r=R}=\mu\left(\frac{1}{r}\frac{\partial v_r}{\partial\theta}+\frac{\partial v_\theta}{\partial r}-\frac{v_\theta}{r}\right)\bigg|_{r=R}=-\frac{3}{2}\frac{\mu V_\infty}{R}\sin\theta \tag{8-104b}$$

表面力在轴线方向投影值之和：

$$F_z=\int_0^\pi\left(\tau_{rr}\big|_{r=R}\cdot\cos\theta-\tau_{r\theta}\big|_{r=R}\cdot\sin\theta\right)\cdot 2\pi R\sin\theta\mathrm{d}\theta=6\pi\mu V_\infty R \tag{8-105}$$

定义**阻力系数**：

$$C_{\mathrm{D}}=\frac{F_z}{\frac{1}{2}\rho V_\infty^2\cdot\pi R^2}=\frac{24}{Re} \tag{8-106}$$

式(8-106)称为**斯托克斯公式**(Stokes formula)，在 $Re=\dfrac{2RV_\infty}{\nu}<1$ 时与试验结果很好吻合(图 8-16)。上述解法也可适用于薄圆盘，其结果如下：

薄圆盘正面对来流时，

$$F_z=16\mu RV_\infty \tag{8-107}$$

侧面对来流时，

$$F_z=\frac{32}{3}\mu RV_\infty \tag{8-108}$$

可见其阻力均较圆球的阻力小。

斯托克斯方程忽略了惯性力项，由图 8-16 可以看到，只有在 $Re<1$ 的情况下，斯托克

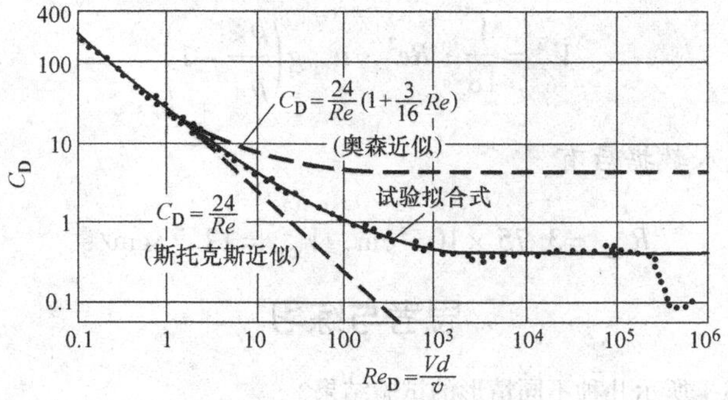

图 8-16　球体绕流的阻力系数

斯阻力公式才与试验数据符合很好。但随 $r(r>R)$ 及 Re 的增大，以至于惯性力项与黏性力项相比不能忽略。此时可采用奥森(C. W. Oseen)修正解法，但求解过程十分烦琐，有兴趣的读者可参阅相关文献。其求解结果为

$$F_z = 6\pi\mu RV_\infty\left(1+\frac{3RV_\infty}{8\nu}\right) \tag{8-109}$$

$$C_D = \frac{F_z}{\frac{1}{2}\rho V_\infty{}^2\cdot\pi R^2} = \frac{24}{Re}\left(1+\frac{3}{16}Re\right) = \frac{24}{Re}+4.5 \tag{8-110}$$

图 8-16 中同时绘出了奥森修正公式的解。由图中可见，奥森近似解较斯托克斯近似解略有改善，可以应用到雷诺数 $Re<5$。

对于圆球绕流，由实验数据拟合，可得如下经验公式：

$$C_D = \frac{24}{Re}+\frac{6}{1+\sqrt{Re}}+0.4 \quad (0\leqslant Re\leqslant 2\times10^5) \tag{8-111}$$

此式的误差约在 $-10\%\sim10\%$ 之间。另外，当 $Re>2\times10^5$ 后，可取 $C_D=0.24$。

【例 8-3】　空气中等速下落水滴的半径应小于多大尺寸时才能当作斯托克斯解处理？并求其下落速度的最大可能值。已知 $\nu_{气}=0.133\ \mathrm{cm^2/s}$，$g=981\mathrm{cm/s^2}$，$\rho_{水}/\rho_{气}=770$。

解： 水滴等速下落时的力平衡方程为

$$F_{重力}=F_{浮力}+F_{阻力}$$

重力：
$$F_{重力}=\frac{4}{3}\pi R^3\rho_{水}\, g$$

浮力：
$$F_{浮力}=\frac{4}{3}\pi R^3\rho_{气}\, g$$

按斯托克斯公式计算时，$F_{阻力}=6\pi\nu_{气}\rho_{气}RV$，该式适用于

$$Re=\frac{V\cdot 2R}{\nu_{气}}\leqslant 1$$

于是，
$$\frac{4}{3}\pi R^3(\rho_{水}-\rho_{气})g=6\pi\rho_{气}\,\nu_{气}\,RV$$

或改写成
$$R^3=\frac{9}{4}\cdot Re\cdot\frac{\nu_{气}^2}{g}\left(\frac{\rho_{水}}{\rho_{气}}-1\right)^{-1}$$

和
$$V^3 = \frac{1}{18} \cdot Re^2 \cdot \nu_{气} g\left(\frac{\rho_{水}}{\rho_{气}} - 1\right)$$

因 $Re = \frac{V \cdot 2R}{\nu_{气}} \leqslant 1$，代入数据后有

$$R_{max} = 3.75 \times 10^{-3}\text{cm}, \ V_{max} = 17.73\text{cm/s}$$

思考与练习

8-1 你如何解释图 8-1 所示几种不同情形的试验结果？

8-2 从图 8-2 所示试验结果，你发现了什么规律？

8-3 什么是线变形率张量、角变形率张量和旋转变形率张量？

8-4 你是怎样理解亥姆霍兹速度分解定理的？

8-5 流体绕轴旋转是否一定是有旋运动？请举例说明之。

8-6 应变率张量和应力张量的下标是如何定义的？

8-7 请写出直角坐标系中动量方程的具体表达式。

8-8 根据广义牛顿定律，写出直角坐标系中应力张量各分量的具体表达式。

8-9 斯托克斯假设的内涵和意义是什么？

8-10 如何从牛顿流体运动方程导出理想流体欧拉方程和流体静力学方程？

8-11 你认为是否可以仿照牛顿流体运动方程的导出过程，来导出非牛顿流体运动方程？

8-12 请讨论非定常可压缩气体基本方程组的封闭性。

8-13 你如何理解定解条件的重要性？一般而言，流体力学方程组的定解条件有哪几类？

8-14 试分析比较流动问题的几种求解方法的特点。

8-15 请结合本章中的几个求解实例，总结求出解析解的思路和方法。

8-16 对于球形粒子，当流速增大时，其阻力和阻力系数是如何变化的？

8-17 已知不可压缩流体在二维流道内的速度分布为 $u = U_{max}\left(\frac{y}{b} - \frac{y^2}{b^2}\right)$，其中 U_{max} 为流道中心最大流速，b 为流道宽度。试求：(1) 黏性切应力分布及壁面切应力；(2) 作用在单位质量流体上的摩擦力及其单位时间内所做的功；(3) 单位体积流体的能量耗散率。

8-18 当水流过如图 8-17 所示凸台时，为求得流速分布和阻力特性，请建立适当坐标系，并给出具体的定解条件。

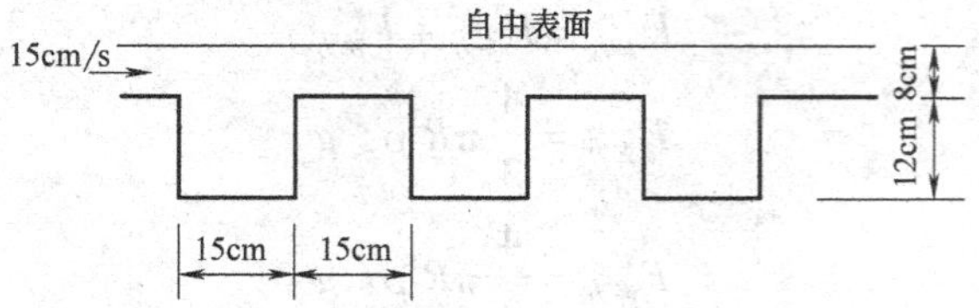

图 8-17 8-18 题图

8-19 试证明薄圆盘的盘面正对来流时，其流动阻力 $F_z = 16\mu RV_\infty$。

8-20 利用两个同心圆筒可以测定液体的黏度。设内筒外径为 D_1，外筒内径为 D_2，液体高度为 H，当外筒固定，而内筒以等角速度 ω 旋转时，需施加的功率为 P。请导出两同心圆筒间的流速分布式和计算液体黏度的表达式，并分析如何减少测量误差。

8-21 20℃煤油与水在两个固定的平行平板间作定常层流流动，水深 1m，油层厚度 0.1m，设压强梯度为 1Pa/m，求二者的平均流速。

8-22　如图 8-18 所示，黏性流体（黏度为μ，密度为ρ）在重力作用下沿倾斜的平面壁作定常流动，其自由表面与壁的距离为h。若忽略空气对流体的阻力，求：(1) 距离壁面不同距离处流体的速度；(2) 流体的平均速度；(3) 单位长度壁面所受到的作用力。

8-23　如图 8-19 所示，斜面与水平板间形成狭小的二维楔形流道，其间充满不可压缩流体，水平板以恒定速度运动，左、右两端无压差。试求：流道中的速度分布、压强分布及平板所受的总阻力。

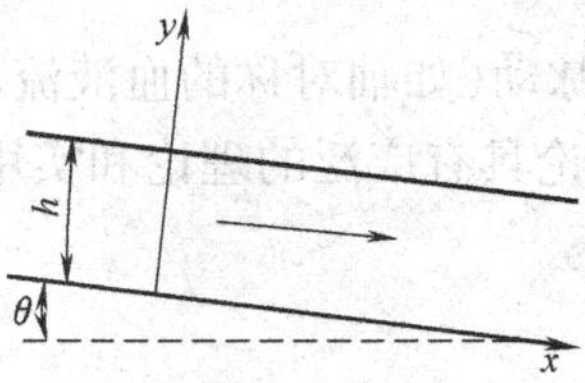

图 8-18　8-22 题图

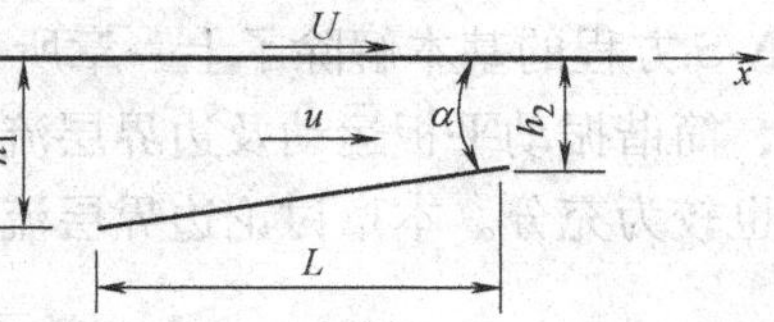

图 8-19　8-23 题图

8-24　如图 8-20 所示，油缸内油的表压 $p=29.418\text{Pa}$，油的动力黏度 $\mu=0.1\text{Pa}\cdot\text{s}$，柱塞的直径 $d=50\text{mm}$，柱塞与套筒的径向间距 $\delta=0.05\text{mm}$，套筒的长度 $L=300\text{mm}$，设以力 F 推着柱塞使其保持不动。求油的漏损流量和力 F 的大小。

8-25　氦气球可用于测量风速度，如图 8-21 所示。试由牵绳与地面的夹角确定风速大小（气球及材料重量为G，气球直径d，大气温度t）。

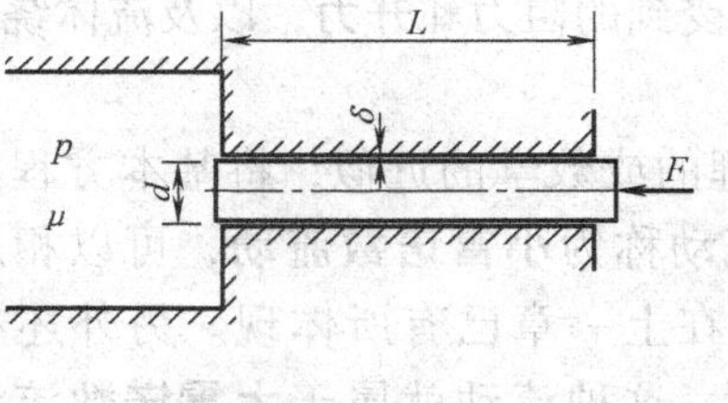

图 8-20　8-24 题图

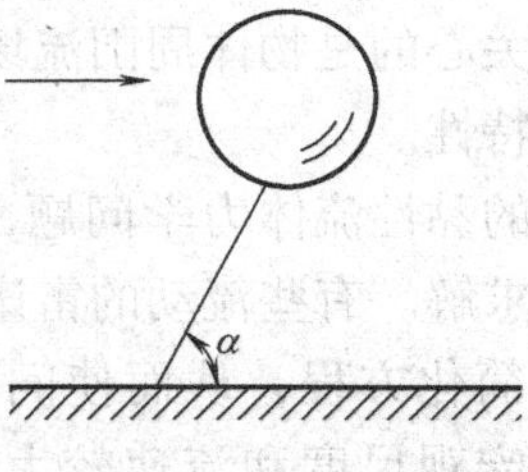

图 8-21　8-25 题图

8-26　煤粉锅炉炉膛内烟气以 0.45m/s 的速度向上浮升，已知高温烟气的密度为 0.224kg/m^3，动力黏度为 $5.04\times10^{-5}\text{Pa}\cdot\text{s}$，如果煤粉的密度为 1100kg/m^3，试估算煤粉颗粒的粒径小于多少时才能被气流所带走？

第 9 章　边界层流动

N-S 方程的基本解除了上一章所述情况外，还有平面脉动(如轴对称的血液流动)、诱导流动、简谐振动平板运动及边界层流动等情形。边界层理论具有广泛的理论和实用意义，发展得也较为充分。本章讨论边界层流动的特征及多种解法。

9.1　问题的提出

从前面的讨论我们知道，实际流体的流动问题可分为两大类：一类是流体在固体壁面所限定的空间范围内流动，如管道或通道内的流动，这类流动称为**内流**；另一类是流体从物体的外部流过，如风吹过建筑物，水流过桥墩，热交换器中流体冲刷传热管的流动，或物体在静止流体中运动(如飞机在空中飞行)，等等。如果从固定在物体上的坐标系观察，则物体静止不动，流体绕物体流过，这类流动称为**外流**或**绕流**。研究绕流问题的着眼点常与内流问题不同，所关心的是物体周围流场的分布情况、物体受到的**阻力**和**升力**，以及流体绕物体时的黏性作用特性。

大多数的黏性流体力学问题，往往需要进行物理的或数学的近似，将基本方程加以简化，以便于求解。有些流动的雷诺数很小，这一类流动称为**小雷诺数流动**，可以相应地忽略某些项，简化方程，从而使问题得到解析解，这在上一章已有所体现。另外还有一类流动，由于宏观尺度和流速较大，使得雷诺数很大，这种流动就属于**大雷诺数流动**。在这种情况下，由于在流体与固体的接触面附近，需要满足无滑移条件，其流速较小，因而局部的雷诺数仍然较小。边界层流动就属于这种情形。在边界层流动中，需要在靠近固壁的局部区域考虑黏性的作用，而在此区域之外不计黏性，即当成理想流体，从而可使许多流动问题得到解答。

下面举例说明翼形的绕流运动和管内湍流运动。

从图 9-1 可以看出，当流速较低、攻角较小时，翼形附近的绕流运动呈现为层流状态；当流速逐步提高、攻角逐步增大时，层流变得不稳定；当流速和攻角较大时，会出现严重的流动分离现象，在分离区域内呈现为旺盛的湍流运动。同时还可注意到，无论是层流还是湍流，流速变化较大的区域只在紧靠翼形壁面的区域，而远离壁面的区域流速变化很小。

a)　　b)　　c)

图 9-1　翼形的绕流运动

从图 9-2 可以看出，管内湍流运动时，其流速在管道中间的大部分区域都较为均匀，但在管道壁面附近速度梯度很大。可见，在考察与流动有关的问题时，重点需要考察的是靠近壁面的区域，这一区域也可视为边界层流动。

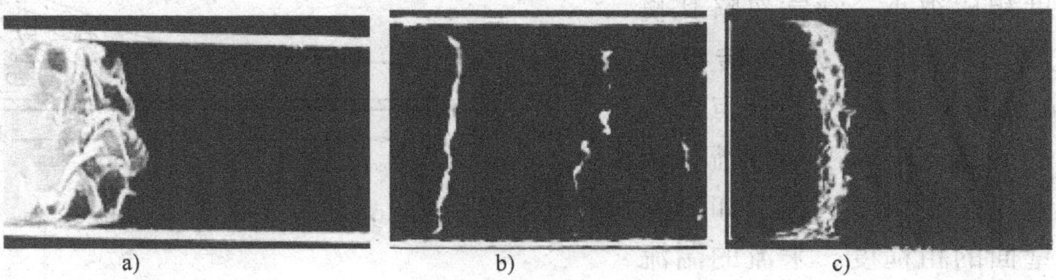

图 9-2 管内湍流运动

为什么会呈现出上述流动状态？如何求解这些流动的速度场及流动阻力？这跟本章所讨论的边界层流动及后续两章讨论的湍流运动密切相关。要获得上述工程实际问题的解，需要从最简单的平板边界层运动开始分析。

9.2 边界层流动的基本特征

1904 年普朗特(L. Prandtl)首先提出了边界层概念。通过实验观察，他发现对于诸如空气、水等普通的黏性流体，在大雷诺数绕流情况下，黏性的影响仅局限在物体壁面附近的薄层以及物体之后的尾迹流中。流动的其他区域速度梯度很小，黏性的影响也很小，可以按理想流体的势流理论来处理。物体壁面附近的薄层内存在着较大的速度梯度，黏性影响不能忽略，他把这一薄层称为**边界层**(Boundary layer)。下面讨论其基本特征。

设极薄平板突然置于来流速度为 U_∞ 的流场中：

1）如果不考虑黏性(即理想流体)，则对原流场无干扰(图 9-3a)；

2）如果考虑黏性——壁面无滑移，则新的流场结构如图 9-3b 所示，并形成边界层流动；

3）在 $y \leqslant \delta(x)$ 内，速度有显著变化；在 $y \geqslant \delta(x)$ 的区域，维持原流场结构。

通常把各个截面上速度达到 $u(x, \delta)=0.99U_\infty$ 值的所有流体质点的连线定义为边界层外边界，并把外边界到物面的垂直距离定义为**名义边界层厚度**(Nominal thickness)，通常用 δ 来表示。

应当注意：边界层的外边界并不是流线，通常，流线会穿越边界层的外边界而进入边界层内部，即边界层的外边界两侧的流体存在质量和动量交换。

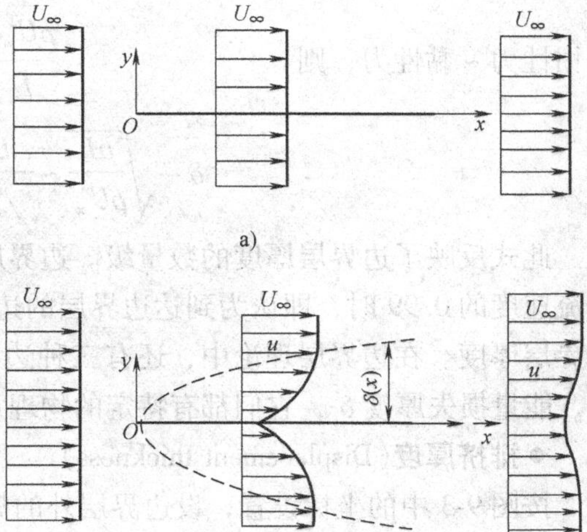

图 9-3 流体流经平板的流动
a) 假想的理想流体流经平板的流动情形
b) 黏性流体流经平板的流动情形

4）当L足够长或U_∞足够大时（即Re_x足够大），边界层内出现涡，表明由层流转变到了湍流，称层流向湍流**转捩**。通常转捩有一个过程，即存在转捩区。如图9-4所示。

一般而言，转捩区的长度与物体的特征长度相比很小，常常忽略其长度而把它看作一个点，称为**转捩点**（Transition point），并认为转捩点之后边界层内的流态完全转变为湍流。转捩点的位置与许多因素有关，如流动雷诺数、壁面的粗糙度、来流的湍流度、壁面上的压强梯度等，其中最主要的因素是边界层流动雷诺数。在转捩点处的雷诺数大约为

图9-4 层流向湍流的转捩

$$Re_{\text{crit}}=\frac{U_\infty x}{\nu}=5\times10^5\sim3\times10^6$$

在湍流边界层中由于旋涡的黏性扩散与旋涡的湍流扩散彼此机理不同，使得流动呈现多层结构模式。湍流边界层的内层为层流底层（Re_x足够小），其厚度比外层薄得多，约占边界层总厚度的10%～20%，在这一层内，通过黏性剪切以很大的速度梯度与壁面条件相匹配，黏性切应力起着支配作用，而外流压强梯度的影响不明显。

可见在边界层流动中，边界层内必须考虑黏性项，而边界层外可不考虑黏性项，即当成理想流体位势流动。

5）在边界层内：单位体积流体的惯性力 $\sim\rho\boldsymbol{V}\cdot\nabla\boldsymbol{V}\sim\dfrac{\rho U_\infty^2}{L}$

单位体积流体的黏性力 $\sim\mu\nabla^2\boldsymbol{V}\sim\mu\dfrac{U_\infty}{\delta^2}$

若惯性力～黏性力，则

$$\frac{\rho U_\infty^2}{L}\sim\mu\frac{U_\infty}{\delta^2}$$

故

$$\delta\sim\sqrt{\frac{\mu L}{\rho U_\infty}}\sim\frac{L}{\sqrt{Re}}\quad\text{或}\quad\frac{\delta}{L}\sim\frac{1}{\sqrt{Re}}$$

此式反映了边界层厚度的数量级。边界层的厚度δ是人为规定的，通常定义为流速达到主流速度的0.99时，即认为到达边界层的边界，此时对应的坐标点到固壁的垂直距离即为边界层厚度。在边界层理论中，还有三种边界层厚度概念，即排挤厚度δ_d、动量损失厚度δ_m、能量损失厚度δ_e，它们都有特定的物理意义。

- **排挤厚度**（Displacement thickness）

按图9-3中的坐标设置，设边界层外的势流速度为u_e，则按理想流体计算时，通过厚度为δ的质量流量为

$$\int_0^\delta\rho u_e\mathrm{d}y$$

按实际流体计算时，通过厚度为δ的质量流量为

$$\int_0^\delta\rho u\mathrm{d}y<\int_0^\delta\rho u_e\mathrm{d}y$$

可见，由于黏性的存在，使实际流量减少，相当于有一部分流体被排挤到主流中去，或理解为流动区域(y方向)缩小了δ_d，故称为排挤厚度。

$$\rho u_e \delta_d = \int_0^\delta \rho u_e \mathrm{d}y - \int_0^\delta \rho u \mathrm{d}y \tag{9-1}$$

所以

$$\delta_d = \int_0^\delta \left(1 - \frac{u}{u_e}\right)\mathrm{d}y \approx \int_0^\infty \left(1 - \frac{u}{u_e}\right)\mathrm{d}y \tag{9-2}$$

● **动量损失厚度**(Momentum thickness)

动量损失厚度代表整个边界层厚度内有黏性流动相对于无黏性流动所亏损的动量流量与单位厚度内无黏性流动的动量流量之比。依照排挤厚度类似的分析，可得动量损失厚度的定义：

$$\delta_m = \int_0^\delta \frac{u}{u_e}\left(1 - \frac{u}{u_e}\right)\mathrm{d}y \tag{9-3}$$

● **能量损失厚度**(Energy thickness)

边界层内的流速降低同样使流体的动能通量也减小，于是可定义能量损失厚度：

$$\delta_e = \int_0^\delta \frac{u}{u_e}\left(1 - \frac{u^2}{u_e^2}\right)\mathrm{d}y \tag{9-4}$$

值得注意的是，边界层外的势流区不会有能量损失，能量损失完全产生于边界层内。

一般情况下，有 $\delta_m < \delta_d < \delta_e < \delta$

图9-5表示了边界层内$\frac{u}{u_e}$、$\left(1-\frac{u}{u_e}\right)$及$\frac{u}{u_e}\left(1-\frac{u}{u_e}\right)$的分布状况。图中水平阴影部分的面积为排挤厚度$\delta_d$，竖向阴影部分面积为动量损失厚度$\delta_m$，$\frac{u}{u_e}=0.99$处的$y$值为边界层厚度$\delta$。

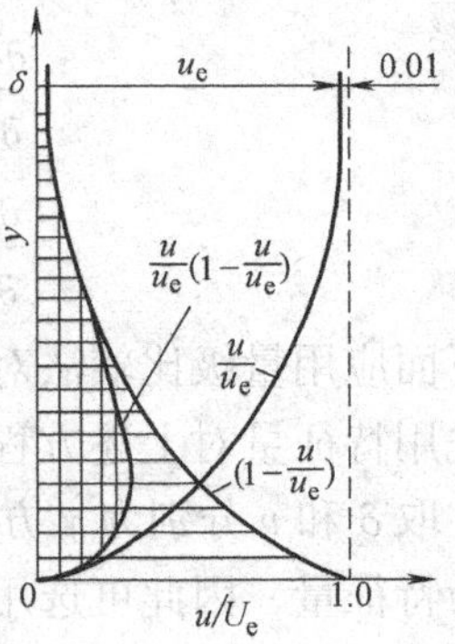

图9-5 边界层内$\frac{u}{u_e}$、$\left(1-\frac{u}{u_e}\right)$及$\frac{u}{u_e}\left(1-\frac{u}{u_e}\right)$分布图

【**例9-1**】 若已知均质不可压缩流体的边界层内速度分布为

$$\frac{u}{U_\infty} = \left(\frac{y}{\delta}\right)^{\frac{1}{7}},\ 0 \leqslant y \leqslant \delta \quad 及 \quad \frac{u}{U_\infty} = 1,\ y > \delta$$

求排挤厚度、动量损失厚度和能量损失厚度，并比较其相对大小。

解：$\delta_d = \int_0^\delta \left(1 - \frac{u}{U_\infty}\right)\mathrm{d}y = \int_0^\delta \left[1 - \left(\frac{y}{\delta}\right)^{\frac{1}{7}}\right]\mathrm{d}y = \delta\int_0^1 (1 - \eta^{\frac{1}{7}})\mathrm{d}\eta$

$$= \delta\left(\eta - \frac{7}{8}\eta^{\frac{8}{7}}\right)\Big|_0^1 = \frac{1}{8}\delta$$

$$\delta_m = \int_0^\delta \frac{u}{U_\infty}\left(1 - \frac{u}{U_\infty}\right)\mathrm{d}y = \int_0^\delta \left(\frac{y}{\delta}\right)^{\frac{1}{7}}\left[1 - \left(\frac{y}{\delta}\right)^{\frac{1}{7}}\right]\mathrm{d}y = \delta\int_0^1 \left(\eta^{\frac{1}{7}} - \eta^{\frac{2}{7}}\right)\mathrm{d}\eta$$

$$= \delta\left(\frac{7}{8}\eta^{\frac{8}{7}} - \frac{7}{9}\eta^{\frac{9}{7}}\right)\Big|_0^1 = \frac{7}{72}\delta$$

$$\delta_e = \int_0^\delta \frac{u}{U_\infty}\left(1 - \frac{u^2}{U_\infty^2}\right)\mathrm{d}y = \int_0^\delta \left(\frac{y}{\delta}\right)^{\frac{1}{7}}\left[1 - \left(\frac{y}{\delta}\right)^{\frac{2}{7}}\right]\mathrm{d}y = \delta\int_0^1 (\eta^{\frac{1}{7}} - \eta^{\frac{3}{7}})\,\mathrm{d}\eta$$

$$= \delta\left(\frac{7}{8}\eta^{\frac{8}{7}} - \frac{7}{10}\eta^{\frac{10}{7}}\right)\Big|_0^1 = \frac{7}{40}\delta$$

所以

$$\delta:\delta_e:\delta_d:\delta_m = 1:\frac{7}{40}:\frac{1}{8}:\frac{7}{72} \approx 1:\frac{1}{6}:\frac{1}{8}:\frac{1}{10}$$

9.3 边界层运动方程

利用边界层流动的特点，如流体的黏度小、速度与温度分布梯度大和边界层厚度与物体特征尺度相比为一小量等，可以对 N-S 方程组进行简化，从而导出边界层方程组。

假定流体为不可压缩均质流体，作二维平面运动，且不计质量力，平行来流在无穷远处的速度为 U_∞（与之相应的边界层外的势流速度为 u_e）。在直角坐标系中，有

- 连续方程：

$$\frac{\partial u}{\partial x} + \frac{\partial v}{\partial y} = 0 \tag{9-5}$$

- 动量方程：

$$\frac{\partial u}{\partial t} + u\frac{\partial u}{\partial x} + v\frac{\partial u}{\partial y} = -\frac{1}{\rho}\frac{\partial p}{\partial x} + \frac{\mu}{\rho}\left(\frac{\partial^2 u}{\partial x^2} + \frac{\partial^2 u}{\partial y^2}\right) \tag{9-6a}$$

$$\frac{\partial v}{\partial t} + u\frac{\partial v}{\partial x} + v\frac{\partial v}{\partial y} = -\frac{1}{\rho}\frac{\partial p}{\partial y} + \frac{\mu}{\rho}\left(\frac{\partial^2 v}{\partial x^2} + \frac{\partial^2 v}{\partial y^2}\right) \tag{9-6b}$$

下面应用量级比较法对上述方程组的各项进行量级估计，并将其中的高阶小量项略去。

先用特征量对上述方程进行量纲为一化。选取 L 和 u_e 分别为 x 方向的特征长度和特征速度，取 δ 和 v 分别为 y 方向的特征长度和特征速度。此外，对大雷诺数流动，应选用惯性量作为特征量，因此可选用 ρu_e^2 作为压强的特征值，选用 L/u_e 作为特征时间。于是可定义下列量纲一的参数（括号中给出的是它们的数量级）：

$$x^* = \frac{x}{L} \sim (1),\ y^* = \frac{y}{\delta} = \frac{y}{L/\sqrt{Re}} \sim (\delta^*),\ t^* = \frac{t}{L/u_e} \sim (1)$$

$$u^* = \frac{u}{u_e} \sim (1),\ v^* = \frac{v}{u_e} \sim (\delta^*)^{\ominus}$$

$$p^* = \frac{p}{\rho u_e^2} \sim (1),\ \frac{p}{L} \sim \rho\frac{u_e^2}{L},\ \delta^* = \frac{\delta}{L} \sim \frac{1}{\sqrt{Re}}$$

所以

$$Re \sim \frac{1}{\delta^{*2}},\ \frac{\partial^2 u^*}{\partial x^{*2}} \sim (1),\ \frac{\partial^2 u^*}{\partial y^{*2}} \sim \left(\frac{1}{\delta^{*2}}\right)$$

将上述量纲一的参数代入式(9-5)和式(9-6)中，并进行整理，得

⊖ $v \sim \int_0^\delta \frac{\partial u}{\partial x}\mathrm{d}y \sim \frac{u_e}{L}\delta \sim \frac{u_e}{\sqrt{Re}} \sim (\delta^*)$。——作者注

$$
\begin{cases}
\dfrac{\partial u^*}{\partial x^*}+\dfrac{\partial v^*}{\partial y^*}=0 \\
(1) \quad (1) \\
\dfrac{\partial u^*}{\partial t^*}+u^*\dfrac{\partial u^*}{\partial x^*}+v^*\dfrac{\partial u^*}{\partial y^*}=-\dfrac{\partial p^*}{\partial x^*}+\dfrac{1}{Re}\left(\dfrac{\partial^2 u^*}{\partial x^{*2}}+\dfrac{\partial^2 u^*}{\partial y^{*2}}\right) \\
(1) \quad (1\times 1) \quad \left(\delta^*\times\dfrac{1}{\delta^*}\right) \quad (1) \quad \delta^{*2}\times\left(1+\dfrac{1}{\delta^{*2}}\right) \\
\dfrac{\partial v^*}{\partial t^*}+u^*\dfrac{\partial v^*}{\partial y^*}+v^*\dfrac{\partial v^*}{\partial y^*}=-\dfrac{\partial p^*}{\partial y^*}+\dfrac{1}{Re}\cdot\dfrac{\partial^2 v^*}{\partial x^{*2}}+\dfrac{1}{Re}\cdot\dfrac{\partial^2 v^*}{\partial y^{*2}} \\
(\delta^*) \quad (1\times\delta^*) \quad (1\times\delta^*) \quad \left(\dfrac{1}{\delta^*}\right) \quad (\delta^{*2}\times\delta^*) \quad \left(\delta^{*2}\times\dfrac{\delta^*}{\delta^{*2}}\right)
\end{cases}
\tag{9-7}
$$

式中，各项下面标明的是该项的数量级。忽略数量级较小的项，上述方程可简化为

$$
\begin{cases}
\dfrac{\partial u^*}{\partial x^*}+\dfrac{\partial v^*}{\partial y^*}=0 \\
\dfrac{\partial u^*}{\partial t^*}+u^*\dfrac{\partial u^*}{\partial x^*}+v^*\dfrac{\partial u^*}{\partial y^*}=-\dfrac{\partial p^*}{\partial x^*}+\dfrac{1}{Re}\dfrac{\partial^2 u^*}{\partial y^{*2}} \\
\dfrac{\partial p^*}{\partial y^*}=0
\end{cases}
\tag{9-8}
$$

可见 p 与 y 无关，即压强沿 y 均匀分布，它只可能与 x 有关，即 $p=p_e(x, t)$。于是可取主流在边界层外缘处的压强分布来代表边界层内的压强项。对边界层问题，$p_e(x, t)$通常是已知函数，它可由势流解得出

$$
\frac{\partial u_e}{\partial t}+u_e\frac{\partial u_e}{\partial x}=-\frac{1}{\rho}\frac{\partial p_e}{\partial x} \tag{9-9}
$$

如果 $u_e=U_\infty$ 为定值，则

$$
p_e+\frac{1}{2}\rho U_\infty^{\ 2}=\text{const}
$$

此式即是**伯努利方程**。

于是有

$$
\frac{\partial p}{\partial x}=\frac{\partial p_e}{\partial x} \tag{9-10}
$$

最后还原方程组：

$$
\begin{cases}
\dfrac{\partial u}{\partial x}+\dfrac{\partial v}{\partial y}=0 \\
\dfrac{\partial u}{\partial t}+u\dfrac{\partial u}{\partial x}+v\dfrac{\partial u}{\partial y}=-\dfrac{1}{\rho}\dfrac{\partial p_e}{\partial x}+v\dfrac{\partial^2 u}{\partial y^2}
\end{cases}
\tag{9-11}
$$

式(9-11)即为**普朗特边界层运动方程**，是普朗特(L. Prandtl)于1904年提出来的。对于平板层流边界层，其定解条件如下：

●初始条件 $t=0$：$u=u_0(x,\ y)$ (9-12)

●边界条件 $\begin{cases} y=\infty: u=u_e \\ y=0: u=0,\ v=0 \end{cases}$ (9-13)

有以下几点值得注意：

1）普朗特边界层方程是非线性方程组，仍然难以求解，只有一些特殊情况可解；

2）此方程不适用于边界层的起始段区域（因为起始段不满足 $Re>>1$）；起始段的长度一般取：

$$\frac{\delta}{x_0}\sim\frac{1}{\sqrt{Re_{x0}}}=0.2 \qquad (\text{即}Re_{x0}=25)$$

于是

$$x_0=25\frac{\nu}{u_e} \tag{9-14}$$

3）对方程组(9-11)进行坐标变换（正交变换）后也适用于弯曲壁面的绕流问题。

9.4 边界层方程的相似性解

相似性解（Similarity solution）是边界层研究中的重要概念。当边界层方程具有相似性解时，其流速 $u(x,\ y)$ 的分布具有以下性质：如果把任意 x 截面的 $u(x,\ y)$ 采用量纲一的坐标表示时，其分布图形均相同。

在某一 x 位置，当地势流流速 $u_e(x)$ 显然可作为流速的特征值。取某函数 $h(x)$ 为 y 坐标的特征值，则

$$\eta=\frac{y}{h(x)} \tag{9-15a}$$

$$\frac{u(x,\ y)}{u_e(x)}=f'(\eta) \tag{9-15b}$$

式中，f' 表示函数 f 对自变量 η 的一阶导数。当 $f(\eta)$ 与 x 无关时，$f(\eta)$ 分布相同，即为边界层方程的“相似性解”。

对于**二维定常**问题，引入**流函数**：$u=\dfrac{\partial\psi}{\partial y}$，$v=-\dfrac{\partial\psi}{\partial x}$，则自动满足连续性方程。

如果流函数可写成

$$\psi=u_e(x)\cdot h(x)\cdot f(\eta) \tag{9-16}$$

按照复合函数求导法则，流速分量为

$$u=\frac{\partial\psi}{\partial\eta}\cdot\frac{\partial\eta}{\partial y}=u_e\cdot f' \tag{9-17a}$$

$$v=-\frac{\partial\psi}{\partial x}=-[u_e'\cdot h\cdot f+u_e\cdot h'\cdot f-u_e\cdot h'\cdot f'\cdot\eta] \tag{9-17b}$$

同理还可将 $\dfrac{\partial u}{\partial x}$、$\dfrac{\partial u}{\partial y}$、$\dfrac{\partial v}{\partial x}$、$\dfrac{\partial v}{\partial y}$、$\dfrac{\partial^2 u}{\partial x^2}$、$\dfrac{\partial^2 u}{\partial y^2}$、$\dfrac{\partial^2 v}{\partial x^2}$、$\dfrac{\partial^2 v}{\partial y^2}$ 变换为关于 f、f'、f''、f''' 及 h 的相应函数关系（此处从略）。再将这些结果代入边界层方程中，整理可得

$$f''' + \alpha \cdot f \cdot f'' + \beta(1 - f'^2) = 0 \tag{9-18}$$

式中，

$$\alpha = \frac{h}{\nu} \cdot \frac{\mathrm{d}}{\mathrm{d}x}(u_e \cdot h), \quad \beta = \frac{h^2}{\nu} \cdot u_e' \tag{9-19}$$

注意，边界条件转变为

$$\begin{cases} \eta = 0: f(0) = 0, f'(0) = 0 \\ \eta = \infty: f'(\infty) = 1 \end{cases} \tag{9-20}$$

可见，只有 α、β 为常数时，方程(9-18)才是常微分方程，即 f 只是 y 的函数。这就是方程(9-18)具有相似性解的条件。

由式(9-19)得

$$2\alpha - \beta = \frac{1}{\nu} \cdot \frac{\mathrm{d}}{\mathrm{d}x}(h^2 \cdot u_e) \tag{9-21}$$

当 α、β 为常数时，对上式进行积分(取积分常数为0)，得

$$(2\alpha - \beta)\nu x = h^2 \cdot u_e \tag{9-22}$$

再利用式(9-19)，可得

$$\frac{1}{u_e}\frac{\mathrm{d}u_e}{\mathrm{d}x} = \frac{\beta}{(2\alpha - \beta)x} \tag{9-23}$$

积分此式，得

$$u_e = c \cdot x^m \tag{9-24}$$

式中，指数 m 为

$$m = \frac{\beta}{2\alpha - \beta}$$

其公约数并不影响 m 的值，故可取 $\alpha = 1$，则

$$m = \frac{\beta}{2 - \beta} \quad 或 \quad \beta = \frac{2m}{m+1} \tag{9-25}$$

于是式(9-18)改写成

$$f''' + f \cdot f'' + \beta(1 - f'^2) = 0 \tag{9-26}$$

此式称为**福克勒-斯坎方程**(Falkner-Skan equation)。

由 α 和 β 的关系同样可得到 $h(x)$ 的形式。由式(9-22)，取 $\alpha = 1$，得

$$h^2 = (2 - \beta)\nu \cdot \frac{x}{u_e}$$

将式(9-25)代入后，得

$$h = \sqrt{\frac{2}{m+1} \cdot \frac{\nu x}{u_e}} \tag{9-27}$$

于是可得相似变量 η：

$$\eta = \frac{y}{h} = y\sqrt{\frac{m+1}{2} \cdot \frac{u_e}{\nu x}} \tag{9-28}$$

有了特征流速 $u_e(x)$ 及 y 坐标的特征尺度 $h(x)$，则流函数可写成

$$\psi = \sqrt{\frac{2}{m+1}\nu \cdot u_e \cdot x} \cdot f(\eta) \tag{9-29}$$

至此，导出了具有相似性解的条件[式(9-24)]、相似变量的表达式[式(9-28)]及边界层运动的常微分方程[式(9-26)]。下面介绍几种存在相似性解的流动。

1. 平板边界层流动

对于如图 9-3 所示的来流与平板平行时的平板绕流情况，有 $\beta=0$，$m=0$，则

$$u_e(x)=U_\infty,\ \eta=y\sqrt{\frac{1}{2}\cdot\frac{U_\infty}{\nu x}} \tag{9-30}$$

此时，式(9-26)变为

$$f'''+f\cdot f''=0 \tag{9-31}$$

式(9-31)称为**布拉修斯方程**(Blasius equation)，下一节将重点讨论其求解。

2. 平面驻点流动

当 $\alpha=1$ 时，如果 $\beta=1$，则 $m=1$。式(9-24)变为

$$u_e(x)=cx,\ \eta=y\sqrt{\frac{c}{\nu}} \tag{9-32}$$

此即平面驻点流动(图 9-6)。式(9-26)可写为

$$f'''+f\cdot f''-f'^2+1=0 \tag{9-33}$$

式(9-33)称为**西门茨**(K. Hiemenz)**方程**，可采用数值积分法求解。

3. 二维楔形物体驻点附近流动

如图 9-7 所示，当夹角为 $\pi\beta$ 时，在前驻点附近势流的流速为

$$u_e(x)=c\cdot x^m \tag{9-34}$$

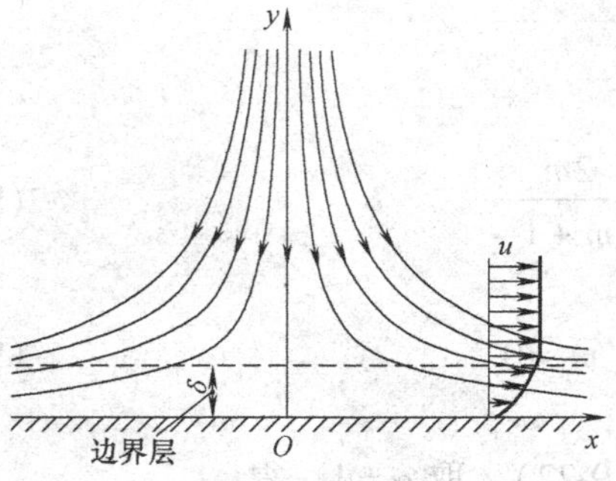

图 9-6 平面驻点流动

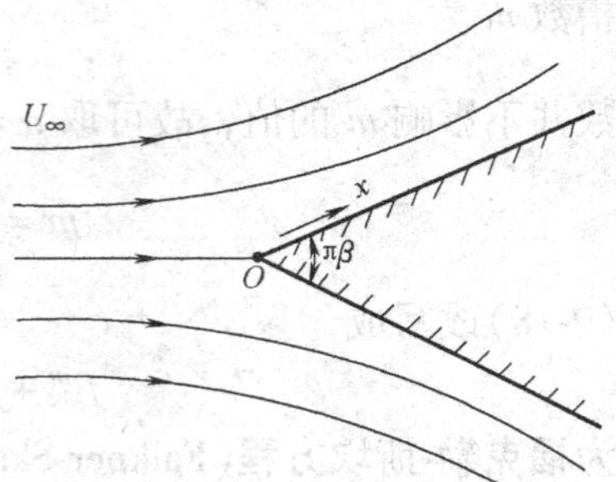

图 9-7 绕楔形体流动

4. 绕钝头柱体前驻点附近的二维流动

如图 9-8 所示，这种流动相当于 $\beta=1$，$m=1$，其表达式与平面驻点流动相同。

5. 陡坡流动

如图 9-9 所示的陡坡流动或溢流坝面的流动，势流流速近似地可用下式表示：

$$u_e(x)=\sqrt{2g\cdot x\cdot\sin\theta}=c\cdot x^{\frac{1}{2}} \tag{9-35}$$

综上所述，当外势流满足 $u_e(x)=cx^m=c\cdot x^{\frac{\beta}{2-\beta}}$ 的流动，其边界层运动方程均有相似解，并可由数值积分方法得出其运动常微分方程的解。

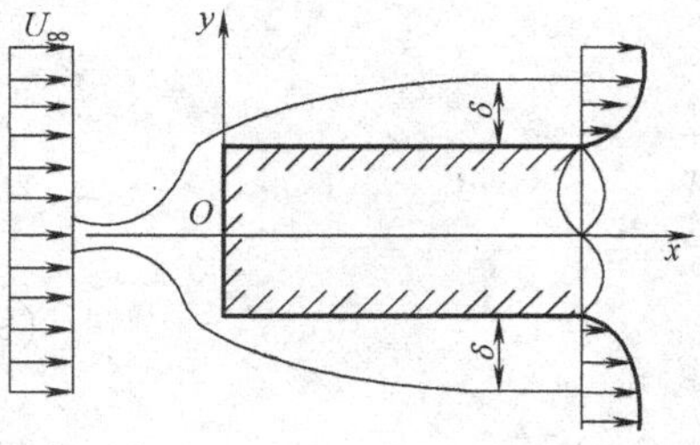

图9-8 柱体纵向绕流

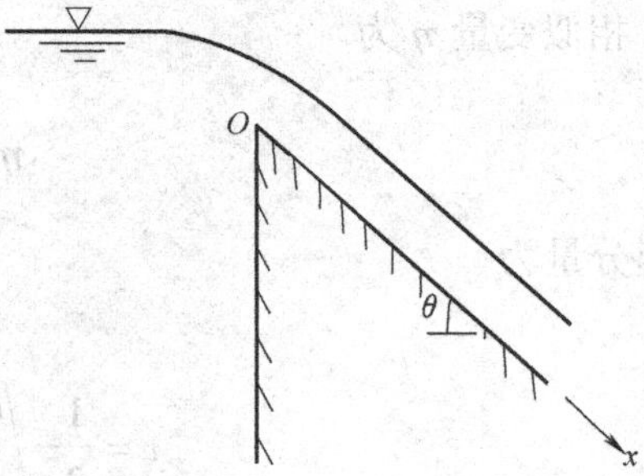

图9-9 陡坡流动

9.5 平板边界层的布拉修斯精确解

均匀来流绕过一个厚度很薄(假定厚度为零)的平板，且平板为顺流放置，则在平板两侧固体壁面附近产生的边界层流动，是应用普朗特边界层微分方程解决黏性流动问题的一个最简单而又十分重要的例子。

如图9-10所示，板厚为零的半无限长平板，平板前缘作为坐标原点，平板向下游伸展至无穷远。平板前端均匀来流流速为 U_∞，流速与平板平行。考虑定常流动情况，同时忽略压强项和质量力，则普朗特边界层微分方程可写为

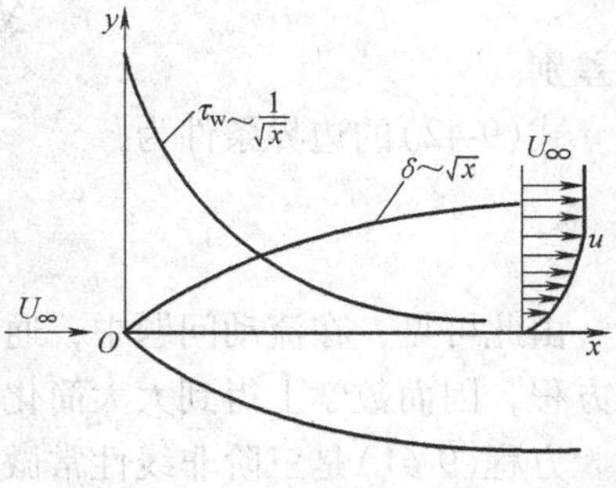

图9-10 平板层流边界层

$$\begin{cases} \dfrac{\partial u}{\partial x}+\dfrac{\partial v}{\partial y}=0 \\ u\dfrac{\partial u}{\partial x}+v\dfrac{\partial u}{\partial y}=\nu\dfrac{\partial^2 u}{\partial y^2} \end{cases} \tag{9-36}$$

边界条件为

$$\begin{cases} y=0: u=0,\ v=0 \\ y=\delta: u=u_e(\text{或 } y=\infty: u=U_\infty),\ v=0 \end{cases} \tag{9-37}$$

根据上一节相似解存在的条件可知，如果方程组(9-36)存在相似性解，取 $\dfrac{\mathrm{d}u_e}{\mathrm{d}x}=0$，则有

$$\alpha=\frac{h(x)\cdot[u_e h(x)]'}{h\cdot\nu}=h\cdot\frac{u_e}{\nu}\frac{\mathrm{d}h}{\mathrm{d}x}=\text{const}$$

且有 $\beta=\dfrac{h^2(x)}{\nu}\dfrac{\mathrm{d}u_e}{\mathrm{d}x}=0$。如果设 $\alpha=\dfrac{1}{2}$，则

$$\frac{\mathrm{d}h(x)}{\mathrm{d}x}=\frac{\nu}{u_e}\frac{1}{2h(x)} \tag{9-38}$$

积分式(9-38)，取积分常数为0，则

$$h(x)=\sqrt{\frac{\nu x}{u_e}} \tag{9-39}$$

于是，相似变量 η 为

$$\eta = \frac{y}{h(x)} = y\sqrt{\frac{u_e}{\nu x}} \tag{9-40}$$

其流速分量为

$$u = u_e \cdot f'(\eta) \tag{9-41a}$$

$$v = \frac{1}{2}\sqrt{\frac{\nu u_e}{x}}[\eta \cdot f'(\eta) - f(\eta)] \tag{9-41b}$$

找到了确定的相似变量，可见确实存在相似性解。

由 u、v 的表达式可进一步求出其各阶偏导数(此处从略)，然后代入边界层方程(9-26)，最后可得

$$2f''' + ff'' = 0 \tag{9-42}$$

上式即为**布拉修斯原方程**(H. Blasius，1908 年)

注意到前面得到的布拉修斯方程(9-31)，形式上更简单，它是在假设 $\alpha=1$ 和 $\beta=0$ 的情况下得到的。此时对应的 $h(x)=\sqrt{\frac{2\nu x}{u_e}}$，相似变量 $\eta = y\sqrt{\frac{u_e}{2\nu x}}$，与式(9-39)和式(9-40)稍有差别。

式(9-42)的边界条件为

$$\begin{cases}\eta = 0: f=0,\ f'=0\\ \eta=\infty: f'=1\end{cases} \tag{9-43}$$

由此可见，在流动问题中，通过引进相似变量 η 和流函数 ψ，可使偏微分方程变为常微分方程，因而数学上得到大大简化。

方程(9-41)是三阶非线性常微分方程，形式上虽然简单，但数学上仍无解析解。最早，布拉修斯得出了级数近似解；1938 年霍华斯(L．Howarth)采用龙格-库塔法得出人工数值解，如表 9-1 所示。

表 9-1　边界层方程的布拉修斯精确解计算结果

$\eta = y\sqrt{\frac{u_e}{\nu x}}$	$f(\eta)$	$f'(\eta)=\frac{df}{d\eta}$	$f''(\eta)=\frac{d^2f}{d\eta^2}$
0	0	0	0. 33206
1. 0	0. 16557	0. 32979	0. 32301
2. 0	0. 65003	0. 62977	0. 26675
3. 0	1. 39682	0. 84605	0. 16136
4. 0	2. 30576	0. 95552	0. 06424
4. 8	3. 08534	0. 98779	0. 02187
5. 0	3. 28329	0. 99115	0. 01591
6. 0	4. 27964	0. 99868	0. 00240
7. 0	5. 27926	0. 99992	0. 00022
8. 0	6. 27923	1. 00000	0. 00001
8. 8	7. 07923	1. 00000	0. 00000

利用表9-1中数据，可以方便地计算得出以下结果：

1. 边界层厚度

根据名义边界层厚度的定义：$\frac{u}{u_e}=f'(\eta)=0.99$，有 $\eta\approx5.0$。由 $\eta=y\sqrt{\frac{u_e}{\nu x}}$ 得

$$\delta=5.0\frac{x}{\sqrt{Re_x}} \tag{9-44}$$

排挤厚度为

$$\delta_d=\int_0^\infty\left(1-\frac{u}{u_e}\right)dy=\sqrt{\frac{\nu x}{u_e}}\int_0^\infty[1-f'(\eta)]d\eta$$

$$=1.721\sqrt{\frac{\nu x}{u_e}}=1.721\frac{x}{\sqrt{Re_x}} \tag{9-45}$$

动量损失厚度：

$$\delta_m=\int_0^\infty\frac{u}{u_e}\left(1-\frac{u}{u_e}\right)d\eta=\sqrt{\frac{\nu x}{u_e}}\int_0^\infty f'(\eta)[1-f'(\eta)]d\eta$$

$$=0.664\sqrt{\frac{\nu x}{u_e}}=0.664\frac{x}{\sqrt{Re_x}} \tag{9-46}$$

由此可见：$\delta\approx3\delta_d\approx8\delta_m$

2. 壁面切应力

$$\tau_w=\mu\left(\frac{\partial u}{\partial y}\right)_{y=0}=\frac{\mu u_e}{\sqrt{\frac{\nu x}{u_e}}}f''(0)=0.332\rho u_e^2\frac{1}{\sqrt{Re_x}} \tag{9-47}$$

3. 壁面摩擦阻力系数

$$c_f=\frac{2\tau_w}{\rho u_e^2}=0.664\frac{1}{\sqrt{Re_x}} \tag{9-48}$$

沿板长的平均阻力参数：

$$C_L=\frac{1}{L}\int_0^L C_f dx=1.328\frac{1}{\sqrt{Re_L}}\quad\left(\text{其中}Re_L=\frac{U_\infty L}{\nu}\right) \tag{9-49}$$

其他具有相似解的边界层流动问题均可仿此求解。对于轴对称绕流边界层问题，须作坐标变换，转化为二维平面问题求解。此外，对于像柱体横向绕流这样的问题，并不直接满足相似性解存在的条件，但将势流函数表达成为级数后，多项式的每一项均满足相似性解存在的条件，因此都能求解，根据流动叠加原理，最后也就可得到它们的解，这种解法称为**级数近似解**。有兴趣的读者可参阅相关文献。

【例9-2】 光滑薄平板长1m、宽1m，潜没在水中以0.5m/s的速度沿水平方向拖曳，

水温10℃，求所需要的拖曳力。

解：查得10℃水的运动黏度$\nu = 1.31 \times 10^{-6} \mathrm{m^2/s}$，则

$$Re_L = \frac{U_\infty L}{\nu} = \frac{0.5 \times 1}{1.31 \times 10^{-6}} = 3.817 \times 10^5 < 5 \times 10^5$$

属于层流流动，利用式(9-49)计算：

$$C_L = 1.328 \frac{1}{\sqrt{Re_L}} = 0.00215$$

拖曳力 $F = C_L \frac{\rho U_\infty^2}{2} LB \times 2 = \left(0.00215 \times \frac{1000 \times 0.5^2}{2} \times 1 \times 1 \times 2\right) \mathrm{N} = 0.5375 \mathrm{N}$

9.6 边界层积分方程解法

对于复杂形状的绕流边界层，不一定存在相似性解，因此微分解法难度很大。而实际工程问题常常并不太关注流动细节(即具体的流速分布)，只关注流动阻力，这时积分解法作为一种较好近似，就得到了广泛的应用。

这种方法的特点是并不要求边界层内每一个流体质点的运动均需满足边界层微分方程的要求，而只是除必须满足壁面及边界层外缘处的边界条件外，在边界层内部只需满足在整个边界层厚度上对边界层微分方程积分所得的动量方程。

9.6.1 边界层动量积分方程

二维定常流动的边界层微分方程为：

- 动量方程：

$$u \frac{\partial u}{\partial x} + v \frac{\partial u}{\partial y} = u_e \frac{\mathrm{d} u_e}{\mathrm{d} x} + \nu \frac{\partial^2 u}{\partial y^2} \tag{9-50}$$

- 连续性方程：

$$\frac{\partial u}{\partial x} + \frac{\partial v}{\partial y} = 0 \tag{9-51}$$

- 边界条件：

$$\begin{cases} y = 0: u = 0,\ v = 0 \\ y = \infty: u = u_e(x),\ v = 0 \end{cases} \tag{9-52}$$

将式(9-51)乘以u_e，得

$$u_e \frac{\partial u}{\partial x} + u_e \frac{\partial v}{\partial y} = \frac{\partial (u_e u)}{\partial x} + \frac{\partial (u_e v)}{\partial y} - u \frac{\mathrm{d} u_e}{\mathrm{d} x} = 0 \tag{9-53}$$

将式(9-53)与式(9-50)式相减，整理得

$$\frac{\partial}{\partial x}(u_e u - uu) + \frac{\partial}{\partial y}(u_e v - uv) + (u_e - u)\frac{\mathrm{d} u_e}{\mathrm{d} x} = -\nu \frac{\partial^2 u}{\partial y^2} \tag{9-54}$$

对该式两边各项在边界层内沿y积分：

$$\int_0^{\delta}\frac{\partial}{\partial x}(u_e u - uu)\mathrm{d}y + \int_0^{\delta}\frac{\partial}{\partial y}(u_e v - uv)\mathrm{d}y + \int_0^{\delta}(u_e - u)\frac{\mathrm{d}u_e}{\mathrm{d}x}\mathrm{d}y = -\int_0^{\delta}\nu\frac{\partial^2 u}{\partial y^2}\mathrm{d}y \tag{9-55}$$

对于边界层，式中积分上限为边界层外缘 $y=\delta$，该点处 $\left.\frac{\partial u}{\partial y}\right|_{y=\delta}=0$，且有 $\int_0^{\delta}(\,)\mathrm{d}y \approx \int_0^{\infty}(\,)\mathrm{d}y$，则有

$$\int_0^{\delta}\frac{\partial}{\partial x}(u_e u - uu)\mathrm{d}y = \frac{\partial}{\partial x}\int_0^{\delta}u_e^2\frac{u}{u_e}\left(1-\frac{u}{u_e}\right)\mathrm{d}y = \frac{\partial}{\partial x}\int_0^{\infty}u_e^2\frac{u}{u_e}\left(1-\frac{u}{u_e}\right)\mathrm{d}y = \frac{\mathrm{d}(\delta_m u_e^2)}{\mathrm{d}x} \tag{9-56a}$$

$$\int_0^{\delta}\frac{\partial}{\partial y}(u_e v - uv)\mathrm{d}y = \int_0^{\infty}\frac{\partial}{\partial y}(u_e v - uv)\mathrm{d}y = (u_e v - uv)\Big|_0^{\infty} = 0 \tag{9-56b}$$

$$\int_0^{\delta}(u_e - u)\frac{\mathrm{d}u_e}{\mathrm{d}x}\mathrm{d}y = \frac{u_e\mathrm{d}u_e}{\mathrm{d}x}\int_0^{\delta}\left(1-\frac{u}{u_e}\right)\mathrm{d}y = \frac{u_e\mathrm{d}u_e}{\mathrm{d}x}\int_0^{\infty}\left(1-\frac{u}{u_e}\right)\mathrm{d}y = \frac{u_e\mathrm{d}u_e}{\mathrm{d}x}\delta_{\mathrm{d}} \tag{9-56c}$$

$$-\int_0^{\delta}\nu\frac{\partial^2 u}{\partial y^2}\mathrm{d}y = -\frac{\mu}{\rho}\int_0^{\delta}\frac{\partial}{\partial y}\left(\frac{\partial u}{\partial y}\right)\mathrm{d}y = \frac{1}{\rho}\mu\left(\frac{\partial u}{\partial y}\right)\Big|_{y=0} = -\frac{\tau_{\mathrm{w}}}{\rho} \tag{9-56d}$$

将以上结果代入式(9-55)后，整理可得

$$\frac{\mathrm{d}\delta_m}{\mathrm{d}x} + \frac{\delta_m}{u_e}(2+H_{12})\frac{\mathrm{d}u_e}{\mathrm{d}x} = \frac{\tau_{\mathrm{w}}}{\rho u_e^2} \tag{9-57}$$

此即著名的卡门**动量积分方程**(Momentum integral equation)，是冯·卡门(T. Von Karman)1921 年首先导出的。而且这个方程对层流与湍流均可适用。式中包括 3 个未知量 δ_{m}、τ_{w} 和 H_{12}。其中，$H_{12}=\delta_d/\delta_m$ = 排挤厚度/动量损失厚度 = 2.0 ~ 3.5，称**形状因子**(Shape factor)。

9.6.2　边界层能量积分方程

1948 年维格哈特(K. Wieghardt)又用相同的方法导出了边界层能量积分方程(Energy integral equation)。

以 $(u_e^2-u^2)$ 乘以连续性方程(9-51)，得

$$(u_e^2-u^2)\frac{\partial u}{\partial x} + (u_e^2-u^2)\frac{\partial v}{\partial y} = 0 \tag{9-58}$$

以 $2u$ 乘以动量方程(9-50)，得

$$2u^2\frac{\partial u}{\partial x} + 2uv\frac{\partial u}{\partial y} = 2uu_e\frac{\mathrm{d}u_e}{\mathrm{d}x} + \frac{2u}{\rho}\frac{\partial\tau}{\partial y} \tag{9-59}$$

式中，

$$\tau = \mu\frac{\partial u}{\partial y}$$

将式(9-58)减去式(9-59)，注意到 $\frac{\mathrm{d}u_e}{\mathrm{d}y}=0$，整理可得

$$\frac{\partial}{\partial x}[u(u_e^2-u^2)]+\frac{\partial}{\partial y}[v(u_e^2-u^2)]=\frac{2\tau}{\rho}\frac{\partial u}{\partial y}-\frac{2}{\rho}\frac{\partial(u\tau)}{\partial y} \tag{9-60}$$

对上式各项积分：

$$\int_0^\delta \frac{\partial}{\partial x}[u(u_e^2-u^2)]\mathrm{d}y=\frac{\partial}{\partial x}\int_0^\infty u_e^3\frac{u}{u_e}\left(1-\frac{u^2}{u_e^2}\right)\mathrm{d}y=\frac{\mathrm{d}(\delta_e u_e^3)}{\mathrm{d}x}$$

$$\int_0^\delta \frac{\partial}{\partial y}[v(u_e^2-u^2)]\mathrm{d}y=0$$

$$\int_0^\delta \frac{2}{\rho}\left(\frac{\partial u\tau}{\partial y}\right)\mathrm{d}y=\frac{2}{\rho}(u\tau)\Big|_0^\infty=0$$

取黏性耗散项：

$$\Phi=\mu\left[2\left(\frac{\partial u}{\partial y}\right)^2+2\left(\frac{\partial v}{\partial y}\right)^2+\left(\frac{\partial u}{\partial y}+\frac{\partial v}{\partial y}\right)^2\right]=\tau\frac{\partial u}{\partial y} \tag{9-61}$$

最后得

$$\frac{\mathrm{d}}{\mathrm{d}x}(\rho u_e^2\cdot u_e\delta_e)=2\int_0^\delta \tau\frac{\partial u}{\partial y}\mathrm{d}y=2\int_0^\delta \Phi\mathrm{d}y \tag{9-62}$$

此即为**边界层能量积分方程**。式中，$\frac{\mathrm{d}}{\mathrm{d}x}(\rho u_e^3\cdot\delta_e)$ 为能量损失的沿程变化；$\int_0^\delta \Phi\mathrm{d}y$ 为黏性耗散功。

9.6.3 平板边界层的积分近似解法

根据流动特征和主要边界条件，先近似地给出一个速度分布 $u=f(\eta)$，这样动量积分方程可归结为一个未知数——**速度分布型参数**的方程，求解该方程后，即可求出其他量。

现以二维平板定常边界层流动为例来加以说明。

设边界层内流速分布为

$$\frac{u}{u_e}=a+b\left(\frac{y}{\delta}\right)+c\left(\frac{y}{\delta}\right)^2+d\left(\frac{y}{\delta}\right)^3 \tag{9-63}$$

式中，a、b、c、d 为常系数，可由边界条件确定：

$$\begin{cases} y=0\text{: } u=0\text{，则 } a=0\text{；又由式(5-50)，有}\left.\dfrac{\partial^2 u}{\partial y^2}\right|_{y=0}=-\dfrac{u_e}{\gamma}\dfrac{\mathrm{d}u_e}{\mathrm{d}x}=0\text{，可得 } c=0 \\ y=\delta\text{: } u=u_e\text{，则 } 1=b+d\text{；由}\left.\dfrac{\partial u}{\partial y}\right|_{y=\delta}=0\text{，可得 } 0=b+3d\text{，于是可得 } b=\dfrac{3}{2}\text{，} d=-\dfrac{1}{2} \end{cases}$$

于是流速分布式可以写成

$$\frac{u}{u_e}=\frac{3}{2}\left(\frac{y}{\delta}\right)-\frac{1}{2}\left(\frac{y}{\delta}\right)^3 \tag{9-64}$$

或写成

$$f(\eta)=\frac{3}{2}\eta-\frac{1}{2}\eta^3 \tag{9-65}$$

式中，$f=\dfrac{u}{u_e}$，$\eta=\dfrac{y}{\delta}$

从而可以计算出

$$\int_0^1 (1-f)\mathrm{d}\eta = \frac{3}{8} = \frac{\delta_d}{\delta} = \alpha_1$$

$$\int_0^1 f(1-f)\mathrm{d}\eta = \frac{39}{280} = \frac{\delta_m}{\delta} = \alpha_2$$

$$f'(0) = \frac{3}{2} = \frac{\tau_w}{\rho\nu u_e}\delta = \beta_1$$

将其代入动量积分方程（9-57），并取零压梯度，即$\frac{\mathrm{d}p}{\mathrm{d}x}=0$，则$\frac{\mathrm{d}u_e}{\mathrm{d}x}=0$，于是可取 $u_e=U_\infty$。

则可得到

$$\frac{\mathrm{d}\delta_m}{\mathrm{d}x} = \frac{\tau_w}{\rho u_\infty^2} \tag{9-66}$$

或

$$\frac{\mathrm{d}(\alpha_2\delta)}{\mathrm{d}x} = \beta_1 \frac{\nu}{\delta U_\infty}$$

由于 α、β 均与 x 无关，则有

$$\delta\frac{\mathrm{d}\delta}{\mathrm{d}x} = \frac{\beta_1}{\alpha_2}\frac{\nu}{U_\infty}$$

令 $x=0$ 时，$\delta=0$，对上式进行积分，得

$$\delta = \sqrt{\frac{2\beta_1}{\alpha_2}}\sqrt{\frac{\nu x}{U_\infty}} = 4.64\frac{x}{\sqrt{Re_x}} \tag{9-67}$$

即可得到

$$\delta_d = \alpha_1\delta = 1.74\frac{x}{\sqrt{Re_x}} \tag{9-68}$$

$$\delta_m = \alpha_2\delta = 0.646\frac{x}{\sqrt{Re_x}} \tag{9-69}$$

$$\tau_w = \mu U_\infty\sqrt{\frac{\alpha_2\beta_1}{2}}\sqrt{\frac{U_\infty}{\nu x}} = 0.646\frac{1}{\sqrt{Re_x}}\frac{\rho U_\infty^2}{2} \tag{9-70}$$

由此可见，采用积分解法同样可以得到通常所关心的壁面阻力公式，而且其形式与精确解法完全相同，其大小也非常接近［读者可与式（9-44）~式（9-48）结果进行对比］。事实上，也可以取其他的速度分布按上面的过程进行演算。下面将几种假设的不同边界层内流速分布公式所得结果进行比较，列于表9-2。

表中，$\frac{\tau_w\sqrt{Re_x}}{\frac{1}{2}\rho U_\infty^2} = \delta_m\sqrt{\frac{U_\infty}{\nu x}}$；$c_f\sqrt{Re_L} = 2\delta_m\sqrt{\frac{U_\infty}{\nu x}}$；$H_{12}=\frac{\delta_d}{\delta_m}$称为形状参数；

$c_f = \frac{\int_0^L \tau_w \mathrm{d}x}{\frac{1}{2}\rho U_\infty^2 L}$为阻力系数，$L$为板长。

表 9-2　不同流速分布下平板边界层积分解结果比较

流速分布 $\frac{u}{U_\infty}=f(\eta)$	α_1	α_2	β_1	$\frac{\delta_d\sqrt{Re_x}}{x}$	$\frac{\tau_w\sqrt{Re_x}}{\frac{1}{2}\rho U_\infty^2}$	$c_f\sqrt{Re_L}$	$H_{12}=\frac{\delta_d}{\delta_m}$
$f(\eta)=\eta$	$\frac{1}{2}$	$\frac{1}{6}$	1	1.732	0.578	1.155	3.00
$f(\eta)=\frac{3}{2}\eta-\frac{1}{2}\eta^3$	$\frac{3}{8}$	$\frac{39}{280}$	$\frac{3}{2}$	1.740	0.646	1.292	2.68
$f(\eta)=2\eta-2\eta^3+\eta^4$	$\frac{3}{12}$	$\frac{37}{315}$	2	1.752	0.686	1.372	2.55
$f(\eta)=\sin\left(\frac{\pi}{2}\eta\right)$	$\frac{\pi-2}{\pi}$	$\frac{4-\pi}{2\pi}$	$\frac{\pi}{2}$	1.741	0.654	1.310	2.66
精确解	—	—	—	1.721	0.664	1.329	2.59

由表 9-2 可以看出，不同假设的流速分布对最终结果并没有太大的影响。可见边界层问题的积分近似解法对于顺流放置的平板而言，可以得到相当满意的结果，而且相对于求得精确解而言，积分近似解法要简单得多，甚至连数值积分工具都不需要。

【例 9-3】　密度为 ρ 的均质不可压流体以均匀速度 U_∞ 在光滑平板上流过（图 9-11），若板的后缘处速度分量 u 呈指数分布：$\frac{u}{U_\infty}=1-\exp\left(-k\frac{y}{h}\right)$，板长 L、宽 B，试用动量积分法导出平板所受到的作用力的表达式。

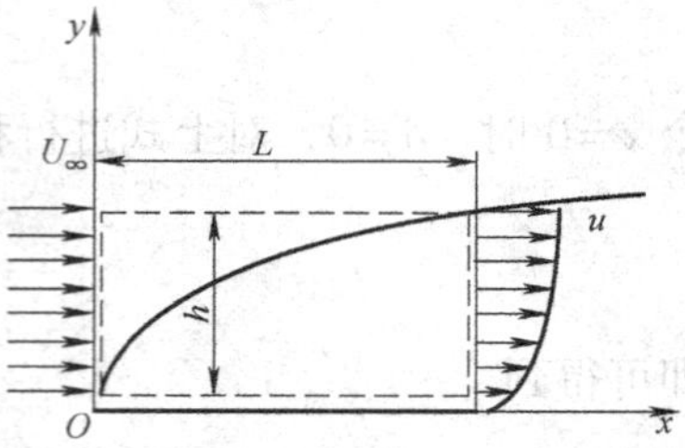

图 9-11　例 9-3 图

解：取坐标系如图 9-11 所示，并取图中虚线所示为控制体，则：

板的前缘处进入控制体的流体质量为 $\rho U_\infty hB$

板的后缘处流出控制体的流体质量为

$$\int_0^h \rho uB\mathrm{d}y=\int_0^h \rho U_\infty\left[1-\exp\left(-k\frac{y}{h}\right)\right]B\mathrm{d}y=\rho U_\infty hB-\rho U_\infty B\frac{h}{k}[1-\exp(-k)]$$

板的前缘处进入控制体的流体动量流量为 $\rho U_\infty^2 hB$

板的后缘处流出控制体的流体动量流量为

$$\int_0^h \rho u^2B\mathrm{d}y=\int_0^h \rho U_\infty^2\left[1-\exp\left(-k\frac{y}{h}\right)\right]^2B\mathrm{d}y$$

$$=\rho U_\infty^2 hB-\rho U_\infty^2 B\frac{2h}{k}[1-\exp(-k)]+\rho U_\infty^2 B\frac{h}{2k}[1-\exp(-2k)]$$

故 $y=h$ 平面流出的动量为 $\rho U_\infty^2 B\frac{2h}{k}[1-\exp(-k)]-\rho U_\infty^2 B\frac{h}{2k}[1-\exp(-2k)]$

所以，根据控制体的力平衡关系，控制体六个表面的正压力互相抵消，控制体只有下表面的切向作用力不为 0，而其他表面的切向作用力为 0，由动量定理可知，合力等于动量的变化率（或等于动量流量的变化），因此，控制体下表面的切向作用力为

$$F_w=\rho U_\infty^2 B\frac{2h}{k}[1-\exp(-k)]-\rho U_\infty^2 B\frac{h}{2k}[1-\exp(-2k)]$$

9.6.4* 绕流问题的积分近似解法

积分近似解法的另一重要作用，是可求解没有相似性解的情况，如$\frac{\mathrm{d}p}{\mathrm{d}x}\neq 0$的任意形状物体绕流（如机翼）等问题，这类问题也称曲面边界层流动。下面给出速度分布在边界上应满足的条件（对二维不渗透壁面、定常流动）：

$$y=0: u=v=0,\quad \frac{\partial u}{\partial y}=\frac{\tau_w}{\mu},\quad \frac{\partial^2 u}{\partial y^2}=-\frac{u_e}{\nu}\frac{\mathrm{d}u_e}{\mathrm{d}x},\quad \frac{\partial^3 u}{\partial y^3}=0,\ \cdots \tag{9-71a}$$

$$y=\infty: u=u_e,\quad \frac{\partial^n u}{\partial y^n}=0\qquad (n=1, 2, 3, \cdots) \tag{9-71b}$$

现以二维定常边界层绕流的**卡门-波豪森解法**（Karman-Polhausen method）为例来说明。这类问题也包括轴对称绕流问题（采用柱坐标系分析，则为二维问题），其中典型的是柱体横向绕流。

图 9-12 和图 9-13 给出了绕流圆柱时所形成的曲面边界层示意图。边界层内的压强与其边界处的外势流的压强分布相同。在前驻点 D 处压强最大，在 E 点的压强最小，因此沿 DE 弧面压强逐渐降低，即$\frac{\mathrm{d}p}{\mathrm{d}x}<0$（取 x 为物面的切向），称为**顺压区**。从 E 点到后驻点 F，速度逐渐变小，压强逐渐增大，即$\frac{\mathrm{d}p}{\mathrm{d}x}>0$，称为**逆压区**。如果逆压梯度足够大，就会在这个区域出现回流现象，此时边界层的主流脱离壁面，也就是产生所谓的流动分离，其开始分离的位置称为**分离点**（图中的 S 点）。显然，$\left.\frac{\partial u}{\partial y}\right|_{y=0}=0$ 是分离点的特征，其后方将是湍流旋涡运动。对于圆柱绕流，分离点位于从前驻点起约 108°。

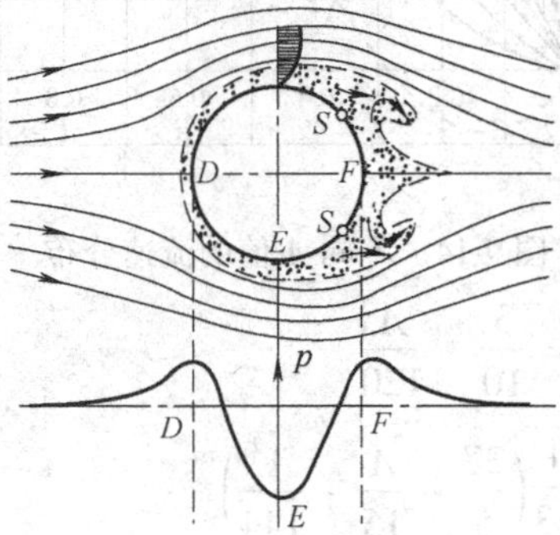

图 9-12　圆柱绕流边界层

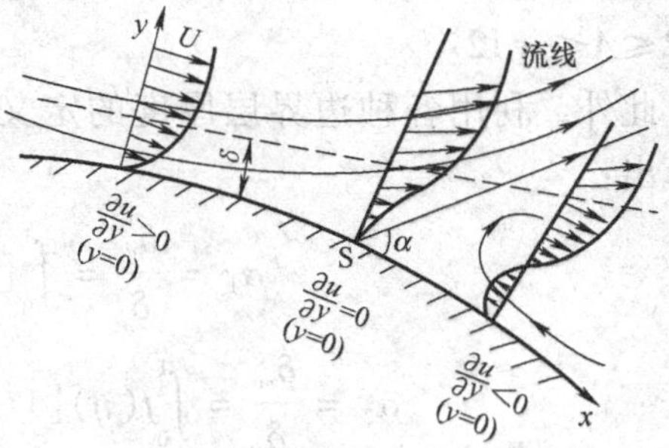

图 9-13　曲面边界层的流动分离

如设边界层内的流速分布为$f(\eta)=a\eta+b\eta^2+c\eta^3+d\eta^4$
其边界条件为

$$\eta=1: u=u_e(x),\quad \frac{\partial u}{\partial y}=0,\quad \frac{\partial^2 u}{\partial y^2}=0 \tag{9-72a}$$

$$\eta=0: u=0,\quad \nu\frac{\partial^2 u}{\partial y^2}=\frac{1}{\rho}\frac{\mathrm{d}p}{\mathrm{d}x}=-u_e\frac{\mathrm{d}u_e}{\mathrm{d}x} \tag{9-72b}$$

引入量纲一的数：

$$\Lambda=\frac{\delta^2}{\nu}\frac{\mathrm{d}u_e}{\mathrm{d}x} \tag{9-73}$$

称 Λ 为形状因子，它主要决定于绕流物体的形状，$\frac{\mathrm{d}u_e}{\mathrm{d}x}$也是由绕流物体形状所决定的。

根据边界条件，则有

$$a=2+\frac{\Lambda}{6},\ b=-\frac{\Lambda}{2},\ c=-2+\frac{\Lambda}{2},\ d=1-\frac{\Lambda}{6}$$

于是边界层内的流速分布可写成

$$f(\eta)=(2\eta-2\eta^3+\eta^4)+\frac{\Lambda}{6}(\eta-3\eta^2+3\eta^3-\eta^4)\equiv F(\eta)+\Lambda G(\eta) \tag{9-74}$$

由势流伯努利方程，形状因子 Λ 还可表示为

$$\Lambda=\frac{\delta^2}{\nu}\frac{\mathrm{d}u_e}{\mathrm{d}x}=-\frac{\frac{\mathrm{d}p}{\mathrm{d}x}}{\mu\frac{u_e}{\delta^2}} \tag{9-75}$$

Λ 的物理意义为压差与黏性力的比值。由式（9-74）可以看出，Λ 不同，则流速分布不同。图 9-14 给出了不同 Λ 值所对应的流速分布图形。从图中可见，在 $\eta=0$ 时，速度剖面与 η 轴相切。从图中还可以看出，当 $\Lambda>+12$ 时，会出现 $u/u_e>1$，而在边界层内不可能出现这种情况；而当 $\Lambda<-12$ 时，会出现 $u/u_e<0$，此时意味着出现了流动分离现象。因此，不出现流动分离的 Λ 值的合理范围为 $-12\leqslant\Lambda\leqslant+12$。

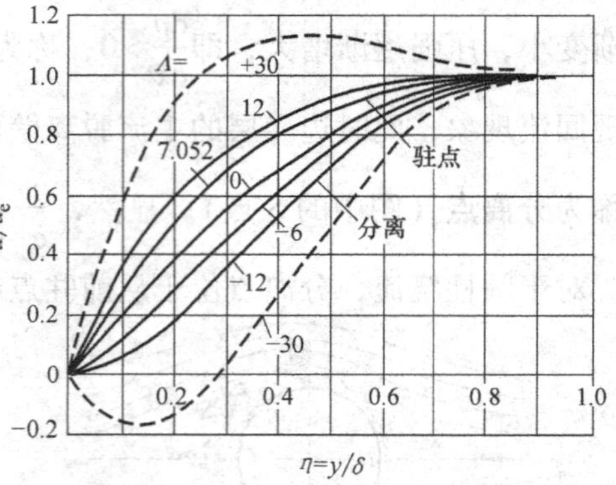

图 9-14 不同 Λ 值的流速分布

此外，利用各种边界层厚度的定义可以计算出：

$$\alpha_1=\frac{\delta_d}{\delta}=\int_0^1[1-f(\eta)]d\eta=\frac{3}{10}-\frac{\Lambda}{120} \tag{9-76}$$

$$\alpha_2=\frac{\delta_m}{\delta}=\int_0^1 f(\eta)[1-f(\eta)]\mathrm{d}\eta=\frac{1}{63}\left(\frac{37}{5}-\frac{\Lambda}{15}-\frac{\Lambda^2}{144}\right) \tag{9-77}$$

$$\beta_1=f'(0)=\frac{\tau_w}{\rho\nu u_e}\delta=2+\frac{\Lambda}{6} \tag{9-78}$$

将动量积分方程（9-57）乘以$\frac{u_e\delta_m}{\nu}$后，得

$$\frac{u_e\delta_m}{\nu}\frac{\mathrm{d}\delta_m}{\mathrm{d}x}+(2+H_{12})\frac{\delta_m^2}{\nu}\frac{\mathrm{d}u_e}{\mathrm{d}x}=\frac{\tau_w\delta_m}{\mu u_e} \tag{9-79}$$

再定义 K 和 Z（也都称为形状因子）：

$$K=\frac{\delta_m^2}{\nu}\frac{\mathrm{d}u_e}{\mathrm{d}x} \tag{9-80}$$

$$Z=\frac{\delta_m^2}{\nu} \tag{9-81}$$

且有 $K=Z\frac{\mathrm{d}u_e}{\mathrm{d}x}=Zu_e'$，综合 K、Λ 以及 δ_d、δ_m、τ_w 的公式，可得出以下对于任一截面均适用的一些关系：

$$K=\left(\frac{\delta_m}{\delta}\right)^2\Lambda=\alpha_2^2\Lambda\equiv\phi_1(\Lambda) \tag{9-82}$$

$$H_{12}=\frac{\delta_d}{\delta_m}=\frac{\alpha_1}{\alpha_2}\equiv\phi_2(\Lambda) \tag{9-83}$$

$$\frac{\tau_w\delta_m}{\mu u_e}=\alpha_2\cdot\beta_1\equiv\phi_3(\Lambda) \tag{9-84}$$

于是式（9-79）可写成

$$u_e\frac{\mathrm{d}Z}{\mathrm{d}x}=2\phi_3(\Lambda)-4\phi_1(\Lambda)-2\phi_1(\Lambda)\cdot\phi_2(\Lambda) \tag{9-85}$$

对于 $\Lambda=\Lambda(x)$，则对任一 x，该方程右边均有不同的值。已知 $\Lambda=\Lambda(x)$ 时，由上述过程依次求出 δ、δ_d、δ_m 和 τ_w，但方程（9-85）通常要用数值积分求解。

用此法求解圆柱绕流的结果示于图 9-15 中（图中同时列出了级数解法和纯数值解法的结果）。从图中可以看出，在流动分离点之前，该解法精度是较高的，但在分离点附近及以后误差较大，表明此法不适应逆压梯度，且对过大的顺差梯度也不太适应。

应当指出，到目前为止，边界层问题的精度最高解由纯数值解法得到，相似解法精度次之，积分解法精度最差。但因积分解法最容易，且定性准确，故仍然很常用。

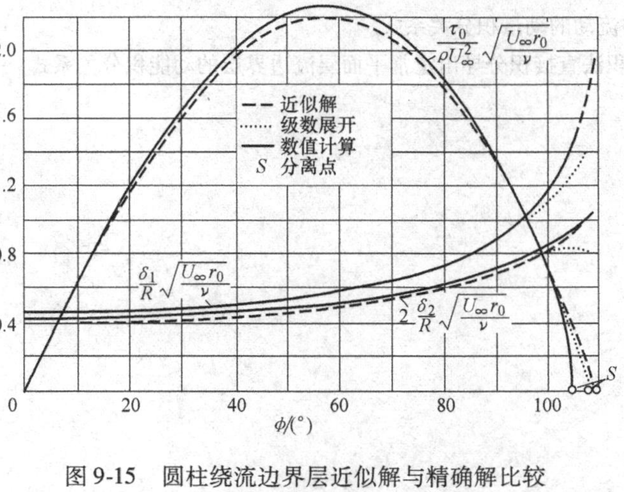

图 9-15　圆柱绕流边界层近似解与精确解比较

思考与练习

9-1　什么是边界层？其形成的条件是什么？

9-2　边界层流动有哪些主要特征？

9-3 边界层厚度是如何定义的？它有哪几种形式？其各自的内涵和意义是什么？

9-4 绕流问题存在边界层，内流问题也存在边界层吗？为什么？

9-5 层流边界层与湍流边界层有何区别？层流边界层向湍流边界层转捩的条件是什么？

9-6 湍流边界层外部势流区的流动形态可能是什么？

9-7 边界层运动方程的定解条件是什么？

9-8 相似性解的含义是什么？存在相似性解的条件又是什么？

9-9 在有精确解的情况下，为什么还要讨论近似解？边界层方程的积分解法有何意义？

9-10 工程上求解边界层运动方程的主要目的是什么？通常需要获得哪些参数？

9-11 流动进口段是如何定义的？为什么要讨论进口段长度？

9-12 试利用布拉修斯精确解获得边界层内切应力的分布规律。

9-13 试利用布拉修斯精确解获得边界层内速度 v 的分布规律，并比较边界层外缘处任一点 v 与 u 的大小。

9-14 已知边界层内速度分布为 $\frac{u}{U_\infty}=1-e^{-k\frac{y}{\delta}}$，其中 δ 为边界层厚度。试求：(1) k 的值；(2) 排挤厚度；(3) 动量损失厚度。

9-15 若平板层流边界层内的速度分布为 $\frac{u}{U_\infty}=\sin\left(\frac{\pi}{2}\frac{y}{\delta}\right)$，试导出边界层厚度和摩擦阻力系数的计算式。

9-16 20℃水以 5m/s 速度流入相距 0.2m 的两平行平板之间的空间，试求进口段长度及维持层流边界层的最大长度和此时边界层的厚度。

9-17 20℃空气在表压 2atm 时，以 5m/s 速度流入直径 0.2m 的圆管，试求进口段长度及达到充分发展流的管长，并估算此段单位管长的阻力损失与按充分发展流计算的阻力损失的比较。

9-18 甘油在 20℃的相对密度为 1.26，动力黏度为 1.5×10^{-2}Pa·s。试求浸没在甘油中的平板以 1m/s 零攻角绕流时，边界层的转捩位置。如果平板为边长 1m 的正方形，计算边界层的最大厚度和平板所受的作用力。

9-19 考虑沿半无穷平板的层流边界层，如果在壁面注入或吸出少量流体，即 $y=0$ 时 $u=0$，$v=\pm v_w$，且 $v_w \ll U_\infty$，试求这类流动的动量积分关系式。

9-20 试用控制体积法直接积分导出定常平面层流边界层的动能积分关系式。

第 10 章　湍流与湍流理论

自从雷诺（O. Reynolds）在 1883 年做了著名的圆管转捩试验后，人们就开始了对湍流问题的认识和研究，并且成为一个经久不衰的研究领域。虽然有 100 多年的研究进展，但目前仍然缺乏对湍流的精确定量的认识和完整的理论体系，乃至成为经典物理学中最后一个未得到解决的大问题。本章主要以实用为目的，简要讨论湍流现象与形成、湍流描述方法、湍流运动基本方程、湍流模式理论，在下一章再讨论几种工程湍流问题的半经验解法。

10.1　问题的提出

在第 5 章的讨论中已经知道，流体的流动存在两种很不相同的形态——**层流**（Laminar flow）和**湍流**（Turbulence），并且可以用 *Re* 的大小加以区分。事实上，在自然界与工程技术中，单纯的层流运动是很少见的，而多数层流运动可以应用前几章介绍的相关理论予以求解；湍流运动比层流更为常见，而且复杂得多，求解也异常困难。下面给出几幅图片（图 10-1），以便对湍流现象有一个初步的认识。

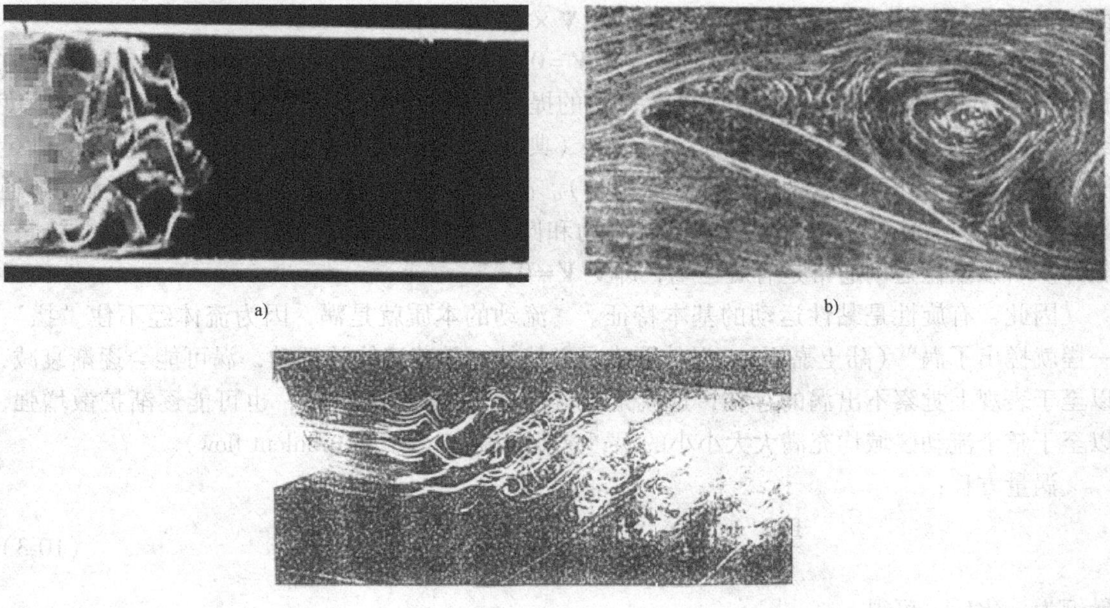

a)　　b)

c)

图 10-1　湍流现象图示

a）管道内的湍流　b）绕翼形的分离流动　c）钝体后的尾迹流

从上述几个湍流运动的实例可以看出，湍流似乎是由无数不规则的不同尺度的旋涡相互掺混地分布在流动空间，并且瞬息变化着它们的大小和形状。我们的问题是：对于这种高度复杂的流动，有什么办法对它进行描述？又用什么方法对其进行分析和求解？如何将理论分析成果应用于指导工程实践?

为了回答这些问题，下面先从湍流的形成和特征开始分析。

10.2 湍流的形成及特征

湍流运动是有别于层流运动且更为复杂的一种运动形态，它以大量的无规则的旋涡运动为主要特征，为什么会呈现出这样的流动状态呢?这就要从黏性运动的有旋性开始讨论。

10.2.1 黏性运动的有旋性与湍流特征

由理想流体**汤姆逊定理**推论（参见第7章）得知，在有势力作用下的正压无黏性流体，一旦无旋就永远无旋。无黏性流体也可能是有旋的，如斜压流体或质量力无势的流动。但黏性流体除极特殊情形外，几乎都是有旋的。例证如下：

对均质不可压等温流动：

连续性方程：

$$\nabla \cdot \boldsymbol{V}=0 \tag{10-1}$$

运动方程：

$$\frac{\mathrm{D}\boldsymbol{V}}{\mathrm{D}t}=\boldsymbol{f}-\frac{1}{\rho}\nabla p+\nu\nabla^2\boldsymbol{V} \tag{10-2}$$

而
$$\nabla^2\boldsymbol{V}=\nabla(\nabla\cdot\boldsymbol{V})-\nabla\times(\nabla\times\boldsymbol{V})=-\nabla\times\boldsymbol{\Omega}$$

如果黏性运动无旋，则 $\boldsymbol{\Omega}=\boldsymbol{0}$，于是 $\nabla^2\boldsymbol{V}=0$。这说明以上方程组蜕变为理想流体欧拉方程，似乎二者有相同的解。但由于边界条件的提法不同：欧拉方程只需满足壁面处法向速度连续，而并不需要满足切向速度连续的条件（典型情况如圆柱绕流）；但N-S方程需要满足法向速度和切向速度连续两个条件（无滑移）。故受边界条件的约束，黏性运动的无旋解通常不存在，只有极特殊情形（线涡诱导流动和圆柱体旋转产生的黏性运动二者结果相同）除外。所以黏性运动通常是有旋运动，即 $\nabla^2\boldsymbol{V}\neq0$。

因此，有旋性是黏性运动的基本特征。“流动的本质就是涡，因为流体经不住‘搓’，一搓就搓出了涡”（陆士嘉语）。涡的形成是必然的，随着流体的运动，涡可能会逐渐衰减，以至于表观上觉察不出涡的存在，这就是层流运动（Laminar flow）；也可能逐渐扩散增强，以至于整个流动区域均充满大大小小的涡，这就是湍流运动（Turbulent flow）。

涡量方程：

$$\frac{\mathrm{D}\boldsymbol{\Omega}}{\mathrm{D}t}=\nabla\times\boldsymbol{f}-\frac{1}{\rho}\nabla\times\nabla p+\nu\nabla^2\boldsymbol{\Omega}=\nu\nabla^2\boldsymbol{\Omega} \tag{10-3}$$

量纲为一化后，可得

$$\frac{\mathrm{D}\boldsymbol{\Omega}^*}{\mathrm{D}t^*}=\frac{1}{Re}\nabla^2\boldsymbol{\Omega}^* \tag{10-4}$$

这是典型的扩散方程形式。可见，$\frac{1}{Re}$相当于涡的扩散系数。

对于理想流体，涡量一旦出现就永远不变，但对于黏性流体，正是由于黏性的存在，涡的旋转运动将被周围的流体所阻挠，从而发生衰减，甚至发生涡的分裂，于是由大涡变为小涡。因此宏观上定常的流动，对其中涡的运动将变为不定常。此外，涡内的流体自成封闭体系运动。于是我们可以总结出湍流运动的基本特征：

1）湍流运动充满涡。

2）涡内有自身的运动，相当于一个涡构成一个流体微团。

3）旋涡在黏性作用下可发生变形、分裂和扩散运动，而这些运动是随机的。

4）湍流运动是旋涡运动和旋涡扩散运动的叠加。

由此，欣策（J. O. Hinze）提出了对湍流的定义："湍流是流体运动的一种不规则情形，在湍流中各种流动物理量随时间和空间坐标而呈现随机的变化，并具有明确的统计平均值"。钱宁教授曾对层流和湍流有一个形象比喻："层流恰似一队排列整齐、训练有素的士兵列队沿街道行进，而湍流则是一群沿拥挤的街道行走的醉汉，总体上仍沿街道前行，但每个醉汉都作杂乱无章的运动。"

10.2.2 层流的稳定性

层流经常会受到一些干扰，如果这些扰动可以被抑制，则层流是稳定的；如果扰动被扩散放大，以至于发展成湍流，则层流就失去了其稳定性。从理论上分析层流的稳定性难度较大，实际中通常采用作图法，如图10-2所示。

如图所示，在 $Re<Re_c$ 时，对于任何频率的扰动，主流将是稳定的，也就是说各种扰动最终都会被拟制；而在 $Re \geqslant Re_c$ 时，流动总体是不稳定的，只对某些特定频率的扰动是稳定的。

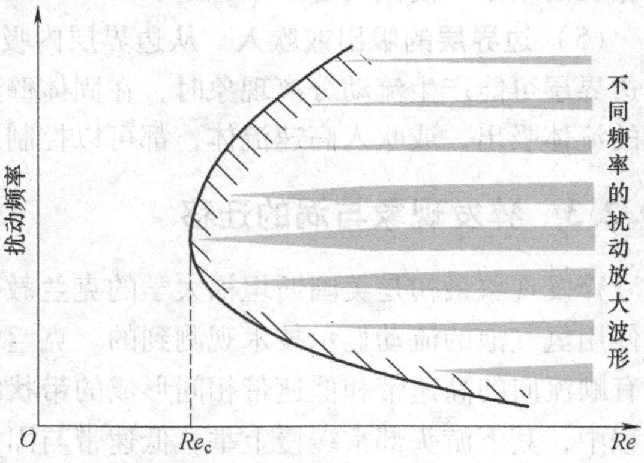

图10-2 边界层的流动稳定性图示

将雷诺数达到临界值的点称为不稳定点（Instability Point），而由层流转变为湍流的点称为**转捩点**（Transition Point）。几种流动的转捩点如下：

光滑平板边界层：$Re_{crit}=\dfrac{U_\infty \delta}{\nu}=950$ 或 $Re_{crit}=\dfrac{U_\infty x}{\nu}=5\times10^5 \sim 3\times10^6$

光滑圆管：$Re_{crit}=\dfrac{U_m d}{\nu}=2320$

在平板边界层中，各截面的速度剖面存在相似性，因而计算所得的临界雷诺数并不因截面位置而变化。但在曲面壁情况下，不存在相似解，各截面处的压强梯度也沿程变化，因而每个截面必须分别计算它的流速分布，即每个截面的临界雷诺数需分别计算。这时以速度分布出现拐点为不稳定点，即**流动分离点**（如对于圆柱绕流，分离点 $\phi=108°$）。

影响层流稳定性的其他因素有：

（1）**湍流度** 为了研究由层流到湍流的转捩，有必要确定一个能够代表来流扰动程度的参数；在对湍流研究中，也需要比较两种湍流脉动的强弱。一般定义湍流度作为这个参数。

对于任意湍流物理量 ϕ，定义平均量为 $\overline{\phi}$，脉动量 ϕ'，即

$$\phi=\overline{\phi}+\phi'$$

而$\overline{\phi'}=0$，但

$$\overline{|\phi'|}\neq 0,\ \sqrt{\overline{\phi'^2}}\neq 0$$

因此可采用脉动量的均方根（均方根为ϕ'分布的标准差）表示湍流强度，即**湍流度**（Turbulent intensity）：

$$\tilde{\phi}=\sqrt{\overline{\phi'^2}}\quad 或\quad \frac{\tilde{\phi}}{\phi}=\frac{\sqrt{\overline{\phi'^2}}}{\phi}$$

显然，湍流强度是影响流动稳定性的重要参数，也是表示湍流强弱的重要标志。

（2）**粗糙度** 流动由层流向湍流的转捩与固体壁面的粗糙度有重要关系。但这一影响至今还不能用理论方法加以分析。总的来说，粗糙度增大将促进转捩的发生。

（3）**体积力** 当转捩发生在有体积力作用的边界层流动中（一个典型的例子是在两个同心圆之间的环形流动），这时就需要考虑离心力对流动稳定性的影响。

（4）**热传导** 理论与实验研究均表明，对于亚声速的气体流动，如果热量是由边界层内向壁面传输，这将使流动更趋稳定；而如果热量由壁面向边界层流动的气体传输，就将得到相反的结果，使流动趋于不稳定。

（5）**边界层的吸出或吹入** 从边界层内吸出或吹入部分流体是控制边界层分离的手段。当边界层可能产生流动分离现象时，在固体壁面或在分离点附近开缝，将边界层内减低了流速的流体吸出，或吹入高速流体，都可以控制或推迟边界层分离现象的发生。

10.2.3 猝发现象与涡的迁移

猝发现象最初是美国斯坦福大学的克兰教授（S. J. Kline）的研究组，在20世纪60年代使用氢气泡的流动显示技术观测到的。克兰发现在靠近固体壁面的黏性底层中，在平面上具有顺流向的高速带和低速带相间形成的**带状结构**（参见图10-3）。在低速带向下游流动的过程中，其下游头部常缓慢上举，低速带与固体壁面间的距离逐渐增大，并在低速带与固体壁面之间产生横向旋涡。

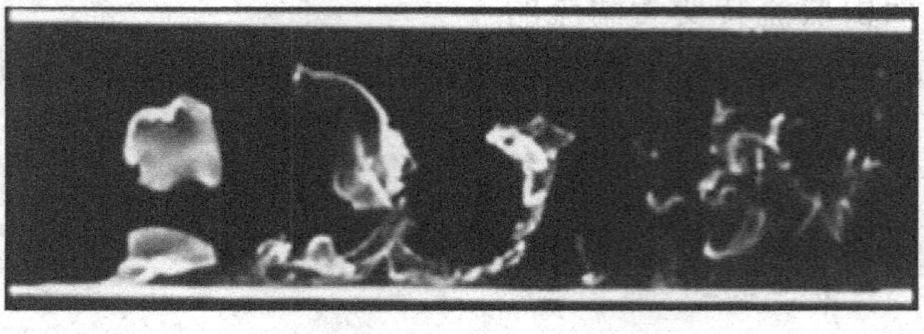

图10-3 固体壁面附近的带状流动结构

一旦产生了涡，如图10-4所示，设涡的平均速度为$\bar{v}_e$，涡的旋转角速度为ω，则在旋转半径r处：

涡的上部质点速度为 $v_+=\bar{v}_e+r\omega$

涡的下部质点速度为 $v_-=\bar{v}_e-r\omega$

沿涡的流线， $p+\dfrac{v^2}{2}=$常数

因为$v_+>v_-$， 所以$p_+<p_-$，$p_--p_+>0$

即涡的下部压强大于涡的上部压强，因此产生升力，使涡向

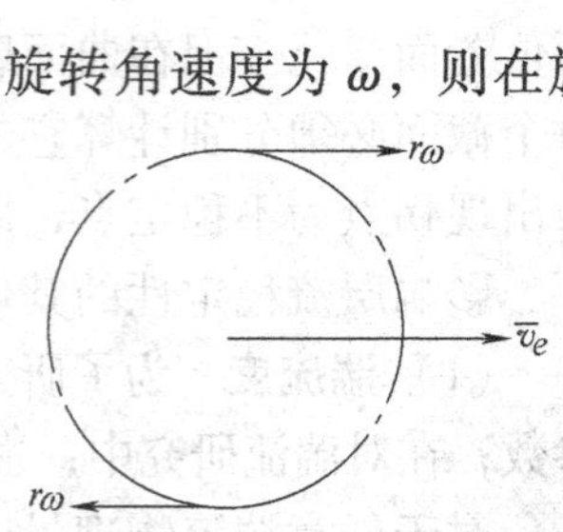

图10-4 涡的运动图解

上运动（脱离壁面）进入主流区，原位置又恢复为带状流动结构，这种过程周期性进行，即导致边界层内速度场的脉动。

此外，涡进入主流区后，因主流速度大，涡将被拉伸变形，形成所谓**马蹄涡**（Horse-shoe vortex）以至于破碎，从而在流场中产生复杂的涡量场。马蹄涡的上举，最终形成底层的低速流体向上**喷射**（Ejection），喷射后上层高速流体向下俯冲形成“**清扫**”（Sweep）。

由涡的形成，发展到发生喷射和清扫，整个过程称为**猝发**（Burst）。如图 10-5 所示，一次猝发结束后开始新一轮猝发，结果导致流速场、压强场的**脉动**（Streak）。

需要指出的是：①即使主流是二维运动，其脉动仍是三维的；②湍流运动存在各种不同结构的**拟序运动**（Coherent motion），且脉动量的方差值相对时均值较大，是可测的。

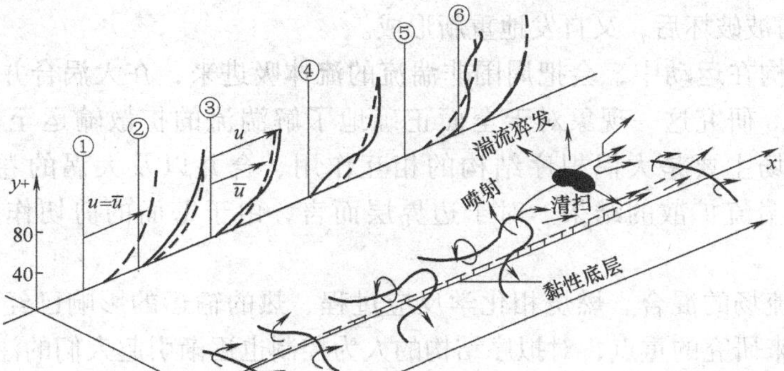

图 10-5　猝发过程图解

10.2.4* 湍流的拟序结构

尽管湍流长期以来被视为无规则的随机运动，人们却从随机运动中寻找到了有序的结构。实际上湍流**拟序结构**（Coherent structure）的存在，早已被人们以多种方式推测。1925 年，普朗特（L. Prandtl）就通过实验研究来丰富对湍流的认识。他在湍流混合层中，由假设存在一个输运横向动量的流体球来研究湍流场，这种流体球应当是拟序结构的雏形。后来许多研究者都观测到湍流的拟序结构，图 10-6 给出的是水射流的观测结果。

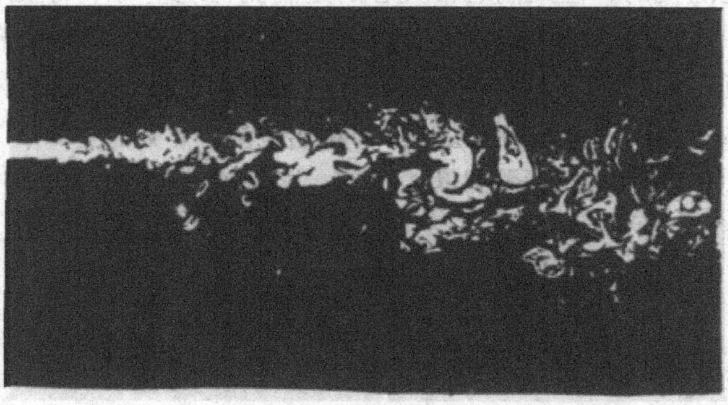

图 10-6　水射流中荧光显示的拟序结构（$Re \approx 2300$）

迄今为止对拟序结构还没有一个严格的定义，各研究者对拟序结构的看法也不尽相同，不同的实验得到了拟序结构特性的不同方面的内容。虽然人们对拟序结构的说法不一，但对于拟序结构的认识大致有以下几个特征：

1）具有典型的组合结构，如线涡、发夹涡等。其最大的结构尺度相当于横向的流动尺度。

2）结构形状和动力学参数具有高度的规律性和重复性。

3）结构沿下游保持的尺度远大于它们的特征尺度。

4）拟序结构对湍流的特性，如能量、切应力、流体的卷入和掺和、声的放射等，都有重要作用。

5）与层流向湍流转捩时的结构非常相似。

6）流动结构被破坏后，又自发地重新形成。

大涡拟序结构在运动中，会把周围非湍流的流体吸进来，在大涡合并过程中，这种卷吸现象尤其明显。研究这一现象对于全面正确地了解湍流的扩散输运至关重要。就自由剪切层而言，流场主要是大涡拟序结构的相互作用、合并以及大涡的卷吸作用造成的，并非小尺度结构湍流扩散的结果。对于边界层而言，由于壁面的剪切作用，其卷吸过程更加复杂。

拟序结构对流场的混合、燃烧和化学反应过程、热的输运的影响已经引起了人们的重视，并成为近年来研究的重点，对拟序结构的人为控制也逐渐引起人们的注意。最初人们在飞行器设计中发现，通过人为地将分离点延后能使机翼获得更高的升力，而推迟分离点的具体办法便是激发拟序结构的产生。此外，通过影响边界层的拟序结构来减少流动阻力，是一种经济而有效的办法。

10.3 湍流描述方法

N-S 方程本身对层流与湍流均成立，但层流与湍流在物理现象上的巨大差异，使得目前还无法直接从 N-S 方程出发来研究湍流运动。湍流运动的无规则非定常变化，不仅使得无法解析流场，就连跟踪每一流体微团的运动也难以办到。据估计，由目前最快的计算机直接模拟湍流运动，在计算速度上至少还少 3 个量级。因此还须寻求其他途径。

尽管湍流运动是随机的，但人们通常关心的是湍流物理量的平均效果。而湍流物理量平均后，仍然呈现为一定规则，这使得我们可以采用统计平均的方法来研究湍流。物理量平均的方法有三种：**时间平均法**（Temporal average）、**空间平均法**（Spacial average）和**系综平均法**（Ensemble average）。由于湍流的随机运动符合所谓的**各态遍历假设**（Ergodic hypothesis），即：在有限空间中一个试验无限次重复的测量结果，可以为同时测量该空间中无限多个点的试验结果所重复。满足各态遍历假设，则上述三种平均方法所得结果是一致的。因此，为了方便，目前湍流研究绝大多数都是采用时均法。下面以时间平均法为例进行说明。

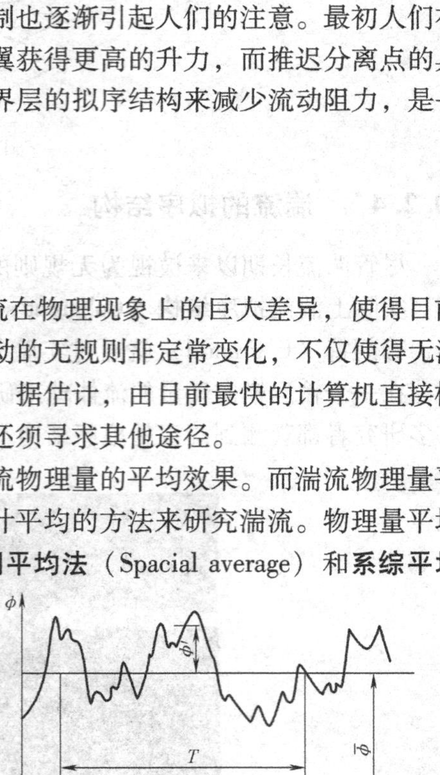

图 10-7　时间平均法图示

物理量的时均值的定义为

$$\overline{\phi}(x,\ y,\ z) = \lim_{T\to\infty}\frac{1}{T}\int_{t_0}^{t_0+T}\phi(x,\ y,\ z,\ t)\,\mathrm{d}t \tag{10-5}$$

于是可以把湍流运动中某一固定点的瞬时量分为两部分，即时均量部分和脉动量部分：

$$\phi = \overline{\phi} + \phi'\ (\text{平均值} + \text{脉动值}) \tag{10-6}$$

由定义可知，脉动速度的时间平均值为零，即

$$\overline{\phi'} = \lim_{T\to\infty}\frac{1}{T}\int_{t_0}^{t_0+T}\phi'\,\mathrm{d}t = 0 \tag{10-7}$$

有关平均运算的法则如下：

$$\overline{\phi+\psi} = \overline{\phi} + \overline{\psi},\quad \overline{\int\phi\mathrm{d}s} = \int\overline{\phi}\mathrm{d}s$$

$$\overline{\phi\psi} = \overline{\phi}\,\overline{\psi} + \overline{\phi'\psi'},\quad \overline{a\phi} = a\,\overline{\phi}$$

$$\overline{\overline{\phi}} = \overline{\phi},\quad \overline{\overline{\phi}\psi} = \overline{\phi}\,\overline{\psi},\quad \overline{\overline{\phi}\psi'} = 0$$

$$\overline{\frac{\partial\phi}{\partial x_i}} = \frac{\partial\,\overline{\phi}}{\partial x_i},\quad \overline{\frac{\partial\phi'}{\partial x_i}} = 0,\quad \overline{\frac{\partial^2\phi'}{\partial x_i^2}} = 0$$

$$\overline{\phi\psi\lambda} = \overline{\phi}\,\overline{\psi}\,\overline{\lambda} + \overline{\phi}\,\overline{\psi'\lambda'} + \overline{\psi}\,\overline{\phi'\lambda'} + \overline{\lambda}\,\overline{\psi'\phi'} + \overline{\phi'\psi'\lambda'}$$

式中，ϕ、φ、ψ 为任意流动参数；a 为常数。

10.4　湍流运动基本方程

本节来讨论用以处理和解决湍流流动的基本方程。首先推导适用于湍流的连续性方程和运动方程，应用时间平均法建立时均的湍流方程。湍流的时均运动方程通常称为雷诺方程，由于其未知量多于方程的数目而出现湍流方程的封闭性问题。通常应用半经验理论以补充方程数量的不足，这就是 20 世纪以来发展的各种湍流模型。

10.4.1　连续性方程

黏性流体的运动方程（N-S 方程）和连续性方程对于湍流的瞬时运动同样适用，这已为多年来的实践所证明。湍流的运动描述需采用二阶张量（参见书末附录 D）。

将湍流的瞬时密度和瞬时速度用时均值 + 脉动值的方式来表出：

$$\rho = \overline{\rho} + \rho' \tag{10-8}$$

$$v_i = \overline{v}_i + v_i' \tag{10-9}$$

式中，i 可取 1，2，3，分别代表三个坐标方向。将其代入连续性方程后，再整体取时均运算，则时均流动的连续性方程可写成

$$\frac{\partial}{\partial t}\overline{(\overline{\rho}+\rho')} + \frac{\partial}{\partial x_i}\overline{(\overline{\rho}+\rho')(\overline{v}_i+v_i')} = 0 \tag{10-10}$$

应用平均运算法则，由上式可以得到

$$\frac{\partial\overline{\rho}}{\partial t} + \frac{\partial}{\partial x_i}(\overline{\rho}\,\overline{v}_i + \overline{\rho' v_i'}) = 0 \tag{10-11}$$

这就是时均湍流的连续性方程。与常规连续性方程对比，时均连续性方程多出了一项 $\frac{\partial}{\partial x_i}(\overline{\rho' v'_i})$，称为**湍流相关项**（Correlation term），这是湍流运动的一个附加项。

对于不可压流体，因 ρ = 常数，于是有

$$\frac{\partial \bar{v}_i}{\partial x_i}=0,\ \frac{\partial v'_i}{\partial x_i}=0 \tag{10-12}$$

即平均速度和脉动速度的散度均为零。

10.4.2　动量方程（雷诺方程）

N-S 方程（8-68）可用张量符号表示成以下形式：

$$\rho\frac{\mathrm{D}v_j}{\mathrm{D}t}=-\frac{\partial p}{\partial x_j}+\mu\frac{\partial}{\partial x_i}\left(\frac{\partial v_j}{\partial x_i}\right)+\frac{1}{3}\mu\frac{\partial}{\partial x_j}\left(\frac{\partial v_i}{\partial x_i}\right)+\rho f_j \tag{10-13}$$

将瞬时值代入后，对每项作时间平均运算，整理可得

$$\begin{aligned}\bar{\rho}\frac{\mathrm{D}\bar{v}_j}{\mathrm{D}t}=&-\frac{\partial\bar{p}}{\partial x_j}+\mu\frac{\partial}{\partial x_i}\left(\frac{\partial\bar{v}_j}{\partial x_i}\right)+\frac{1}{3}\mu\frac{\partial}{\partial x_j}\left(\frac{\partial\bar{v}_i}{\partial x_i}\right)+\overline{\rho f_j}-\\&\overline{\rho'\frac{\partial v'_j}{\partial t}}-\bar{\rho}\,\overline{v'_i\frac{\partial v'_j}{\partial x_i}}-\bar{v}_i\,\overline{\rho'\frac{\partial v'_j}{\partial x_i}}-\overline{\rho' v'_i}\,\frac{\partial\bar{v}_j}{\partial x_i}-\overline{\rho' v'_i\frac{\partial v'_j}{\partial x_i}}\\&\quad(\mathrm{I})\qquad(\mathrm{II})\qquad(\mathrm{III})\qquad(\mathrm{IV})\qquad(\mathrm{V})\end{aligned} \tag{10-14}$$

将上式右边分别加上和减去：$\overline{v'_j\frac{\partial\rho'}{\partial t}}$，$\overline{v'_j\frac{\partial}{\partial x_i}(\bar{\rho}v'_i)}$，$\overline{v'_j\frac{\partial}{\partial x_i}(\bar{v}_i\rho')}$，$\overline{v'_j\frac{\partial}{\partial x_i}(\rho' v'_i)}$，重新组合，然后进行微分，并利用连续性方程，则将（Ⅰ）~（Ⅴ）项改写为

$$\underset{(\mathrm{I})}{-\frac{\partial}{\partial t}(\overline{\rho' v'_j})}\ \underset{(\mathrm{II})}{-\frac{\partial}{\partial x_i}(\bar{\rho}\ \overline{v'_i v'_j})}\ \underset{(\mathrm{III})}{-\frac{\partial}{\partial x_i}(\bar{v}_i\ \overline{\rho' v'_j})}\ \underset{(\mathrm{IV})}{-\overline{\rho' v'_i}\frac{\partial\bar{v}_j}{\partial x_i}}\ \underset{(\mathrm{V})}{-\frac{\partial}{\partial x_i}(\overline{\rho' v'_i v'_j})}$$

于是式(10-14)可写成

$$\bar{\rho}\frac{\mathrm{D}\bar{v}_j}{\mathrm{D}t}=-\frac{\partial\bar{p}}{\partial x_j}+\frac{\partial}{\partial x_i}(\overline{\tau^*_{ji}}-\bar{\rho}\ \overline{v'_i v'_j}-\bar{v}_i\ \overline{\rho' v'_j}-\bar{v}_j\ \overline{\rho' v'_i}-\overline{\rho' v'_i v'_j})+\overline{\rho f_j} \tag{10-15}$$

式中，$\overline{\tau^*_{ji}}=\mu\left(\frac{\partial\bar{v}_i}{\partial x_j}+\frac{\partial\bar{v}_j}{\partial x_i}\right)-\frac{2}{3}\mu\frac{\partial\bar{v}_i}{\partial x_i}\delta_{ji}$，称为**时均切应力**。

方程（10-14）和方程（10-15）与 N-S 方程比较，多出了五个附加项。（Ⅰ）、（Ⅲ）、（Ⅳ）是脉动速度与脉动密度的二重相关量，（Ⅱ）是脉动速度的二重相关量，（Ⅴ）是脉动密度与脉动速度的三重相关量。

对于不可压缩流体，（Ⅰ）、（Ⅲ）、（Ⅳ）、（Ⅴ）项均为比（Ⅱ）项更高阶的小量，可忽略。则式（10-15）可表示为

$$\rho\frac{\mathrm{D}\bar{v}_j}{\mathrm{D}t}=-\frac{\partial\bar{p}}{\partial x_j}+\frac{\partial}{\partial x_i}\left(\mu\frac{\partial\bar{v}_j}{\partial x_i}-\rho\,\overline{v'_i v'_j}\right)+\overline{\rho f_j} \tag{10-16}$$

此式称为不可压缩流体的**雷诺方程**（Reynolds equation，1886 年）。

与不可压缩流体的 N-S 方程比较，方程（10-16）多出一个附加项 $-\rho\,\overline{v'_i v'_j}$。该项可解释

为作用于流体的应力，记为τ'_{ij}，称为**雷诺应力**（Reynolds stress）。通常可将其附加在压强p和黏性切应力项中。于是，湍流应力的平均值可表示为

$$\overline{\tau}_{ji} = -\overline{p}\delta_{ji} + \left[\mu\left(\frac{\partial \overline{v}_i}{\partial x_j} + \frac{\partial \overline{v}'_j}{\partial x_i}\right) - \rho\,\overline{v'_i v'_j}\right] \tag{10-17}$$

因而，式（10-16）可以写为

$$\rho\frac{\mathrm{D}\,\overline{v}_j}{\mathrm{D}t} = \frac{\partial}{\partial x_i}(\overline{\tau}_{ij}) + \overline{\rho f_j} \tag{10-18}$$

雷诺应力仍为二阶对称张量，可用矩阵表示：

$$\tau'_{ij} = -\rho\,\overline{v'_i v'_j} = \begin{pmatrix} -\rho\,\overline{v'_1 v'_1} & -\rho\,\overline{v'_1 v'_2} & -\rho\,\overline{v'_1 v'_3} \\ -\rho\,\overline{v'_2 v'_1} & -\rho\,\overline{v'_2 v'_2} & -\rho\,\overline{v'_2 v'_3} \\ -\rho\,\overline{v'_3 v'_1} & -\rho\,\overline{v'_3 v'_2} & -\rho\,\overline{v'_3 v'_3} \end{pmatrix} \tag{10-19}$$

称$-\rho\,\overline{v'_i v'_i}$为正应力，$-\rho\,\overline{v'_i v'_j}(i\neq j)$为切应力。各项前带“-”号，是因为$v'_i$与$v'_j$总是符号相异，这可用连续性方程得到证明，有兴趣的读者可尝试之。

$\overline{v'_i v'_j}$为两个时间平均值分别为零的随机变量乘积的时均值，它表示这两个随机变量之间的相关程度。定义**相关系数**（Correlation efficiency）如下：

$$R_{ij} = \frac{\overline{v'_i v'_j}}{\sqrt{\overline{v}'^2_i}\ \sqrt{\overline{v}'^2_j}},\ R_{ij} = 0 \sim \pm 1。 \tag{10-20}$$

当$R_{ij} = \pm 1$时表示完全相关；当$R_{ij} = 0$时表示不相关，完全独立。

注意：对于可压缩流体的时均湍流运动，并不满足通常所用流线概念下的质量守恒原理，为此，法夫尔（L. Faver）1965年提出了**质量加权平均**概念，将可压缩流体湍流方程简化到符合质量守恒原理的形式：

取$\overline{v_i^0} = \dfrac{\overline{\rho v_i}}{\overline{\rho}}$，并取$v_i = \overline{v_i^0} + v'_i$形式，可推出

$$\frac{\partial \overline{\rho}}{\partial t} + \frac{\partial}{\partial x_i}(\overline{\rho}\ \overline{v_i^0}) = 0 \tag{10-21}$$

$$\overline{\rho}\frac{\mathrm{D}\,\overline{v_j^0}}{\mathrm{D}t} = -\frac{\partial \overline{p}}{\partial x_j} + \frac{\partial}{\partial x_i}\left[\mu\left(\frac{\partial \overline{v}_j}{\partial x_i} + \frac{\partial \overline{v}_i}{\partial x_j}\right) - \frac{2}{3}\frac{\partial \overline{v}_i}{\partial x_i}\delta_{ji} - \overline{\rho v'_i v'_j}\right] + \rho\,\overline{f_j} \tag{10-22}$$

式中，δ_{ji}为单位张量，且

$$\delta_{ji} = \begin{pmatrix} 1 & 0 & 0 \\ 0 & 1 & 0 \\ 0 & 0 & 1 \end{pmatrix}$$

10.4.3 平均动能方程

将$\overline{v}_i^0$乘以动量方程各式后相加，并利用连续性方程，得

$$\frac{\mathrm{D}}{\mathrm{D}t}\left(\overline{\rho}\cdot\frac{\overline{v_i^0 v_j^0}}{2}\right) = -\overline{v}_i^0\frac{\partial \overline{p}}{\partial x_i} + \overline{v}_i^0\frac{\partial}{\partial x_k}\overline{\tau}_{ik} - \overline{v}_i^0\frac{\partial}{\partial x_k}(\overline{\rho v'_i\ v'_k}) \tag{10-23}$$

（Ⅰ）　　　　（Ⅱ）

且
$$\bar{v}_i^0 \frac{\partial}{\partial x_k}\bar{\tau}_{ik} = \frac{\partial}{\partial x_k}(\bar{v}_i^0 \tau_{ik}^*) - \tau_{ik}^* \frac{\partial \bar{v}_i^0}{\partial x_k} \tag{10-24}$$
$$\text{(Ⅲ)} \qquad\qquad \text{(Ⅳ)}$$

$$\bar{v}_i^0 \frac{\partial}{\partial x_k}(\overline{\rho v_i' v_k'}) = \frac{\partial}{\partial x_k}(\bar{v}_i^0 \overline{\rho v_j' v_k'}) - \overline{v_i' v_k'} \frac{\partial \bar{v}_i^0}{\partial x_k} \tag{10-25}$$
$$\text{(Ⅴ)} \qquad\qquad \text{(Ⅵ)}$$

式（10-23）至式（10-25）中各项含义：（Ⅰ）控制体内平均动能变化率；（Ⅱ）控制面上平均压力所做的流动功（含势能变化）；（Ⅲ）对流项；（Ⅳ）耗散项；（Ⅴ）平均脉动能量对流项；（Ⅵ）湍流生成项。

对于不可压缩流体，式（10-23）可改写成

$$\frac{\partial}{\partial t}\left(\frac{\bar{v}_j^0 \bar{v}_i^0}{2}\right) + \frac{\partial}{\partial x_j}\left[\bar{v}_j\left(\frac{\bar{p}}{\rho} + \frac{\bar{v}_i \bar{v}_i}{2}\right)\right]$$
$$\text{(Ⅰ)} \qquad\qquad \text{(Ⅱ)}$$

$$= \frac{\partial}{\partial x_k}(-\bar{v}_i \cdot \overline{v_i' v_k'}) - (-\overline{v_i' v_k'})\frac{\partial \bar{v}_i}{\partial x_k} + \nu \frac{\partial}{\partial x_k}(\bar{v}_i \overline{D}_{ik}) - \nu \overline{D}_{ik} \frac{\partial \bar{v}_i}{\partial x_k} \tag{10-26}$$
$$\text{(Ⅲ)} \qquad\qquad \text{(Ⅳ)} \qquad\qquad \text{(Ⅴ)} \qquad\qquad \text{(Ⅵ)}$$

式中，

$$\overline{D}_{ik} = \frac{\partial \bar{v}_i}{\partial x_k} + \frac{\partial \bar{v}_k}{\partial x_i} \tag{10-27}$$

式（10-26）中各项的含义：（Ⅰ）平均动能局部变化率；（Ⅱ）对流输运项；（Ⅲ）湍流应力功；（Ⅳ）湍流应力引起的变形功耗散项；（Ⅴ）黏性应力功；（Ⅵ）黏性耗散项。

10.4.4 涡量方程

湍流不仅是一种有涡流动，而且涡的强烈脉动也是湍流的重要特征，因此在湍流研究中必须对涡的脉动进行深入的探讨。

在湍流中，涡量 $\boldsymbol{\Omega}$ 同样可以表示为时均值与脉动值之和，即

$$\Omega_i = \overline{\Omega}_i + \Omega_i' \tag{10-28}$$

在体积力是有势力的情形下，涡量方程为

$$\frac{\partial \Omega_i}{\partial t} + v_j \frac{\partial \Omega_i}{\partial x_j} = \Omega_j \varepsilon_{ij} + \nu \frac{\partial^2 \Omega_i}{\partial x_j} \tag{10-29}$$

式中，ε_{ij} 为变形率张量。将式（10-28）代入式（10-29），并进行时均化处理，可得涡量时均方程：

$$\frac{\partial \overline{\Omega}_i}{\partial t} + \bar{v}_j \frac{\partial \overline{\Omega}_i}{\partial x_j} = -\overline{v_j' \frac{\partial \Omega_i'}{\partial x_j}} + \overline{\Omega_j' \varepsilon_{ij}'} + \overline{\Omega}_j \overline{\varepsilon}_{ij} + \nu \frac{\partial^2 \overline{\Omega}_i}{\partial x_i \partial x_j} \tag{10-30}$$

将式（10-28）代入涡量连续性方程中，再取平均后，可得到湍流时均涡量连续性方程：

$$\frac{\partial \overline{\Omega}_i}{\partial x_i} = 0, \quad \frac{\partial \Omega_i'}{\partial x_i} = 0 \tag{10-31}$$

涡管受拉伸时，截面积缩小，则涡量必然增大；换句话说，涡管半径减小，角速度增

大，从而动能（$r^2\omega^2$）增大，其能量的来源是时均流速场，即旋涡拉伸是时均流速场对旋涡做功的结果。在涡的拉伸过程中，其几何尺寸变小，能量增大，因而能量是由大尺度涡向小尺度涡传递。

已经证实，旋涡在一个方向的拉伸会引起另外两个方向也发生拉伸，于是一个涡在经过几代之后（P. Bradshaw 于1971 年提出了湍流涡“**家谱图**”），涡的尺度越来越小，而旋涡在方向上的分布则越来越均匀。由此得知：小尺度湍流具有各向同性的特征。

可以证明，二维流动中的涡不能伸缩、弯曲、变形，也就不能增强，故二维湍流是不能维持的。这说明湍流运动本身必然是三维的。

由此可以推知：涡存在于流速场中，流速分布的不均匀使涡束发生变形和转向，随着涡束的拉伸变形，大尺度涡从时均流动中吸取能量，并向小尺度涡逐级传递，最后在很小尺度的旋涡运动中，通过黏性把能量由机械能转变为热能而耗散，这就是湍流的发展过程和本质。

综合上述各节内容，可以对湍流现象进行小结：湍流是非常普遍的流动现象，它具有四大特征：随机性、扩散性、有涡性、耗散性。

1）随机性——表明只有用统计方法进行描述；

2）扩散性——湍流运动的质量、动量、能量向各个方向扩散、掺混和传输；

3）有涡性——湍流是三维有旋运动，且伴随涡的强烈脉动、变形、分解；

4）耗散性——湍流的时均流动能量由大尺度涡向小尺度涡转移，最终形成黏性耗散。

因此湍流虽然到目前为止还没有一个准确完美的定义，但确实是有别于其他运动的一种复杂运动。

10.5 湍流模式理论

10.5.1 湍流运动基本方程的封闭性讨论

从已经推导得到的时均湍流基本方程可知，即使在最简单的不可压缩湍流的连续性方程和动量方程所组成的方程组中，4 个偏微分方程有 10 个未知量。它们包括 4 个平均量 $\bar{v}_i$ 和 $\bar{p}$，6 个湍流应力（$-\rho\,\overline{v_i'v_j'}$只有6 个独立分量）。因而，无法直接从中得到时均方程组的确定解。为此需要找到足够的补充方程，使之达到方程组封闭。

补充方程自然是围绕二重相关量（$-\rho\,\overline{v_i'v_j'}$）来寻找的。人们曾试图用雷诺应力输运方程来推导（$-\rho\,\overline{v_i'v_j'}$）应满足的方程，并且用类似的推导方法来导出以三重相关量（$-\rho\,\overline{v_i'v_j'v_k'}$）为因变量的控制微分方程。这一过程虽然是严格的，但发现在三重相关量方程中却又出现了四重相关量，以及其他新的未知量。以此类推，在以脉动速度的 n 重相关量为因变量的控制方程中将会出现（$n+1$）重相关量和更多的未知量。因此，用这种数学演绎方法不能达到使方程组封闭的目的，而必须采用在一定程度上给出方程组中多余未知量的近似表达式来使方程组封闭。这种近似的封闭方程组方法称为**湍流模式理论**（Modeling theory of turbulence），它适用于工程上使用。

10.5.2 湍流模式理论分类及特点

所谓湍流模式理论就是以雷诺平均运动方程与脉动方程为基础，依靠理论与经验相结合，引进一系列模型假设，建立一组描写湍流平均量的封闭方程组的理论方法。

模式理论的思想可追溯到 100 多年前。1877 年布辛涅斯克（J. Boussinesq）就提出用涡黏度来模拟雷诺应力。直到第二次世界大战前，发展了一系列所谓半经验理论，其中包括得到最广泛应用的普朗特混合长度理论，以及泰勒（G. I. Taylor）的涡量转移理论和冯．卡门（T. von Karman）的相似理论等。他们的基本思想都是建立关于雷诺应力的模型假设，使雷诺平均运动方程组得以封闭。

按雷诺（W. C. Reynolds，1970 年）法分类，湍流模式理论有以下几种：

1）0 方程模式，即代数模型，假设雷诺应力为平均物理量的代数函数。

2）单方程模式，即梯度模型，假设雷诺应力为平均物理量的梯度。

3）双方程模式，它增加两个方程：湍动能方程和湍流特性参数方程。

4）应力方程模式，它是对三阶矩（即三重相关量）进行假设。

10.5.3 涡黏度与布辛涅斯克假设

布辛涅斯克是历史上第一位提出应用半经验理论解决湍流问题的学者。他首先将层流运动描述的方法引入到了湍流。对应于层流中切应力与流速梯度关系式为

$$\tau_l = \mu \frac{\mathrm{d}u}{\mathrm{d}y} \tag{10-32}$$

布辛涅斯克引入了**涡黏度** μ_t（Eddy viscosity），使湍流的雷诺应力与流场中时均流速梯度建立下述类比关系：

$$\tau_t = -\rho\,\overline{u'v'} = \mu_t \frac{\mathrm{d}\bar{u}}{\mathrm{d}y} \tag{10-33}$$

湍流涡黏度 μ_t 与层流中的黏度 μ 相对应，有时可称为表观黏度，或**湍流黏度**（Turbulent viscosity）。上式各量中，下标 l 表示层流，t 表示湍流。但是需要注意的是，黏度 μ 是流体本身的一种物性特性，与流动状态无关。而涡黏度 μ_t 并非流体的物理性质，而是湍流的一种流动特性，决定于湍流的时均流速场和几何边界条件。

进一步假设局部湍流应力与平均速度的梯度成正比：

$$-\rho\,\overline{v_i'v_j'} = \mu_t\left(\frac{\partial \overline{v_j}}{\partial x_i} + \frac{\partial \overline{v_i}}{\partial x_j}\right) - \frac{2}{3}\rho K\delta_{ij} \tag{10-34}$$

式中，$K = \frac{1}{2}\overline{v_i'v_i'} = \frac{1}{2}(\overline{u'^2} + \overline{v'^2} + \overline{w'^2})$，称为湍动能。

10.5.4 0 方程模式

“0”方程模式（Zero equation model）是湍流工程应用中，最早提出且至今尚在实用的一种近似解法。它用平均运动场的局部速度梯度来表示局部的雷诺应力，使 6 个雷诺应力变成平均速度场的量，未增加控制方程而达到使平均运动方程和连续性方程组得到封闭。因此“0”方程模式又称为**平均速度场模式**。这种近似法大体可分为两类：一类采用湍流黏性理论的假设，另一类采用**混合长度理论**的假设。

在 1925 年，普朗特分析比较了湍流扩散与分子扩散过程，认为湍流运动引起的涡扩散特性与分子扩散作用具有一定的相似性，因而把由湍流引起的涡扩散特性作用的结果，可以

引用分子扩散的概念来确定。

令
$$\mu_t = \rho l_m^2 \left| \frac{\partial \bar{v}_j}{\partial x_i} + \frac{\partial \bar{v}_i}{\partial x_j} \right| \quad （即模拟湍流黏度 \mu_t） \tag{10-35}$$

或
$$-\rho \overline{v_i' v_j'} = \rho l_m^2 \left| \frac{\partial \bar{v}_j}{\partial x_i} + \frac{\partial \bar{v}_i}{\partial x_j} \right| \left(\frac{\partial \bar{v}_j}{\partial x_i} + \frac{\partial \bar{v}_i}{\partial x_j} \right) \tag{10-36}$$

式中，l_m 称为**混合长度**（Mixing length），需要通过实验加以确定。

实践表明，该理论在预报射流、边界层、管流的湍流运动是基本成功的，其缺陷是忽略了湍流对流与扩散，且许多实际问题中 l_m 不是常数，难以确定。同时混合长度在物理概念上也有不足之处。

10.5.5　单方程模式

在“0”方程模式理论中，湍流黏度和混合长度的概念都是把雷诺应力与当地平均速度梯度相联系，是一种局部平衡的概念，忽略了湍流场扩散与对流作用对湍流黏度的影响，导致“0”方程模式使用的局限性。湍流场中对可迁移特征量的输运作用起着重要影响的参数是湍流度和特征长度。

混合长度理论应用的局限性，启发人们想到湍流黏度应当与湍流本身的特征量有关。如果把湍流脉动造成附加应力的过程与分子扩散造成应力的过程相比拟，可以设想湍流黏性应当与脉动的特征速度与脉动的特征尺度的乘积有关，正像分子黏性正比于分子平均自由程与其速度的乘积一样。湍流脉动动能的平方根，即 $K^{\frac{1}{2}}$，可以作为湍流脉动速度的代表。普朗特（L. Prandtl）和柯尔莫果诺夫（A. N. Kolmogorov）从上述考虑出发，各自提出了计算 μ_t 的表达式：

$$\mu_t = C_\mu \rho K^{\frac{1}{2}} l \tag{10-37}$$

式中，C_μ 为经验系数；l 是**湍流长度标尺**（Turbulet length scale），一般不等于混合长度 l_m。采用此式来确定 μ_t 时，关键在于确定流场中各点的脉动动能及长度标尺。为了确定 K，首先需要建立关于 K 的微分方程。实际上，湍动能方程是在雷诺应力方程的基础上推导出来的（令 $i=j$，并求和）。

$$\frac{\mathrm{D}}{\mathrm{D}t}\left(\frac{\rho\,\overline{v_i' v_i'}}{2}\right) = -\frac{\partial}{\partial x_k}\left(\overline{v_k' \frac{\rho v_i' v_i'}{2}}\right) - \overline{v_i' \frac{\partial p'}{\partial x_i}} + \overline{v_i' \frac{\partial \tau_{ik}^*}{\partial x_k}} - \rho \overline{v_i' v_k'} \frac{\partial \bar{v}_i^0}{\partial x_k} \tag{10-38}$$

（Ⅰ）　（Ⅱ）　（Ⅲ）　（Ⅵ）

又

$$\overline{\rho v_i' v_k' \frac{\partial \bar{v}_i^0}{\partial x_k}} = \frac{\partial}{\partial x_k}\left(\overline{v_i' \tau_{ik}^*}\right) - \overline{\tau_{ik}^* \frac{\partial v_i'}{\partial x_k}} \tag{10-39}$$

（Ⅳ）　（Ⅴ）

式（10-38）及式（10-39）中各项的含义：（Ⅰ）湍动能局部变化率；（Ⅱ）脉动能的对流扩散；（Ⅲ）脉动压力功；（Ⅳ）黏性力引起的湍动能空间输运；（Ⅴ）脉动引起的黏性耗散；（Ⅵ）湍流应力平均变形功。

对于不可压缩流体，湍动能方程为

$$\frac{\mathrm{D}K}{\mathrm{D}t}=-\frac{\partial}{\partial x_k}\left[\overline{v_k'\left(\frac{p'}{\rho}+K\right)}\right]+\left(-\overline{v_i'v_k'}\frac{\partial \bar{v}_i}{\partial x_k}\right)+\nu\frac{\partial}{\partial x_k}\overline{v_i'd_{ki}}-\nu\,\overline{d_{ki}\frac{\partial v_i'}{\partial x_k}} \tag{10-40}$$

（湍动能变化率　　脉动总压力功　黏性应力功　黏性耗散　变形功）

式中，$K=\frac{1}{2}\overline{v_i'v_i'}$；$d_{ki}=\frac{\partial \bar{v}_k'}{\partial x_i}+\frac{\partial \bar{v}_i'}{\partial x_k}$

为了对湍动能进行模拟，普朗特等人提出了如下假设：

$$-\rho\overline{v_j'\left(\frac{p'}{\rho}+\frac{v_i'v_i'}{2}\right)}+\mu\frac{\partial K}{\partial x_j}=\frac{\mu_t+\mu}{\sigma_k}\frac{\partial K}{\partial x_j}=\frac{\mu_e}{\sigma_k}\frac{\partial K}{\partial x_j} \tag{10-41a}$$

$$-\rho\,\overline{v_i'v_j'}\frac{\partial \bar{v}_i}{\partial x_j}=\mu_t\left(\frac{\partial \bar{v}_k}{\partial x_i}+\frac{\partial \bar{v}_i}{\partial x_j}\right)\frac{\partial \bar{v}_i}{\partial x_j}=G_K \tag{10-41b}$$

$$-\mu\overline{\left(\frac{\partial v_i'}{\partial x_k}\right)^2}=-C_D\frac{\rho K^{\frac{3}{2}}}{l} \tag{10-41c}$$

式中，$\mu_e=\mu+\mu_t$ 为**有效黏度**（Effective viscosity）；G_K 称为湍流生成项；σ_K、C_D、l 均为经验常数。将这些假设代入式（10-38）中，可得到最终的湍动能（K）方程：

$$\frac{\partial}{\partial t}(\rho K)+\frac{\partial}{\partial x_j}(\rho\bar{v}_jK)=\frac{\partial}{\partial x_j}\left(\frac{\mu_e}{\sigma_k}\frac{\partial K}{\partial x_j}\right)+G_K-C_D\frac{\rho K^{\frac{3}{2}}}{l} \tag{10-42}$$

可以证明，在忽略对流与扩散时，产生项与耗散项局部达到平衡，则单方程模型化为混合长度理论。通常，简单问题用混合长度理论可解出，复杂问题采用单方程仍很困难（l 难以确定），故这只是一种过渡性理论。

10.5.6　双方程模式

在单方程模式中考虑了湍动能的对流项和扩散项对湍流输运过程的影响，且用 K 和 l 来表示湍流黏度，消除了“0”方程模式的局限性。但是，在单方程模式中，特征长度 l 仍然是当地流动状态的函数（一般是代数式），没有考虑对流与扩散对 l 的影响，这对于复杂的抛物形流动和椭圆形流动就十分困难。所以在湍流研究中，人们自然想到以单方程为基础，再增加一个以 l 为因变量的控制微分方程，或用 ω（涡频率 $=K/l^2$）、Kl、Ω'^2（脉动涡量）、ε（湍动能耗散率）等参数为因变量的控制微分方程来使方程组封闭，从而构成所谓的“**双方程模式**”（Two equation model）。

柯尔莫果洛夫（A. N. Kolmogorov）于 1942 年提出的 K-f（f 为湍流脉动频率）模型，是最早的双方程湍流模型，但目前工程中应用最为广泛的是 K-ε 双方程模型，下面予以简单介绍。

湍流中单位质量流体脉动动能的**耗散率**（Dissipation ratio），即各向同性的小尺度涡的机械能转化为热能的速率，定义为

$$\varepsilon=\mu\overline{\frac{\partial v_i'}{\partial x_j}\frac{\partial v_i'}{\partial u_j}},\quad \varepsilon'=\mu\frac{\partial v_i'}{\partial x_j}\frac{\partial v_i'}{\partial x_j'} \tag{10-43}$$

对不可压缩流体的 N-S 方程两边求偏导数$\frac{\partial}{\partial x_k}$，（$k=1,2,3$），再两边乘上因子$\overline{\frac{\partial v_i'}{\partial x_k}}$后取平均，并假设湍流耗散各向同性，则可得到**湍动能耗散率**（ε）方程：

$$\frac{\partial}{\partial t}(\rho\varepsilon)+\frac{\partial}{\partial x_j}(\rho\bar{v}_j\varepsilon)=-\frac{\partial}{\partial x_j}\left(\rho\overline{v_j'\varepsilon'}+\frac{2\mu}{\rho}\overline{\frac{\partial v_j'}{\partial x_k}\frac{\partial p'}{\partial x_k}}\right)+$$
$$\text{(Ⅰ)}\qquad\text{(Ⅱ)}\qquad\text{(Ⅲ)}$$
$$\frac{\partial}{\partial x_j}\left(\mu\frac{\partial\varepsilon}{\partial x_j}\right)-2\mu\overline{\frac{\partial v_i'}{\partial x_j}\frac{\partial v_j'}{\partial x_k}\frac{\partial v_i'}{\partial x_j}}-2\mu\overline{\left(\frac{\partial^2 v_i'}{\partial x_j\partial x_k}\right)^2}\tag{10-44}$$
$$\text{(Ⅳ)}\qquad\text{(Ⅴ)}\qquad\text{(Ⅵ)}$$

式（10-44）中：（Ⅰ）为时间项；（Ⅱ）为对流项；（Ⅲ）为湍流扩散项；（Ⅳ）为分子扩散项；（Ⅴ）为产生项；（Ⅵ）为耗散项。

为了使方程（10-44）封闭，还需要对其中一些项进行处理。应用布辛涅斯克假设的基本思想，令

$$-\rho\overline{v_j'\varepsilon'}-\frac{2\mu}{\rho}\overline{\frac{\partial v_i'}{\partial x_k}\frac{\partial p'}{\partial x_k}}=\frac{\mu_t}{\sigma_\varepsilon}\frac{\partial\varepsilon}{\partial x_j}\tag{10-45a}$$

耗散项：
$$-2\mu\overline{\left(\frac{\partial^2 v_i'}{\partial x_j\partial x_k}\right)^2}=-C_2\rho\frac{\varepsilon^2}{K}\tag{10-45b}$$

产生项：
$$-2\mu\overline{\frac{\partial v_i'}{\partial x_j}\frac{\partial v_i'}{\partial x_m}\frac{\partial v_j'}{\partial x_m}}=C_1\frac{\varepsilon}{K}\mu_e\left(\frac{\partial\bar{v}_i}{\partial x_j}+\frac{\partial\bar{v}_j}{\partial x_i}\right)\frac{\partial\bar{v}_j}{\partial x_i}=C_1\frac{\varepsilon}{K}G_K\tag{10-45c}$$

另外，取

$$\mu_e=\mu+\mu_t=\mu+C_\mu\frac{K^2}{\varepsilon}\tag{10-45d}$$

式中，σ_ε 是脉动动能耗散率扩散的普朗特常数；C_1、C_2、C_μ 为实验常数。则关于 ε 的最终微分方程可表示为

$$\frac{\partial}{\partial t}(\rho\varepsilon)+\frac{\partial}{\partial x_j}(\rho\bar{v}_j\varepsilon)=\frac{\partial}{\partial x_j}\left(\frac{\mu_e}{\sigma_\varepsilon}\frac{\partial\varepsilon}{\partial x_j}\right)+\frac{\varepsilon}{K}(C_1G_K-C_2\rho\varepsilon)\tag{10-46}$$

式（10-42）和式（10-46）共同构成 K-ε 双方程模型。目前使用的经验常数值为

$$C_1=1.44,\ C_2=1.92,\ C_\mu=C_D=0.09,\ \sigma_K=1.0,\ \sigma_\varepsilon=1.3$$

大量预报结果及其与实验的对照已表明，K-ε 模型在预报无浮力平面射流、平壁边界层、管流、无旋或弱旋流动等方面是成功的，但对强旋流动（旋流数大于1）、浮力流、重力分层流、曲面边界层、低 Re 流动、圆射流等的预报存在较大误差。因此，理查德森（L. F. Richardson）和罗迪（W. Rodi）等人分别对浮力流动与强旋流动提出了相应的修正方案，并且形成了许多扩展的双方程模型，读者可参见相关文献。

10.5.7* 雷诺应力与代数应力模型简介

上述所介绍的双方程模型中，都采用各向同性的湍流黏度来计算湍流应力，这些模型难以考虑旋转流动方向表面曲率变化的影响。为了克服这个缺点，有必要直接对湍流应力 $-\rho\overline{v_i'v_j'}$ 直接建立微分方程，而将三个脉动值乘积的时均值采用模拟方式来计算。此外，湍流流动具有各向异性性质，故 μ_t 是张量而不是标量，应摒弃布辛涅斯克假设。这种模型称为**雷诺应力模型**（Differential Reynolds Stress Model，简称 DSM 模型），又称为二阶矩雷诺应力模型（Second-moment Reynolds stress model）。

雷诺应力方程的一般形式：

$$\frac{\partial \overline{v_i'v_j'}}{\partial t}+\bar{v}_k\frac{\partial(\overline{v_i'v_j'})}{\partial x_k}=\frac{\mathrm{D}(\overline{v_i'v_j'})}{\mathrm{D}t}=P_{ij}+\pi_{ij}+D_{ij}-\varepsilon_{ij} \tag{10-47}$$

式中，P_{ij}是应力产生项；π_{ij}是压力应变再分配项；D_{ij}是扩散项。对 π_{ij}及 D_{ij}项模拟方式不同，形成了多种二阶矩模型。

DSM 模型的方程组可参见其他文献。DSM 模型共需求解 16 个方程，有 14 个经验常数，机时约是 K-ε 模型（求解 5 个方程，5 个经验常数）的 10 倍！

模型评价：雷诺应力模型已用来预报燃烧室及炉内的强旋及浮力流动，在很多情况下，它能够给出优于 K-ε 模型的结果，表明它具有能考虑旋流效应、浮力效应、曲率效应、近壁效应等的优越性。但是该模型也有不足之处。首先，它对于工程预报而言太复杂了，对于三维问题，所用计算机存储量和 CPU 时间太多；其次，它以 14 个常数取代了 K-ε 模型的 5 个常数，这么多经验系数很难准确确定；再者，对每一种雷诺应力和通量分量也不易给定边界条件；此外，对于压力应变项的模拟尚有争议。实际上，尽管这一模型能够考虑各种各向异性效应，但其总精度并不总是高于其他模型，这是因为此模型中的 K 方程和 ε 方程，特别是两方程中源项的模拟是用和 K-ε 模型同样的方法得到的。上述缺点就是雷诺应力方程模型迄今尚未广泛应用的原因。这些问题可望在计算机能力的进一步发展中逐步得到解决。

作为一个折中方案，人们提出了**代数应力模型**（Algebraic Stress Model，ASM）。

代数应力模型有以下假设：①应力对流项与应力扩散项、湍动能对流项、湍动能扩散项差别不大；②局部平衡：产生项 = 耗散项；③忽略分子扩散和不考虑浮力流。

在代数应力模型（ASM）中，雷诺应力是用代数方程而不是用微分方程来求解的，这就比 DSM 模型大大减轻了计算量。这些代数方程可以通过两种考虑来导出。一种是假设应力微分方程中对流项与扩散项近似相等，此时在准稳态的湍流条件下，雷诺方程可简化为代数方程。另一种是假设雷诺应力的对流与扩散项正比于 K 的对流与扩散项，从而简化雷诺应力方程。

由于在模拟过程中除了引入雷诺应力项，同时还引入了 K 及 ε 两个变量。因此，为了使方程组封闭，还需要增加方程：

$$\frac{\partial}{\partial t}(\rho K)+\frac{\partial}{\partial x_j}(\rho\,\bar{v}_jK)=\frac{\partial}{\partial x_j}\left(\rho C_\varepsilon\frac{K}{\varepsilon}\overline{v_j'v_k'}\frac{\partial\varepsilon}{\partial x_k}\right)+G_K-\rho\varepsilon \tag{10-48a}$$

$$\frac{\partial}{\partial t}(\rho\varepsilon)+\frac{\partial}{\partial x_j}(\rho\,\bar{v}_j\varepsilon)=\frac{\partial}{\partial x_j}\left(\rho c_\varepsilon\frac{K}{\varepsilon}\overline{v_j'v_k'}\frac{\partial\varepsilon}{\partial x_k}\right)+C_{\varepsilon1}\frac{\varepsilon}{K}(G_K)\times(1+C_{\varepsilon3}R_f)-C_{\varepsilon2}\rho\frac{\varepsilon}{K} \tag{10-48b}$$

$$\overline{v_i'v_j'}=\frac{2}{3}\lambda k\delta_{ij}-(1-\lambda)\frac{K}{\varepsilon}\left(\overline{v_j'v_k'}\frac{\partial\bar{v}_j}{\partial x_k}\right)+\overline{v_j'v_k'}\frac{\partial\bar{v}_i}{\partial x_k} \tag{10-48c}$$

式中，经验常数的取值：

$$C_\varepsilon=0.24,\quad C_{\varepsilon1}=1.44,\quad C_{\varepsilon2}=1.92,\quad C_{\varepsilon3}=0.8$$

$$C_1=2.2,\quad C_2=0.55,\quad \lambda=\frac{C_1+C_2-1}{C_1}=0.8$$

ASM 模型可视为扩展的 K-ε 模型，它反映了与浮力及旋流效应有关的各向异性湍流的基本特征，同时与 DSM 模型相比又大大削减了方程数目，且无需分别给出各应力及通量分量的入口及边界条件，故应用起来比 DSM 模型方便。通过对射入同一突扩室的强旋同轴射流的计算结果与实验结果的对比，不同模型预报的轴向与切向速度剖面有差别，其中 ASM 模型与 DSM 模型给出较好结果。而对旋风筒中极强旋转流动的轴向与切向速度分布的预报，也表明 ASM 模型的预报结果比 K-ε 模型的预报结果符合实验结果的程度好得多。

小结：应当指出，湍流运动实在太复杂，建立湍流模型的目的是为了求解湍流的宏观运动的场参数，显然湍流模型的求解大都只能应用数值计算方法。事实上，各种湍流模型都有各自的优势和局限性。为了获得较好的计算结果，除了上述模型，人们还发展了许多湍流模型，并将其编制成计算程序，引入到商业软件中。例如，在常用的商业软件中，除了上述的 K-ε 模型（称为标准 K-ε 模型），针对不同湍流类型，人们发展了多达数十种修正的 K-ε 模型，包括重整化群（Renormalization Group，RNG）K-ε 模型、低雷诺数 K-ε 模型等。读者可参阅相关文献。

传统的湍流研究方法是将湍流运动分解为平均运动和脉动运动，人们感兴趣的是湍流的平均运动，充其量再加上一些与平均运动有联系的脉动运动的统计性质，从而抹去了湍流运动的许多细节。由于平均的结果导致了运动方程的不封闭，不得不放弃逻辑的严密性，而借助于经验数据、物理类比甚至直觉想象来构造各种模型假设，以致至今难以形成一套完善的理论。

计算机技术的飞跃发展，给人们提供了一种解决湍流问题的新途径。这就是直接从 N-S 方程出发，运用计算机数值求解完整的三维非定常湍流，这种方法称为湍流的**高级数值模拟**，是目前湍流研究的热点领域。

湍流的高级数值模拟目前主要有两种方案，一是直接数值模拟（Directed Numerical Simulation，DNS），二是大涡模拟（Large Eddy Simulation，LES）。**直接数值模拟**所用的数值方法多数是所谓**谱方法**或伪谱法，其基本思想是通过建立完备正交的特征函数族（如傅里叶级数），来满足基本方程和有关的边值条件，从而获得符合边值条件的特解。**大涡模拟**的思路是：首先把包括脉动运动在内的湍流瞬时运动通过某种滤波方法分解成大尺度运动和小尺度运动两部分，大尺度量通过数值求解运动方程直接计算；小尺度运动对大尺度运动的影响，将在运动方程中表现为类似雷诺应力一样的应力项，称之为**亚格子雷诺应力**（Sub-grid Reynolds Stress），它们将通过建立模型来模拟。大涡模拟现今的应用主要是在大气与环境科学领域，在工程问题中的应用还不多见。

湍流的高级数值模拟在改进传统湍流模型和增进湍流基本机理的了解方面已多有贡献，相信随着研究的深入，将会取得更丰富的成果。

思考与练习

10-1 为什么说湍流必然是三维有旋运动？

10-2 湍流的定义和基本特征是什么？

10-3 层流运动是如何转变为湍流的？其转捩点是多少？

10-4 如何定义湍流强度？影响湍流强度的因素有哪些？

10-5 涡是如何产生和发展的？所谓猝发过程包括哪几个阶段？

10-6 什么是湍流的拟序结构？讨论它有何意义？

10-7　湍流的描述方法有哪几种？为什么时间平均法得以广泛采用？

10-8　湍流时均运动方程与 N-S 方程有何联系和区别？

10-9　湍流时均动能方程中各项的物理意义是什么？

10-10　湍流中的能量是如何传输的？

10-11　为什么要建立湍流模型？其建立的方法是什么？

10-12　湍流模式理论包括哪些类型？各有何特点？

10-13　何谓涡黏度？其物理意义是什么？

10-14　何谓混合长度？其物理含义是什么？

10-15　0 方程模型的特点是什么？它可用来解决哪些湍流问题？

10-16　何谓标准 K-ε 双方程模型？它有哪些优势？其局限性是什么？

10-17　雷诺应力模型（DSM）有何特点？

10-18　什么是代数应力模型（ASM）？它有何特点？

10-19　什么是湍流的高级数值模拟？其主要方法有哪些？

10-20　若流体是理想不可压的，且在有势力的作用下，试说明下列运动是有旋还是无旋：

（1）无穷远处有一切变流流过一静止物体。

（2）无穷远均匀来流绕一旋转的圆柱体的流动。

10-21　证明：（1）$\overline{A'}=0$；（2）$\overline{\frac{\partial A}{\partial t}}=\frac{\partial \overline{A}}{\partial t}$；（3）$\overline{\int A\mathrm{d}S}=\int \overline{A}\mathrm{d}S$。其中 A 为任意物理量。

10-22　已知 $f=\overline{f}+f'$，$g=\overline{g}+g'$，$h=\overline{h}+h'$，求 $\overline{(fg)h}$ 及 $\overline{(fg)'h'}$ 的表达式。

10-23　试导出时均涡量连续性方程。

10-24　试导出普朗特边界层运动方程的时均形式。

10-25　考虑两平行平板间的不可压流体的二维定常湍流运动，不计重力，并假定除压强外所有物理量均与板面方向的坐标 x 无关。（1）试导出雷诺方程的具体形式；（2）试证明任一 x 位置截面上的时均压强在板面处达到最大值；（3）试证明从对称面到平板边界，分子黏性与雷诺应力之和呈线性变化。

第 11 章　工程湍流的半经验解法

如前所述，湍流运动要比层流运动复杂得多，一些简单的层流问题尚有精确解，但要得到湍流问题（最简单情形下）的精确解是不可能的。至今对湍流问题的求解主要沿两个方面：①实验与模式理论相结合的半经验方法；②模式理论与数值计算相结合的数值解法。显然前者只能采用简单模式理论——混合长度理论来求解，而且也只有一些简单问题可解。本章讨论几种工程湍流问题的半经验解法。

11.1　问题的提出

工程技术中存在的流动现象大都是湍流，常见的工程湍流问题有：管内流动、湍流边界层流动、射流和尾迹流等。下面几幅图片给出了其示例。

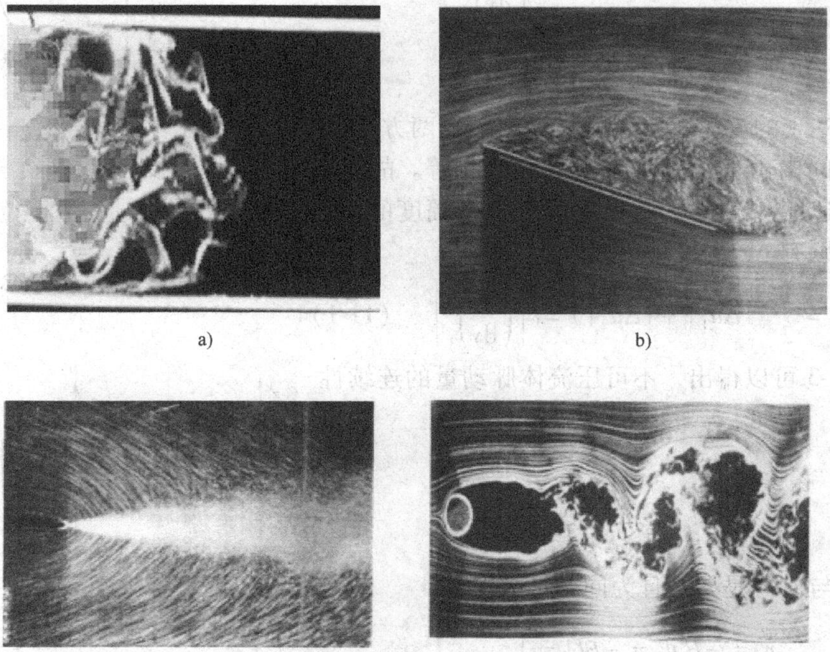

a)　　b)　　c)　　d)

图 11-1　常见工程湍流示例

a）管内湍流　b）大攻角平板边界层湍流　c）湍动射流　d）柱体下游尾流

从图中可以看出，这些流动内部流场结构都十分复杂，要获得详细的流速场分布非常困难，但正如在动量积分法求解边界层问题时那样，对于大多数工程技术问题，可能并不需要了解流动的细节，而只需要得到某些宏观流动特性，如流动阻力特性、射流的卷吸特性等宏观规律，此时就可能利用最简单的分析方法进行求解。从上一章的湍流理论来看，最简单的方法当属**混合长度理论**（Mixing length theory），利用该方法求解湍流问题，由于有少量的参数依赖于实验结果，因此被称为半经验解法。如何采用这种方法获得上述工程湍流问题的解呢？需要先了解混合长度理论的基本思想。

11.2 混合长度与流速分布律

在湍流半经验理论中，由普朗特（L. Prandtl）1925 年提出的混合长度理论是发展最为完善、应用最广泛的一种。普朗特将流体微团的脉动与气体的分子运动相类比。气体分子运行一个平均自由程时，与其他气体分子相碰撞并发生分子之间的动量交换。普朗特假设在湍流运动中，流体微团也是运行某一距离后才与周围其他的流体混合，失去其原有的流动特征，而在运动过程中流体微团则保持其原有流动特征不变。流体微团运行的这个距离就可理解为**混合长度**（Mixing length）。

下面以二维平面流动为例来说明混合长度理论。如图 11-2 所示，当流体质点平均流速为 $\overline{u}(y)$，相距 $\pm l$ 位置的流速分别为 $\overline{u}(y+l)$ 和 $\overline{u}(y-l)$，当 l 很小时，其速度差值可写成

$$\Delta u_1 = \overline{u}(y) - \overline{u}(y-l) \approx l\left(\frac{\mathrm{d}\overline{u}}{\mathrm{d}y}\right)_y$$

$$\Delta u_2 = \overline{u}(y+l) - \overline{u}(y) \approx l\left(\frac{\mathrm{d}\overline{u}}{\mathrm{d}y}\right)_y$$

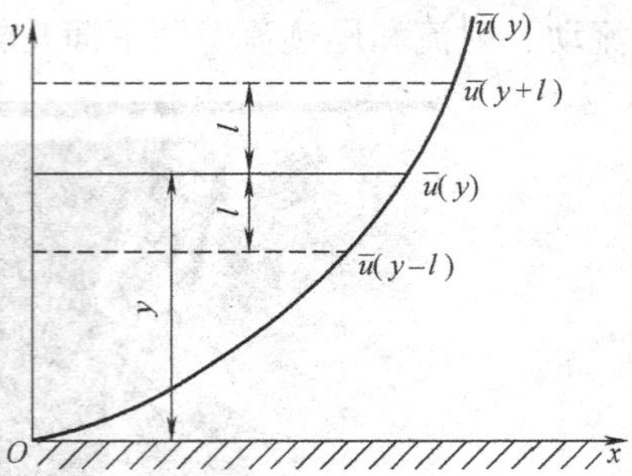

图 11-2 混合长度概念示意图

由于到达 y 的流体微团是随机的由上下两方来的，且在一段时间内由上方和下方来的机会相等。故可以假设 y 处的速度涨落量 u' 与以上两种扰动幅度的平均值同量级，则有

$$\overline{u}' = \frac{1}{2}(|\Delta u_1| + |\Delta u_2|) = l\left|\left(\frac{\mathrm{d}\overline{u}}{\mathrm{d}y}\right)_y\right| \qquad (11\text{-}1)$$

由图 11-3 可以得出，不可压流体脉动量的连续性方程为

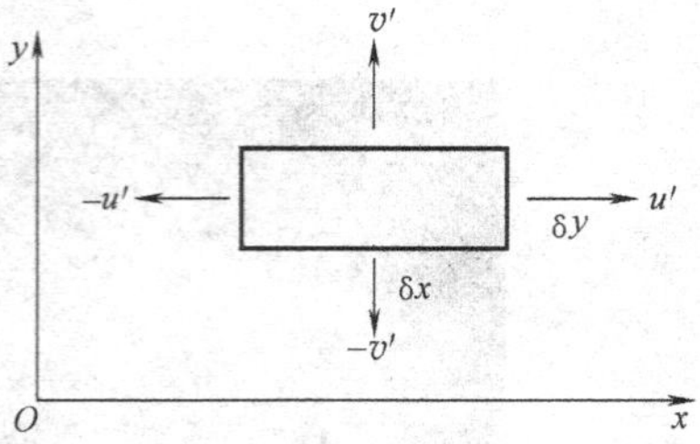

图 11-3 脉动量的连续性方程图示

$$2v'\delta x + 2u'\delta y = 0$$

所以
$$v' = -\frac{\delta y}{\delta x}u'$$

上式说明 v' 与 u' 总是异号且为同一量级。

取
$$\overline{v}' = -\beta\,\overline{u}' = -\beta l\left|\frac{\mathrm{d}\overline{u}}{\mathrm{d}y}\right|$$

则
$$\overline{u'v'} = \overline{v}'\ \overline{u}' = -\beta l^2\left|\frac{\mathrm{d}\overline{u}}{\mathrm{d}y}\right|^2$$

注意到湍流切应力的方向恒与 $\frac{\mathrm{d}\overline{u}}{\mathrm{d}y}$ 一致，因此可将湍流切应力表示为

$$\tau'_{xy} = -\rho\,\overline{u'v'} = \rho l^2\left|\frac{\mathrm{d}\overline{u}}{\mathrm{d}y}\right|\left(\frac{\mathrm{d}\overline{u}}{\mathrm{d}y}\right) = \mu_t\frac{\mathrm{d}\overline{u}}{\mathrm{d}y} \qquad (11\text{-}2)$$

式中，μ_t 称为**涡黏度**（Eddy viscosity）。这样，就将雷诺应力与时均速度梯度关联起来。其

中 l 就被称为混合长度，由实验确定。

卡门应用相似原理分析得到

$$l = k\left|\frac{\mathrm{d}\bar{u}}{\mathrm{d}y}\Big/\frac{\mathrm{d}^2\bar{u}}{\mathrm{d}y^2}\right| \tag{11-3}$$

并通过实验得出 $k=0.4$。而 τ'_{xy} 可通过将速度分布与壁面切应力关联起来而解出。

由普朗特和卡门给出的湍流切应力公式都可以看出，流场中的流速梯度对湍流切应力的确定具有重要意义。下面由切应力公式找出流速分布的规律。

考察两个无限平板之间的流动，两平板之间距离为 $2h$，设流动为定常二维平行流动。则

$$\bar{u}=\bar{u}(y),\quad \bar{v}=\bar{w}=0$$

设 $\dfrac{\partial\bar{p}}{\partial x}=c$。则由 N-S 方程，有 $-c+\dfrac{\partial\tau}{\partial y}=0$，即 $\dfrac{\partial\tau}{\partial y}=c$

在壁面 $y=\pm h$ 处，$\tau=\tau_{\mathrm{w}}$，则 $\tau=\tau_{\mathrm{w}}\dfrac{y}{h}$，为线性分布。由式（11-2）和式（11-3），有

$$\tau_{\mathrm{w}}\frac{y}{h}=\rho k^2\left(\frac{\mathrm{d}\bar{u}}{\mathrm{d}y}\right)^4\Big/\left(\frac{\mathrm{d}^2\bar{u}}{\mathrm{d}y^2}\right)^2 \tag{11-4}$$

或

$$\sqrt{\frac{\tau_{\mathrm{w}}}{\rho}}\sqrt{\frac{y}{h}}\,\frac{\mathrm{d}^2\bar{u}}{\mathrm{d}y^2}=k\left(\frac{\mathrm{d}\bar{u}}{\mathrm{d}y}\right)^2 \tag{11-5}$$

令

$$\sqrt{\frac{\tau_{\mathrm{w}}}{\rho}}=u_* \tag{11-6}$$

式中，u_* 称为切应力**速度或摩擦速度**（Friction velocity）。方程（11-5）积分两次，并代入边界条件，且利用 $y=0$，$\bar{u}=\bar{u}_{\max}$，则可得

$$\frac{\bar{u}_{\max}-\bar{u}}{u_*}=-\frac{1}{k}\left[\ln\left(1-\sqrt{\frac{y}{h}}\right)+\sqrt{\frac{y}{h}}\right] \tag{11-7}$$

该式称为**卡门流速分布亏损律**（Velocity defect law）。等号左边称为速度亏损率，而分子称为速度亏值。此式在管道中心和壁面处与实际不符，原因是未考虑黏性切应力。为此，普朗特假设壁面附近：$l=ky$，τ_{w} 为常数。则在壁面附近：

$$\tau=\tau_{\mathrm{w}}=\rho k^2y^2\left(\frac{\mathrm{d}\bar{u}}{\mathrm{d}y}\right)^2 \tag{11-8}$$

利用式（11-6），上式开方后积分得

$$\frac{\bar{u}}{u_*}=\frac{1}{k}\ln y+c \tag{11-9}$$

此即为**普朗特流速分布对数律**（Logarithm law）。实验证实，此式不仅在壁面附近成立，在整个流道内部都是成立的。在管道中心处：$y=h$，$\bar{u}=\bar{u}_{\max}$，则

$$\frac{\bar{u}_{\max}}{u_*}=\frac{1}{k}\ln h+c，\text{于是}\frac{\bar{u}_{\max}-\bar{u}}{u_*}=\frac{1}{k}\ln\frac{h}{y} \tag{11-10}$$

取量纲一的坐标：$y^+=\dfrac{yu_*}{\nu}$，量纲一的速度：$u^+=\dfrac{\bar{u}}{u_*}$，则有

$$u^{+}=\frac{1}{k}\ln y^{+}+c \tag{11-11}$$

这是流速分布对数律的量纲一的形式。其中积分常数由壁面条件确定。根据尼古拉兹对光滑圆管进行的实验，得到 $k=0.4$，$c=5.5$。故对光滑圆管中湍流的时均流速分布为

$$u^{+}=5.75\lg y^{+}+5.5 \tag{11-12}$$

11.3 圆管内湍流

管内湍流在人类生活和工程实践中都有重要的意义。其特点是流动边界受到固体边界的约束，故称为“**壁面湍流**（Wall turbulence）”。下面的讨论均针对充分发展湍流，这时由圆管进口处开始产生的边界层已经发展到圆管中心，而且管内时均流速、湍流度等在截面上的分布不再沿程变化。

在第5章中已经看到，壁面的粗糙度对圆管湍流具有重要影响，但是这种粗糙对流动的影响不只是决定于粗糙的本身，而是决定于粗糙与以流动雷诺数为代表的流动状况之间的相互关系。对于充分发展的管道湍流，随着雷诺数与相对粗糙度的不同，管内流速分布规律、阻力规律等均有明显的不同。从壁面粗糙的影响来看，通常将管道湍流分为三个不同的区域。一是**水力光滑区**（Hydraulically smooth region），此时流速分布与阻力规律只决定于管流的雷诺数，壁面粗糙对流动没有影响。这种情况只有在雷诺数很小或壁面较为光滑的情况下才有可能。另一种情况是**水力粗糙区**（Hydraulically rough region）或称完全粗糙区。这时管内流速分布与阻力规律只与相对粗糙度有关而与雷诺数无关。处于水力光滑区与水力粗糙区之间还有一个**过渡区**，此时不仅与相对粗糙度有关，也与雷诺数有关。

11.3.1 时均运动方程

在研究圆管流动时，对不可压流体定常流动的连续性方程取时间平均，可得柱坐标系中的时均连续性方程（以下除脉动相关项的时均值外，其他项均略去时均符号）：

$$\frac{\partial u_r}{\partial r}+\frac{u_r}{r}+\frac{\partial u_\theta}{\partial \theta}+\frac{\partial u_z}{\partial z}=0 \tag{11-13}$$

对充分发展湍流，$\frac{\partial}{\partial \theta}=0$，$u_\theta=0$，$u_r=0$，且 u_z 与 z 无关。如果在式中考虑动水压强，则质量力项不再出现。对于定常流动，动量方程可写为

$$\frac{1}{\rho}\frac{\partial p}{\partial r}=-\frac{1}{r}\frac{\mathrm{d}}{\mathrm{d}r}(r\overline{u_r'^2})+\frac{\overline{u_\theta'^2}}{r} \tag{11-14a}$$

$$0=-\frac{\partial}{\partial r}(\overline{u_\theta' u_r'})-2\frac{\overline{u_\theta' u_r'}}{r} \tag{11-14b}$$

$$\begin{aligned}\frac{1}{\rho}\frac{\partial p}{\partial z}&=-\frac{1}{r}\frac{\mathrm{d}}{\mathrm{d}r}(r\overline{u_z' u_r'})+\nu\left(\frac{\mathrm{d}^2 u_z}{\mathrm{d}r^2}+\frac{1}{r}\frac{\mathrm{d}u_z}{\mathrm{d}r}\right)\\&=-\frac{1}{r}\frac{\mathrm{d}}{\mathrm{d}r}\left(r(\overline{u_z' u_r'})-\nu\frac{\mathrm{d}u_z}{\mathrm{d}r}\right)\end{aligned} \tag{11-14c}$$

积分式（11-14a），令 $r=\frac{d}{2}=r_0$ 处的压强，即壁面压强为$\overline{p_w}(z)$，则得

$$p_w(z)=p(z,r)+\rho\overline{u_r'^2}-\rho\int_r^{r_0}\frac{\overline{u_r'^2}-\overline{u_\theta'^2}}{r}\mathrm{d}r \tag{11-15}$$

由于$\overline{u_r'^2}$、$\overline{u_\theta'^2}$不随 z 轴变化，因此可由式（11-15）得

$$\frac{\partial p_w(z)}{\partial z}=\frac{\partial p(z,r)}{\partial z}$$

此式说明管道壁面压强沿流程变化，与管道截面中任一 r 值处压强的沿程变化率相同。将此式代入式（11-14c）中，然后对 r 积分，可得到

$$\frac{\partial p_w}{\partial z}=\frac{2}{r}\frac{\mathrm{d}}{\mathrm{d}r}\left(-\rho\overline{u_z'u_r'}+\mu\frac{\mathrm{d}u_z}{\mathrm{d}r}\right) \tag{11-16}$$

注意此式左边只是 z 的函数,右边只是 r 的函数,故

$$\frac{\mathrm{d}p_w}{\mathrm{d}z}=\mathrm{const}$$

即壁面动水压强是轴向坐标 z 的线性函数。

积分式（11-14b），利用边界条件：$r=r_0$ 时，$\overline{u_r'u_\theta'}=0$，可得$\overline{u_\theta'u_r'}=0$。

这说明在圆管流动中与时均流动方向 z 相垂直的其余两轴上的脉动流速相关矩为零。

研究管道流动常以测压管量测各截面的压强，如用 J 表示单位长度内压强的降落，称为**水力坡度**（Hydraulically slope），则

$$J=-\frac{\mathrm{d}}{\mathrm{d}z}\left(\frac{p}{\rho g}\right) \tag{11-17}$$

则式（11-16）可写为

$$\frac{1}{2}gJr+\nu\frac{\mathrm{d}u_z}{\mathrm{d}r}-\overline{u_r'u_z'}=0 \tag{11-18}$$

如果使用坐标 y 代替坐标 r，y 轴垂直于管壁并指向管轴，其零点位于管壁上，圆管半径用 r_0 表示，则此时

$$u_*=\sqrt{gRJ},\quad r=\frac{d}{2}-y=r_0-y$$

其中，u_*为剪切流速（摩擦速度），$R=\frac{d}{4}$为水力半径（Hydraulically radius，注意水力半径为水力直径的1/4），y 与 r 方向相反，于是式（11-18）可写为

$$u_*^2\left(1-\frac{y}{r_0}\right)=\nu\frac{\mathrm{d}u_z}{\mathrm{d}y}-\overline{u_y'u_z'} \tag{11-19}$$

这就是**圆管内湍流时均运动方程**。利用边界条件可得

$$p_w(z)-p_w(0)=\frac{4}{d}\mu\left(\frac{\mathrm{d}u_z}{\mathrm{d}r}\right)_{r=r_0}\cdot z \tag{11-20}$$

此式表示圆管中任意 z 处截面上距轴心为 r 处的压强与起始截面压强之间的关系。

另外，类似地可得到**时均运动能量方程**：

$$\frac{r}{r_0}u_*^2\frac{\mathrm{d}u_z}{\mathrm{d}r}=\overline{u_r'u_z'}\frac{\mathrm{d}u_z}{\mathrm{d}r}-\nu\left(\frac{\mathrm{d}u_z}{\mathrm{d}r}\right)^2 \tag{11-21}$$

11.3.2 流速分布律

圆管内的流速分布主要是由试验资料确定。德国力学家尼古拉兹（J. Nikuradse）在20世纪30年代曾对光滑圆管的湍流进行了大量的试验。他发现光滑圆管湍流速度分布有明显的分区特征：

1）$0\leqslant y^+\leqslant 5$ 这一区域称为**黏性底层**，切应力主要为黏性应力，流速为线性分布：

$$u^+=y^+，即\frac{u}{u_*}=\frac{yu_*}{\nu} \tag{11-22}$$

注意：$u_*=\sqrt{\dfrac{\tau_w}{\rho}}$，$y^+=\dfrac{yu_*}{\nu}$

黏性底层的厚度：　$\delta'=5\dfrac{\nu}{u_*}$

2）$y^+\geqslant 70$ 为**对数区**，切应力主要为湍流切应力，流速分布为

$$u^+=5.75\lg y^++5.5 \tag{11-23}$$

3）$5<y^+<70$ 为**过渡区**，目前还没有一个公认的表示过渡区流速分布的公式。

关于分区的界限值，不同的研究者也得出略有不同的数值，但是管道湍流截面上的速度分布具有三个不同的分区却是学者的共识。圆管中层流与湍流的速度剖面对比如图11-4所示。

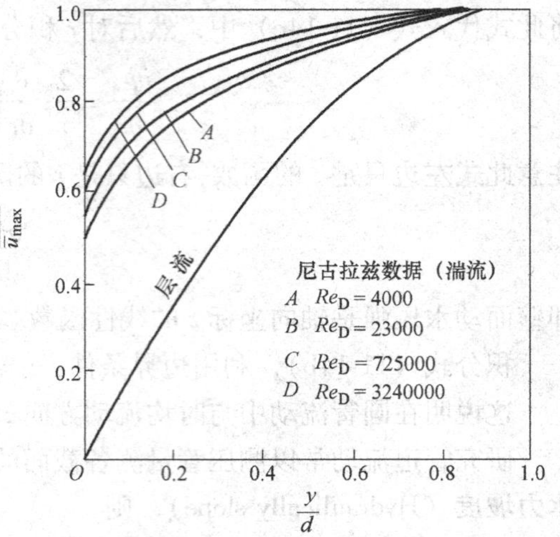

图11-4　圆管中湍流的速度剖面与层流时比较

11.3.3 光滑管流动阻力

仿照本书5.4节对管内层流时的分析，如图11-5所示，在圆管中取一段隔离体，长为L，半径为r'，考虑作用于隔离体上力的平衡关系：

$$2\pi r'L\tau=(p_1-p_2)\pi r'^2$$

则

$$\tau=\frac{p_1-p_2}{L}\frac{r'}{2}$$

定义λ为量纲一的阻力系数,令

$$\frac{p_1-p_2}{L}=\lambda\frac{1}{d}\frac{\rho V^2}{2}=\frac{2\tau_w}{r_0}$$

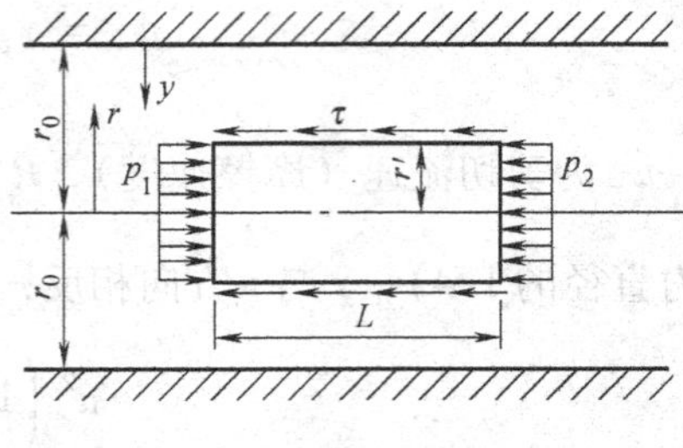

图11-5　隔离体受力分析

式中，V为截面平均流速；d为管道直径，则得

$$\tau_w=\lambda\frac{1}{d}\frac{\rho V^2}{2}\frac{d}{4}=\frac{1}{8}\lambda\rho V^2 \tag{11-24}$$

$$\lambda=8\frac{\tau_w}{\rho V^2}=8\frac{u_*^2}{V^2} \tag{11-25}$$

1911 年布拉修斯（H. Blasius）在研究了大量试验资料后，得到光滑圆管阻力系数的公式：

$$\lambda = 0.3164\frac{1}{Re^{0.25}} \tag{11-26}$$

该公式适用的范围是 $Re=\dfrac{Vd}{\nu}\leqslant 10^5$。利用式（11-25）、式（11-26）及管壁切应力的表达式，经过适当处理后，可得

$$\frac{u}{V} = 8.74\left(\frac{yu_*}{\nu}\right)^{\frac{1}{7}} \tag{11-27}$$

式（11-27）称为流速分布的**1/7 次方律**。更一般地，可设

$$\frac{u}{u_{\max}} = \left(\frac{y}{r_0}\right)^{\frac{1}{n}} \tag{11-28}$$

称布拉修斯指数律分布。在更大的 Re 范围内，可应用**对数律**，由式（11-23）可得

$$\frac{u_{\max}}{u_*} = 5.75\lg\left(\frac{r_0 u_*}{\nu}\right) + 5.5 \tag{11-29}$$

将式（11-29）减去式（11-23），可得

$$u = u_{\max} - u_* \times 5.75\lg\frac{r_0}{y} \tag{11-30}$$

对此式沿管径向积分，再除以圆管端截面积，可得截面平均流速

$$V = u_{\max} - 3.75u_* = u_*\left(5.75\lg\left(\frac{r_0 u_*}{\nu}\right) + 1.75\right) \tag{11-31}$$

将上式代入式（11-25）中，可得

$$\lambda = 8\left(\frac{u_*}{V}\right)^2 = \frac{1}{[2.035\lg(Re\sqrt{\lambda}) - 0.91]^2} \tag{11-32}$$

根据试验资料对式中的常数进行修正后，可得**普朗特公式**（Prandtl formula）：

$$\frac{1}{\sqrt{\lambda}} = 2.0\lg(Re\sqrt{\lambda}) - 0.8 \tag{11-33}$$

11.3.4　粗糙管流动阻力

如前文 5.6 节所述，尼古拉兹通过对 6 种人工粗糙管的试验研究，发现粗糙管存在与光滑管类似的分区特征，只不过此时应用所谓**水力光滑**（Hydraulically smooth）概念（即黏性底层厚度大于管壁的实际粗糙度）。此时如果用指数公式表示圆管湍流的流速分布，对于粗糙圆管，则

$$\frac{u}{u_{\max}} = \left(\frac{y}{r_0}\right)^{\frac{1}{n}},\ n = 4 \sim 5 \tag{11-34}$$

如果用对数公式表示圆管湍流的流速分布，对于水力粗糙管，引入粗糙度 ε，则

$$\frac{u}{u_*} = 5.75\lg\frac{y}{\varepsilon} + 8.5 \tag{11-35}$$

对**水力光滑管**，则

$$\frac{u}{u_*}=5.75\lg\frac{y}{\varepsilon}+8.5-5.75\lg\frac{u_*\varepsilon}{\nu} \tag{11-36}$$

像在光滑圆管中一样，将流速分布公式沿截面积分，并除以截面面积，可得截面平均流速 V。对于粗糙圆管，有

$$V=u-3.75u_* \tag{11-37}$$

由式（11-35）可知 $u=u_*\left(5.75\lg\frac{r_0}{\varepsilon}+8.5\right)$，代入上式可得

$$\frac{V}{u_*}=5.75\lg\frac{r_0}{\varepsilon}+4.75 \tag{11-38}$$

再由式（11-25），得

$$\lambda=\frac{1}{\left(2\lg\frac{r_0}{\varepsilon}+1.68\right)^2} \tag{11-39}$$

这就是冯·卡门（T. von Karman）从相似定律导出的完全粗糙管道阻力公式。尼古拉兹根据试验资料对此式进行了修正，得到目前通用的水力粗糙管道阻力公式如下：

$$\lambda=\frac{1}{\left(2\lg\frac{r_0}{\varepsilon}+1.74\right)^2} \tag{11-40}$$

对于从水力光滑到水力粗糙的**过渡区**，科尔布鲁克（C. F. Colebrook）提出的经验公式为

$$\frac{1}{\sqrt{\lambda}}=1.74-2\lg\left(\frac{\varepsilon}{r_0}+\frac{18.7}{Re\sqrt{\lambda}}\right) \tag{11-41}$$

11.4 平壁湍流速度边界层

像圆管湍流一样，湍流平板边界层流动也是壁面湍流的一种，只不过固体边界的特征不同。圆管湍流是流动发生在由固体边界所包围的空间内，因而固体边界限制了湍流的发展。而平板边界层则是流动发生在某一固体壁面附近，在固体壁面上的湍流边界层可以沿程发展，而其上边界不受限制。但是它们也有很多共同的地方，本节进行讨论和比较。

11.4.1 基本方程

对于湍流边界层，其边界层微分方程可由雷诺方程出发，利用边界层性质，采用量级分析法，可得边界层时均方程组（略去时均符号）：

连续性方程可写为

$$\frac{\partial u}{\partial x}+\frac{\partial v}{\partial y}=0 \tag{11-42}$$

动量方程可写为

$$u\frac{\partial u}{\partial x}+v\frac{\partial u}{\partial y}=u_e\frac{\mathrm{d}u_e}{\mathrm{d}x}+\frac{1}{\rho}\frac{\partial\tau}{\partial y} \tag{11-43a}$$

式中，
$$\tau=\mu\frac{\partial u}{\partial y}-\rho\overline{u'v'}=\rho(\nu+\nu_t)\frac{\partial u}{\partial y}\tag{11-43b}$$

边界条件：

$$y=0;\ u(x,0)=v(x,0)=0;$$
$$y=\delta\text{或}\infty;\ u=u_e\text{或}U_\infty,\ \overline{u'v'}=0。$$

可见湍流边界层方程组与层流时方程组具有相同的形式。

11.4.2　分区特征

层流边界层呈层状的单一结构，但在湍流边界层中，由于旋涡的黏性扩散与湍流扩散彼此机理不同，使得流动呈现多层结构模式。与管内湍流类似，在贴近壁面的内层，黏性影响占优势，旋涡主要靠黏性剪切扩散；在离壁面较远的外层，湍流剪切占优势，涡旋主要靠湍流剪切扩散。在不同的层中存在着不同的流动状态、不同的速度分布律和不同尺度因子。目前，人们根据实验资料，普遍认为可以将湍流边界层分为内层和外层，而在内层和外层又可细分为二、三个分层，即在湍流边界层中除**黏性底层**（Viscous sublayer）、**过渡层**及**湍流层**（对数区）以外，还存在一个尾流区或称为**外层**（Outer layer）。而黏性底层、过渡区和对数区则统称为**内层**（Inner layer）。具体可参见图11-6。

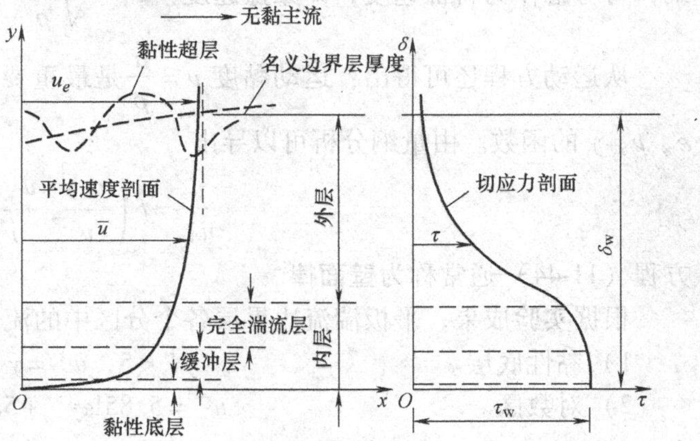

图11-6　湍流边界层的分层特征及切应力分布

内层比外层薄得多，其厚度约占边界层平均总厚度的10%～20%。在这一层内，通过黏性剪切以很大的速度梯度与壁面条件相匹配，黏性切应力起着支配作用，外流压强梯度的影响不明显，其流动情况主要由当地条件决定。对于光滑壁面，根据普朗特1933年的推论，内层的时均速度分布取决于壁面切应力τ_w、流体密度ρ、动力黏度μ和离壁面的距离y。

外层占据了边界层的绝大部分，它的厚度约为边界层平均厚度的80%～90%。由于物体壁面不与外层直接接触，它对外层的影响与不断远离的尾迹流的影响类似。因此，冯·卡门1930年推论，外层速度亏损（$u_e-\overline{u}$）具有相似性，它只与壁面切应力τ_w以及该应力效应所能扩散的距离y有关（参见图11-6）。

对于湍流边界层的分区界限，各研究者实验结果略有出入。一般用$y^+=\dfrac{yu_*}{\nu}$表示，认为：

黏性底层：$0\leqslant y^+<(5\sim10)$

过渡区：$(5\sim10)\leqslant y^+<(30\sim70)$

对数区：$(30\sim70)\leqslant y^+,\ \dfrac{y}{\delta}\leqslant0.2$

以上三个区域统称为内层。

尾流区（外层）：$0.2\leqslant\frac{y}{\delta}\leqslant1.0$

11.4.3 壁面律

在流过刚性边界的湍流中，在靠近壁的区域，流动直接受壁面条件的影响。此条件由壁面切应力表示，对光滑壁面由流体黏性表示；或者，如果粗糙度足够显著的话，由壁面的粗糙度表示。可称此区域为**壁面区**，也称为**内区**。在壁面区之外的区域，其中流动仅间接受到壁面切应力的影响，通常称为**外区**。而在圆管流动中，此区域称为**核心区**。

根据壁面区的定义，其流动由用壁面切应力和壁面粗糙度表示的壁面条件确定。假定粗糙度用长度参数表征，如用粗糙元的平均高度 ε 来表征。在此区域内，平均速度分量 $\bar{u}$ 是壁面切应力 τ_w、粗糙度参数 ε、至壁的距离 y 和流体性质 ρ 及 μ，以及速度 u 的函数。量纲分析可给出三个量纲一的组合，其中比值$\frac{\tau_w}{\rho}$是确定速度分布的量。由于此比值有速度平方的量纲，可考虑作为特征速度，即**摩擦速度**：$u_*=\sqrt{\frac{\tau_w}{\rho}}$。

从运动方程还可得出：运动黏度 $\nu=\frac{\mu}{\rho}$是最重要的流体性质。于是，对壁面区 u、u_*、ε、ν、y 的函数。由量纲分析可以导出

$$\frac{u}{u_*}=f\left(\frac{u_*y}{\nu},\ \frac{u_*\varepsilon}{\nu}\right) \tag{11-44}$$

方程（11-44）通常称为**壁面律**。

根据实验成果，平板湍流边界层各个分区中的流速分布为：

1）黏性底层。 $y^+<5,\ u^+=y^+$ （11-45）

2）对数区。 $u^+=5.85\lg y^++5.56$ （11-46）

3）尾流区。 $u^+=\frac{1}{k}\ln y^++C+W\left(\frac{y}{\delta}\right)$ （11-47a）

$$W\left(\frac{y}{\delta}\right)=\frac{2\Pi}{k}\sin^2\left(\frac{\pi}{2}\frac{y}{\delta}\right) \tag{11-47b}$$

式中，$W\left(\frac{y}{\delta}\right)$称为尾流函数；$\Pi$ 称为尾流强度。

11.4.4 速度边界层

图 11-7 所示为湍流边界层中流速分布分区结构的示意图。设为定常平面流动且无压强梯度，即$\frac{\mathrm{d}p}{\mathrm{d}x}=0$，则$\frac{\mathrm{d}u_e}{\mathrm{d}x}=0$，由动量积分关系式（9-57），有

$$\frac{\mathrm{d}\delta_m}{\mathrm{d}x}=\frac{C_f}{2} \tag{11-48a}$$

$$C_f=\frac{\tau_w}{\frac{1}{2}\rho U_\infty^2} \tag{11-48b}$$

式中，δ_m、C_f 分别为动量损失厚度和壁面摩擦因数。如果速度分布采用对数律，则得不到简单的封闭解，因此采用指数律：

$$u = A + By^{\frac{1}{n}} \tag{11-49}$$

利用边界条件 $y=0$，$u=0$，则 $A=0$；$y=\delta$，$u=U_\infty$，则 $B=\dfrac{U_\infty}{\delta^{\frac{1}{n}}}$

于是

$$\frac{u}{U_\infty} = \left(\frac{y}{\delta}\right)^{\frac{1}{n}} \tag{11-50}$$

利用排挤厚度 δ_d 和动量损失厚度 δ_m 的定义,并积分,有

$$\frac{\delta_m}{\delta} = \frac{n}{(n+1)(n+2)} \tag{11-51}$$

$$\frac{\delta_d}{\delta} = \frac{1}{n+1} \tag{11-52}$$

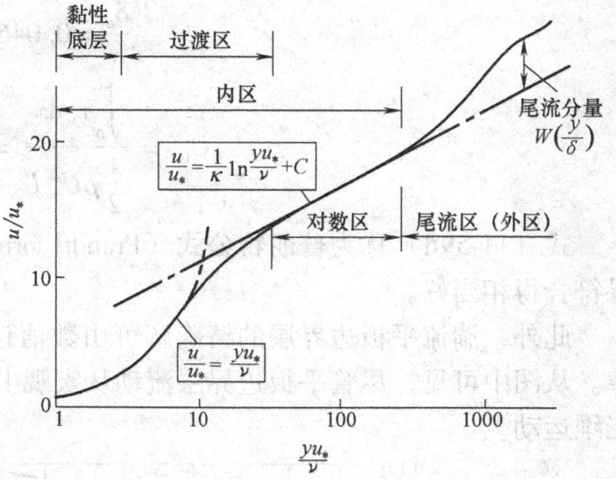

图 11-7　平壁湍流边界层流速分布律

又有

$$\frac{C_f}{2} = \frac{\tau_w}{\rho U_\infty^2} = \left(\frac{u_*}{U_\infty}\right)^2 \tag{11-53}$$

令

$$\delta^+ = \frac{u_*\delta}{\nu},\ Re_\delta = \frac{U_\infty\delta}{\nu},\ C = \left(\frac{U_\infty}{u_*}\right)^{\frac{n+1}{n}} Re_\delta^{-\frac{1}{n}}$$

则

$$\frac{C_f}{2} = C_1 Re_\delta^{-\frac{2}{1+n}} \tag{11-54}$$

式中，$C_1 = C^{\frac{-2n}{1+n}}$。

所以

$$\frac{n+1}{n+3}\frac{\mathrm{d}}{\mathrm{d}x}\delta^{\frac{n+3}{n+1}} = \frac{(n+1)(n+3)}{n}C_1\left(\frac{\nu}{U_\infty}\right)^{\frac{2}{1+n}} \tag{11-55}$$

又 $x=0$；$\delta=0$，n 仅是雷诺数的函数，上式可积分为

$$\frac{\delta}{x} = C_2 Re_x^{-\frac{2}{n+3}} \tag{11-56}$$

式中，

$$C_2 = \left[\frac{(n+2)(n+3)}{C_1}\right]^{\frac{n+1}{n+3}}$$

对光滑圆管，取 $n=7$，有

$$\tau_w = 0.0225\rho u_{max}^2 Re_d^{-\frac{1}{4}} \tag{11-57}$$

设此式对光滑平壁也成立（取 $n=7$），则

$$\frac{C_f}{2} = \frac{\tau_w}{\rho U_\infty^2} = \frac{\mathrm{d}\delta_m}{\mathrm{d}x} = \frac{7}{72}\frac{\mathrm{d}\delta}{\mathrm{d}x} = 0.0225 Re_\delta^{-\frac{1}{4}} \tag{11-58}$$

与式（11-54）对比，得 $C_1=0.0225$，于是 $C_2=0.37$（取 $n=7$），于是有

$$\frac{\delta}{x} = 0.37 Re_x^{-\frac{1}{5}} \tag{11-59a}$$

$$\frac{\delta_m}{x}=0.036Re_x^{-\frac{1}{5}} \tag{11-59b}$$

$$\frac{\delta_d}{x}=0.0462Re_x^{-\frac{1}{5}} \tag{11-59c}$$

$$C_{fL}=\frac{\int_0^L \tau_w \mathrm{d}x}{\frac{1}{2}\rho U_\infty^2 L}=0.072Re_L^{-\frac{1}{5}} \tag{11-59d}$$

式（11-59d）称为**普朗特公式**（Prandtl formula），在 $5\times10^5<Re<2.5\times10^7$ 内与实验结果符合得相当好。

此外，湍流平板边界层的精确解可由数值计算方法获得，图 11-8 给出了其速度分布规律。从图中可见，尽管平板边界层流动从宏观上可视为二维平面运动，但在湍流情形下却是三维运动。

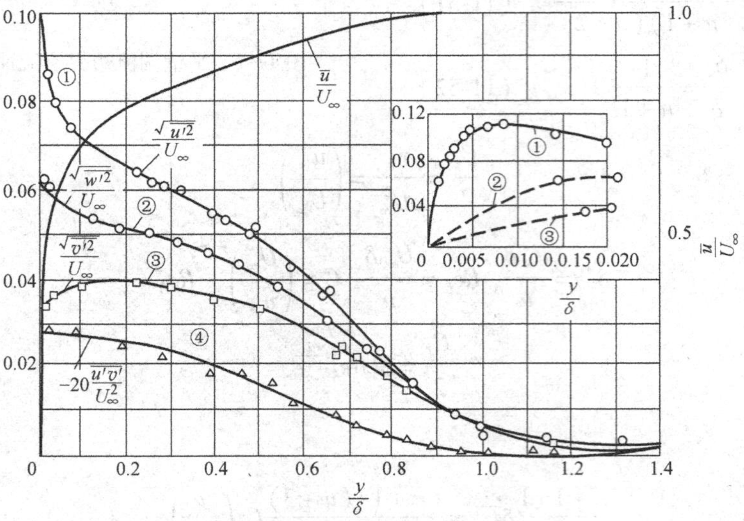

图 11-8　湍流平板边界层速度分布规律

11.4.5　层流—湍流组合边界层

上面的讨论中假设自平板前缘 $x=0$ 为湍流边界层起始点，但事实上，不管雷诺数多大，平板头部总有一部分为层流边界层，即实际边界层为层流与湍流的混合边界层，因此对上述结果须作修正。修正的方法是假设流态在某一截面处由层流转变为湍流，从全部的湍流阻力中减去转捩断面以前的湍流阻力而代以这部分的层流阻力，即可得到全部边界层的阻力。

转捩断面前湍流阻力与层流阻力的差值为

$$\Delta F_D=\frac{\rho U_\infty^2}{2}bx_{crit}(C_{ft}-C_{fl}) \tag{11-60}$$

式中，x_{crit} 为转捩断面的位置；C_{ft} 为自 $x=0$ 至 $x=x_{crit}$ 这段平板的湍流阻力系数；C_{fl} 为这一段平板的层流阻力系数。于是

$$\frac{\Delta F_D}{\frac{1}{2}\rho U_\infty^2 bL}=\frac{x_{crit}}{L}(C_{ft}-C_{fl})=\frac{Re_{x_{crit}}}{Re_L}(C_{ft}-C_{fl})=\frac{A}{Re_L}$$

即
$$A = Re_{x,\text{crit}}(C_{\text{ft}} - C_{\text{fl}}) \tag{11-61}$$
在计算 A 值时采用
$$C_{\text{ft}} = \frac{0.074}{Re_{x,\text{crit}}^{1/5}},\quad C_{\text{fl}} = \frac{1.328}{Re_{x,\text{crit}}^{1/2}}$$

表 11-1 中列出了各种不同的 $Re_{x,\text{crit}}$ 值时相应的 A 值。

表 11-1　不同的 $Re_{x,\text{crit}}$ 值时对应的 A 值

$Re_{x,\text{crit}}$	3×10^5	5×10^5	10^6	3×10^6
A	1050	1700	3300	8700

最后，平板的实际阻力系数为
$$C_{\text{f}L} = \frac{0.074}{Re_L^{1/5}} - \frac{A}{Re_L}\quad（适用于 5\times10^5 < Re_L < 10^7） \tag{11-62}$$

11.5* 射流与尾流

工程中存在的大量射流与尾流均为湍流运动，因其不受固壁的约束，而称为**自由剪切湍流**（Free shear turbulence）。其共同特点是，当两层运动方向一致但具有不同流速的流体相接触时，接触面处将形成一个流速不连续的间断面，这种间断面是不稳定的，将变成湍流并产生脉动掺混现象，并一直向下游发展。

11.5.1 基本特征

自由射流（Jet flow）是当流体自孔口或管嘴中喷射出来以后形成的，如图 11-9a 所示。射流周围环境中原系静止的流体将有一部分被湍动射流卷吸带动流向下游，因此射流的断面质量流量沿程扩大。随着射流断面的扩展其速度将逐渐减小，但断面的动量通量保持不变。

尾流（Wake flow）可以是一个在静止的流体中运动的物体尾部形成的流动，如图 11-9b 所示；或者是流体绕过一个固定不动的物体而在物体尾部形成的流动，如图 11-9c 所示。绕

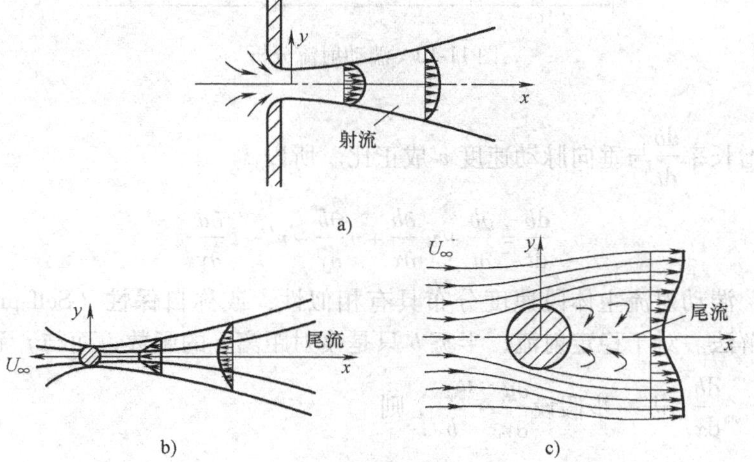

图 11-9　射流及尾流

流物体的尾流中，流速小于主流流速，随着尾流向下游逐渐扩展，尾流中流速与主流流速的差别逐渐缩小直至消失。

11.5.2 流速衰减规律

在研究湍流射流与尾流时，因黏性应力较湍流应力要小很多，可以忽略。在湍流射流与尾流的问题中垂直于流动方向的尺度远小于流动方向尺度，具有与边界层流动一样的特点，因而可以应用普朗特边界层微分方程（略去时均符号）：

$$\frac{\partial u}{\partial t}+u\frac{\partial u}{\partial x}+v\frac{\partial u}{\partial y}=\frac{1}{\rho}\frac{\partial \tau}{\partial y} \tag{11-63}$$

$$\frac{\partial u}{\partial x}+\frac{\partial v}{\partial y}=0 \tag{11-64}$$

式中，τ 为湍流切应力。在对式（11-63）、式（11-64）进行积分之前，先应用量级分析方法，研究射流和尾流垂向厚度的沿程增长和中心流速的沿程减小。在自由湍流中由于没有固定壁面限制流体的扰动，可假设在射流或尾流的横截面上**混合长度** l 为一常数，并与**半厚度** b 成正比（图 11-10），即

$$\frac{l}{b}=\beta=C_1$$

式中，C_1 为常数。

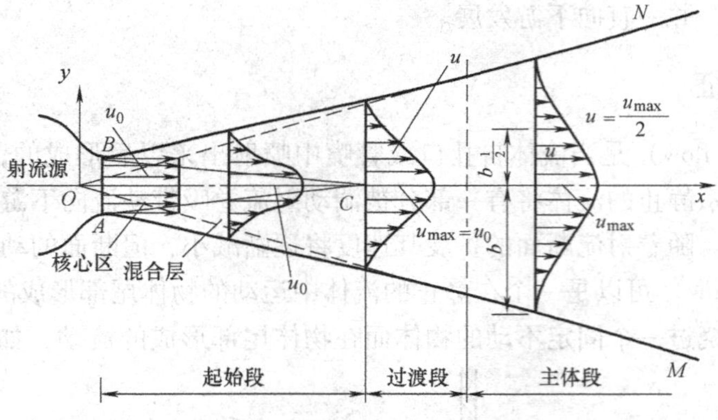

图 11-10 湍动射流分析

射流厚度增长率$\frac{\mathrm{d}b}{\mathrm{d}t}$与垂向脉动速度 v' 成正比。所以

$$\frac{\mathrm{d}b}{\mathrm{d}t}=\frac{\partial b}{\partial t}+u\frac{\partial b}{\partial x}+v\frac{\partial b}{\partial y}\sim v'\sim l\frac{\partial u}{\partial y}$$

实验证实：湍动射流主体段速度分布具有相似性，或称**自保性**（Self-preservation），因而可采用相似解法。对于稳定射流，半宽 b 只是喷射距离 x 的函数，而与 t 无关。

于是$\frac{\mathrm{d}b}{\mathrm{d}t}=\frac{\partial b}{\partial t}\sim u_{max}\frac{\mathrm{d}b}{\mathrm{d}x}$，进一步假设$\frac{\partial u}{\partial y}\sim\frac{u_{max}}{b}$，则

$$\frac{\mathrm{d}b}{\mathrm{d}t}\sim l\frac{\partial u}{\partial y}\sim l\frac{u_{max}}{b}=\beta u_{max}$$

于是
$$\frac{\mathrm{d}b}{\mathrm{d}x} \sim \beta$$

所以
$$b = C_2 x \tag{11-65}$$

式中，C_2 为常数。

对于圆形射流，因动量守恒：

$$K = \rho \int u^2 \mathrm{d}A = C_2 \rho b^2 u_{\max}^2 \tag{11-66}$$

故
$$u_{\max} = C_2 \frac{1}{b} \sqrt{\frac{K}{\rho}} \propto \frac{1}{x} \tag{11-67}$$

类似地，可以得出平面射流、尾流以及圆形射流与尾流情况下的半宽 b、截面中心流速随喷射距离 x 的变化情况，见表 11-2。

表 11-2　射流半宽 b、截面中心流速随喷射距离 x 的变化情况

	层流		湍流			层流		湍流	
	b	$u_{\max}$	b	$u_{\max}$		b	$u_{\max}$	b	$u_{\max}$
平面射流	$x^{\frac{2}{3}}$	$x^{-\frac{1}{3}}$	x	$x^{-\frac{1}{2}}$	平面尾流	$x^{\frac{1}{2}}$	$x^{-\frac{1}{2}}$	$x^{\frac{1}{2}}$	$x^{-\frac{1}{2}}$
圆形射流	x	x^{-1}	x	x^{-1}	圆形尾流	$x^{\frac{1}{2}}$	x^{-1}	$x^{\frac{1}{3}}$	$x^{-\frac{2}{3}}$

11.5.3　相似解法

本节求解二维湍动射流偏微分方程组即式（11-63）和式（11-64）。应用湍流切应力的半经验理论改写式（11-63）为

$$u \frac{\partial u}{\partial x} + v \frac{\partial u}{\partial y} = \nu_{\mathrm{t}} \frac{\partial^2 u}{\partial y^2} \tag{11-68}$$

$$\frac{\partial u}{\partial x} + \frac{\partial v}{\partial y} = 0 \tag{11-69}$$

普朗特根据湍射流特征分析，取运动涡黏度 $\nu_{\mathrm{t}} = k_1 b u_{\max}$，设距原点距离为 s 的特定点处，射流宽度为 b_s，中心流速 u_s，则任意 x 处的中心流速 $u_{\max}$ 可写为

$$u_{\max} = u_s \left(\frac{x}{s} \right)^{-\frac{1}{2}} \tag{11-70}$$

而射流宽度
$$b = b_s \left(\frac{x}{s} \right) \tag{11-71}$$

运动涡黏度
$$\nu_{\mathrm{t}} = k_1 b u_{\max} = k_1 b_s u_s \left(\frac{x}{s} \right)^{\frac{1}{2}} \tag{11-72}$$

令 $\eta = k_2 \dfrac{y}{x}$（k_2 为自由常数），流函数假定为

$$\psi = \frac{1}{k_2} u_s (s \cdot x)^{\frac{1}{2}} \varphi(\eta) \tag{11-73}$$

于是流速分量分别为

$$u=\frac{\partial\psi}{\partial y}=\frac{u_s}{k_2}(s\cdot x)^{\frac{1}{2}}\frac{\mathrm{d}\varphi}{\mathrm{d}\eta}\frac{\partial\eta}{\partial y}=u_s\left(\frac{x}{s}\right)^{-\frac{1}{2}}\varphi' \tag{11-74a}$$

$$v=-\frac{\partial\psi}{\partial x}=\frac{u_s}{k_2}\left(\frac{x}{s}\right)^{-\frac{1}{2}}\left(\eta\varphi'-\frac{1}{2}\varphi\right) \tag{11-74b}$$

将 u、v 及相应的一阶导数和二阶导数的结果代入式（11-68）中，可得下述常微分方程：

$$\frac{1}{2}\varphi'^2+\frac{1}{2}\varphi\varphi''+\frac{k_1b_s}{s}k_2^2\varphi'''=0 \tag{11-75}$$

边界条件为

$$\eta=0:\ \varphi=0,\ \varphi'=1,\ \varphi''=0;\ \eta=\infty:\ \varphi'=0$$

再令

$$k_2=\frac{1}{2}\sqrt{\frac{s}{k_1b_s}} \tag{11-76}$$

从而使式（11-75）简化为

$$\varphi'''+2\varphi\varphi''+2\varphi'^2=0 \tag{11-77}$$

此式积分两次可得

$$\varphi'+\varphi^2=1 \tag{11-78}$$

这是瑞卡迪（V. Riccati）型微分方程，其解为

$$\varphi=\tanh(\eta)=\frac{1-\exp(-2\eta)}{1+\exp(-2\eta)} \tag{11-79}$$

于是流速分布为

$$u=u_s\left(\frac{x}{s}\right)^{-\frac{1}{2}}(1-\tanh^2\eta) \tag{11-80}$$

特征流速 u_s 可以从单位宽度射流的动量保持常数这一条件得出，即由

$$K=\rho\int_{-\infty}^{+\infty}u^2\mathrm{d}y=\frac{4}{3}\rho u_s^{\ 2}\frac{s}{k_2} \tag{11-81}$$

则

$$u_s=\frac{\sqrt{3}}{2}\sqrt{\frac{K}{\rho}\frac{k_2}{s}} \tag{11-82}$$

于是射流中流速分量 u、v 分别为

$$u=\frac{\sqrt{3}}{2}\sqrt{\frac{K}{\rho}\frac{k_2}{x}}(1-\tanh^2\eta) \tag{11-83}$$

$$v=\frac{\sqrt{3}}{4}\sqrt{\frac{K}{\rho}\frac{1}{xk_2}}[2\eta(1-\tanh^2\eta)-\tanh\eta] \tag{11-84}$$

图 11-11 中给出了平面湍动射流沿程不同断面的流速分布。上式中，常数 $k_2=11.67$（由实验确定），于是可以得到

$$\nu_t=0.037b_{\frac{1}{2}}u_{max} \tag{11-85}$$

以上即射流相似解法的一般过程。该方法同样适合圆形射流和各种尾流，现引用其结果。

1）圆形湍动射流的解。

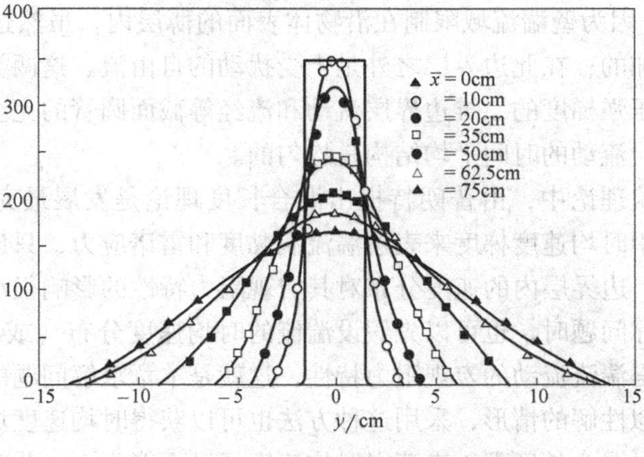

图 11-11　平面湍动射流沿程不同断面的流速分布

$$u_x = \frac{3}{8\pi}\frac{K}{\rho}\frac{1}{\nu_t x}\frac{1}{\left(1+\frac{1}{4}\zeta^2\right)^2} \tag{11-86a}$$

$$u_r = \frac{1}{4}\sqrt{\frac{3}{\pi}}\sqrt{\frac{K}{\rho}}\frac{1}{x}\frac{\zeta-\frac{1}{4}\zeta^2}{\left(1+\frac{1}{4}\zeta^2\right)^2} \tag{11-86b}$$

其中 $\zeta = \frac{1}{4}\sqrt{\frac{3}{\pi}}\sqrt{\frac{K}{\rho}}\frac{r}{\nu_t x}$，$\nu_t = k_1 b u_{max} \propto x$。

2）平面尾流的解。

$$b = \sqrt{10}\beta(xC_f d)^{\frac{1}{2}} \tag{11-87a}$$

$$\frac{u_\infty - u}{u_\infty} = \frac{\sqrt{10}}{18\beta}\left(\frac{x}{C_f d}\right)^{-\frac{1}{2}}\left[1-\left(\frac{y}{b}\right)^{\frac{3}{2}}\right]^2 \tag{11-87b}$$

式中，C_f 为阻力系数；$\beta = 0.18$，为实验常数。

通常 $\frac{x}{C_f d} > 50$ 后才有相似解。

小结：本章主要介绍了三部分内容：一是混合长度理论，二是壁面剪切湍流，三是自由剪切湍流。

自由剪切湍流是指流场中的湍流不受任何固定边界直接影响，但可以受到固定边界的间接影响，因为固定边界可以形成自由湍流存在的条件；工程技术领域常见的射流和尾流都属于自由剪切湍流。在各向异性剪切湍流中，平均流速在流场的整个区域内通常都有很大的差别。平均流速的梯度和相应的平均切应力会产生涡流。当湍流的这种局部生成恰恰抵消由黏性耗散与扩散引起的局部损失时，就形成了定常流动状态。

湍流结构直接受固壁边界影响的湍流称为“壁”湍流。根据边界的性质和外形，壁湍流可能有很多种，通常可分为两大类。一类是绕刚体的流动；另一类是被刚性壁包围的空间内的流动。这两类湍流的本质差别为：在第一类中壁湍流的区域沿着流动的下游方向增大，而在第二类中，这种壁湍流区域限制在被刚性壁包围的空间内。第一类流动通常更准确地称为“边界层流动”，因为壁湍流域限制在沿物体表面的薄层内，虽然这薄层的绝对厚度沿着下游方向通常是增加的；在此边界层之外是未受扰动的自由流。这两类流动的最简单例子分别为沿平板表面零压强梯度的二维边界层流动和流经等截面圆管的完全发展的流动，在后一种情况的下游方向，流动的时间平均结构是均匀的。

在湍流的半经验理论中，由普朗特提出混合长度理论是发展最完善、应用最广泛的一种。其基本思想是用时均速度梯度来表达湍流涡黏度和雷诺应力，只出现一个经验常数。由第9章的讨论可知，边界层内的速度分布对其宏观阻力特性的影响很小，因此利用混合长度理论来求解工程实际问题时，也可以先假设湍流的时均速度分布（或称壁面律），再利用动量积分关系式，获得湍流流动的宏观阻力特性，这就是本章求解问题的基本方法。对于射流和尾流这类存在相似性解的情形，采用这种方法也可以获得时均速度场。但对于更一般情形下的湍流运动，通过混合长度理论来获得时均速度场已无能为力，此时需要采用湍流模式理论与数值计算相结合的方法（或采用高级数值模拟方法）来求解。

思考与练习

11-1 常见的工程湍流问题有哪些类型？其特点是什么？

11-2 混合长度的物理含义是什么？其与涡黏度是什么关系？

11-3 何谓速度亏损率？它跟混合长度有什么内在联系？

11-4 管内湍流时均流速分布有什么规律？其分区特征是什么？

11-5 什么是水力光滑？水力光滑管与光滑管的流速分布律有何区别？

11-6 在湍流边界层中，脉动速度的边界条件是如何定义的？

11-7 湍流边界层内时均流速有何分区特征？

11-8 摩擦速度、摩阻系数、壁面切应力是如何定义的？三者的关系是什么？

11-9 边界层内脉动速度的分布有什么特征？

11-10 如何计算层流—湍流混合边界层的流动阻力？

11-11 射流的显著特征是什么？其形成的根本原因是什么？

11-12 尾流与射流有何共同特征？其区别又是什么？

11-13 射流与尾流的速度衰减规律有何不同？

11-14 壁面湍流与自由剪切湍流各有何特征？其区别是什么？

11-15 试从管内湍流的流速分布律：$\frac{u}{u_{max}}=8.74\left(\frac{yu_*}{\nu}\right)^{\frac{1}{7}}$，导出：$\frac{\tau_w}{\rho u_{max}^2}=0.0225Re_d^{\frac{1}{4}}$，进而其阻力系数：$\lambda=\frac{0.3164}{Re_d^{\frac{1}{4}}}$。

11-16 不可压缩黏性流体在半径为R的圆管内作定常湍流运动，沿管长L的压降为Δp。试证明：与管壁距离y处的湍流核心区的混合长度可表示为$l=\left[\frac{\Delta p}{\rho}\frac{R}{2L}\left(1-\frac{y}{R}\right)\right]^{\frac{1}{2}}\left(\frac{d\bar{u}}{dy}\right)^{-1}$。

11-17 在相离$2h$的两平行平板间的湍流中，考虑$\frac{dp}{dx}\neq0$的情形。（1）试证明距离对称面y处的切应力$\tau=-\tau_w\frac{y}{h}$；（2）由普朗特混合长度理论出发，导出湍流核心区的速度剖面表达式。

11-18 15℃的水流经直径0.305m的市售钢管，流量为1.986m³/s。试用时均速度剖面计算单位质量流体的平均动能，并与用平均速度计算的结果相比较，再讨论层流管流中用这两种方法计算得到的平均动能差别有多大？

11-19　长2m、宽1m的长方形薄平板顺流放置在2m/s的水流中，求形成的边界层的最大厚度及板面所受的摩擦力（取$\nu=0.01\text{cm}^2/\text{s}$）。

11-20　飞机在10km的高空飞行，为求机翼的阻力，可将其简化为平板。已知飞行速度为50m/s，翼展20m，平均宽度2m，则飞机保持此航速需要多大功率？

11-21　设某型号汽车的风阻系数0.38，迎风面积1.9m^2，试求汽车以75km/h和120km/h行驶时所需要的功率。

11-22　试用以下近似方法计算圆柱体在均匀来流中的阻力系数：在分离前认为位势流中的压强分布有效，在分离点后的压强为常数，且为分离点$\left(\theta=\dfrac{\pi}{2}\right)$处的压强。

第 12 章　量纲分析与相似原理

流动问题可以采用前面各章介绍的理论方法进行求解，但理论解法都采用了大量的简化假设，其结果通常需要实验来检验。此外，对于像非牛顿流体流动、多相流动这样的复杂流动现象采用理论分析至今尚有困难，只能依靠实验方法进行研究。因此实验方法和理论方法同样重要，一直是流体力学的两个重要分支。量纲分析和相似原理是实验流体力学的理论基础。本章着重介绍它们的基本原理及应用。

12.1　问题的提出

从前面几章可知，黏性流体基本方程组求解非常困难，在解决实际问题时都要加以简化，但简化不能是随意的，需要有一定的规则，简化之后的解是否符合实际也必须通过试验验证。通常由于影响流动的因素很多，如何安排试验才能合理地反映流动规律？模型试验如何进行？试验结果有多大推广价值？对于某些流动问题（如非牛顿流体流动），根本没有合适的基本方程时又如何研究？这些问题都需要有相应理论加以指导。前人已在此方面进行了研究，本章介绍的相似原理与量纲分析法，就是指导流动试验和寻求试验（经验）解法的重要工具。下面先看两个实例。

实例一：已知管内流动阻力与下列因素有关：

$$\Delta P = f(\rho,\ V,\ d,\ \mu,\ g,\ \varepsilon) \tag{12-1}$$

如果试验时每个参数改变 5 次，则试验次数为 $5^6=15625$ 次。如果每次试验花费 1h，每天工作 8h，则需 1953 天≈5 年才能完成全部实验工作。

如果先采用相似原理得到量纲一的准则方程：

$$Eu = \frac{\Delta p}{\rho V^2} = f\left(\frac{\rho V d}{\mu},\ \frac{u^2}{gd},\ \frac{\varepsilon}{d}\right) = f\left(Re,\ Fr^2,\ \frac{\varepsilon}{d}\right) \tag{12-2}$$

则试验次数为 $5^3=125$ 次，仅需 15 天左右即可完成全部试验。由此可见，在相似理论的指导下可以节省大量试验时间和投资。

实例二：黏性流体纵掠平壁时，壁面上的黏性阻力 $\tau_w(x)$ 与平流速度 U_∞、至平壁前沿的距离 x、壁面粗糙度 ε、流体的密度 ρ 和动力黏度 μ 有关，即

$$\tau_w(x) = f(U_\infty,\ x,\ \varepsilon,\ \rho,\ \mu) \tag{12-3}$$

有以下问题：

1）如何将该式表达成量纲一的形式？

2）式中物理量有五个，实验次数会很多，可以将变量个数减少吗？可以减少到几个？

3）如何安排模型试验，并获得阻力系数的具体表达式？

为了回答这些问题，需要从物理量的量纲开始讨论。

12.2　单位与量纲

在流体力学和其他学科里，已经学习了很多物理量。我们知道一个物理量是由单位和大小来表示的，同一个物理量的表示单位可以是不同的，例如时间的单位有秒、分、小时，长度的单位有毫米、厘米、米，速度的单位为米/秒、千米/小时等，但是表示一个物理量的测量单位属于同一类，而表征不同物理量应采用不同类的单位，通常把这些物理量单位的类型称作**量纲**（Dimension），也称作**因次**。则时间的量纲写成 T，长度的量纲为 L，速度的量纲为 LT^{-1}。

由此可见，长度的量纲为 L 和时间的量纲为 T 是相互独立的，而速度的量纲 LT^{-1} 是二者的组合。相互独立的量纲称为**基本量纲**，而像速度这样的物理量，其量纲可用基本量纲来表示，就称作**导出量纲**。在 20 世纪 80 年代以前多采用工程单位制，其基本量纲为长度 L、力 F、时间 T。而目前已采用国际单位制，其基本量纲为长度 L、时间 T、质量 M。工程流体力学中常用物理量的量纲如表 12-1 所示。可以看出，在流体力学中，多数物理量的量纲都可用基本量纲 L、T、M 来表示：

$$\dim\phi = L^a T^b M^c$$

式中，a、b、c 由物理量的基本性质来决定。当指数 a、b、c 至少有一个不为零时，则称该物理量为有**量纲量**；当 $a=b=c=0$ 时，该物理量即为量纲一的量。其中量纲一的量的数值大小与所采用的单位制无关，且量纲一的量可以进行超越函数的运算。

表 12-1　流体力学中常用的物理量纲

物理量名称	表示符号	量纲		定义式
		L-M-T 制	L-T-F 制	
时间	t	T	T	t
长度	l	L	L	l
面积	A	L^2	L^2	$A=l^2$
体积	V	L^3	L^3	$V=l^3$
惯性矩	J	L^4	L^4	$J=Al^2=l^4$
速度	$\boldsymbol{V}$	LT^{-1}	LT^{-1}	$\boldsymbol{V}=d\boldsymbol{l}/dt$
加速度	$\boldsymbol{a}$	LT^{-2}	LT^{-2}	$\boldsymbol{a}=d\boldsymbol{V}/dt$
角速度	ω	T^{-1}	T^{-1}	$\omega=d\theta/dt$
环量	Γ_c	L^2T^{-1}	L^2T^{-1}	$\Gamma_c=\oint\boldsymbol{V}\cdot d\boldsymbol{l}$
涡量	$\boldsymbol{\Omega}$	T^{-1}	T^{-1}	$\boldsymbol{\Omega}=\nabla\times\boldsymbol{V}$
体积流量	Q_V	L^3T^{-1}	L^3T^{-1}	$dQ_V=d\boldsymbol{A}\cdot\boldsymbol{V}/dt$
质量	m	M	$L^{-1}T^2F$	m
力	$\boldsymbol{F}$	LMT^{-2}	F	$\boldsymbol{F}=m\boldsymbol{a}$
应力	τ_{ij}	$L^{-1}MT^{-2}$	$L^{-2}F$	$\tau_{ij}=F/A$
压强	p	$L^{-1}MT^{-2}$	$L^{-2}F$	$p=F/A$
动量	$\boldsymbol{K}$	$L^{-1}MT^{-1}$	$L^{-2}TF$	$\boldsymbol{K}=m\boldsymbol{V}$

（续）

物理量名称	表示符号	量纲		定义式
		L-M-T 制	L-T-F 制	
密度	ρ	$L^{-3}M$	$L^{-4}T^2F$	$\rho = dm/dV_c$
动力黏度	μ	$L^{-1}MT^{-1}$	$L^{-2}TF$	$\mu = \tau_{ij}/\frac{\partial u}{\partial y}$
运动黏度	ν	L^2T^{-1}	L^2T^{-1}	$\nu = \mu/\rho$
温度	T	Θ	Θ	T
气体常数	R	$L^2T^{-2}\Theta^{-1}$	$L^2T^{-2}\Theta^{-1}$	$R = p/\rho T$
比定容热容	c_V	$L^2T^{-2}\Theta^{-1}$	$L^2T^{-2}\Theta^{-1}$	$c_V = \left(\frac{dq}{dT}\right)_V$
比定压热容	c_p	$L^2T^{-2}\Theta^{-1}$	$L^2T^{-2}\Theta^{-1}$	$c_p = c_V + R$
热导率	k	$LMT^{-3}\Theta^{-1}$	$FT^{-1}\Theta^{-1}$	$k = q/\frac{\partial T}{\partial y}$
功	W	L^2MT^{-2}	LF	$W = \boldsymbol{F} \cdot \boldsymbol{l}$
比内能	e	$L^2 \cdot T^{-2}$	$L^2 \cdot T^{-2}$	e
热量	Q	L^2MT^{-2}	LF	$dQ = mde + dW$
比焓	h	L^2T^{-2}	L^2T^{-2}	$h = e + p/\rho$
熵	S	$L^2MT^{-2}\Theta^{-1}$	$L\Theta^{-1}F$	$dS = dQ/T$

12.3 量纲分析法

在实际工程技术问题中，一些物理现象会涉及很多的物理量，而其中一些物理量之间会相互影响，也就是说，这些物理量之间具有一定的函数关系，这就增加了问题的复杂性，目前还不能完全应用理论方法来确定这些物理量之间的关系，因此需要利用科学实验来解决。

在流体力学的实验研究中，如果采用传统的实验方法，则需要测定很多的物理量，而且实验数据的整理也很烦琐。采用量纲分析法可将物理现象所涉及的物理量组成量纲一的量，这样就可将自变量数目减到最少，从而减少实验的次数，也使得实验结果的整理变得更简便。

量纲分析法（Dimension analysis method）有**瑞利法**和 **Π 定理**两种，下面对这两种方法进行介绍。

12.3.1 瑞利法

瑞利（Lord Rayleigh，1899 年）法的具体过程表述如下：

若一个物理过程所涉及的物理量为 ϕ（因变量），x_1、x_2、…、x_n（自变量），由于所有物理量的量纲都只能由基本量纲的积和商导出，所以可将因变量与自变量的关系写成下列显式方程：

$$\phi = kx_1^{a_1}x_2^{a_2}\cdots x_n^{a_n} \tag{12-4}$$

式中，ϕ 为被决定的物理量；x_1、x_2、…、x_n 为影响因素；k 为量纲一的系数，这些都可通过试验测定；而 a_1、a_2、…、a_n 为待定系数。而式（12-4）可以用基本量纲（长度L、时间T、质量M）表示为

$$L^{\alpha}M^{\gamma}T^{\beta} = (L^{\alpha_1}M^{\gamma_1}T^{\beta_1})^{a_1}(L^{\alpha_2}M^{\gamma_2}T^{\beta_2})^{a_2}\cdots(L^{\alpha_n}M^{\gamma_n}T^{\beta_n})^{a_n} \tag{12-5}$$

根据量纲和谐性原则，由等式两端基本量纲的指数可得以下三个代数式：

$$\left.\begin{aligned} \alpha &= \alpha_1 a_1 + \alpha_2 a_2 + \cdots + \alpha_n a_n \\ \beta &= \beta_1 a_1 + \beta_2 a_2 + \cdots + \beta_n a_n \\ \gamma &= \gamma_1 a_1 + \gamma_2 a_2 + \cdots + \gamma_n a_n \end{aligned}\right\} \tag{12-6}$$

通过对方程进行求解来确定各待定系数，从而得到各物理量之间的具体函数关系式。但由于这里只有三个线性方程，对于待定系数多于3个时，将需要假设特定的系数值，也就是说这种情形下将不存在唯一定解，而需要通过试验来检验最终的函数关系式是否正确。下面通过两个例题来说明瑞利法的基本步骤。

【例12-1】 由试验观察得知，矩形量水堰的过堰流量 Q_V 与堰上水头 H，堰宽 b，重力加速度 g 等物理量之间存在以下关系：$Q_V = kb^{\alpha}g^{\beta}H^{\gamma}$，其中比例系数 k 为常数，试用瑞利法确定堰流流量的表达式。

解： 由已知关系式，方程两边应满足

$$L^3T^{-1} = L^{\alpha}(LT^{-2})^{\beta}L^{\gamma}$$

根据量纲一致性原则，有

$$L:\ \alpha + \beta + \gamma = 3$$

$$T:\ -2\beta = -1$$

联立上述两式可解得

$$\beta = \frac{1}{2},\quad \alpha + \gamma = \frac{5}{2}$$

根据实验，过堰流量 Q_V 与堰宽 b 的一次方成正比，即 $\alpha = 1$，从而可得 $\gamma = 3/2$。将 α、β、γ 的值代入，并令 $\xi = \frac{k}{\sqrt{2}}$，得

$$Q_V = \xi b\ \sqrt{2gH^3}$$

其中，ξ 称为堰流流量系数，一般要由试验确定。

【例12-2】 设管内层流运动的阻力损失与 ρ、V、d、μ、l 有关，则等温流动下，将其关系写成 $\Delta p = k\rho^{a_1}V^{a_2}\mu^{a_3}d^{a_4}l^{a_5}$，试用量纲分析法确定其函数形式。

解： 将该式中的各物理量代入各自的量纲：

$$\begin{aligned} L^{-1}MT^{-2} &= k(L^{-3}M)^{a_1}(LT^{-1})^{a_2}(L^{-1}MT^{-1})^{a_3}L^{a_4}L^{a_5} \\ &= kL^{-3a_1+a_2-a_3+a_4+a_5}M^{a_1+a_3}T^{-a_2-a_3} \end{aligned}$$

则

$$L:\ -3a_1 + a_2 - a_3 + a_4 + a_5 = -1$$

$$M:\ a_1 + a_3 = 1$$

$$T:\ -a_2 - a_3 = -2$$

上述系数方程共3个，未知数有5个，需要先设定2个。

如果取 $a_3 = -1$，$a_5 = 1$，则 $a_1 = 2$，$a_2 = 3$，$a_4 = 0$

于是，$\Delta p = k\rho^2 V^3 \mu^{-1} d^0 l = k\left(\frac{\rho V d}{\mu}\right)\frac{l}{d}\rho V^2 = kRe\frac{l}{d}\rho V^2$

即 $$\frac{\Delta p}{\rho V^2} = kRe\frac{l}{d} \quad 或 \quad Eu = kRe\frac{l}{d} \tag{a}$$

而实验结果是：阻力损失与 Re 成反比，所以式(a)表示的关系是不正确的。

如果取 $a_3 = 1$，$a_5 = 1$，则 $a_1 = 0$，$a_2 = 1$，$a_4 = -2$

于是，$\Delta p = k\rho^0 V\mu d^{-2} l^2 = k\left(\frac{1}{\rho V d/\mu}\right)\frac{l}{d}\rho V^2 = \frac{k}{Re}\frac{l}{d}\rho V^2$

对比理论结果： $$\Delta p = \frac{64}{Re}\frac{l}{d}\frac{\rho V^2}{2} \tag{b}$$

可知 $k = 32$（可采用简单的实验得到）。式（b）就是管内层流的达西公式。

由此例可见，采用瑞利法进行量纲分析时，因未知数个数通常多于所得系数方程个数，求得的结果具有一定的随意性，而且可能与实际运动规律不相吻合，因此通常只在参数较少的场合下应用。

12.3.2 Π 定理

进行量纲分析时的更通用的方法是由美国物理学家帕金汉（E. Buckingham）于 1914 年提出的 Π 定理。其过程如下：

1）列出所有影响流动的因素：n 个物理量，并写成隐函数形式：

$$f(x_1, x_2, \cdots, x_n) = 0 \tag{12-7}$$

2）选择其中三个（考虑温度时为四个）在量纲上基本独立的物理量 x_1、x_2、x_3，对等温流动通常取 l、V、ρ；

3）用三个量的组合，来表示 x_4、x_5、…、x_n 共 $n-3$ 个物理量：

$$\dim x_i = (\dim x_1)^{\alpha_i}(\dim x_2)^{\beta_i}(\dim x_3)^{\gamma_i} \quad (i = 4, 5, \cdots, n) \tag{12-8}$$

4）比较 M、L、T 的因次，解出全部 α_i、β_i、γ_i；

5）建立（$n-3$）个量纲一的综合物理量，称 Π 项（量纲为一）；

6）将待求函数关系式写成（$n-3$）个 Π 项的关系式（称为**准则方程**）：

$$\varphi(\Pi_4, \Pi_5, \cdots, \Pi_n) = 0 \tag{12-9}$$

7）针对准则方程进行试验，确定其具体函数形式（包括确定系数和指数）。

【例 12-3】 设某流动现象由下列因素决定：流速 V，密度 ρ，线形尺寸，压差 Δp，重力加速度 g，动力黏度 μ，表面张力 σ，弹性模量 E，用 Π 定理建立相似准则方程。

解：将所有影响因素写成如下隐式方程：

$$f(V, \rho, l, l_2, l_3, \Delta p, g, \mu, \sigma, E) = 0 \tag{a}$$

取 ρ、V、l 为基本量，则对于压差 Δp，有

$$\Pi_1 = \frac{\Delta p}{V^{\alpha_1}\rho^{\beta_1}l^{\gamma_1}}$$

$$= \frac{L^{-1}MT^{-2}}{(LT^{-1})^{\alpha_1}\ (L^{-3}M)^{\beta_1}L^{\gamma_1}} = \frac{L^{-1}MT^{-2}}{L^{\alpha_1-3\beta_1+\gamma_1}M^{\beta_1}T^{-\alpha_1}}$$

解得 $\alpha_1 = 2$，$\beta_1 = 1$，$\gamma_1 = 0$

故 $\Pi_1=\dfrac{\Delta p}{\rho V^2}=Eu$，其中 Eu 称**欧拉数**（Euler Number）。

同理，对于重力加速度 g，可得 $\Pi_2=\dfrac{gl}{V^2}=\dfrac{1}{Fr^2}$，其中 $Fr=\dfrac{V}{\sqrt{gl}}$称**弗劳德数**（Froude Number）。

对于动力黏度 μ，有 $\Pi_3=\dfrac{\mu}{\rho Vl}=\dfrac{1}{Re}$，其中 $Re=\dfrac{\rho Vl}{\mu}$，即**雷诺数**（Reynolds Number）。

对于表面张力 σ，有 $\Pi_4=\dfrac{\sigma}{\rho V^2 l}=\dfrac{1}{We}$，其中 $We=\dfrac{\rho V^2 l}{\sigma}$，称**韦伯数**（Weber Number）。

对于弹性模量 E，有 $\Pi_5=\dfrac{E}{\rho V^2}=\dfrac{1}{Ma}$，其中 $Ma=\dfrac{\rho V^2}{E}$，为**马赫数**（Mach Number）。

此外，对于特征长度 l_2、l_3，有 $\Pi_6=\dfrac{l_2}{l}$，$\Pi_7=\dfrac{l_3}{l}$

于是得到量纲一的准则方程：

$$\Phi\left(Eu,\ Fr,\ Re,\ We,\ Ma,\ \frac{l_2}{l},\ \frac{l_3}{l}\right)=0 \tag{b}$$

或写成

$$Eu=\frac{\Delta p}{\rho V^2}=\Phi_1\left(Fr,\ Re,\ We,\ Ma,\ \frac{l_2}{l},\ \frac{l_3}{l}\right) \tag{c}$$

如对于不可压管内流动，Fr、We、Ma 均不重要，可忽略。且

$$\frac{l_2}{l}=\frac{l}{d},\ \frac{l_3}{l}=\frac{\varepsilon}{d}$$

则有

$$Eu=\frac{\Delta p}{\rho V^2}=\Phi_2\left(Re,\ \frac{l}{d},\ \frac{\varepsilon}{d}\right) \tag{d}$$

实验证明：$Eu\propto\dfrac{l}{d}$，为线性关系，于是

$$\Delta p=\frac{\rho V^2}{2}\frac{l}{d}\Phi_3\left(Re,\ \frac{\varepsilon}{d}\right) \tag{e}$$

取阻力系数：

$$\lambda=\Phi_3\left(Re,\ \frac{\varepsilon}{d}\right) \tag{f}$$

则

$$\Delta p=\lambda\frac{l}{d}\frac{\rho V^2}{2} \tag{g}$$

此例中，式（g）称**达西（H. P. G. Darcy）公式**。由式（f）和式（g）可知，要获得不可压缩管流的流动阻力损失，只需对 Re 和 ε/d 作有限次试验，就可得出具体的函数关系式，于是流动阻力关系式即完全确定。尼古拉兹（J. Nikuradse）在 1931—1933 年进行了六种人

工粗糙管的试验，获得了著名的尼古拉兹试验曲线（参见第5.6节），后人依据其结果拟合出了不同的管内阻力系数公式。典型的如**阿里特苏里**（А. Д. Альтщуль）**公式**：

$$\lambda = 0.11\left(\frac{68}{Re}+\frac{\varepsilon}{d}\right)^{0.25} \tag{12-10}$$

小结：从上面三个例题可以看出：瑞利法适合于求出变量数较少的简单流动问题，但对于物理变量数较多时，瑞利法就存在明显缺点，由于按照基本量纲只能列出三个代数方程，只有三个指数是独立的、待定的，这样就出现了若干待定指数的选取问题。选取合适时，可以得到正确结果，而选取不合适时，所得结果将是错误的，而结果是否正确，需要由实验来确证。Π定理很好地克服了这个缺点，可以方便地分析物理变量较多的问题。此外，从上面讨论还可以得出以下几点结论：

1）由Π定理可方便地得到全部准则数。

2）无需描述流动现象的运动方程，结合实际即可得到应用面广泛的准则方程，并可极大地减少变量数目，从而节省实验投入；因此其作用不亚于对基本方程求得解析解，这是实验流体力学可以独立发展的重要原因。

3）由量纲分析法所得结果只是宏观规律，不能了解流场微观信息，如流速、温度、密度、压强等参数的时空分布；如需要了解流场微观信息，仍需要获得解析解或数值解。

12.4 相似原理

自然界或工程中各种物理现象的规律性，往往表现为描述该物理现象的物理量之间具有一定的函数关系，为了揭示客观现象的规律性，一般可采用试验研究法和理论研究法。工程技术中的许多流动问题，依靠纯粹的理论方法来研究是极其困难的，此时只能依靠模型试验的方法来解决，并将模型试验中得到的结果数据应用到实物上去。如何制作模型？如何进行试验？如何得到比较准确的数据并将它应用到原型中去？这些问题都需要依据流动相似原理来进行解答。

流动相似主要包括几何相似、运动相似和动力相似。

(1) 几何相似 所谓几何相似，就是要求模型与原型的几何形状相同，且对应边成比例，对应角相等。

(2) 运动相似 运动相似是要求模型流动与原型流动的对应点，在对应时刻的速度方向相同，并且其大小成同一比例。

(3) 动力相似 动力相似是指模型和原型的对应点上作用的同名力方向相同，大小成同一比例。其中流体运动中的同名力一般包括惯性力、重力、黏性力、表面张力、浮力、压差力等。

上述三种相似是相互关联的，它们是原型和模型的流动相似的基本要求。另外，在考虑传热和热扩散等问题时，还需要满足热力相似、浓度相似，这里略过。

要使两种流动（通常指模型流动和实物流动）相似，就需要满足上述相似条件；两种流动相似时，描述流动的基本方程（微分方程）相同。这就是所谓的流动**相似原理**（Similarity principle）。

12.5 相似准则

由上面的介绍可知，几何相似是最容易做到的，只要将试验模型参考原型按比例缩小或者放大就可以了。而动力相似是主导因素。只有动力相似才能保证运动相似，进而满足流动相似。为了达到动力相似，必须使惯性力、压力、重力、黏性力等作用在流体上的力的方向相同，大小互成比例。对于具体的流动过程而言，虽然同时作用着各种不同性质的外力，但其影响的程度并不一样，通常只有一种或两种居支配地位，并决定着流体运动的状态及其变化规律。因此，在模型试验中，只要使处于支配作用的外力满足相似条件，就能基本反映流体的运动状态。

在惯性力、压力、重力、黏性力等各种力中，直接影响流体运动的是惯性力，它力图维持原有的流动状态。压力、重力、黏性力是流体受到的外力，它们都力图改变流动状态，因此它们称为主动力。流动的变化就是惯性力与其他主动力相互作用的结果。在讨论流体所受到的各种力的相互作用时，应该将惯性力作为一方，并将其与其他主动力进行比较。选择不同的主动力，就会得到不同的相似准则。下面介绍常用的几种相似准则和相应的准则数。

为了方便，将各种力写成最简单的形式：

重力 $F_g = mg = \rho g L^3$

压力 $F_p = (\Delta p)A = (\Delta p)L^2$

黏性力 $F_\mu = A\tau = A\mu\dfrac{\mathrm{d}u}{\mathrm{d}y} = \mu L^2\dfrac{V}{L} = \mu LV$

弹性力 $F_E = EA = EL^2$

表面张力 $F_\sigma = \sigma L$

位变加速度引起的惯性力 $F_1 = ma = \rho L^3\dfrac{L}{t^2} = \rho L^2V^2$

时变加速度引起的惯性力 $F_2 = ma = \rho L^3\dfrac{V}{t}$

1. 雷诺准则

如果作用在流体上的外力中，黏性力起主导作用（如低速的有压管道运动），则需要根据黏性力相似准则（又称为雷诺准则）来设计模型试验。雷诺准则要求两种流动的惯性力和黏性力成比例。

惯性力 $F_1 = \rho L^2V^2$，黏性力 $F_\mu = \mu LV$，二者相除可得

$$\frac{惯性力}{黏性力} = \frac{\rho VL}{\mu} = \frac{LV}{\nu} \equiv Re \tag{12-11}$$

Re 是一个量纲一的数，这就是我们已经认识的称为**雷诺数**（Reynolds Number）。由此可知，当作用在流体上的主导外力为黏性力时，若两个流动相似，则它们的雷诺数应该相等。这就是雷诺相似准则或称黏性力相似准则。

2. 弗劳德准则

如果作用在流体的外力中，重力起主导作用（如明渠流、堰流、孔口及管嘴出流等无压流动），则需要根据弗劳德准则来设计模型试验。弗劳德准则要求两种流动的惯性力与重

力成比例。

惯性力 $F_1=\rho L^2V^2$，重力 $F_g=\rho gL^3$，二者相除可得

$$\frac{\text{惯性力}}{\text{重力}}=\frac{V^2}{gL}\equiv Fr^2 \tag{12-12}$$

Fr 也是一个量纲一的数，称为**弗劳德数**（Froude Number），它表征惯性力与作用在流体上的重力的比值。由此可知，当作用在流体上的主导外力为重力时，若两个流动相似，则它们的弗劳德数应该相等。这就是弗劳德相似准则或称为重力相似准则。

3. 欧拉准则

如果作用在流体的外力中，压力占主导作用（如高速的有压管道流动等），则采用欧拉准则来设计模型试验。欧拉准则要求两种流动的压力与惯性力成比例。

惯性力 $F_1=\rho L^2V^2$，压力 $F_p=(\Delta p)L^2$，二者相除可得

$$\frac{\text{压力}}{\text{惯性力}}=\frac{\Delta p}{\rho V^2}\equiv Eu \tag{12-13}$$

Eu 为一个量纲一的数，称为**欧拉数**（Euler Number），它表征作用在流体上的压力和惯性力的比值。由此可知，当作用在流体上的主导外力为压力时，若两个流动相似，则它们的欧拉数应该相等。这就是欧拉相似准则或称为压力相似准则。

4. 柯西准则

如果作用在流体的外力中，由流体压缩性引起的弹性力占主导作用，就需要采用柯西准则来设计模型试验。柯西准则要求两种流动的惯性力与弹性力成比例。

惯性力 $F_1=\rho L^2V^2$，弹性力 $F_E=EL^2$，二者相除可得

$$\frac{\text{惯性力}}{\text{弹性力}}=\frac{\rho V^2}{E}\equiv Ca \tag{12-14}$$

式中，E 为弹性模量；Ca 为一个量纲一的数，称为**柯西数**（Cauchy Number），它表征惯性力与作用在流体上的弹性力的比值。由此可知，当作用在流体上的主导外力为弹性力时，若两个流动相似，则它们的柯西数应该相等。这就是柯西相似准则或称为弹性力相似准则。

5. 韦伯准则

如果作用在流体上的外力中，表面张力起主导作用（如液珠或剥膜的破裂等流动问题），则需要根据表面张力相似准则（又称为韦伯准则）设计模型试验。韦伯准则要求两种流动的惯性力和表面张力成比例。

惯性力 $F_1=\rho L^2V^2$，表面张力 $F_\sigma=\sigma L$，二者相除可得

$$\frac{\text{惯性力}}{\text{表面张力}}=\frac{\rho LV^2}{\sigma}\equiv We \tag{12-15}$$

We 是一个量纲一的数，称为**韦伯数**（Weber Number），它表征惯性力与作用在流体上的表面张力的比值。由此可知，当作用在流体上的主导外力为表面张力时，若两个流动相似，则它们的韦伯数应该相等。这就是韦伯相似准则或称为表面张力相似准则。

6. 非定常流动中的相似准则

非定常流动中有两个惯性力，一个是位变加速度引起的惯性力，另一个是时变加速度引起的惯性力。把它们的比值称为**斯特劳哈尔数**（Strouhal Number），记作 Sr，它也是一个量纲一的相似准则数：

$$\frac{\text{时变惯性力}}{\text{位变惯性力}}=\frac{\text{时变加速度}}{\text{位变加速度}}=\frac{L}{tV}\equiv Sr \tag{12-16}$$

以上介绍了黏性力、重力、压力、弹性力、表面张力等分别起主导作用时的流动相似准则。如果考虑热力相似，则可以得到与之相关的热力相似准则，这在传热学中会加以讨论。这些准则数不仅可以用来判断流动是否相似，还可以用来计算出有关的比例关系，并作为设计模型时的理论依据。

【例12-4】 在水池中做船模试验，船模比例尺为1/50，实物船的航速为25km/h。分别假设：(1) 重力起主导作用；(2) 黏性力起主导作用；(3) 表面张力起主动作用；试计算船模的速度为多少时才能满足动力相似（假设试验和实物船都在海水中航行）。

解：(1) 为保证动力相似，则两流动的弗劳德数应相等，即

$$\frac{V_m^2}{g_m L_m}=\frac{V_p^2}{g_p L_p}$$

因为 $g_m=g_p$，故

$$V_m=V_p\sqrt{L_m/L_p}=(25\times\sqrt{1/50})\text{km/h}=3.54\text{km/h}$$

(2) 为保证动力相似，则两流动的雷诺数应相等，即

$$\frac{\rho_m L_m V_m}{\mu_m}=\frac{\rho_p L_p V_p}{\mu_p}$$

因为实船和模型都在海水中航行，$\rho_m=\rho_p$，$\mu_m=\mu_p$，因此

$$V_m=L_p V_p/L_m=(50\times25)\text{km/h}=1250\text{km/h}$$

(3) 为保证动力相似，则要求模型与原型的韦伯数相等，即

$$\frac{\rho_m L_m V_m^2}{\sigma_m}=\frac{\rho_p L_p V_p^2}{\sigma_p}$$

因为模型和实船都在海水中航行，$\rho_m=\rho_p$，$\sigma_m=\sigma_p$，因此

$$V_m=V_p\sqrt{L_p/L_m}=(25\times\sqrt{50})\text{km/h}=177\text{km/h}$$

讨论：由此例可见，在不同力起主导作用的情况下，为保证动力相似，要求模型的航行速度有显著不同。对于第二问中船模的实际速度为1250km/h，这样高的速度实际中很难实现，而且在航行中也不可能出现黏性力起主导作用的情况。究竟取哪一种结果，需要根据研究的侧重点来确定。

12.6 基本方程的相似变换

12.6.1 由基本方程导出相似准则数

当两流动满足流动相似条件时，属于同一类物理现象，其运动规律可由完全相同的微分方程组来描述。

例如，对不可压缩流体的非定常等温流动，当质量力只有重力时，在直角坐标系下，考察原型与模型的N-S方程（以z方向为例）。

1）原型方程：

$$\frac{\partial w}{\partial t}+u\frac{\partial w}{\partial x}+v\frac{\partial w}{\partial y}+w\frac{\partial w}{\partial z}=-g-\frac{1}{\rho}\frac{\partial p}{\partial z}+\frac{\mu}{\rho}\left(\frac{\partial^2 w}{\partial x^2}+\frac{\partial^2 w}{\partial y^2}+\frac{\partial^2 w}{\partial z^2}\right) \tag{12-17}$$

2）模型方程：

$$\frac{\partial w'}{\partial t'}+u'\frac{\partial w'}{\partial x'}+v'\frac{\partial w'}{\partial y'}+w'\frac{\partial w'}{\partial z'}=-g'-\frac{1}{\rho'}\frac{\partial p'}{\partial z'}+\frac{\mu'}{\rho'}\left(\frac{\partial^2 w'}{\partial x'^2}+\frac{\partial^2 w'}{\partial y'^2}+\frac{\partial^2 w'}{\partial z'^2}\right) \tag{12-18}$$

按照相似原理，如果原型与模型中两流动相似，则相应的物理量对应成比例，即

$$\frac{t'}{t}=C_t,\quad \frac{\rho'}{\rho}=C_\rho,\quad \frac{g'}{g}=C_g,\quad \frac{\mu'}{\mu}=C_\mu,\quad \frac{p'}{p}=C_p$$

$$\frac{u'}{u}=\frac{v'}{v}=\frac{w'}{w}=C_v,\quad \frac{x'}{x}=\frac{y'}{y}=\frac{z'}{z}=\frac{\mathrm{d}x'}{\mathrm{d}x}=\frac{\mathrm{d}y'}{\mathrm{d}y}=\frac{\mathrm{d}z'}{\mathrm{d}z}=C_l$$

$$\frac{\partial w'}{\partial l'}=\frac{\partial(C_v w)}{\partial(C_l l)}=\frac{C_v}{C_l}\frac{\partial w}{\partial l},\quad \frac{\partial^2 w'}{\partial l'^2}=\frac{C_v}{C_l^2}\frac{\partial^2 w}{\partial l^2}$$

将各参数及相应比例系数代入模型方程，可得

$$\begin{aligned}&\frac{C_v}{C_t}\frac{\partial w}{\partial t}+\frac{C_v^2}{C_l}\left(u\frac{\partial w}{\partial x}+v\frac{\partial w}{\partial y}+w\frac{\partial w}{\partial z}\right)\\&=-C_g g-\frac{C_p}{C_\rho C_l}\frac{1}{\rho}\frac{\partial p}{\partial z}+\frac{C_\mu C_v}{C_\rho C_l^2}\left(\frac{\partial^2 w}{\partial x^2}+\frac{\partial^2 w}{\partial y^2}+\frac{\partial^2 w}{\partial z^2}\right)\frac{\mu}{\rho}\end{aligned} \tag{12-19}$$

欲使该方程与原型方程完全相同，则方程中各项的系数对应成比例，即

$$\frac{C_v}{C_t}=\frac{C_v^2}{C_l}=C_g=\frac{C_p}{C_\rho C_l}=\frac{C_\mu C_v}{C_\rho C_l^2} \tag{12-20}$$

式中，$\frac{C_v}{C_t}$表示位变惯性力的比例系数；$\frac{C_v^2}{C_l}$表示时变惯性力的比例系数；C_g 表示重力的比例系数；$\frac{C_p}{C_\rho C_l}$表示压力的比例系数；$\frac{C_\mu C_v}{C_\rho C_l^2}$表示黏性力的比例系数。

式（12-19）中用第二项遍除，则得

$$\frac{C_l}{C_v C_t}=\frac{C_g C_l}{C_v^2}=\frac{C_p}{C_\rho C_v^2}=\frac{C_\mu}{C_v C_l C_\rho}=1 \tag{12-21}$$

将式中比例系数换用相应物理量表示，就可以得到相应的准则数：

$$\frac{\text{时变惯性力}}{\text{位变惯性力}}=\frac{l}{tV}=Sr,\quad \frac{\text{位变惯性力}}{\text{重力（质量力）}}=\frac{V^2}{gl}=Fr^2$$

$$\frac{\text{位变惯性力}}{\text{黏性力}}=\frac{Vl\rho}{\mu}=Re,\quad \frac{\text{压力}}{\text{位变惯性力}}=\frac{p}{\rho V^2}=\frac{\Delta p}{\rho V^2}=Eu$$

如果考虑流体受表面张力、弹性力、浮力的作用，将该方法进行扩展，类似地，还可得到其他准则数：

$$\frac{\text{惯性力}}{\text{表面张力}}=\frac{\rho V^2 l}{\sigma}=We;\quad \frac{\text{流速}}{\text{声速}}=\frac{V}{a}=Ma\approx\frac{\text{惯性力}}{\text{弹性力}}$$

$$\frac{\text{浮力}}{\text{黏性力}}=\frac{gb^3\rho^2\beta\Delta T}{\mu^2}=Gr \tag{12-22}$$

式中，Gr 称为**格拉晓夫数**（Grashof Number）。

如果考虑流体的传热作用，将该方法应用于能量方程，则可得到与传热有关的几个准则数：

$$\frac{\text{动量扩散率}}{\text{热扩散率}}=\frac{\text{流动边界层}}{\text{热边界层}}=\frac{c\mu}{\kappa}=\frac{\gamma}{a}=Pr \tag{12-23}$$

式中，Pr 称为**普朗特数**（Prandtl Number）。

$$\frac{\text{动能}}{\text{焓差}}=\frac{V^2}{cT}=\frac{V^2}{c\Delta T}=Ec \tag{12-24}$$

式中，Ec 称为**埃克特数**（Eckert Number）。

$$\frac{\text{对流传热率}}{\text{热导率}}=\frac{c\rho Vl}{\kappa}=RePr=Pe \tag{12-25}$$

式中，Pe 称为**贝克来数**（Peclet Number）。

利用导出的准则数，模型方程可写成

$$\frac{Sr'}{Sr}\frac{\partial w}{\partial t}+1\times\left(u\frac{\partial w}{\partial x}+v\frac{\partial w}{\partial y}+w\frac{\partial w}{\partial z}\right)$$

$$=-\frac{Fr^2}{Fr'^2}g-\frac{Eu'}{Eu}\frac{1}{\rho}\frac{\partial p}{\partial z}+\frac{Re}{Re'}\frac{\mu}{\rho}\left(\frac{\partial^2 w}{\partial x^2}+\frac{\partial^2 w}{\partial y^2}+\frac{\partial^2 w}{\partial z^2}\right) \tag{12-26}$$

模型与原型满足流动相似，其微分方程必须完全相同，则要求

$$\frac{Sr'}{Sr}=\frac{Fr^2}{Fr'^2}=\frac{Eu'}{Eu}=\frac{Re}{Re'}=1 \tag{12-27}$$

或

$$Sr'=Sr,\ Fr'=Fr,\ Eu'=Eu,\ Re'=Re \tag{12-28}$$

即要求模型与原型的**对应时空点处相应的准则数相等**。这就是前述 12. 5 节的理论依据。

12. 6. 2　局部相似

由上述导出过程可知，模型与原型满足流动相似，要求对应时空点处相应的准则数相等。这个条件是相当苛刻的，基本无法达到。下面举例说明。

对不可压流体，如黏性力相似，则 Re 相等，即

$$V'=V\frac{\nu'}{\nu}C_l$$

同时重力相似，则 Fr 相等，即

$$V'=V\frac{1}{\sqrt{C_l}}$$

于是

$$C_l^{\frac{2}{3}}=\frac{\nu}{\nu'}$$

若采用同种流体，则 $C_l=1$，即模型与原型相同。

如果取模型/原型 =1/10，则 $\nu'=\dfrac{1}{31.6}\nu$，这就很难做到！

事实上对绝大多数流动相似问题，并不一定要求所有对应时空点处的相应准则数相等，常常只要求主要的特征准则数相等即可。这就是**局部相似**的概念。其做法为：

1）将准则数用相应的特征量表示，即用**特征准则数**取代点**准则数**；

2）只考虑主要准则数相等，忽略次要因素。

12.6.3* 基本方程组的化简

由上述过程可以看出，相似原理的作用体现在以下几个方面：

1）从基本方程出发可以导出相似准则数，并用来指导实验；

2）通过比较准则数的大小可以对基本方程进行简化。其过程为：将基本方程量纲为一化→出现相似准则数，应用准则数大小比较方程中各项的量级大小→将小量级项忽略→还原方程，则方程可少去若干项（或变量）。这一过程也称为**量级分析法**（Magnitude order analysis）。

为简要说明基本方程组的量纲一的变换及其简化方法，仍以不可压缩流动为例进行说明。

连续性方程：
$$\nabla \boldsymbol{V}=0 \tag{12-29}$$

运动方程：
$$\rho\frac{\mathrm{D}\boldsymbol{V}}{\mathrm{D}t}=-\rho g\boldsymbol{\kappa}-\nabla p+\mu\nabla^2\boldsymbol{V} \tag{12-30}$$

能量方程：
$$\rho c\frac{\mathrm{D}(T-T_\infty)}{\mathrm{D}t}=\nabla[\kappa\nabla(T-T_\infty)]+\Phi+q_s \tag{12-31}$$

式中，c 为比热容；κ 为热导率，Φ 为黏性耗散项（可理解为黏性力的摩擦功）；q_s 为内热源项。能量方程的导出可参阅其他相关文献。

引入特征尺寸 L，特征时间 t_0，特征温度（T_W-T_∞），特征速度 V_∞，将各参数量纲为一化：

$$x'=\frac{x}{L},\ y'=\frac{y}{L},\ z'=\frac{z}{L},\ t'=\frac{t}{t_0}$$

$$\boldsymbol{V}'=\frac{\boldsymbol{V}}{V_\infty},\ p'=\frac{p}{\rho V_\infty^2},\ \theta=\frac{T-T_\infty}{T_W-T_\infty}$$

且
$$\nabla'=\boldsymbol{i}\frac{\partial}{\partial x'}+\boldsymbol{j}\frac{\partial}{\partial y'}+\boldsymbol{k}\frac{\partial}{\partial z'}$$

于是，得到以下量纲一的方程组：

1）连续性方程：
$$\nabla'\cdot\boldsymbol{V}'=0 \tag{12-32}$$

该方程不出现量纲一的数，说明不受流动参数的影响。

2）运动方程：

$$Sr\frac{\partial\boldsymbol{V}'}{\partial t'}+(\boldsymbol{V}'\cdot\nabla')\boldsymbol{V}'=-\frac{1}{Fr}\boldsymbol{k}-Eu\nabla'p'+\frac{1}{Re}\nabla'^2\boldsymbol{V}' \tag{12-33}$$

非定常项　对流项　重力项　压差项　黏性应力项

当某些准则数很大或很小时，可以忽略相关的项，从而简化方程。例如，当物体尺寸很小或流速振动周期很大时，Sr 会很小，非定常项可忽略；对于高速流动（大尺度），Fr 很大，可忽略重力项；对于大尺度高速流动，Re 很大，甚至可忽略黏性项（即为理想流体）；当 Re 很小时，则惯性项可忽略，动量方程就可转化为线性微分方程。

3）能量方程：

$$\frac{\mathrm{D}\theta}{\mathrm{D}t'}=\frac{1}{Re}\nabla'\cdot\left(\frac{1}{Pr}\nabla'\theta\right)+\frac{Ec}{Re}\Phi+\frac{Ec}{Re}q_s \tag{12-34}$$

对流传热项　热传导项　黏性耗散项　内热源项

可见当 Re 很大时，右边均可忽略，于是 $\frac{D\theta}{Dt'}=0$，$\theta\approx$ 常数（即为等温运动），整个传热效应可不考虑。

在对基本方程组进行简化时，通常可参考如下规则：

1）对于黏性运动，Re 通常是重要的准则数；

2）为使非定常流动相似，Sr 要相等；

3）对于有自由面的流动，Fr 和 Gr 通常是重要的；

4）对于有传热的流动，Pr 通常是重要的；

5）对于高速流动的传热，Ec 通常是重要的。

12.7 模型试验设计

在实际工程中，往往需要通过模型试验来进行相关研究，并用试验的结果来预测原型中的流动规律。为了能将模型试验的数据转换到原型流动中去，必须保证模型与原型的流动相似。但是在实际过程中，要求每个涉及的相似准则数相等是很难做到的，因此工程上往往采用近似的模型试验方法，也就是说，在安排模型试验时，抓住主要矛盾，只要满足对流动起主导作用的相似准则数相等，而忽略对流动过程影响较小的准则数。

例如，在考虑流体在水平管道中的流动时，黏性力起主导作用，而重力相对于黏性力起次要作用，因此在设计实验时，则按照雷诺数相等的准则来进行，而忽略对于流动起次要作用的弗劳德数。又如，对于船舶阻力的模型试验，重力起主要作用，则应该按照弗劳德数进行模型试验，而忽略对于流动起次要作用的雷诺数。

接下来介绍一种特殊的物理现象。前面曾经介绍过，在有压黏性管流中，当 $Re<2320$ 时，沿横截面的速度分布为轴对称旋转抛物面；当 $Re>2320$ 时，并达到某一数值后，继续提高雷诺数，管中流体的紊乱程度以及速度剖面几乎不再变化，流动进入阻力平方区；这种现象称为**自模化现象**。对于处于层流的状态称为第一自模化区，处于湍流的阻力平方区称为第二自模化区。当模型流动与原型流动处于同一自模化区时，雷诺数失去了判别两流动相似的作用，也就是说模型流动不必保证与原型的雷诺数完全相等，只要保证与原型处于同一自模化区即可。

自模化对于指导模型试验有很重要的意义。工程流动中绝大多数是湍流。对于管道湍流，当 Re 超过某一数值时，由前面所学的知识可以知道，沿程阻力损失系数 λ 就与 Re 无关，流动进入阻力平方区。对于物体绕流，当 Re 超过一定值时，边界层分离点基本固定，阻力系数 C_f 基本上是常量，它也不随 Re 而变化。对于具有尖角的物体的绕流，当 Re 大于某个数值后，流动也进入第二自模化区。处在自模化区中的两种流动，其雷诺数就不必完全相等，因此雷诺准则就不必严格遵守，这给实验设计带来了极大的方便。

【例 12-5】 为了研究在油中水平运动的小潜艇的运动特性，用放大 8 倍的模型在 15℃ 的水中进行实验。物体在油中的运动速度 $V=13.72\text{m/s}$，油的密度 $\rho=864\text{kg/m}^3$，动力黏度 $\mu=0.0258\text{Pa}\cdot\text{s}$。求（1）为保证模型和原型流动相似，模型潜体的速度应取多大？（2）实验测定出模型的阻力为 3.56N，试推求原型小潜艇所受的阻力。

解：（1）因为物体在液面一定深度之下运动，在忽略波浪运动的情况下，在所有的外

力中，黏性力起主导作用，因此应该满足雷诺准则，即

$$\left(\frac{\rho VL}{\mu}\right)_{\mathrm{m}}=\left(\frac{\rho VL}{\mu}\right)_{\mathrm{p}}$$

查15℃水的参数：$\rho_{\mathrm{m}}=991.2\mathrm{kg/m^3}$，$\mu_{\mathrm{m}}=0.001139\mathrm{Pa\cdot s}$，代入已知数据，可得

$$V_{\mathrm{m}}=\frac{\rho_{\mathrm{p}}L_{\mathrm{p}}V_{\mathrm{p}}\mu_{\mathrm{m}}}{\rho_{\mathrm{m}}L_{\mathrm{m}}\mu_{\mathrm{p}}}=\frac{864\times1\times13.72\times0.001139}{991.2\times8\times0.0258}\mathrm{m/s}=0.066\mathrm{m/s}$$

（2）因为 $F\propto\rho L^2V^2$，所以

$$\frac{F_{\mathrm{p}}}{F_{\mathrm{m}}}=\frac{\rho_{\mathrm{p}}L_{\mathrm{p}}^2V_{\mathrm{p}}^2}{\rho_{\mathrm{m}}L_{\mathrm{m}}^2V_{\mathrm{m}}^2}=\frac{864\times1^2\times13.72^2}{991.2\times8^2\times0.066^2}=588.56$$

因此，$F_{\mathrm{p}}=588.56F_{\mathrm{m}}=(588.56\times3.56)\mathrm{N}=2095.3\mathrm{N}$

思考与练习

12-1 何谓物理量的量纲？何谓基本量纲？它们该如何表示？

12-2 如何判定物理量量纲的相互独立？

12-3 简述选择循环量的基本原则以及循环量数目与基本量纲数之间的关系。

12-4 简要说明瑞利法求解流动问题的步骤。

12-5 简要说明Π定理求解流动问题的步骤。

12-6 试写出雷诺数的表达式并简述其物理意义？

12-7 在定常流动中，斯特劳哈尔数是否会出现？

12-8 什么叫作局部相似？在进行模型试验时为什么要采用局部相似？

12-9 由哪些方法可导出相似准则数？

12-10 对基本方程进行简化时，通常考虑哪些原则？

12-11 什么是自模性？什么是第一自模化区？什么是第二自模化区？它们对指导实验有何意义？

12-12 试确定以下流动中，什么相似准则数起主导作用？（1）水平管道中不可压缩黏性流体的流动；（2）飞机在飞行时所受到的阻力；（3）船舶在自由表面的水域航行时的兴波阻力。

12-13 对于完全气体，气体常数 R 与气体压强 p、密度 ρ、热力学温度 T 有关，试利用量纲分析法表示 R 和 p、ρ、c_p、c_V 的函数关系（其中 c_p、c_V 分别为比定压热容和比定热容）。

12-14 如果一个球通过流体时，其运动阻力 R 是流体密度 ρ、流体动力黏度 μ、球的半径 r 以及球相对于流体运动速度 V 的函数，试用量纲分析法证明 R 可用下式来表示（选择 ρ、μ、r 为循环量）：

$$R=\frac{\mu^2}{\rho}f\left(\frac{\rho Vr}{\mu}\right)$$

12-15 已知黏性流体纵掠平壁时，壁面上的黏性阻力 $\tau_{\mathrm{w}}(x)$ 与来流速度 U_∞、至平壁前沿的距离 x、壁面粗糙度 ε、流体的密度 ρ 和动力黏度 μ 有关，试应用Π定理导出全部准则数，并总结出平壁阻力计算的准则方程。

12-16 加热炉回热装置的模型比例尺为实物的1/5，已知装置中烟气的运动黏度 $\nu=0.72\mathrm{cm^2/s}$，正常流速 $V=2\mathrm{m/s}$，试求当流动相似时，20℃的空气在模型中的流速是多少？

12-17 有一管径为200mm的输油管道，油的运动黏度为 $\nu=4\times10^{-5}\mathrm{m^2/s}$，管道内通过的流量是 $0.12\mathrm{m^3/s}$，若用直径为50mm的管道并分别用20℃的水和20℃的空气（$\nu=12.9\times10^{-6}\mathrm{m^2/s}$）作模型试验，试求在流动相似时管道流量为多少？

12-18 某一飞行物以36m/s在空气中作匀速直线运动，为了研究飞行物的运动阻力，用一个尺寸缩小一半的模型在温度为15℃水中试验，试问模型的运动速度应为多少？若测得模型的运动阻力为1450N，则

原型受到的阻力为多少？（已知空气的动力黏度 $1.85\times10^{-5}\mathrm{Pa\cdot s}$ 和密度 $1.2\mathrm{kg/m^3}$）。

12-19 为了确定鱼雷阻力，可在风洞中进行模型试验，模型与实物的比尺为1/3，已知 $V_p=6\mathrm{km/h}$，$\rho_p=12.04\times10^3\ \mathrm{kg/m^3}$，$\nu_p=1.145\times10^{-6}\mathrm{m^2/s}$，$\rho_m=1.29\ \mathrm{kg/m^3}$，$\nu_m=1.45\times10^{-5}\mathrm{m^2/s}$。试求：（1）风洞中模拟速度 V_m 应为多大？（2）如在风洞中测出模型阻力 F_{Dm}，求鱼雷所受阻力。

12-20 设深水中螺旋桨推力 F 与桨的直径 D、流体密度 ρ、黏度 μ、转速 n，以及前进速度 U 有关。（1）试用量纲分析法给出它们之间的函数关系以及相似准则；（2）若在热水池中作推力模型试验，模型和实测结果分别用下标“m”和“p”表示，如果 $\dfrac{D_m}{D_p}=\dfrac{1}{3}$，$\dfrac{\nu_m}{\nu_p}=\dfrac{1}{2}$，$\dfrac{\rho_m}{\rho_p}=1$ 且 $U_p=3\mathrm{m/s}$，$n_p=400\mathrm{r/min}$，试设计模型速度及转速；（3）若测得模型推力 $F_m=10\mathrm{N}$，求实型推力 F_p。

第 13 章　计算流体力学基础

前文已经指出，流体流动问题的研究与求解，主要有三类方法：一是基于理论建模的数学分析解法，该方法难度较大，只有少数简单问题能求出解析解；二是基于相似原理的试验研究方法，该方法对于发现新现象、新原理，验证其他方法得到的研究结论是非常重要的；三是基于理论建模的数值计算方法，该方法可以解决其他方法难以解决的问题，而且结果形象直观，可取代部分实验工作，节省试验投入和研究成本，因此有时也称为数值试验法。本书的第 3 ~11 章主要讲解的是第一种方法，它是其他方法的基础；第 12 章介绍的是第二种方法。本章将简要介绍第三种方法。

13.1　问题的提出

20 世纪中期以前，人们对流体力学问题的研究主要基于试验研究和理论分析两种方法。试验研究通过对各种流动现象进行观察和测量，可以获得准确、可靠的数据，其研究结果对于揭示流动机理和解决工程实际问题都具有重要价值，但试验研究通常花费高，研究周期长，往往只能注重于流场的宏观或总体特征，而忽略流场的细节，而且一些流动现象（如金属的凝固过程、高温等离子体流等）也很难进行试验测量。理论分析注重对于流动现象建立基本的运动方程，并采用数学方法对方程求得解析解或近似解，从而获得各流动变量之间的变化关系。然而，由于流体运动所遵循的 N-S 方程是一组非线性的偏微分方程，只有少数的简单流动问题才能通过简化求出解析解，而且这些结果很难应用于复杂的工程实际问题。

20 世纪 60 年代以来，随着计算机技术的飞速发展，人们开始认识到采用数值方法求解流体力学问题的重要性，并逐渐发展出流体力学中一个新的分支学科——**计算流体力学**（Computational Fluid Dynamics，简称 CFD）。计算流体力学是以计算机为工具来求解流体力学基本方程组，从而得到研究对象的全时空流速场分布规律的数值解的方法。

与传统的试验研究和理论分析相比，用数值计算方法研究流动问题具有成本低、周期短、流场数据完备等特点，并具有模拟真实条件和理想条件的能力。经过近半个世纪的发展，CFD 技术已经相当成熟，计算模型的不断完善使得计算结果越来越准确，数值算法的不断改进和计算机性能的大幅提升，使得计算速度越来越快，求解的流动问题越来越复杂。目前 CFD 技术已经广泛应用于气象预报、航空航天、船舶水利、动力机械、冶金化工、建筑环境等各个领域，成为工程辅助设计的重要工具和手段。

尽管在目前流体力学问题研究中，CFD 的作用越来越大，但试验研究和理论分析仍然是不可或缺的。理论分析是进行试验研究和数值计算的指导依据，同时简单流动的解析解对于验证数值方法的准确性也具有重要价值；而试验数据更是检验 CFD 计算结果是否可靠的基石。所以，对于流体力学的发展，这三种方法是相辅相成的。

众所周知，计算机是以二进制码为基础工作的机器，如何将流体力学基本方程组转化为计算机能够识别的代码？如何编制程序对方程组进行求解？计算结果又如何表出？这就涉及CFD相关的一些基础知识，包括控制微分方程的离散化、定解条件的给定、线性方程组的求解方法和程序流程，以及前后处理方法等。本章将回答这些基本问题，以便为后续学习与研究打下基础。

13.2 基本方程与定解条件

13.2.1 流体运动的基本方程组

通过本书前些章的讲解可以知道，在牛顿流体范围内，黏性流体运动的基本方程组通常包括连续性方程、动量守恒方程、能量守恒方程、湍流模型和化学组分守恒方程，这一组方程的矢量形式如下：

1. 连续性方程

$$\frac{\partial \rho}{\partial t}+\nabla\cdot(\rho \boldsymbol{V})=0 \tag{13-1}$$

2. 动量方程

$$\frac{\partial(\rho \boldsymbol{V})}{\partial t}+\nabla\cdot(\rho \boldsymbol{VV})=-\nabla p+\nabla\cdot\boldsymbol{\tau}+\rho \boldsymbol{f} \tag{13-2}$$

3. 能量方程㊀

$$\frac{\partial(\rho E)}{\partial t}+\nabla\cdot(\rho E\boldsymbol{V})=\nabla\cdot(\kappa\nabla T)-\nabla\cdot(p\boldsymbol{V})+\nabla\cdot(\boldsymbol{\tau}\cdot\boldsymbol{V})+\rho\boldsymbol{f}\cdot\boldsymbol{V}+\rho\dot{q} \tag{13-3}$$

式中，$\boldsymbol{f}$ 是质量力；$\boldsymbol{\tau}$ 是黏性应力张量；$\boldsymbol{\tau}=\tau_{ij}=\mu\left(\frac{\partial u_i}{\partial x_j}+\frac{\partial u_j}{\partial x_i}\right)-\frac{2}{3}\mu\delta_{ij}\nabla\cdot\boldsymbol{V}$（$i$、$j$ 分别等于 x、y、z；$i=j$，$\delta_{ij}=1$；$i\neq j$，$\delta_{ij}=0$）；E 是内能与动能之和：$E=e+\frac{1}{2}\boldsymbol{V}^2$；$\dot{q}$ 是单位质量的体积加热率；κ 为热导率，T 为温度；$\nabla\cdot(\boldsymbol{\tau}\cdot\boldsymbol{V})=\Phi$ 称为**耗散函数**，为黏性应力所做的功。

4. 湍流模型

当流动为湍流时，需要求解的是湍流的时均运动方程组，这时还需要采用适当的湍流模型对方程组进行封闭。封闭的方法很多（详见本书第10章），这里给出常用的湍动能-湍动能耗散率（即 K-ε）双方程模型：

$$\frac{\partial}{\partial t}(\rho K)+\frac{\partial}{\partial x_j}(\overline{\rho v_j}K)=\frac{\partial}{\partial x_j}\left(\frac{\mu_e}{\sigma_k}\frac{\partial K}{\partial x_j}\right)+G_k-C_D\frac{\rho K^{\frac{3}{2}}}{l} \tag{13-4}$$

$$\frac{\partial}{\partial t}(\rho\varepsilon)+\frac{\partial}{\partial x_j}(\overline{\rho v_j}\varepsilon)=\frac{\partial}{\partial x_j}\left(\frac{\mu_e}{\sigma_\varepsilon}\frac{\partial \varepsilon}{\partial x_j}\right)+\frac{\varepsilon}{K}(C_1G_k-C_2\rho\varepsilon) \tag{13-5}$$

式中，$\mu_e=\mu+\mu_t$ 为**有效黏度**（Effective viscosity）；σ_ε 是湍动能耗散率扩散的普朗特常数；G_k 为湍流生成项；σ_k、C_D、l、C_1、C_2 均为经验常数。目前使用的经验常数值为 $C_1=1.44$，

㊀ 能量方程的物理含义：体系能量变化率 = 外界传入系统的热量 − 膨胀功 + 黏性应力所做的功 + 质量力所做的功 + 内热源产生的热量。

$C_2=1.92$，$C_D=0.09$，$\sigma_k=1.0$，$\sigma_\varepsilon=1.3$。

5. 化学组分守恒方程

当流动过程中伴随有化学反应（如燃烧反应）时，还需要建立反应中各种物质的平衡方程，这一组方程通常称为组分守恒方程。

设流体是 n 种组分的混合物，其中第 α 种组分的质量分数是 Y_α，则第 α 种组分的质量守恒方程为

$$\frac{\partial(\rho Y_\alpha)}{\partial t}+\nabla\cdot(\rho \boldsymbol{V} Y_\alpha)=\nabla\cdot(\rho D_\alpha \nabla Y_\alpha)+\rho\dot{W}_\alpha \tag{13-6}$$

式中，D_α 是第 α 种组分的扩散系数；$\dot{W}_\alpha$ 是由于化学反应引起的第 α 种组分的质量产生率。由于所有 n 种组分的质量分数之和等于 1，式（13-6）包含的方程数是 $n-1$ 个。

对于可压缩流体，为使方程（13-1）~方程（13-6）封闭，还需要加上流体状态方程：

$$\rho=\rho(p,T) \tag{13-7}$$

对于一般的流动问题，不考虑传热传质时，上述方程组中只需求解方程（13-1）、方程（13-2）、方程（13-7）及湍流方程（13-4）和方程（13-5）。

分析方程（13-1）到方程（13-6）的构造，可以写成如下通用形式：

$$\frac{\partial(\rho\phi)}{\partial t}+\nabla\cdot(\rho \boldsymbol{V}\phi)=\nabla\cdot(D\nabla\phi)+S \tag{13-8}$$

式中，ϕ 是待求变量。$\phi=1$，即为连续性方程；$\phi=$ 速度，则为动量方程；$\phi=$ 总能（也可以用焓或温度），则为能量方程；$\phi=$ 质量分数，则为组分守恒方程；ϕ 取湍流参数，如湍动能 K、湍动能耗散率 ε 等，则为湍流模型方程。

通常把方程（13-8）的第一项称为时间项，第二项称为对流项，第三项称为扩散项（D 是 ϕ 的扩散系数），第四项 S 称为源项（即除前三项以外的部分）。

13.2.2 定解条件

为使上述方程组有确定的解，还需要给出定解条件。它们主要包括如下类型：

1. 初始条件（Initial condition）

给定初始时刻流动参数的值：

$$t=t_0,\quad \boldsymbol{V}=\boldsymbol{V}_0,\quad p=p_0,\quad \rho=\rho_0,\quad T=T_0$$

对于定常流动，不需要初始条件。

2. 边界条件（Boundary condition）

它是指给出求解域的边界处流动参数所需满足的条件。常用的边界条件有：

（1）固壁条件　速度壁面边界条件一般满足无滑移条件，即

$$\boldsymbol{V}_f=\boldsymbol{V}_w$$

温度边界条件一般有三种：

等温壁面　$T_f=T_w$

热流边界　$-\left(k\dfrac{\partial T}{\partial n}\right)_w=q_w$

绝热壁面　$\left(\dfrac{\partial T}{\partial n}\right)_w=0$

式中，n 指壁面的外法线方向的单位长度；下标 w 指壁面处；f 指流体。

（2）不同流体的分界面条件 一般要满足连续性条件：

$$V_{f1}=V_{f1},\quad p_{f1}=p_{f2},\quad T_{f1}=T_{f2},\quad \frac{\partial^n V}{\partial n^n}=\mathbf{0},\quad \frac{\partial^n T}{\partial n^n}=0$$

（3）进出口条件 需要给定进出口边界上（包括来流或无穷远处）V、p、ρ、T 的分布。

13.2.3 解的确定性问题

一般流动现象可以用流体运动基本方程组加上定解条件来进行描述，如果采用数值方法对该方程组求解，理论上应该可以获得唯一的、确定的解，这对层流流动来说是准确的，但工程实际中的流动绝大部分都是湍流流动，问题就远非如此简单。

当流场中的雷诺数比较大，流动呈湍流状态时，离初始时刻和边界比较远处，N-S 方程组的解变得对初始条件和边界条件非常敏感，任何微小的扰动，包括初始、边界条件和流体物性的微小变化，都会使得到的数值解相差很远，而这种微小的变化，即便是当今速度最快、精度最高的超级计算机也难以分辨。因此，对湍流问题直接求解 N-S 方程组的数值计算（湍流的**高级数值模拟**）还仅限于雷诺数较低、流场特征尺寸较小的情形，其计算量可以为现有的计算机所接受，而对绝大部分实际的工程流动是不适用的。

目前对湍流问题的求解，通常的做法是，先对 N-S 方程组进行统计平均，得到关于平均变量的守恒方程，然后再针对平均后所出现的未知量建立湍流模型来使得方程组封闭，最后再用数值方法求解，获得各平均量在时间和空间上的分布。

关于湍流流动求解的详细讨论已经超过了本书的范围，本章主要讨论在层流条件下，N-S 方程组数值求解的基本步骤和数值算法。

13.3 数值求解的一般步骤

采用 CFD 方法研究流体力学问题，首先需要建立相应的数学模型，也就是流体运动的基本方程和定解条件；然后是选择合适的计算方法，包括微分方程的离散化和求解算法，以及计算网格的建立、边界条件的处理；最后编制计算程序（或使用商用 CFD 软件包）进行计算。对于已经确立的数学模型，其数值求解过程一般包括三个步骤。

13.3.1 前处理

前处理是指开始计算之前的各项准备工作，主要包括：

1. 建立流动问题的几何模型，即计算区域

对于简单流场的几何结构，一般可以在计算程序中设定或者使用网格划分软件来生成，对于复杂结构，往往需要借助专业的作图软件来生成几何模型，如 AutoCAD、Pro/Engineer、UG NX、SolidWorks 等。

2. 在几何模型中生成计算网格

CFD 技术的实质是通过计算机程序来解出计算区域内各空间点（称为**离散点**）处的物理量的数值大小（也可处理矢量），为此需要将计算区域划分为合适的网格系统。网格生成就是把计算区域划分为较小的、不重叠的单元（网格）。对于某一个流场，如果知道了该区域内各离散点的变量（速度、温度、压强等）值，在离散点的数量足够多，离散点的分布也完全覆盖到整个流场区域的前提下，可以认为整个流场内各变量的分布情况也就知道了。所以，可以构造一个充满流场区域的网格坐标系统，通过求解各网格点（网格节点）上的变量值来获得各个流动参数的分布，而对于非网格点上的坐标，其变量值则可以根据相邻网格点的值通过插值计算得到。

数值求解就是要将反映流场连续变化的微分方程转化成关于离散点（网格点）的代数方程组，然后在计算机上进行求解，最后用求得的各网格点变量值来表征流场各变量的分布。

对于用程序或作图软件生成的几何模型，可以通过编制的网格生成程序或专用的网格划分软件导入，进行网格划分。数值计算结果的好坏跟生成网格的质量是密切相关的，网格质量不仅取决于数量，也取决于如何正确布置的问题。网格数量越多，一般来说越能反映流场的实际情况，但需要求解的代数方程组也越多，对计算机的速度和存储要求也越高，所以如何在控制网格数量的同时，对网格进行更合理的布置以达到兼顾计算精度和计算效率目的，是非常值得研究的问题。

总体而言，网格的分布要能准确地反映流场的变化，在流场变化快的区域，网格的间距应该较小，网格的数量应该较多；在流场变化慢的地方，网格间距可以比较大，网格数量可以相对较少，如图 13-1 所示。对于规则的几何结构，一般优先考虑生成规则的**正交网格**（图 13-1）；对于不规则的几何结构，则通常需要生成自适应、无结构的网格，如图 13-2 所示。

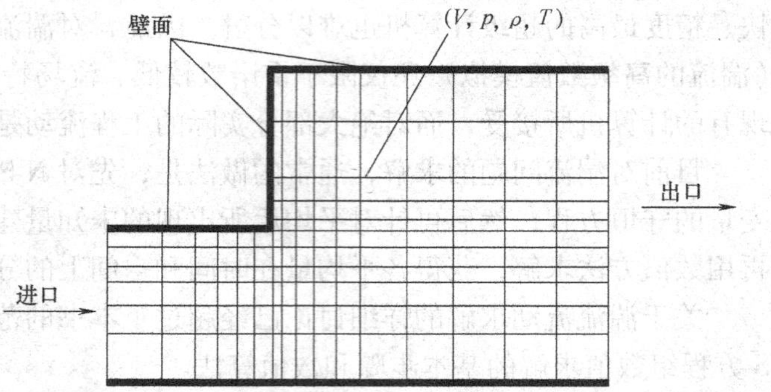

图 13-1　简单流动空间的正交结构化网格

网格生成技术已经成为 CFD 的一个重要分支，目前有大量的专业人员在从事这方面的研究工作，即便对于利用现成的网格生成程序或网格划分软件从事 CFD 计算的人来说，如何针对具有复杂结构和形状的流场生成高质量的网格，也是在计算过程中需要反复尝试和探索的。

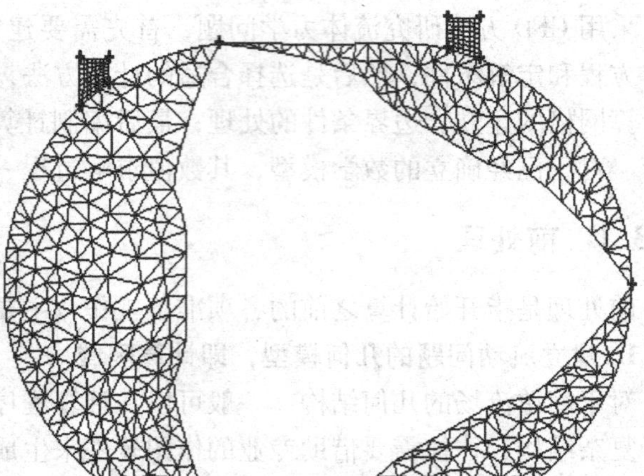

图 13-2　复杂流动空间的非结构化网格

3. 定义初始条件和边界条件

对于已经生成网格的计算区域，需要对整个区域定义初始条件和边界条件。对离散化后的代数方程组进行求解，是一个反复迭代的过程，给定的初始条件和边界条件不但会影响迭代求解的速度，还会影响迭代计算最终能否收敛以及结果是否准确。不同的数学模型和数值算法也对初始条件和边界条件有着不同的要求，如果给得不够精准，往往会导致计算时间过长甚至迭代发散、出错等问题。

13.3.2 计算过程

计算过程包括对流体控制微分方程进行离散化处理，获得对应于网格点（或网格节点）的代数方程组，然后采用适合的数值算法进行迭代求解，最终获得收敛的数值解。这是后面几节要重点介绍的内容。

13.3.3 后处理

后处理主要是对数值计算得到的结果进行处理，主要内容包括：

1）将计算结果和实验数据进行对比（以图形或表格的形式），以便对计算所采用的数学模型和数值算法进行验证，通过这种对比分析，不断地对模型和算法进行优化改进。这种验证，除了使用实验数据外，有时也可利用将问题简化后得到的解析解或者是对N-S方程组直接数值模拟所得到的结果。

2）根据计算结果，以图表或动画的形式来显示流场特征或流动现象，对其进行分析讨论，以揭示流动过程的有关机理。图13-3所示是一个计算所得到的流场区域，箭头表示流动的方向，左边是一个钝体，当钝体上方有空气流过，下方有（气体）燃料流过时，就会在钝体后方分别形成两个旋涡，即所谓“回流区”，其作用是促进燃料和空气进行混合，当点火燃烧时，火焰得以驻留在回流区里，使燃料得到充分、完全的燃烧。

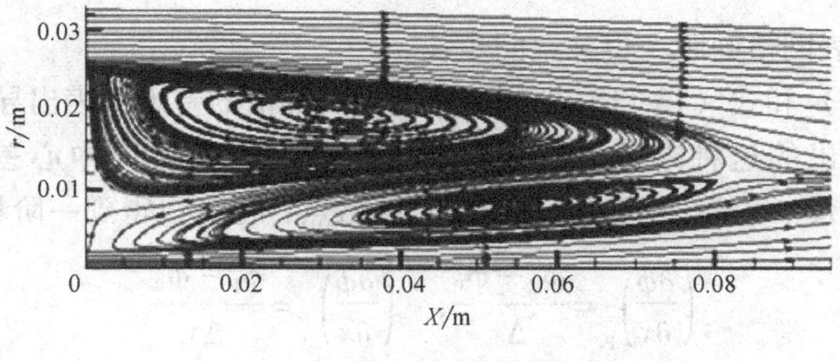

图13-3 钝体后流线图

简单后处理过程可以通过自行编制程序或借助于商用CFD软件包的后处理功能实现，复杂的后处理通常可以依赖于各种图形处理软件包，包括专用的CFD后处理工具（如Tecplot、Fieldview等）、通用的绘图软件（如Origin、SigmaPlot等）以及其他各种CFD可视化工具。

13.4 离散化方法

对于划分好网格的计算区域，离散化就是要对网格点上的各未知变量建立相应的代数方程组，然后通过编制好的程序由计算机进行求解。建立离散化方程的方法有很多，主要有：有限差分法、有限容积法、有限元法、边界元法，等等，这里介绍常用的两种方法：基于泰勒级数展开的**有限差分法**（Finite difference method）和**控制容积法**（Control volume method）。为了简单起见，以下讨论是在二维情形下进行的，但相关的结论不难推广到三维情形。

13.4.1 泰勒级数展开法

如图 13-4 所示，P 表示流场某一网格节点，N、S、W、E 分别是 P 点上、下、左、右的网格点。对于 P 点上的某一变量 ϕ，其相邻网格点的 ϕ 值可以用 P 点的泰勒级数展开表示，即

$$\phi_E = \phi_P + \Delta x\left(\frac{\partial\phi}{\partial x}\right)_P + \frac{(\Delta x)^2}{2}\left(\frac{\partial^2\phi}{\partial x^2}\right)_P + \frac{(\Delta x)^3}{6}\left(\frac{\partial^3\phi}{\partial x^3}\right)_P + \frac{(\Delta x)^4}{24}\left(\frac{\partial^4\phi}{\partial x^4}\right)_P + \cdots \quad (13\text{-}9a)$$

$$\phi_W = \phi_P - \Delta x\left(\frac{\partial\phi}{\partial x}\right)_P + \frac{(\Delta x)^2}{2}\left(\frac{\partial^2\phi}{\partial x^2}\right)_P - \frac{(\Delta x)^3}{6}\left(\frac{\partial^3\phi}{\partial x^3}\right)_P + \frac{(\Delta x)^4}{24}\left(\frac{\partial^4\phi}{\partial x^4}\right)_P - \cdots \quad (13\text{-}9b)$$

两式相减，并略去 $(\Delta x)^2$ 以上的小量，得

$$\left(\frac{\partial\phi}{\partial x}\right)_P = \frac{\phi_E - \phi_W}{2\Delta x} \quad (13\text{-}10a)$$

两式相加，并略去 $(\Delta x)^4$ 以上的小量，得

$$\left(\frac{\partial^2\phi}{\partial x^2}\right)_P = \frac{\phi_E + \phi_W - 2\phi_P}{(\Delta x)^2} \quad (13\text{-}10b)$$

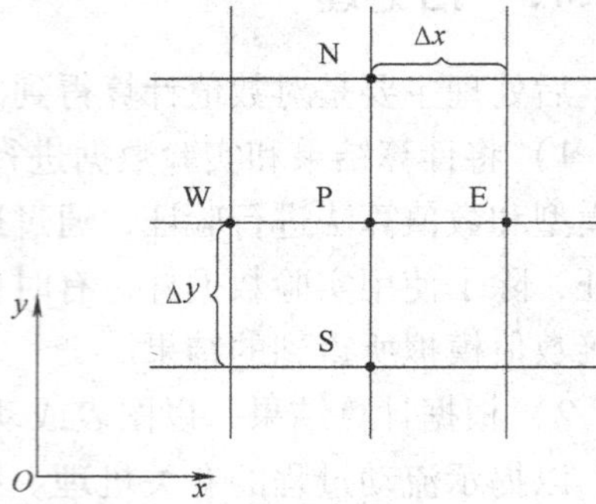

图 13-4 离散网格点

同理可得

$$\left(\frac{\partial\phi}{\partial y}\right)_P = \frac{\phi_N - \phi_S}{2\Delta y},\quad \left(\frac{\partial^2\phi}{\partial y^2}\right)_P = \frac{\phi_N + \phi_S - 2\phi_P}{(\Delta y)^2} \quad (13\text{-}11)$$

Δx 和 Δy 在这里代表网格间距，也称空间步长。

以上式（13-10）和式（13-11）即用节点上的函数值的差近似表出导数值，因此称为**有限差分**。式中所列出的这种差分格式采用了 3 个网格点，称为**中心差分**（Central difference），具有**二阶精度**。用类似方法，采用 2 个网格点，也可以得到一阶精度的差分式：

$$\left(\frac{\partial\phi}{\partial x}\right)_P = \frac{\phi_E - \phi_P}{\Delta x},\quad \left(\frac{\partial\phi}{\partial x}\right)_P = \frac{\phi_P - \phi_W}{\Delta x} \quad (13\text{-}12)$$

上式分别称为**一阶向前差分**（Forwards difference）和**一阶向后差分**（Backwards difference）。当然还可以采用更多的网格点来构建更高阶的差分格式，如采用 5 个网格点可以得到四阶精度的中心差分格式。

有限差分格式的种类很多，高阶精度的差分格式通常可以得到更精确的解，但代价是会增加计算时间。对于多数 CFD 应用，二阶精度的差分格式一般已可以满足计算要求。

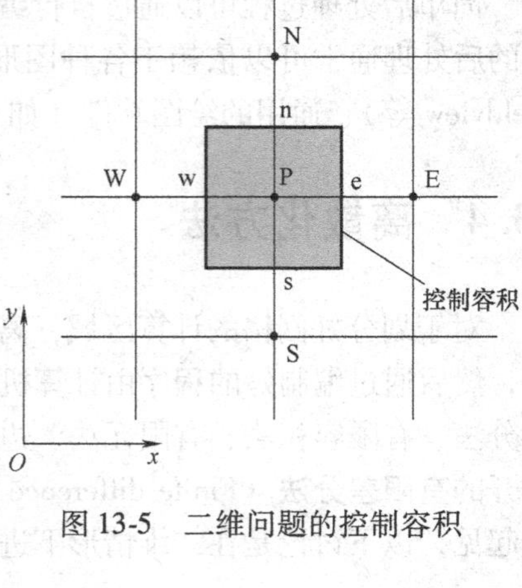

图 13-5 二维问题的控制容积

13.4.2 控制容积法

控制容积法也叫作控制体积法或有限体积法，对图 13-5 中的网格点 P，取图中所示的控制容积，然后

对通用形式的控制方程（13-8）在控制容积上积分，也可以得到离散化方程。

控制容积积分时，对于图中网格点之间的e、w、n、s点上的ϕ值及ϕ的导数值，可以通过假定ϕ在P点与相邻网格点E、W、N、S之间呈线性变化来获得，例如，

$$\int_{w}^{e}\frac{\partial\phi}{\partial x}\mathrm{d}x=\phi_{e}-\phi_{w}=\frac{\phi_{E}+\phi_{P}}{2}-\frac{\phi_{P}+\phi_{W}}{2}=\frac{\phi_{E}-\phi_{W}}{2}$$

$$\int_{w}^{e}\frac{\partial^{2}\phi}{\partial x^{2}}\mathrm{d}x=\left(\frac{\partial\phi}{\partial x}\right)_{e}-\left(\frac{\partial\phi}{\partial x}\right)_{w}=\frac{\phi_{E}-\phi_{P}}{\Delta x}-\frac{\phi_{P}-\phi_{W}}{\Delta x}=\frac{\phi_{E}+\phi_{W}-2\phi_{P}}{\Delta x}$$

此即式（13-10）和式（13-11）的中心差分格式。

相对于泰勒展开法，控制容积法有更明确的物理意义，即对任一控制容积（也可扩展到整个计算区域内），得到的解都满足质量守恒、动量守恒、能量守恒和化学组分守恒。

13.4.3　显式方法和隐式方法

考虑一维非定常扩散型方程：

$$\frac{\partial\phi}{\partial t}=D\frac{\partial^{2}\phi}{\partial x^{2}}\tag{13-13}$$

对流场中节点P，左边时间导数使用一阶向前差分，右边空间导数使用中心差分，得

$$\frac{\phi_{E}^{n+1}-\phi_{P}^{n}}{\Delta t}=D\frac{\phi_{E}^{n}+\phi_{W}^{n}-2\phi_{P}^{n}}{(\Delta x)^{2}}\tag{13-14}$$

式中，Δt是时间间隔，也称时间步长，上标n表示第n个时间步。从式（13-14）可以看到，节点P在第$n+1$个时间步的ϕ值只依赖于前一个时间步网格点的值，假如第n个时间步上每个网格点的ϕ都已知，则第$n+1$个时间步上任一节点P的ϕ值可以由第n个时间步上的已知量计算，这种方法称为显式方法。

如果对节点P，左边时间导数使用一阶向后差分，右边空间导数使用中心差分，同时设第n个时间步上的ϕ是已知量，则有

$$\frac{\phi_{P}^{n+1}-\phi_{W}^{n}}{\Delta t}=D\frac{\phi_{E}^{n+1}+\phi_{W}^{n+1}-2\phi_{P}^{n+1}}{(\Delta x)^{2}}\tag{13-15}$$

这种情况得到的差分方程，要计算P点在第$n+1$个时间步的ϕ值，除了第n个时间步的已知量，还要知道第$n+1$个时间步上其他网格点的ϕ值，这种方法称为隐式方法。

显式方法是一种时间推进解法，优点是得到的离散化方程求解比较简单，计算机编程也比较容易，缺点是对于选定的空间步长Δx、时间步长Δt必须足够小才能保证求解过程的稳定性；而隐式方法的优点是时间步长Δt没有严格的稳定性限制条件，因此可以取较大的值，缺点是需要求解联立的代数方程组，涉及大量的矩阵运算，编程也更复杂。

一般而言，对非定常流动中计算一个相同的时间长度时，显式方法在每一个时间步上的计算量较小，但需要计算大量的时间步，而隐式方法在每一个时间步上的计算量较大，但需要计算的时间步较少。具体哪一种方法更合适，需要根据实际流动问题进行选择。

13.4.4　有限差分方程

将上述导出的各有限差分式代入控制微分方程后，即可得到相应的**离散化的差分方程**

(Dispersed difference equation)。下面考察二维形式的通用方程：

$$\frac{\partial(\rho\phi)}{\partial t}+\frac{\partial(\rho u\phi)}{\partial x}+\frac{\partial(\rho v\phi)}{\partial y}=\frac{\partial}{\partial x}\left(D\frac{\partial\phi}{\partial x}\right)+\frac{\partial}{\partial y}\left(D\frac{\partial\phi}{\partial y}\right)+S \tag{13-16}$$

将该方程在图 13-5 所示的控制容积上积分，其中源项 S 可以设定为 ϕ_P 的线性函数，即 $S=S_C+S_P\phi_P$，整理后可得差分方程的一般形式：

$$a_P\phi_P=a_E\phi_E+a_W\phi_W+a_N\phi_N+a_S\phi_S+b \tag{13-17}$$

式中，

$$a_E=D'_eA(|(Pe)_e|)+[[-F_e,0]]$$

$$a_W=D'_wA(|(Pe)_w|)+[[-F_w,0]]$$

$$a_N=D'_nA(|(Pe)_n|)+[[-F_n,0]]$$

$$a_S=D'_s\cdot A(|(Pe)_s|)+[[-F_s,0]]$$

$$a_P^0=\frac{\rho_P^0\Delta x\Delta y}{\Delta t}$$

$$b=S_C\Delta x\Delta y+a_P^0\phi_P^0$$

$$a_P=a_E+a_W+a_N+a_S+a_P^0-S_P\Delta x\Delta y$$

式中，算符[[　]]表示括号中的两个数值取最大值；上标 0 表示上一时间步的已知量；F 是通过控制容积面上的流量，即

$$\begin{cases}F_e=(\rho u)_e\Delta y, & F_w=(\rho u)_w\Delta y\\ F_n=(\rho u)_n\Delta x, & F_s=(\rho u)_s\Delta x\end{cases}$$

传导性 D' 的定义为

$$\begin{cases}D'_e=\dfrac{D_e\Delta y}{h_e}, & D'_w=\dfrac{D_w\Delta y}{h_w}\\ D'_n=\dfrac{D_n\Delta x}{h_n}, & D'_s=\dfrac{D_s\Delta x}{h_s}\end{cases}$$

式中，h_e、h_w、h_n、h_s 分别表示网格点 P 和 E、W、N、S 之间的间距，如果 x 坐标方向是均匀网格，则有 $h_e=h_w=\Delta x$；如果 y 坐标方向是均匀网格，则有 $h_n=h_s=\Delta y$；如果整个计算区域是均匀网格，则有 $h_e=h_w=h_n=h_s=\Delta x=\Delta y$。

Pe 是贝克来数（Peclet Number），定义为

$$\begin{cases}(Pe)_e=\dfrac{F_e}{D'_e}, & (Pe)_w=\dfrac{F_w}{D'_w}\\ (Pe)_n=\dfrac{F_n}{D'_n}, & (Pe)_s=\dfrac{F_s}{D'_s}\end{cases}$$

$A(|Pe|)$ 是不同差分格式的通用函数，对于中心差分，有

$$A(|Pe|)=1-0.5|Pe|$$

当 Pe 较大时（$|Pe|>2$），对流项采用中心差分格式会导致物理上非真实的解，需要使用其他适用于大 Pe 的有限差分格式，如逆风格式（也叫作上风格式）、混合格式、乘方定律格式、指数格式等，下面仅给出相关结果，其推导过程从略。

逆风格式：　$A(|Pe|)=1$

混合格式：　$A(|Pe|)=[[0,(1-0.5|Pe|)]]$

乘方定律格式：　　$A(|Pe|)=[[0,(1-0.1|Pe|^5)]]$

指数格式：　　$A(|Pe|)=\dfrac{|Pe|}{[\exp(|Pe|)-1]}$

13.5 单变量代数方程组的求解

对于单一变量的离散化方程组（如热传导问题），可以采用下列方法求解。

13.5.1 直接求解法

直接求解线性代数方程组有两类方法：对于节点数较少的简单问题可采用高斯消元法，对于节点数较多的一维代数方程组，方程形式比较简单，待求变量 ϕ 的节点值只跟前后两个节点的 ϕ 值有关，这样形成的代数方程组的系数矩阵是**三对角矩阵**，可以采用三对角矩阵算法（TDMA，又称**追赶法**）计算，具体求解过程可参看《数值分析》教程。

下面给出直接求解法的一个实例。

【例13-1】 设不可压缩理想流体在两平板间流动，如图13-6所示，设上板为渗透平壁，渗透速度 $V_0=1\mathrm{m/s}$，左侧入口流速为 $u_1=3\mathrm{m/s}$。板长 $L=3\mathrm{m}$，板间距 $h=1.5\mathrm{m}$。将长和高各3等分划分网格节点。试用流函数法计算各节点处的流速。

解：对于不可压缩理想流体的二维定常流动，定义流函数：$\dfrac{\partial\psi}{\partial x}=-v$，$\dfrac{\partial\psi}{\partial y}=u$，则流函数满足拉普拉斯方程：

$$\frac{\partial^2\psi}{\partial x^2}+\frac{\partial^2\psi}{\partial y^2}=0$$

取中心差分格式，则

$$\left(\frac{\partial^2\psi}{\partial x^2}\right)_{\mathrm{P}}=\frac{\psi_{\mathrm{E}}+\psi_{\mathrm{W}}-2\psi_{\mathrm{P}}}{(\Delta x)^2},\quad \left(\frac{\partial^2\psi}{\partial y^2}\right)_{\mathrm{P}}=\frac{\psi_{\mathrm{N}}+\psi_{\mathrm{S}}-2\psi_{\mathrm{P}}}{(\Delta y)^2}$$

代入拉普拉斯方程，即

$$\left(\frac{\partial^2\psi}{\partial x^2}\right)_{\mathrm{P}}+\left(\frac{\partial^2\psi}{\partial y^2}\right)_{\mathrm{P}}=\frac{\psi_{\mathrm{E}}+\psi_{\mathrm{W}}-2\psi_{\mathrm{P}}}{(\Delta x)^2}+\frac{\psi_{\mathrm{N}}+\psi_{\mathrm{S}}-2\psi_{\mathrm{P}}}{(\Delta y)^2}=0$$

取 $\dfrac{\Delta x}{\Delta y}=\beta$，则

$$2(1+\beta^2)\psi_{\mathrm{P}}=\psi_{\mathrm{E}}+\psi_{\mathrm{W}}+\beta^2\psi_{\mathrm{N}}+\beta^2\psi_{\mathrm{S}}$$

将划分的网格节点编号如图13-6所示。则 $\Delta x=1\mathrm{m}$，$\Delta y=0.5\mathrm{m}$，$\beta=2$。

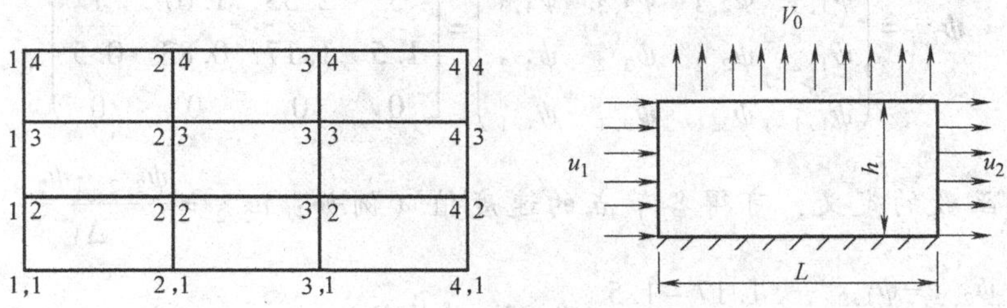

图13-6　例图

于是 $$10\psi_{i,j}=\psi_{i-1,j}+\psi_{i+1,j}+4\psi_{i,j-1}+4\psi_{i,j+1} \tag{a}$$

或写成 $$\psi_{i-1,j}+\psi_{i+1,j}-10\psi_{i,j}+4\psi_{i,j-1}+4\psi_{i,j+1}=0 \tag{b}$$

取下壁面处的流函数值为零，即 $$\psi_{i,1}=0,\ i=1,2,3,4 \tag{c}$$

因 $u_1=\left.\dfrac{\partial\psi}{\partial y}\right|_{x=0}=\left.\dfrac{\Delta\psi}{\Delta y}\right|_{i=1}=3$，即 $\Delta\psi_{1,j}=3\Delta y=1.5$

所以 $$\psi_{1,2}=\psi_{1,1}+1.5=1.5,\ \psi_{1,3}=\psi_{1,2}+1.5=3,\ \psi_{1,4}=\psi_{1,3}+1.5=4.5 \tag{d}$$

又 $V_0=-\left.\dfrac{\partial\psi}{\partial x}\right|_{y=1.5}=-\left.\dfrac{\Delta\psi}{\Delta x}\right|_{j=4}=1$，即 $\Delta\psi_{i,4}=-\Delta x=-1$

所以 $$\psi_{2,4}=\psi_{1,4}-1=3.5,\psi_{3,4}=\psi_{2,4}-1=2.5,\ \psi_{4,4}=\psi_{3,4}-1=1.5 \tag{e}$$

另外，根据连续性方程，有 $u_1h=V_0L+u_2h$

代入数据，得右侧出口流速为 $u_2=1\text{m/s}$

而 $u_2=\left.\dfrac{\partial\psi}{\partial y}\right|_{x=3}=\left.\dfrac{\Delta\psi}{\Delta y}\right|_{i=4}=1$，即 $\Delta\psi_{4,j}=\Delta y=0.5$

所以 $$\psi_{4,2}=\psi_{4,1}+0.5=0.5,\ \psi_{4,3}=\psi_{4,2}+0.5=1,\ \psi_{4,4}=\psi_{4,3}+0.5=1.5 \tag{f}$$

式(c)～式(f)诸式得出了全部边界节点的流函数值，将这些结果代入式(b)，可得以下节点的代数方程：

节点（2，2）： $1.5-10\psi_{2,2}+\psi_{3,2}+4\psi_{2,3}+0=0$

节点（2，3）： $3+4\psi_{2,2}-10\psi_{2,3}+\psi_{3,3}+4\times3.5=0$

节点（3，2）： $\psi_{2,2}-10\psi_{3,2}+0.5+4\psi_{3,3}+0=0$

节点（3，3）： $\psi_{2,3}+1-10\psi_{3,3}+4\psi_{3,2}+4\times2.5=0$

用矩阵表示如下：

$$\begin{pmatrix}-10 & 4 & 1 & 0\\ 4 & -10 & 0 & 1\\ 1 & 0 & -10 & 4\\ 0 & 1 & 4 & -10\end{pmatrix}\begin{pmatrix}\psi_{2,2}\\ \psi_{2,3}\\ \psi_{3,2}\\ \psi_{3,3}\end{pmatrix}=\begin{pmatrix}-1.5\\ -17\\ -0.5\\ -11\end{pmatrix}$$

利用高斯消元法解此线性方程组，得

$$\psi_{2,2}=\frac{7}{6}=1.17,\quad \psi_{2,3}=\frac{7}{3}=2.33,\quad \psi_{3,2}=\frac{5}{6}=0.83,\quad \psi_{3,3}=\frac{5}{3}=1.67$$

于是，所有节点的流函数值为

$$\boldsymbol{\psi}_{i,j}=\begin{pmatrix}\psi_{1,4} & \psi_{2,4} & \psi_{3,4} & \psi_{4,4}\\ \psi_{1,3} & \psi_{2,3} & \psi_{3,3} & \psi_{4,3}\\ \psi_{1,2} & \psi_{2,2} & \psi_{3,2} & \psi_{4,2}\\ \psi_{1,1} & \psi_{2,1} & \psi_{3,1} & \psi_{4,1}\end{pmatrix}=\begin{bmatrix}4.5 & 3.5 & 2.5 & 1.5\\ 3 & 2.33 & 1.67 & 1\\ 1.5 & 1.17 & 0.83 & 0.5\\ 0 & 0 & 0 & 0\end{bmatrix}$$

再根据流函数的定义，可得各节点的速度值（例如：$u_{2,2}=\dfrac{\psi_{2,2}-\psi_{2,1}}{\Delta y}=\dfrac{1.17-0}{0.5}=2.34$，$v_{2,2}=-\dfrac{\psi_{2,2}-\psi_{1,2}}{\Delta x}=-\dfrac{1.17-1.5}{1}=0.33$，其他仿此）：

$$u_{i,j}=\begin{pmatrix}3 & 2.34 & 1.66 & 1\\3 & 2.34 & 1.66 & 1\\3 & 2.34 & 1.66 & 1\\3 & 2.34 & 1.66 & 1\end{pmatrix},\quad (v_{i,j})=\begin{pmatrix}1 & 1 & 1 & 1\\0 & 0.67 & 0.67 & 0\\0 & 0.33 & 0.33 & 0\\0 & 0 & 0 & 0\end{pmatrix}$$

应当说，此例网格划分很粗，要想提高精度，必须采用更小尺度的网格，但这样就增大了节点数目，人工求解就变得相当困难。

13.5.2　迭代法

对于二维和三维问题，系数矩阵不再是三对角矩阵，采用直接求解法需要大量的计算机存储，并且计算效率也不高，对于线性问题，直接求解可能还可以接受；对于非线性问题，则往往是不适用的，因此通常用迭代法来代替直接求解法。迭代求解代数方程组的方法有很多，这里简要介绍其中几种。

1. 逐点迭代法

其中一种是高斯-赛德尔（Gauss-Seidel）迭代，做法是按照一定顺序访问每一个网格点，并求解那里的变量 ϕ 值，第一次迭代开始时，计算机中存储的是最初的估计值。对于式（13-17），ϕ_P 由下式计算：

$$\phi_P=\frac{a_E\phi_E^*+a_W\phi_W^*+a_N\phi_N^*+a_S\phi_S^*+b}{a_P}\tag{13-18}$$

式中，上标 * 表示存储在计算中的当前值，对于已经访问过的网格点，ϕ^* 是最新的计算值，对于还未访问的网格点，ϕ^* 是上一次迭代的计算值。当所有的网格点都访问完后，即完成一次迭代。这种迭代法的主要缺点是不能很快地把边界信息传递到区域内部，因此收敛速度很慢。

另一种逐点迭代是雅可比（Jacobi）迭代，跟高斯-赛德尔迭代的区别是，式（13-18）中的 ϕ^* 全部采用上一次迭代的值计算，只有当一次迭代全部完成后，才在计算机存储中，用所有节点的计算值替代上一次迭代的值。由此可知，雅可比迭代的效率更低，收敛更慢。

2. 逐线迭代法

逐线迭代是将每一条网格线（行或列）作为一块，线内采用 TDMA 求解，线与线之间采用高斯-赛德尔迭代。例如，对图 13-5，沿 x 方向逐线迭代时，式（13-17）可写为

$$a_P\phi_P=a_N\phi_N+a_S\phi_S+(a_E\phi_E^*+a_W\phi_W^*+b)\tag{13-19}$$

括号内是已知量，所以式（13-19）与一维离散化方程形式一致，可以用 TDMA 求解。在沿 x 方向逐线扫描迭代后，再沿 y 方向扫描迭代，直到所有网格点的变量值收敛。由于同一条网格线上的所有节点都能在一次 TDMA 求解中获得边界信息，因此逐线迭代比逐点迭代能明显地加快收敛速度。

3. 交替方向隐式格式（ADI）迭代

ADI 迭代是逐线迭代和雅可比迭代的结合，在一次循环迭代中必须分别对 x 和 y 方向作两次雅可比运算，即两次对一个节点变量的迭代要采用两个方向的雅可比法来完成，由于在一个方向采用隐式格式时都把另一个方向相邻节点值作为已知值，因此也能加快边界信息的传递，从而提高收敛速度。

4. 逐块校正法

逐块校正的基本思想是将计算区域内的所有内部节点按行或列分成条形状，每次校正就是在计算出该块的校正值 $\overline{\phi}_P$ 后，对块内所有节点进行校正，即

$$\phi_P = \phi_P^* + \overline{\phi}_P \tag{13-20}$$

对二维问题，校正先后对 x 和 y 两个方向进行，块校正值用 TDMA 求出。由于每一次校正都能将边界信息引入内部节点，因此费时少，计算效率高。

5. 逐面迭代法

对于三维问题，可以依次在每一个平面上作逐线迭代。

13.5.3 松弛法

用迭代法求解代数方程组时，有时候会希望加快或减慢前后两次迭代之间变量 ϕ 值的变化，这一过程称为**超松弛**或**欠松弛**。对高斯-赛德尔迭代，为了加快收敛速度，通常可采用超松弛，这种结合模式又称为持续超松弛（SOR）算法。对逐行和逐块迭代，一般不使用超松弛。对于非线形方程组的迭代，为了保证求解过程的稳定性，往往需要使用欠松弛法来避免计算发散。

对离散方程（13-17），引入松弛因子 α，将方程改写为

$$\phi_P = \phi_P^* + \alpha\left(\frac{a_E\phi_E + a_W\phi_W + a_N\phi_N + a_S\phi_S + b}{a_P} - \phi_P^*\right) \tag{13-21}$$

式中，ϕ_P^* 是上一次迭代的值。$\alpha = 1$，代表无松弛，方程即变为方程（13-17）；$\alpha > 1$，表示超松弛；$0 < \alpha < 1$，表示欠松弛。

松弛因子 α 最佳值的选取没有一定法则，跟求解问题的性质、网格划分、迭代方法等很多因素有关，一般是在实际计算过程中，根据经验随时调整 α 值的大小。

13.6 多变量联立代数方程组的求解

对于多变量的问题，由于不同变量的控制方程是互相耦合的，获得的离散化代数方程组需要采用迭代法求解。例如对不可压流动问题，动量方程包含有压强梯度项，不能事先给出，而连续性方程中又没有直接给出压强分布的信息，因此求解时，一般需要事先假定压强分布，由动量方程求得速度场，如果压强分布准确，那么根据这个压强分布得到的速度场必然严格满足连续性方程；如果不满足，则需要进行反复的迭代求解。

对于迭代求解多变量离散化方程组，下面简要介绍流函数—涡量法和交错网格的原始变量法。

13.6.1 流函数—涡量法

对于二维问题，流函数—涡量法的基本思想是：分别对 x 和 y 方向上的动量方程进行交叉求导以消去压强梯度项，同时引入满足连续性方程的流函数以及用速度梯度表示的涡量，就可以将两个方向的动量方程简化为一个关于涡量的对流和扩散方程，从而使问题的数值求解变得较为简单。

关于涡量方程的推导及其离散化方程组的求解，可以参看相关《计算流体力学》教程，

这里不详细讨论。流函数—涡量法虽然具有一定的优点，但缺点也是明显的，主要有：

1）壁面边界上的涡量值很难给定，这往往会导致收敛变得困难；

2）压强被消去，而很多时候需要知道压强场或通过压强来求得密度或其他流体物性；

3）不宜推广到三维流动问题，因为这种情况下流函数不存在，而工程上大多数实际问题都是三维的。

13.6.2　交错网格的原始变量法

交错网格的提出是为了解决动量方程中的压强梯度项和连续性方程离散化时导致的物理不真实性。如图13-5所示，对 x 方向动量方程离散化时，均匀划分网格并假定压力是分段线性分布，则压强梯度项（$-\mathrm{d}p/\mathrm{d}x$）在控制容积交界面上将出现：

$$p_w - p_e = \frac{p_W + p_P}{2} - \frac{p_P + p_E}{2} = \frac{p_W - p_E}{2}$$

即控制容积在 x 方向的压差与控制容积的压力 p_P 无关，这不符合物理真实性。同样，控制容积在 y 方向的压差只取决于 $p_S - p_N$，也与 p_P 无关。这种不正常情况必定造成压强分布的不合理性，如出现锯齿形的压强场。

同样对图13-5，对二维定常不可压流动，假定速度分量是分段线性分布，网格是均匀的，则离散化连续性方程为

$$\frac{u_e - u_w}{\Delta x} - \frac{v_n - v_s}{\Delta y} = \frac{1}{\Delta x}\left(\frac{u_E + u_P}{2} - \frac{u_P + u_W}{2}\right) - \frac{1}{\Delta y}\left(\frac{v_N + v_P}{2} - \frac{v_P + v_S}{2}\right) = 0$$

当 $\Delta x = \Delta y$ 时，有

$$(u_E - u_W) - (v_N - v_S) = 0$$

即在离散化的连续性方程中，控制容积的P节点方程不含有节点P的速度，对一维问题则只要求相间节点的速度相等，而无论节点P的速度有多大。这显然是不合理的，将会导致非真实的锯齿形速度场。

采用交错网格可以有效解决上述问题。回观图13-5，如果将速度分量不再定义在网格节点（P，E，W，N，S）处，而是定义在控制容积的交界面的节点（e，w，n，s）处，其他变量（包括压强）仍然定义在节点（P，E，W，N，S）处，也就是速度分量的位置和网格节点错开半个控制单元。这样，不需要对速度分量进行插值计算，就可以获得控制容积交界面上的质量流量。

交错网格的重要优点有两个，一是离散化连续性方程将含有相邻速度分量的差，只有合理的速度场才能满足连续性方程，避免了锯齿形速度场也会满足连续性方程的问题；二是相邻网格点之间的压差成为位于这两个网格点之间的速度分量的驱动力，不会导致非真实的压强场分布。

在交错网格下，速度分量的控制容积如图13-7所示，x 方向和 y 方向的离散化动量方程可写为

$$a_e u_e = \sum_m a_{em} u_{em} + b + (p_P - p_E) A_e \tag{13-22a}$$

$$a_n v_n = \sum_m a_{nm} v_{nm} + b + (p_P - p_N) A_n \tag{13-22b}$$

式中，u_{em}、v_{nm} 分别是 u_e、v_n 在与e、n相邻的其他节点的速度分量；a_{em}、a_{nm} 分别是其系

数；A_e 是 e 处的截面积，二维时等于 $\Delta y \cdot 1$；A_n 是 n 处的截面积，二维时等于 $\Delta x \cdot 1$。

式（13-22）与式（13-17）的离散化方法相同，通用函数 $A(|Pe|)$ 确定方法也相同，这里只是为了方便，把压强梯度项从源项中单独列了出来。

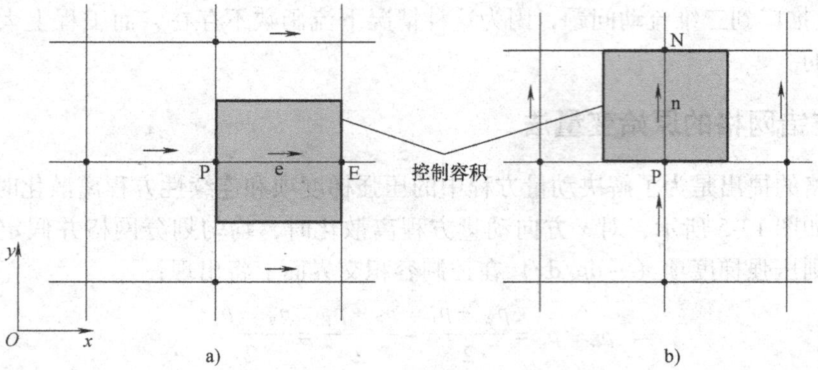

图 13-7　速度分量的控制容积

a）u 的控制容积　b）v 的控制容积

对于连续性方程（13-1），在时间间隔 t 到 $t+\Delta t$，在图 13-5 所示的控制容积上积分，可得离散化方程为

$$(\rho_P - \rho_P^0)\frac{\Delta x \Delta y}{\Delta t} + [(\rho u)_e - (\rho u)_w]\Delta y + [(\rho v)_n - (\rho v)_s]\Delta x = 0 \tag{13-23}$$

要求解原始变量（u，v，p），需要先假定一个压强场，因为假定的压强场并不精确，所以由动量方程求解的速度场，不一定能准确地满足连续性方程，这就需要用连续性方程来校正压强场，然后用校正后的压强场作为改进值，由动量方程重复计算出速度场，直到求得的（u，v，p）同时满足动量方程和连续性方程为止。根据这种思想建立的流场计算方法就是经典的 **SIMPLE 算法**（Semi-Implicit Method for Pressure-Linked Equation，解压强耦合方程的半隐式方法）。

13.7 SIMPLE 算法

SIMPLE 算法是求解多元流场中多变量联立代数方程组的经典算法，也是各种 CFD 计算程序的基本算法，下面介绍其具体流程。

13.7.1 计算方法与步骤

假定初始压强场为 p^*，则动量方程的离散化形式为

$$a_e u_e^* = \sum_m a_{em} u_{em}^* + b + (p_P^* - p_E^*)A_e \tag{13-24a}$$

$$a_n v_n^* = \sum_m a_{nm} v_{nm}^* + b + (p_P^* - p_N^*)A_n \tag{13-24b}$$

式中，带上标 * 的速度场对应于 p^* 时的值。

如果 p^* 不是精确解，那么 u^*、v^* 也就不是精确解，都需要进行校正。假设正确的压强 p 可以通过校正值 p' 得到，即

$$p = p^* + p' \tag{13-25}$$

相应的速度 u 和 v 也可以通过校正值 u'和 v'得到

$$\begin{cases} u = u^* + u' \\ v = v^* + v' \end{cases} \tag{13-26}$$

将式（13-25）和式（13-26）代入式（13-22），并与式（13-24）相减，可得

$$a_e u_e' = \sum_m a_{em} u_{em}' + (p_P' - p_E') \cdot A_e \tag{13-27a}$$

$$a_n v_n' = \sum_m a_{nm} v_{nm}' + (p_P' - p_N') \cdot A_n \tag{13-27b}$$

为了简化速度和压强校正值的关系，SIMPLE 算法将以上两式中的求和项 $\sum_m a_{em} u_{em}'$ 和 $\sum_m a_{nm} v_{nm}'$ 忽略,因此式(13-27) 可写为

$$a_e u_e' = (p_P' - p_E') A_e \tag{13-28a}$$

$$a_n v_n' = (p_P' - p_N') A_n \tag{13-28b}$$

将式（13-28）代入式（13-26），得

$$\begin{cases} u_e = u_e^* + (p_P' - p_E') A_e / a_e \\ v_n = v_n^* + (p_P' - p_N') A_n / a_n \end{cases} \tag{13-29}$$

由式(13-25)和式(13-26)即可求得正确的压强值和速度值,前提是需要知道压强校正值 p'。将式(13-29)代入连续性方程的离散化式(13-23),得压强校正方程为

$$a_P p_P' = a_E p_E' + a_W p_W' + a_N p_N' + a_S p_S' + b \tag{13-30}$$

式中,

$$\begin{cases} a_E = \dfrac{\rho_e A_e}{a_e} \Delta y, \quad a_W = \dfrac{\rho_w A_w}{a_w} \Delta y \\ a_N = \dfrac{\rho_n A_n}{a_n} \Delta x, \quad a_S = \dfrac{\rho_s A_s}{a_s} \Delta x \end{cases}$$

$$b = \frac{(\rho_P^0 - \rho_P) \Delta x \Delta y}{\Delta t} + [(\rho u^*)_w - (\rho u^*)_e] \Delta y + [(\rho v^*)_s - (\rho v^*)_n] \Delta x$$

系数中的密度 ρ 可以采用网格节点值插值计算。

由式（13-30）可知，若 $b = 0$，则表示带 * 号的速度分量差和密度差的当前值（$\rho_P^0 - \rho_P$）已满足连续性方程，这时的压强场就是不再需要校正的正确值，所以需要不断通过压强校正来调整各速度分量，使式（13-20）中的 $b = 0$。

从上述推导可见，SIMPLE 算法得到速度校正公式时，忽略了 $\sum_m a_{em} u_{em}'$ 和 $\sum_m a_{nm} v_{nm}'$，即没有计入邻近速度校正的影响，所以它是有压强项的半隐式方法。

SIMPLE 算法主要**计算步骤**总结如下：

1）给出试探性的压强场 p^*；

2）由离散化动量方程（13-24），求得 u^* 和 v^*；

3）由压强校正方程（13-30），解得 p'；

4）由式（13-25）得到校正后的压强 p；

5）由式（13-26）得到校正后的速度分量 u 和 v；

6）如果其他变量通过流体性质或源项影响流场的话，就求解该变量的离散化方程（如自然对流问题，则需要求解能量方程），否则可以等流场收敛以后再去求解其他变量的方程

（能量方程和化学组分守恒方程）；

7）控制两次迭代的误差来判断求得的 u、v 和 p 是否收敛，如果不收敛，则以 p 为下一轮计算的 p^* 值，重复步骤 2）~7），直到整个流场收敛为止。

图 13-8 给出了 SIMPLE 算法的程序流程。

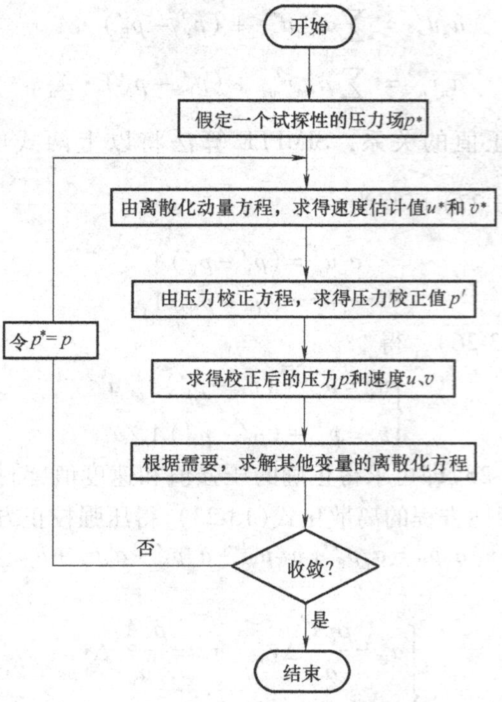

图 13-8　SIMPLE 算法的程序流程

13.7.2　压强校正方程的讨论

SIMPLE 算法的特点是忽略了求和项 $\sum_m a_{em}u'_{em}$ 和 $\sum_m a_{nm}v'_{nm}$，使压强校正值和速度校正值的关系得到简化，这并不影响流场解的准确性。这是因为，在解收敛的情况下，得到的（u，v，p）确实满足连续性方程和动量方程，这和压强校正方程的具体形式是无关的。反之，如果保留 $\sum_m a_{em}u'_{em}$ 和 $\sum_m a_{nm}v'_{nm}$，那么将得到全隐式的速度校正公式，求解时，则需要将压强场和速度场联立求解，使问题变得复杂化。

压强校正方程的形式虽然不影响最终解的正确性，但是会影响迭代过程的收敛速度和稳定性。通常需要采用欠松弛来保证收敛过程的稳定，对动量方程（13-24）一般可取松弛因子 $\alpha=0.5$，对压强校正方程（13-25）一般可取松弛因子 $\alpha=0.8$，至于速度校正方程（13-26），一般不必采用欠松弛。

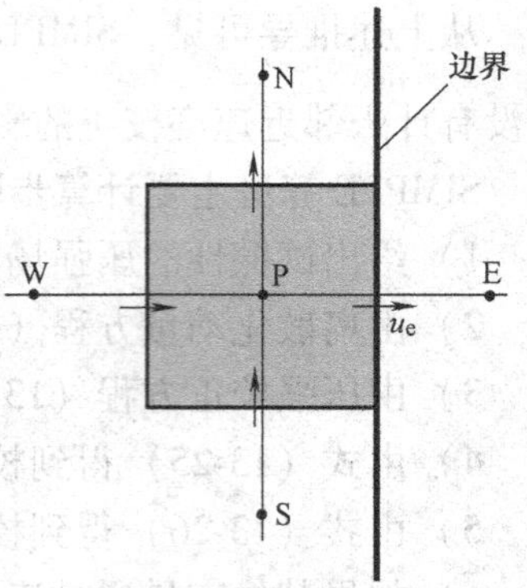

图 13-9　连续性方程的控制容积

对于压强校正方程的边界条件，通常由两种方法给出，一是给定边界上的压强，即 p^* 在边界上的值已知，那么边界上的 $p'=0$；二是给定边界上的法向速度，如图 13-9 所示，划分网格时让边界与控制容积交界面重合，u_e 已知，那么推导节点 P 控制容积的 p' 方程时，通过边界的质量流量直接用 u_e 计算，而不用 u_e^* 及其修正值，这样压强校正方程中也就不需要压强校正值 p_E'，即式（13-30）中 $a_E=0$。

SIMPLE 算法已经得到广泛的应用，在应用中，为了改进收敛速度，又提出了很多修改算法，如 SIMPLER、SIMPLEC、PISO 等，有兴趣的读者可参阅相关文献。

13.8* 通用 CFD 软件简介

早期 CFD 应用仅限于高校和科研机构等小范围内，一般采用自行编制的 CFD 计算源代码程序进行计算，其中使用最广泛的计算机编程语言是 Fortran，这是一门专为数值计算而设计的编程语言，近年来 C/C ++ 在 CFD 编程计算中也逐渐得到越来越多的应用。完全用计算机编程的方式进行 CFD 计算的优势在于，可以根据需要，不受限制地对数值算法、物理模型、定解条件等进行定义，至今仍是专业从事流体力学问题和 CFD 技术研究人员不可或缺的手段。但是 CFD 源程序的开发和调试周期很长，对流体力学、数值方法、计算机编程等专业水平要求很高，一般的工程技术人员要学习和掌握非常困难。

为了满足 CFD 在工程应用上的需要，一些研究机构和专业技术公司逐步开发了一系列通用的 CFD 软件包，不但可以求解大量不同类型的流动、传热问题，还对计算过程提供了交互式操作界面，以方便学习和使用。目前全世界公开的通用 CFD 软件包已经很多，包括商用和非商用两类，非商用的多是基于开源，即提供开放源代码的版本，可以自由下载，适合科研人员使用；而商用的 CFD 软件一般是经过编译，带操作界面的软件，不提供源程序，需要付费购买使用，适用于一般的工程技术人员。目前商用 CFD 软件已超过 50 种。本节主要针对目前几种流行的通用 CFD 软件的特点进行简要介绍。

1. Phoenics

这是世界上第一款商用的 CFD 软件包，由英国的 CHAM 公司于 1981 年开发推出，其创始人斯帕尔丁（D. B. Spalding）对 CFD 发展有非常重要的贡献，上面介绍的 SIMPLE 算法及混合格式即是由他首先提出的。作为商用 CFD 软件的鼻祖，Phoenics 对后来的商用 CFD 软件开发产生了重大影响。

Phoenics 采用控制容积法，以求解压强校正方程为基础，内置了 10 多种差分格式、20 多种湍流模型，以及丰富的多相流模型、燃烧模型和辐射模型等，可广泛用于工程上的流动、传热和燃烧问题的计算。相对于其他商用 CFD 软件，Phoenics 的一大特色是开放性较好，在很大程度上支持采用 Fortran 语言对其进行二次开发。另外，Phoenics 自带了 1000 多个算例，方便用户学习和使用。Phoenics 也提供专用模块来扩展应用范围，如建筑模块（FLAIR）和电站锅炉模块（COFFUS）等。Phoenics 的价格比其他商用 CFD 软件低很多，其性价比高使得它在全球拥有不少用户。

2. Fluent（ANSYS Fluent）

Fluent 是继 Phoenics 之后第二个投入市场的大型商用 CFD 软件包，由美国 Fluent Inc. 公司在 1983 年推出。凭借适用面广、易用性好、网格系统出色等特点，Fluent 目前在全球商用 CFD 软件市场的占有率约有 50%，成为国内外使用最多、最流行的商用 CFD 软件。

Fluent 也采用控制容积法，能很好地支持结构化、非结构化和运动网格，并提供了大量较先进的物理模型和数值算法，支持大规模并行计算，且具有较高的计算效率。Fluent 之前主要使用自行研发的 Gambit 作为前处理器，2006 年 Fluent 被 ANSYS 公司收购后，停止开发 Gambit，改用功能更强的 ICEM-CFD 作为前处理软件。

Fluent 是基于 C 语言开发，软件提供了 UDF/UDS 接口供用户进行二次开发。Fluent 软件本身还带有磁流体力学、燃料电池等模块，此外，还有许多 Fluent 系列产品或专用软件，如基于有限元法的通用 CFD 软件 Fidap，用于电子散热分析的 Icepak，用于暖通空调分析的 Airpak，用于化工搅拌分析的 Mixsim，等等，给用户带来了很大方便，这也是其能占据市场主导地位的原因。

3. CFX（ANSYS CFX）

CFX 是全球第一个通过 ISO9001 质量认证的商业 CFD 软件，前身是 CFDS-FLOW3D，由英国 AEA Technology 公司于 1991 年推出，后改名 CFX。由 CFDS-FLOW3D 发展而来的 CFX4 系列，采用控制容积法，压强和速度耦合采用 SIMPLE 系列算法。AEA 公司收购加拿大 ASC 公司后于 1996 年推出的 CFX5 系列，采用的是基于有限元的控制容积法，同时吸收了控制容积法的守恒性和有限元的精确性。

CFX5 是全球第一款使用全隐式多网格耦合求解算法的商用 CFD 软件，同时求解连续性方程和动量方程，使得 CFX5 相对传统方法的计算速度和稳定性提高了许多，因而也陆续为其他商用 CFD 软件所支持。CFX4/5 主要使用 ICEM-CFD 作为前处理。

此外，AEA 公司于 1997 年推出的 CFX-TASCflow 软件（包括用于设计建模的 CFX-BladeGen 和用于网格划分的 CFX-TurboGrid)，在叶轮机械 CFD 领域占有主导地位。CFX 系列软件都基于 Fortran 语言，支持用户对其进行二次开发。2003 年，CFX 软件被 ANSYS 公司收购，被集成在 ANSYS Workbench 环境下，以方便用户在单一操作界面下实现对整个工程问题的模拟。

4. Star-CD

Star-CD 是第一个采用完全非结构化网格和控制容积法的通用 CFD 软件包，由英国 Computational Dynamics 公司在 1980 年推出，软件发展初期以汽车工业需求为主要发展目标，因而很快成为在全球汽机车领域市场占有率第一的 CFD 商用软件，此外，Star-CD 在航空航天、能源动力、化工制造、建筑环境等各工程领域也有广泛的应用。

Star-CD 主要包括用于前后处理的软件包 ProStar 和核心求解器 Star 两部分，同时支持其他流行的 CAD 建模软件和网格划分软件。作为最早采用非结构化网格的软件，Star-CD 在求解具有复杂结构流场区域问题时具有一定优势，Star-CD 也是最早支持多面体网格的商用 CFD 软件。Star-CD 是基于 Fortran 语言开发的，同样也提供一系列支持客户二次开发的接口。

5. OpenFOAM

不同于上述几种商用 CFD 软件包，OpenFOAM 是一个免费的，基于 GPL（General Public License）协议发布的开放源代码软件，也是目前世界上最大、最领先的开源 CFD 软件。FOAM 程序最初由英国帝国理工学院 Henry Weller 等人从 1990 年开始编写，直到 2004 年被命名为 OpenFOAM 作为开源软件正式发布，并由英国 OpenCFD 公司负责维护和开发更新。

OpenFOAM 是一个完全由 C ++ 编写的面向对象大型 CFD 程序包，官方版本主要基于控制容积法（由 Hrvoje Jasak 等扩充的 dev 版支持有限元法和有限面积法)，相对于商用软件通常采用较成熟的 CFD 技术，OpenFOAM 包含了更丰富的物理模型和数值算法，更由于其完全的开放性和面向对象的程序设计，使得用户可以方便地加入新的物理模型和求解器，因而受到众多 CFD 开发和科研人员的青睐。2011 年，OpenCFD 公司被美国 SGI 公司收购，但 OpenFOAM 仍继续保持开源和持续更新。

思考与练习

13-1 CFD 的作用和意义是什么？

13-2 CFD 计算的主要步骤有哪些？

13-3 计算网格在 CFD 中的作用是什么？它主要有哪些类型？各自的特点是什么？

13-4 显式方法和隐式方法的区别是什么？

13-5 在有限差分方程（13-17）中，为什么需要将源项 S 设定为 ϕ_P 的线性函数？

13-6 定解条件有哪些类型？通常如何表述？

13-7 采用逐线迭代法求解代数方程组时，扫描方向的选择有时候是重要的，当有对流存在时，请简要说明是从上游往下游迭代扫描收敛速度快，还是从下游往上游迭代扫描更快。

13-8 松弛法求解代数方程组的特点是什么？如何选择松弛因子？

13-9 采用交错网格具有哪些优缺点？

13-10 何谓 SIMPLE 算法？其计算步骤有哪些？

13-11 常用商用 CFD 软件有哪几种？各自有何特点？

13-12 试证明：$\rho\dfrac{\mathrm{D}\boldsymbol{V}}{\mathrm{D}t}=\dfrac{\partial(\rho\boldsymbol{V})}{\partial t}+\boldsymbol{\nabla}\cdot(\rho\boldsymbol{V}\boldsymbol{V})$。

13-13 试导出直角坐标系中耗散函数 $\Phi=\boldsymbol{\nabla}\cdot(\boldsymbol{\tau}\cdot\boldsymbol{V})$ 的具体表达式。

13-14 请写出 K-ε 湍流模型的源项表达式。

13-15 采用松弛法的离散化方程可以写成另一种形式

$$(a_P+i)\phi_P=a_E\phi_E+a_W\phi_W+a_N\phi_N+a_S\phi_S+b+i\phi_P^*$$

其中 i 称为惯量，正的 i 值具有欠松弛作用，负的 i 值具有超松弛作用，i 的绝对值越大，松弛作用越强。请将上式与方程（13-21）比较，给出惯量 i 和松弛因子 α 的关系。

13-16 在图 13-4 中，设网格点 E 右边相邻的点为 F，网格点 W 左边相邻的点为 V，请利用泰勒级数展开将式（13-10）的二阶中心差分改写成四阶中心差分式。

13-17 设一维定常传热方程为$\dfrac{\mathrm{d}T}{\mathrm{d}x}=\dfrac{\mathrm{d}^2T}{\mathrm{d}x^2}-2T+2$，其中 T 是温度，假设 x 方向上网格是等距的，请参考图 13-5，利用控制容积法推导其离散化方程。

13-18 常温（20℃）下水在截面尺寸为 0.4m×0.2m 的矩形水平直管内作定常流动，截面平均流速为 2m/s。（1）写出流动应满足的基本方程和定解条件；（2）如果取 1/4 截面进行分析，每边等分为 5 个节点，采用中心差分格式，试列出各节点流速的代数方程，并编制程序，应用高斯-赛德尔迭代法求解各节点的流速值，并与精确解进行对比。

附　录

附录 A　常见流体的物理性质

表 A-1　水的物理性质

温度 T/℃	密度 ρ/(kg/m^3)	动力黏度 μ/(10^{-3}Pa·s)	表面张力系数 σ/(10^{-3}N/m)	体积模量 E/(10^9N/m^2)	体膨胀系数 α/(10^{-3}/K)	比定压热容 c_p/[kJ/(kg·K)]
0	999.9	1.7921	75.6	2.02	0.063	4.212
10	999.7	1.3077	74.1	2.10	0.070	4.197
20	998.2	1.0050	72.6	2.18	0.182	4.183
30	995.7	0.8007	71.2	2.25	0.321	4.174
40	992.2	0.6560	69.6	2.28	0.387	4.174
50	988.1	0.5494	67.7	2.29	0.449	4.174
60	983.2	0.4688	66.2	2.28	0.511	4.178
70	977.8	0.4061	64.3	2.25	0.570	4.178
80	971.8	0.3565	62.6	2.20	0.632	4.195
90	965.3	0.3165	60.7	2.14	0.695	4.208
100	958.4	0.2838	58.8	2.07	0.752	4.220

表 A-2　常见液体的物理性质（20℃）

液体名称	密度 ρ/(kg/m^3)	动力黏度 μ/(10^{-3}Pa·s)	表面张力系数 σ/(10^{-3}N/m)	体积模量 E/(10^9N/m^2)	体膨胀系数 α/(10^{-3}/K)	比定压热容 c_p/[kJ/(kg·K)]
四氯化碳	1588	0.97	26.0	1.10	1.22	0.85
乙醇	789	1.19	22.3	1.06	1.10	2.43
汽油	678	0.29	—	1.30	1.06	2.20
煤油	814	1.90	25.0	—	0.96	2.10
水银	13600	1.57	485	28.5	0.18	0.14
SAE30 油	918	440	—	—	—	—
甘油	1260	1500	63.3	4.52	0.49	2.40
苯	895	0.65	28.9	1.03	1.23	2.05

表 A-3　标准大气压下空气的物理性质

温度 T/℃	密度 ρ/(kg/m^3)	动力黏度 μ/(10^{-5}Pa·s)	运动黏度 ν/(10^{-5}m^2/s)	比热比 γ	声速 a/(m/s)
-40	1.514	1.57	1.04	1.401	306.2
-20	1.395	1.63	1.17	1.401	319.1

（续）

温度 T/℃	密度 ρ/(kg/m^3)	动力黏度 μ/(10^{-5}Pa·s)	运动黏度 ν/(10^{-5}m^2/s)	比热比 γ	声速 a/(m/s)
0	1.292	1.71	1.32	1.401	331.4
20	1.204	1.82	1.51	1.401	343.3
40	1.127	1.87	1.66	1.400	354.7
60	1.060	1.97	1.86	1.399	365.7
80	0.9996	2.07	2.07	1.399	376.6
100	0.9461	2.17	2.29	1.397	386.9
200	0.7461	2.53	3.39	1.390	434.5
500	0.4565	3.64	7.97	1.357	548.8

附录 B　工业管道的粗糙度与常用局部阻力系数表

表 B-1　管壁绝对粗糙度

名称	管 壁 情 况	ε/mm	名称	管 壁 情 况	ε/mm
金属管材	干净的、整体的黄铜管、钢管、铅管	0.0015 ~ 0.01	非金属管材	干净的玻璃管	0.0015 ~ 0.01
	新的仔细浇成的无缝钢管	0.04 ~ 0.17		橡皮软管	0.01 ~ 0.03
	在煤气管道上使用一年后的钢管	0.12		粗糙的内涂橡胶的软管	0.20 ~ 0.30
	在普通条件下浇成的钢管	0.19		水管	0.25 ~ 1.25
	使用数年后的整体钢管	0.19		陶土排水管	0.45 ~ 0.60
	涂柏油的钢管	0.12 ~ 0.21		涂有珐琅质的排水管	0.25 ~ 0.60
	精制镀锌的钢管	0.25		纯水泥的表面	0.25 ~ 1.25
	浇成并很好整平接头的新铸铁管	0.31		涂有珐琅质的砖	0.45 ~ 3.0
	钢板制成的管道及很好整平的水泥管	0.33		水泥浆硅砌体	0.80 ~ 6.0
	普通的镀锌的钢管	0.39		混凝土槽	0.80 ~ 9.0
	普通的新铸铁管	0.25 ~ 0.42		用水泥的普通块石砌体	6.0 ~ 17.0
	不太仔细浇成的新的或干净的铸铁管	0.45		刨平木板制成的木槽	0.25 ~ 2.0
	粗陋镀锌钢管	0.50		非刨平木板制成的木槽	0.45 ~ 3.0
	旧的生锈钢管	0.60		钉有平板条的木板制成的木槽	0.80 ~ 4.0
	污秽的金属管	0.75 ~ 0.90			

表 B-2　常用局部阻力系数表

局部阻力名称	简　图	局部阻力系数表达	局部阻力计算公式
突然扩大	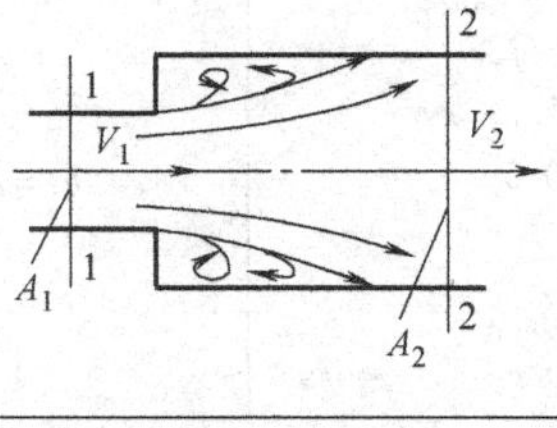	$\zeta_2=\left(\frac{A_2}{A_1}-1\right)^2$ 或 $\zeta_1=\left(1-\frac{A_1}{A_2}\right)^2$	$h_j=\zeta_2\frac{V_2^2}{2g}$ 或 $h_j=\zeta_1\frac{V_1^2}{2g}$

（续）

<table>
<tr><th>局部阻力名称</th><th>简　图</th><th>局部阻力系数表达</th><th>局部阻力计算公式</th></tr>
<tr><td>突然缩小</td><td>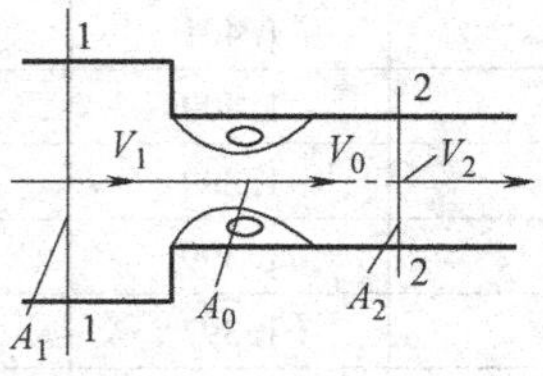
</td><td>$\zeta=0.5\times\left(1-\dfrac{A_2}{A_1}\right)$</td><td>$h_j=\zeta\dfrac{V_2^2}{2g}$</td></tr>
<tr><td>渐扩圆管</td><td>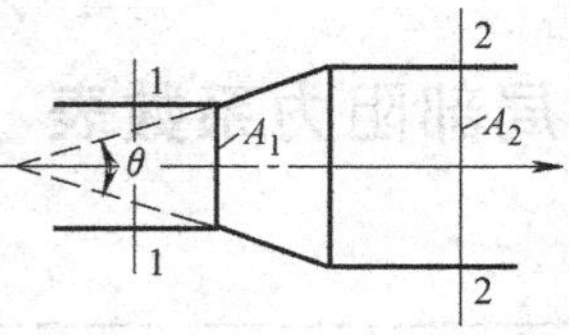
</td><td>$\zeta=k\left(\dfrac{A_2}{A_1}-1\right)^2+\dfrac{\lambda}{8\tan\dfrac{\theta}{2}}\left[\left(\dfrac{A_2}{A_1}\right)^2-1\right]$
<table>
<tr><td>θ</td><td>8°</td><td>10°</td><td>12°</td><td>15°</td><td>20°</td><td>25°</td></tr>
<tr><td>k</td><td>0.14</td><td>0.16</td><td>0.22</td><td>0.30</td><td>0.42</td><td>0.62</td></tr>
</table></td><td>$h_j=\zeta\dfrac{V_1^2}{2g}$</td></tr>
<tr><td>渐缩圆管</td><td>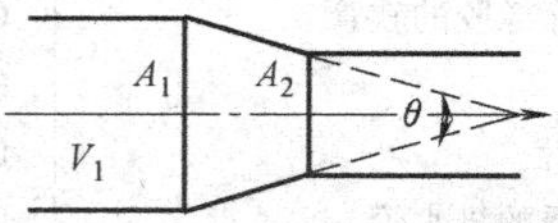
</td><td>$\zeta=k\left(\dfrac{1}{\varepsilon}-1\right)^2+\dfrac{\lambda}{8\tan\dfrac{\theta}{2}}\left[1-\left(\dfrac{A_2}{A_1}\right)^2\right]$
$\varepsilon=0.57+\dfrac{0.043}{1.1-(A_2/A_1)}$
<table>
<tr><td>θ</td><td>10°</td><td>20°</td><td>40°</td><td>80°</td><td>100°</td><td>140°</td></tr>
<tr><td>k</td><td>0.40</td><td>0.25</td><td>0.20</td><td>0.30</td><td>0.40</td><td>0.60</td></tr>
</table></td><td>$h_j=\zeta\dfrac{V_1^2}{2g}$</td></tr>
<tr><td>圆管弯头</td><td>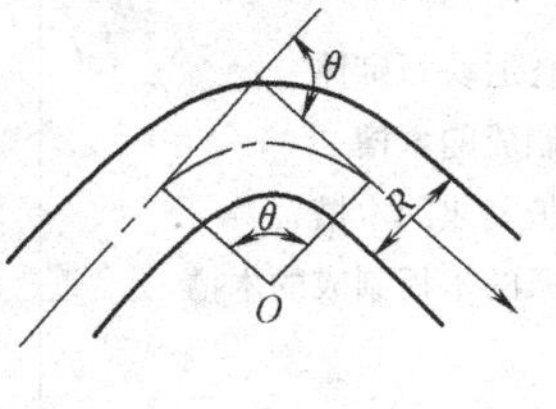
</td><td>$\zeta_\theta=\zeta_{90^\circ}\alpha$
$\zeta_{90^\circ}=\left[0.20+0.001\times(100\lambda)^3\right]\sqrt{\dfrac{d}{R}}$
当 $\theta<90^\circ$ 时，$\alpha=\sin\theta$
当 $\theta>90^\circ$ 时，$\alpha=0.7+0.35\dfrac{\theta}{90^\circ}$</td><td>$h_j=\zeta\dfrac{V_2^2}{2g}$</td></tr>
<tr><td>孔板</td><td>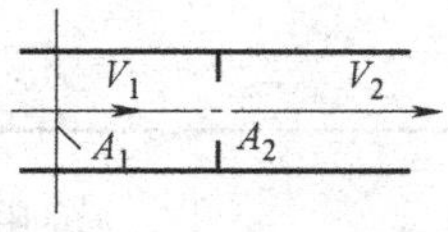
</td><td>$\zeta=\left(\dfrac{A_2}{\varepsilon A_1}-1\right)^2$
$\varepsilon=0.57+\dfrac{0.043}{1.1-A_2/A_1}$</td><td>$h_j=\zeta\dfrac{V_2^2}{2g}$</td></tr>
<tr><td>圆管进口</td><td>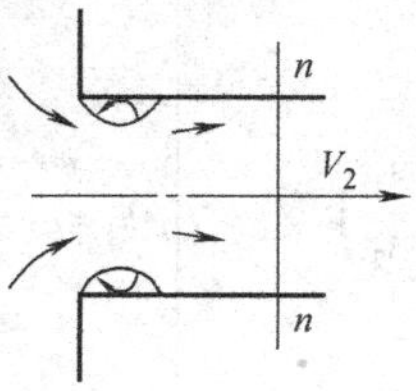
</td><td>容器上的圆管进口：$\zeta=0.5$
容器上圆管的平滑进口：$\zeta=0.5$
容器上的内伸进口：$\zeta=0.5$</td><td>$h_j=\zeta\dfrac{V_2^2}{2g}$</td></tr>
</table>

（续）

局部阻力名称	简 图	局部阻力系数表达							局部阻力计算公式
圆管进口	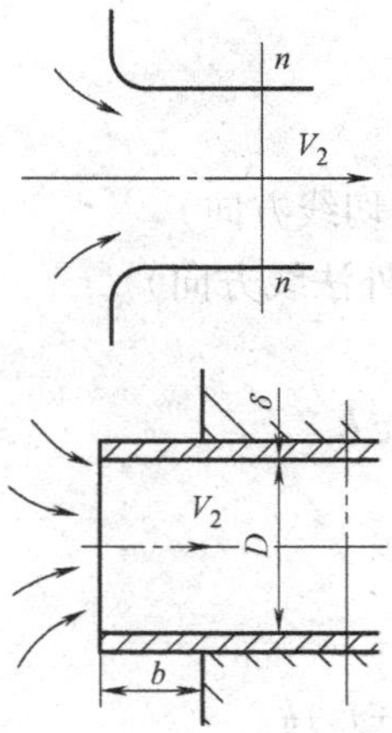	δ/D		b/D					$h_j=\zeta\frac{V_2^2}{2g}$
				0	0.002	0.01	0.05	0.5	
		0		0.5	0.57	0.63	0.80	1.00	
		0.008		0.5	0.53	0.58	0.74	0.88	
		0.016		0.5	0.51	0.53	0.58	0.77	
		0.024		0.5	0.50	0.51	0.53	0.68	
		0.030		0.5	0.50	0.51	0.52	0.61	
		0.050		0.5	0.50	0.50	0.50	0.53	
出口孔板	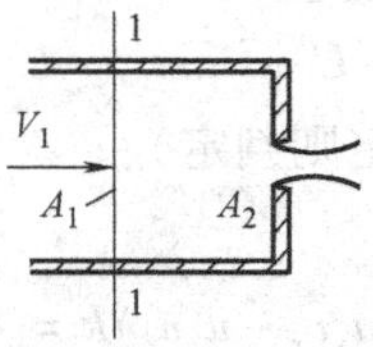	A_2/A_1		0.11	0.2	0.3	0.4	0.5	$h_j=\zeta\frac{V_1^2}{2g}$
		ζ		268	66.5	28.9	15.5	9.81	
		A_2/A_1		0.6	0.7	0.8	0.9		
		ζ		5.80	3.70	2.38	1.56		
折管	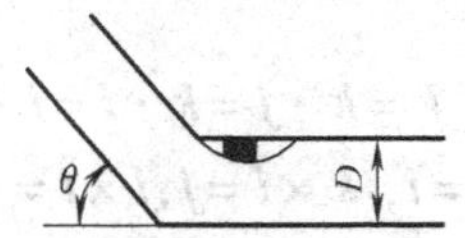	$\zeta_\theta=\zeta_{90°}(1-\cos\theta)$							$h_j=\zeta\frac{V^2}{2g}$
		D/mm		20	25	34	39	49	
		$\zeta_{90°}$		1.7	1.3	1.1	1.0	0.83	
三通	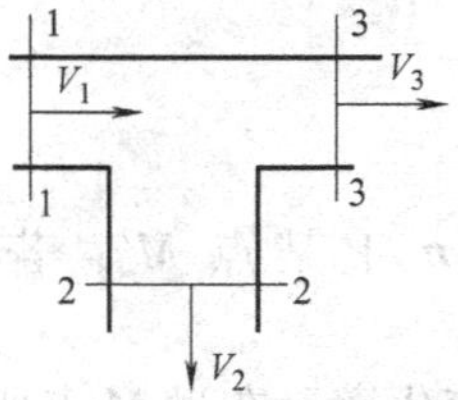								$h_{j1-2}=2\frac{V_2^2}{2g}$ $h_{j1-3}=2\frac{V_1^2-V_3^2}{2g}$
闸阀	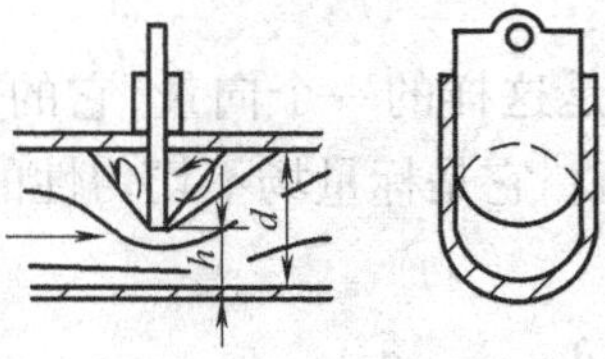	h/d	全开	6/8	4/8	3/8	2/8	1/8	$h_j=\zeta\frac{V^2}{2g}$
		ζ	0.11	0.26	2.06	5.52	17.0	97.8	

附录 C 向 量 代 数

C.1 向量定义

在流体力学中所处理的各种物理量，以其维数划分可分为标量（Scalar）、向量（Vector）与张量（Tensor）（附录 D）。标量是一维的量，它只需 1 个数量及单位来表示，它独立于坐标的选择。流体的温度、密度等均是标量。向量（或称矢量）是二维或三维的量，则不仅有数量的大小而且有指定的方向。定义三个坐标方向的单位向量分别用 $\boldsymbol{e}_1$、$\boldsymbol{e}_2$、$\boldsymbol{e}_3$ 表示，或用 $\boldsymbol{i}$、$\boldsymbol{j}$、$\boldsymbol{k}$ 表示。则可以写出

位置向量： $\boldsymbol{x}=x_1\boldsymbol{i}+x_2\boldsymbol{j}+x_3\boldsymbol{k}$ （1）

向径： $\boldsymbol{r}=x\boldsymbol{i}+y\boldsymbol{j}+z\boldsymbol{k}$ （2）

有向线段： $\mathrm{d}\boldsymbol{r}=\mathrm{d}x\boldsymbol{i}+\mathrm{d}y\boldsymbol{j}+\mathrm{d}z\boldsymbol{k}$ （$\mathrm{d}\boldsymbol{r}$ 的方向为线段的切线方向） （3）

有向面积： $\mathrm{d}\boldsymbol{A}=\mathrm{d}z\mathrm{d}y\boldsymbol{i}+\mathrm{d}x\mathrm{d}z\boldsymbol{j}+\mathrm{d}x\mathrm{d}y\boldsymbol{k}$ （$\mathrm{d}\boldsymbol{A}$ 的方向为外法线方向） （4）

标量函数： $\phi(x,y,z)$，$\psi(x,y,z)$ （5）

向量函数： $\boldsymbol{U}=u_x\boldsymbol{i}+u_y\boldsymbol{j}+u_z\boldsymbol{k}$，$\boldsymbol{V}=v_x\boldsymbol{i}+v_y\boldsymbol{j}+v_z\boldsymbol{k}$ （6）

C.2 基本运算法则

1）向量相加：

$$\boldsymbol{U}+\boldsymbol{V}=(u_x+v_x)\boldsymbol{i}+(u_y+v_y)\boldsymbol{j}+(u_z+v_z)\boldsymbol{k} \tag{7}$$

2）向量的标量积或数量积，俗称点乘（也称内积，结果为标量）：

$$\boldsymbol{U}\cdot\boldsymbol{V}=u_x\cdot v_x+u_y\cdot v_y+u_z\cdot v_z=\boldsymbol{V}\cdot\boldsymbol{U} \tag{8}$$

3）向量积（俗称叉乘或叉积）（结果为矢量，方向由右手定则判定）：

$$\boldsymbol{U}\times\boldsymbol{V}=\begin{vmatrix}\boldsymbol{i} & \boldsymbol{j} & \boldsymbol{k}\\ u_x & u_y & u_z\\ v_x & v_y & v_z\end{vmatrix}=(u_yv_z-u_zv_y)\boldsymbol{i}+(u_zv_x-u_xv_z)\boldsymbol{j}+(u_xv_y-u_yv_x)\boldsymbol{k}=-\boldsymbol{V}\times\boldsymbol{U} \tag{9}$$

单位向量的标量积：$\boldsymbol{i}\cdot\boldsymbol{i}=\boldsymbol{j}\cdot\boldsymbol{j}=\boldsymbol{k}\cdot\boldsymbol{k}=1$，$\boldsymbol{i}\cdot\boldsymbol{j}=\boldsymbol{j}\cdot\boldsymbol{i}=\boldsymbol{j}\cdot\boldsymbol{k}=\boldsymbol{k}\cdot\boldsymbol{j}=\boldsymbol{k}\cdot\boldsymbol{i}=\boldsymbol{i}\cdot\boldsymbol{k}=0$ （10）

单位向量的向量积：$\boldsymbol{i}\times\boldsymbol{i}=\boldsymbol{j}\times\boldsymbol{j}=\boldsymbol{k}\times\boldsymbol{k}=\boldsymbol{0}$，$\boldsymbol{i}\times\boldsymbol{j}=\boldsymbol{k}$，$\boldsymbol{j}\times\boldsymbol{k}=\boldsymbol{i}$，$\boldsymbol{k}\times\boldsymbol{i}=\boldsymbol{j}$，$\boldsymbol{j}\times\boldsymbol{i}=-\boldsymbol{k}$，$\boldsymbol{k}\times\boldsymbol{j}=-\boldsymbol{i}$，$\boldsymbol{i}\times\boldsymbol{k}=-\boldsymbol{j}$ （11）

C.3 标量的梯度

标量场 ϕ 中任一点 M，过 M 点的任意方向 $\boldsymbol{n}$，在 $\boldsymbol{n}$ 上某点 M'，若极限 $\lim\limits_{|MM'|\to 0}\dfrac{\phi(M')-\phi(M)}{|MM'|}$ 存在，称之为标量场 ϕ 在 M 点处沿 $\boldsymbol{n}$ 方向的变化率。在过 M 点所有可能的方向中存在一个 ϕ 的变化率最大的方向。梯度（Gradient）就是这样的一个向量，它的方向即为 ϕ 变化率最大的方向，而其大小则为这个最大变化率的数值。它是标量场不均匀性的量度，记为 $\mathbf{grad}\phi$。在直角坐标系中，

$$\mathbf{grad}\phi=\frac{\partial\phi}{\partial x_1}\boldsymbol{e}_1+\frac{\partial\phi}{\partial x_2}\boldsymbol{e}_2+\frac{\partial\phi}{\partial x_3}\boldsymbol{e}_3=\left(\boldsymbol{e}_1\frac{\partial}{\partial x_1}+\boldsymbol{e}_2\frac{\partial}{\partial x_2}+\boldsymbol{e}_3\frac{\partial}{\partial x_3}\right)\phi\equiv\nabla\phi \tag{12}$$

式中，∇ 是一个算子（Operator），它具有向量与微分的双重性质，称为哈密顿算子（Hamilton operator），读作 nabla。

$$\nabla=\boldsymbol{e}_1\frac{\partial}{\partial x_1}+\boldsymbol{e}_2\frac{\partial}{\partial x_2}+\boldsymbol{e}_3\frac{\partial}{\partial x_3} \tag{13}$$

显然，标量函数的梯度是一个矢量。

另外，物理量沿任一方向（其单位向量为 $\boldsymbol{n}_0$）的变化率为 $\boldsymbol{n}_0\cdot\mathbf{grad}\phi$。

C.4 向量的散度

向量场 $\boldsymbol{U}$ 中任一点 M,包围 M 作一微小体积 ΔV,其表面积为 ΔA,若极限 $\lim\limits_{\Delta V\to 0}\dfrac{\iint \boldsymbol{U}\cdot\boldsymbol{n}\mathrm{d}A}{\Delta V}$ 存在，称之为向量 $\boldsymbol{U}$ 在 M 点处的散度(Divergence)，记为 $\mathrm{div}\boldsymbol{U}$。散度为向量 $\boldsymbol{U}$ 通过界面 ΔA 的通量并除以微元体积 ΔV。记为

$$\boldsymbol{U}=u_1\boldsymbol{e}_1+u_2\boldsymbol{e}_2+u_3\boldsymbol{e}_3 \tag{14}$$

$$\mathrm{div}\boldsymbol{U}=\frac{\partial u_1}{\partial x_1}+\frac{\partial u_2}{\partial x_2}+\frac{\partial u_3}{\partial x_3}\equiv\boldsymbol{\nabla}\cdot\boldsymbol{U} \tag{15}$$

即，向量的散度为哈密顿算子与向量的内积，是一个标量。例如，**速度的散度**为

$$\mathrm{div}\boldsymbol{V}=\boldsymbol{\nabla}\cdot\boldsymbol{V}=\left(\boldsymbol{i}\frac{\partial}{\partial x}+\boldsymbol{j}\frac{\partial}{\partial y}+\boldsymbol{k}\frac{\partial}{\partial z}\right)\cdot(v_x\boldsymbol{i}+v_y\boldsymbol{j}+v_z\boldsymbol{k})=\frac{\partial v_x}{\partial x}+\frac{\partial v_y}{\partial y}+\frac{\partial v_z}{\partial z}\ (\text{标量}) \tag{16}$$

另外，$\mathrm{div}\boldsymbol{U}\equiv 0$ 的场称为**无源场**。

C.5 向量的旋度

向量场 $\boldsymbol{U}$ 中任一点 M，过 M 点任一方向 $\boldsymbol{n}$，以 $\boldsymbol{n}$ 为法向作一微小面积 ΔA，其边界为 Δl。若极限 $\lim\limits_{\Delta A\to 0}\dfrac{\oint_L \boldsymbol{U}\mathrm{d}l}{\Delta A}$ 存在，称为向量场 $\boldsymbol{U}$ 在 M 点处沿 $\boldsymbol{n}$ 方向上的环量面密度。在过 M 点的所有方向中存在一个环量面密度最大的方向。旋度（Curl 或 Rotation）就是这样一个向量，它的方向即环量面密度最大的方向，其大小即为这个最大的环量面密度的值，记为 $\mathbf{rot}\boldsymbol{U}$ 或 $\mathbf{curl}\boldsymbol{U}$。记为

$$\mathbf{rot}\boldsymbol{U}=\begin{vmatrix}\boldsymbol{e}_1 & \boldsymbol{e}_2 & \boldsymbol{e}_3\\ \dfrac{\partial}{\partial x_1} & \dfrac{\partial}{\partial x_2} & \dfrac{\partial}{\partial x_3}\\ u_1 & u_2 & u_3\end{vmatrix}\equiv\boldsymbol{\nabla}\times\boldsymbol{U} \tag{17}$$

式中，“×”表示向量积。两个向量 $\boldsymbol{U}$ 和 $\boldsymbol{V}$ 的向量积为一个向量 $\boldsymbol{W}$，其数值为 $|\boldsymbol{U}||\boldsymbol{V}|\sin\theta$($\theta$ 为 $\boldsymbol{U}$ 与 $\boldsymbol{V}$ 的夹角)，其方向垂直 $\boldsymbol{U}$ 与 $\boldsymbol{V}$ 两个向量所形成的平面，且符合右手定则。例如，**速度的旋度**为

$$\begin{aligned}\mathbf{rot}\boldsymbol{V}&=\boldsymbol{\nabla}\times\boldsymbol{V}=\left(\boldsymbol{i}\frac{\partial}{\partial x}+\boldsymbol{j}\frac{\partial}{\partial y}+\boldsymbol{k}\frac{\partial}{\partial z}\right)\times(v_x\boldsymbol{i}+v_y\boldsymbol{j}+v_z\boldsymbol{k})\\&=\begin{vmatrix}\boldsymbol{i} & \boldsymbol{j} & \boldsymbol{k}\\ \dfrac{\partial}{\partial x} & \dfrac{\partial}{\partial y} & \dfrac{\partial}{\partial z}\\ v_x & v_y & v_z\end{vmatrix}=\left(\frac{\partial v_z}{\partial y}-\frac{\partial v_y}{\partial z}\right)\boldsymbol{i}+\left(\frac{\partial v_x}{\partial z}-\frac{\partial v_z}{\partial x}\right)\boldsymbol{j}+\left(\frac{\partial v_y}{\partial x}-\frac{\partial v_x}{\partial y}\right)\boldsymbol{k}\ (\text{矢量})\end{aligned} \tag{18}$$

C.6 运算关系式

1）梯度运算：

$$\nabla(C\varphi)=C\,\nabla\varphi\quad(C\text{为常量})\tag{19}$$

$$\nabla(\varphi\pm\psi)=\nabla\varphi\pm\nabla\psi\tag{20}$$

$$\nabla(\varphi\psi)=\psi\,\nabla\varphi+\varphi\,\nabla\psi\tag{21}$$

$$\nabla f(\varphi)=f'(\varphi)\nabla\varphi\tag{22}$$

$$\nabla\cdot(\nabla\varphi)=\nabla^2\varphi\tag{23}$$

$$\nabla^2(\varphi\psi)=\psi\,\nabla^2\varphi+\varphi\,\nabla^2\psi+2\,\nabla\varphi\cdot\nabla\psi\tag{24}$$

$$\nabla(\boldsymbol{U}\cdot\boldsymbol{V})=(\boldsymbol{V}\cdot\nabla)\boldsymbol{U}+(\boldsymbol{U}\cdot\nabla)\boldsymbol{V}+\boldsymbol{V}\times\nabla\times\boldsymbol{U}+\boldsymbol{U}\times\nabla\times\boldsymbol{V}\tag{25}$$

2）散度运算：

$$\nabla\cdot(\phi\boldsymbol{V})=\phi\,\nabla\cdot\boldsymbol{V}+\nabla\phi\cdot\boldsymbol{V}\tag{26}$$

$$\nabla\cdot(\boldsymbol{U}\pm\boldsymbol{V})=\nabla\cdot\boldsymbol{U}\pm\nabla\cdot\boldsymbol{V}\tag{27}$$

$$\nabla\cdot(\boldsymbol{U}\times\boldsymbol{V})=\boldsymbol{V}\cdot\nabla\times\boldsymbol{U}+\boldsymbol{U}\cdot\nabla\times\boldsymbol{V}\tag{28}$$

$$\nabla\cdot(\nabla\times\boldsymbol{V})=0\tag{29}$$

3）旋度运算：

$$\nabla\times(\phi\boldsymbol{V})=\phi\,\nabla\,\boldsymbol{V}+\nabla\phi\times\boldsymbol{V}\tag{30}$$

$$\nabla\times(\boldsymbol{U}+\boldsymbol{V})=\nabla\times\boldsymbol{U}+\nabla\times\boldsymbol{V}\tag{31}$$

$$\nabla\times(\boldsymbol{U}\times\boldsymbol{V})=(\boldsymbol{V}\cdot\nabla)\boldsymbol{U}-(\boldsymbol{U}\cdot\nabla)\boldsymbol{V}+\boldsymbol{U}\,\nabla\cdot\boldsymbol{V}-\boldsymbol{V}\cdot\nabla\boldsymbol{U}\tag{32}$$

$$\nabla\times(\nabla\phi)=\boldsymbol{0}\tag{33}$$

式（33）和式（29）为两个重要结论，即：**梯度的旋度为零，旋度的散度为零**。

4）算子的内积：

$$\nabla\cdot\nabla=\nabla^2=\left(\boldsymbol{i}\frac{\partial}{\partial x}+\boldsymbol{j}\frac{\partial}{\partial y}+\boldsymbol{k}\frac{\partial}{\partial z}\right)\cdot\left(\boldsymbol{i}\frac{\partial}{\partial x}+\boldsymbol{j}\frac{\partial}{\partial y}+\boldsymbol{k}\frac{\partial}{\partial z}\right)=\frac{\partial^2}{\partial x^2}+\frac{\partial^2}{\partial y^2}+\frac{\partial^2}{\partial z^2}\tag{34}$$

∇^2 称为拉普拉斯算子（Laplace operator），如：

$$\nabla^2\phi=\frac{\partial^2\phi}{\partial x^2}+\frac{\partial^2\phi}{\partial y^2}+\frac{\partial^2\phi}{\partial z^2}\tag{35}$$

C.7 积分关系式

高斯公式将体积分与面积分联系起来，在流体力学中十分有用。令 V_c 为由一封闭面积 A 所包围的体积。考虑一无穷小的面积元 $\mathrm{d}A$，其外法线方向为 $\boldsymbol{n}$。令 $\boldsymbol{\Phi}(\boldsymbol{r})$ 可表示一个向量或者张量，则高斯公式为

$$\int_{V_c}\nabla\cdot\boldsymbol{\Phi}\mathrm{d}V_c=\oint_A\boldsymbol{\Phi}\cdot\boldsymbol{n}\mathrm{d}A\tag{36}$$

推广的高斯公式还有

$$\int_{V_c}\nabla\phi\mathrm{d}V_c=\oint_A\phi\boldsymbol{n}\mathrm{d}A\tag{37}$$

$$\int_{V_c}\nabla\times\boldsymbol{V}\mathrm{d}V_c=\oint_A\boldsymbol{n}\times\boldsymbol{V}\mathrm{d}A\tag{38}$$

$$\int_{V_c}(\boldsymbol{V}\cdot\nabla)\boldsymbol{V}\mathrm{d}V_c=\oint_A(\boldsymbol{V}\cdot\boldsymbol{n})\boldsymbol{V}\mathrm{d}A\tag{39}$$

$$\int_{V_c}\nabla^2\phi\mathrm{d}V_c=\oint_A\boldsymbol{n}\cdot\nabla\phi\mathrm{d}A=\oint_A\frac{\partial\phi}{\partial n}\mathrm{d}A\tag{40}$$

$$\int_{V_c} \nabla^2 \boldsymbol{V} \mathrm{d}V_c = \oint_A (\boldsymbol{n} \cdot \nabla) \boldsymbol{V} \mathrm{d}A = \oint_A \frac{\partial \boldsymbol{V}}{\partial n} \mathrm{d}A \tag{41}$$

$$\int_{V_c} (\phi \nabla \psi - \psi \nabla \phi) \mathrm{d}V_c = \oint_A \left(\phi \frac{\partial \psi}{\partial n} - \psi \frac{\partial \phi}{\partial n} \right) \mathrm{d}A = \int_{V_c} (\phi \nabla^2 \psi - \psi \nabla^2 \phi) \mathrm{d}V_c \tag{42}$$

附录 D 张量初步

流体力学常用的物理量可以分为几类：只有大小没有方向的物理量为标量，如温度 T、压强 p、密度 ρ 等；既有大小又有方向的物理量为向量或矢量，如速度 $\boldsymbol{V}$、作用力 $\boldsymbol{F}$ 等；具有多重方向性的物理量称为张量，如应力 $\boldsymbol{\tau}$、变形率 $\boldsymbol{\varepsilon}$ 等。下面给出张量的定义、性质及运算法则。

D.1 指标与符号

以 x_i、$\boldsymbol{e}_i$（$i=1, 2, 3$）分别表示坐标系的 3 个坐标及相应的 3 个坐标单位向量。

1. 约定求和法则

如果在同一项中，某个指标重复出现两次，就表示要对这个指标从 1 到 3 求和。例如，向量 $\boldsymbol{U}$ 和 $\boldsymbol{V}$（其分量分别记为 u_i 和 v_i）的标量积为

$$\boldsymbol{U} \cdot \boldsymbol{V} = u_i v_i = u_1 v_1 + u_2 v_2 + u_3 v_3 \tag{1}$$

式中，i 称为约定求和指标，又称“哑指标（Dummy index）”。

又如，
$$(\boldsymbol{V} \cdot \nabla) \boldsymbol{V} = v_j \frac{\partial v_i}{\partial x_i} = v_1 \frac{\partial v_i}{\partial x_1} + v_2 \frac{\partial v_i}{\partial x_2} + v_3 \frac{\partial v_i}{\partial x_3} \tag{2}$$

在直角坐标系中表达为
$$(\boldsymbol{V} \cdot \nabla) \boldsymbol{V} = v_j \frac{\partial v_i}{\partial x_i} = v_x \frac{\partial v_i}{\partial x} + v_y \frac{\partial v_i}{\partial y} + v_z \frac{\partial v_i}{\partial z} \tag{3}$$

2. 克罗内克（Kronecker）符号 $\boldsymbol{\delta_{ij}}$

克罗内克符号 δ_{ij} 定义为

$$\delta_{ij} = \begin{cases} 0, & i \neq j \\ 1, & i = j \end{cases} \tag{4}$$

即
$$\delta_{ij} = \begin{pmatrix} 1 & 0 & 0 \\ 0 & 1 & 0 \\ 0 & 0 & 1 \end{pmatrix} \tag{5}$$

根据定义，显然有
$$\delta_{ij} = \delta_{ji} \tag{6}$$

同时它有替换下标的作用，即
$$\delta_{ik} T_{kj} = T_{ij}, \quad \frac{\partial x_i}{\partial x_j} = \delta_{ij} \tag{7}$$

3. 置换符号（Levi-Civita 符号）$\boldsymbol{e_{ijk}}$

置换符号 e_{ijk} 定义为

$$e_{ijk} = \begin{cases} 0, & \text{当 } i、j、k \text{ 中有两个以上相同者} \\ 1, & \text{当 } i、j、k \text{ 为 } 1, 2, 3 \text{ 的偶排列} \\ -1, & \text{当 } i、j、k \text{ 为 } 1, 2, 3 \text{ 的奇排列} \end{cases} \tag{8}$$

e_{ijk}共有27个元素，其中$e_{123}=e_{231}=e_{321}=1$，$e_{132}=e_{321}=e_{213}=-1$，其余21个元素全部为0。利用置换符号可使书写和运算简化。例如，向量$\boldsymbol{V}$的旋度用置换符号可写成

$$\nabla \times \boldsymbol{V} = \begin{vmatrix} \boldsymbol{e}_1 & \boldsymbol{e}_2 & \boldsymbol{e}_3 \\ \dfrac{\partial}{\partial x_1} & \dfrac{\partial}{\partial x_2} & \dfrac{\partial}{\partial x_3} \\ v_1 & v_2 & v_3 \end{vmatrix} = e_{ijk}\left(\frac{\partial v_k}{\partial x_j}\right)\boldsymbol{e}_i \tag{9}$$

4. δ_{ij}与e_{ijk}的关系

根据δ_{ij}与e_{ijk}的定义，不难得到以下关系：

$$e_{ijk} = \begin{vmatrix} \delta_{1i} & \delta_{1j} & \delta_{1k} \\ \delta_{2i} & \delta_{2j} & \delta_{2k} \\ \delta_{3i} & \delta_{3j} & \delta_{3k} \end{vmatrix} \tag{10}$$

D.2 张量的定义

某物理量在新旧坐标系中分量的关系具有相同的数学结构，则称为张量。张量是由满足一定关系的一组元素所组成的整体，元素的个数由空间的维数N及张量的阶数n决定，对于$N=3$的三维空间，张量定义如下：

三维空间坐标系中给定3^n个数$T_{j_1 j_2 \cdots j_n}$，坐标变换时，所得新数$T'_{i_1 i_2, \cdots, i_n}$由下式确定：

$$T'_{i_1 i_2 \cdots i_n} = (\alpha_{i_1 j_1} \cdot \alpha_{i_2 j_2} \cdot \cdots \cdot \alpha_{i_n j_n}) \cdot T_{j_1 j_2 \cdots j_n} \tag{11}$$

则称此3^n个数构成n阶张量，记为$\boldsymbol{T}$。其中，$i=1, 2, 3$；$j=1, 2, 3$；$\alpha_{i_1 j_1} \cdot \alpha_{i_2 j_2} \cdot \cdots \cdot \alpha_{i_n j_n}$为新旧坐标系坐标轴夹角的余弦的乘积。

在三维空间中n阶张量由3^n个分量（也称元素）组成，下面看几种简单情形：

1. 零阶张量

零阶张量有$3^0=1$个元素，它是坐标变换下的不变量，即

$$\varphi'(x_1', x_2', x_3') = \varphi(x_1, x_2, x_3) \tag{12}$$

零阶张量就是标量。

2. 一阶张量

一阶张量$\boldsymbol{T}$有$3^1=3$个元素T_i，$i=1, 2, 3$，它们随坐标变化的规律为

$$T_i' = \alpha_{ij} T_j, \quad i=1, 2, 3 \tag{13}$$

一阶张量就是向量。

3. 二阶张量

二阶张量$\boldsymbol{T}$有$3^2=9$个元素T_{ij}，$i, j=1, 2, 3$，它们随坐标变化的规律为

$$T_{ij}' = \alpha_{im} \cdot \alpha_{jn} \cdot T_{mn}, \quad i, j, m, n = 1, 2, 3 \tag{14}$$

流体力学中的如应力$\boldsymbol{\tau}$、变形率$\boldsymbol{\varepsilon}$等都是二阶张量。

D.3 张量的代数运算

1. 零张量及张量的恒等

如果一个坐标系下，一个张量的所有分量都等于0，根据张量的定义，变换到任一坐标系下，该张量的所有分量也必为0，这个张量称为零张量。

如果两个同阶张量的每个对应分量都对应相等，则称这两个张量相等。根据张量的定义，在某一坐标系下，若两个张量相等，则变换到任一坐标系下这两个张量也必相等，即

$$\boldsymbol{A}=\boldsymbol{B} \tag{15}$$

2. 张量的加减

同阶张量可以相加减，结果仍得到同阶张量。设 $\boldsymbol{A}$、$\boldsymbol{B}$ 都是 n 阶张量，则

$$\boldsymbol{C}=\boldsymbol{A}\pm\boldsymbol{B} \tag{16}$$

这意味着 $\boldsymbol{A}$、$\boldsymbol{B}$ 中对应元素相加减后构成 $\boldsymbol{C}$，即

$$C_{i_1i_2i_3\cdots i_n}=A_{i_1i_2i_3\cdots i_n}\pm B_{i_1i_2i_3\cdots i_n},\qquad i=1,2,3$$

3. 张量乘积

若 $\boldsymbol{A}$ 是 m 阶张量，$\boldsymbol{B}$ 是 n 阶张量，$\boldsymbol{A}$、$\boldsymbol{B}$ 的张量乘积记作 $\boldsymbol{AB}$，定义为用前一个张量的每一个分量与后一个张量的每一个分量相乘，得到 $3^m\cdot 3^n=3^{m+n}$ 个元素，构成 $m+n$ 阶张量，它的分量记为

$$(AB)_{i_mj_n}=A_{i_m}B_{j_n} \tag{17}$$

张量乘积满足分配律、结合律，一般不满足交换律，即

$$(\boldsymbol{A}+\boldsymbol{B})\boldsymbol{C}=\boldsymbol{AC}+\boldsymbol{BC} \tag{18}$$

$$(\boldsymbol{AB})\boldsymbol{C}=\boldsymbol{A}(\boldsymbol{BC}) \tag{19}$$

$$\boldsymbol{AB}\neq\boldsymbol{BA} \tag{20}$$

并矢（Dyed）是两个一阶张量（即矢量）乘积的特例，如流体力学中出现的$\boldsymbol{\nabla V}$，它是哈密顿算子（矢量）和速度矢量的乘积，其结果是一个二阶张量，可以理解为速度的梯度。

4. 张量的缩并（收缩）

张量的缩并运算定义为：若任意给定一个 $n(n\geqslant 2)$ 阶张量 $\boldsymbol{A}$，它的每个分量有 n 个指标，对其中某两个指定指标相同的那些分量进行约定求和，而其余指标固定不变，所得到的一组具有 $n-2$ 个指标的元素，构成一个 $n-2$ 阶张量 $\boldsymbol{B}$。

例如，$\boldsymbol{A}$ 是三阶张量，有 $3^3=27$ 个元素或分量，记为 A_{ijk}，i，j，$k=1$，2，3，从这些分量中选出某两个指标（如第二、第三个指标）相同的那些分量 A_{ijj}，固定 i，对 j 约定求和，令

$$B_i=A_{i11}+A_{i22}+A_{i33},\quad i=1,2,3$$

这三个分量构成一个一阶张量 $\boldsymbol{B}$，比原来的张量 $\boldsymbol{A}$ 低两阶。

张量的缩并一般不单独进行，通常与其他运算联合进行，成为某些重要运算的组成环节，如下面要介绍的张量的内积。

5. 张量的内积

张量 $\boldsymbol{A}$、$\boldsymbol{B}$ 的乘积再进行一次缩并的联合运算，称为张量 $\boldsymbol{A}$、$\boldsymbol{B}$ 的内积，记为

$$\boldsymbol{C}=\boldsymbol{A}\cdot\boldsymbol{B} \tag{21}$$

根据张量乘积和缩并的定义可知，若 $\boldsymbol{A}$ 是 m 阶张量，$\boldsymbol{B}$ 是 n 阶张量，则 $\boldsymbol{C}$ 是一个 $m+n-2$ 阶张量。由于同一张量对不同指标进行缩并得到的结果不同，为了使内积有唯一的结果，规定缩并是对前一个张量的最后一个指标和后一个张量的第一个指标进行。

例如，$\boldsymbol{A}$ 是一阶张量，$\boldsymbol{B}$ 是二阶张量，乘积 $\boldsymbol{AB}$ 为三阶张量，分量为 A_kB_{ij}，则张量 $\boldsymbol{A}$、$\boldsymbol{B}$ 的内积得到一阶张量 $\boldsymbol{C}$，可写为

$$C = A \cdot B = (A_i B_{ij}) = (A_1B_{11} + A_2B_{21} + A_3B_{31}, A_1B_{12} + A_2B_{22} + A_3B_{32}, A_1B_{13} + A_2B_{23} + A_3B_{33})$$

二阶张量 $\boldsymbol{A}$、$\boldsymbol{B}$ 的双重内积（也称双点积）定义为

$$\boldsymbol{A} : \boldsymbol{B} = A_{ik}B_{ki} \tag{22}$$

这是一个标量，它是对 $\boldsymbol{A}$、$\boldsymbol{B}$ 的乘积进行两次缩并得到的。

D.4 张量的微分运算

1. 张量的导数

$\boldsymbol{T}$ 是 n 阶张量，分量为 $T_{i_n} = T_{i_n}(x_1, x_2, x_3)$，则 T_{i_n} 对 x_k 的偏导数表示为

$$\frac{\partial T_{i_n}}{\partial x_k} = T_{i_n,k} \tag{23}$$

式中，$T_{i_n,k}$ 是 $n+1$ 阶张量。

2. 张量的微分

$\boldsymbol{T}$ 是 n 阶张量，微分 $\mathrm{d}\boldsymbol{T}$ 也是 n 阶张量，表示为

$$\mathrm{d}T_{i_n} = \frac{\partial T_{i_n}}{\partial x_k}\mathrm{d}x_k = T_{i_n,k}\mathrm{d}x_k \tag{24}$$

3. 张量的梯度

哈密顿算子$\boldsymbol{\nabla}$与 n 阶张量 $\boldsymbol{T}$ 的乘积定义为 $\boldsymbol{T}$ 的梯度，是 $n+1$ 阶张量，即

$$\boldsymbol{\nabla} = \mathbf{grad} = \left(\frac{\partial}{\partial x_1}, \frac{\partial}{\partial x_1}, \frac{\partial}{\partial x_1}\right) = \left(\frac{\partial}{\partial x_k}\right)$$

$$\boldsymbol{\nabla}\boldsymbol{T} = \mathbf{grad}\boldsymbol{T} = \left(\frac{\partial T_{i_n}}{\partial x_k}\right) = T_{i_n,k} \tag{25}$$

4. 张量的散度

哈密顿算子$\boldsymbol{\nabla}$与 n 阶张量 $\boldsymbol{T}$ 的内积定义为 $\boldsymbol{T}$ 的散度，是 $n-1$ 阶张量，即

$$\boldsymbol{\nabla} \cdot \boldsymbol{T} = \mathrm{div}\boldsymbol{T} = \frac{\partial}{\partial x_k}T_{ki_2i_3\cdots i_n}, \quad k, i_2, \cdots, i_n = 1, 2, 3 \tag{26}$$

5. 高斯公式

向量的高斯公式可以推广到 n 阶张量，设 $\boldsymbol{T} = T_{i_n}$ 是 n 阶张量，T_{i_n} 在体积 V 内有连续的偏微商，A 是 V 的封闭界面，$\boldsymbol{n}$ 是 A 的外单位法向量，曲面 A 是分段光滑的，则

$$\oint_A \boldsymbol{n} \cdot \boldsymbol{T}\mathrm{d}A = \int_V \boldsymbol{\nabla} \cdot \boldsymbol{T}\mathrm{d}V \tag{27}$$

D.5 二阶张量的对称性、反对称性及其分解

流体力学中主要涉及二阶张量，设 $\boldsymbol{A}$ 为二阶张量，若

$$A_{ij} = A_{ji} \tag{28}$$

恒成立，则称 $\boldsymbol{A}$ 为**二阶对称张量**，它的 9 个分量中只有 6 个是独立的。若

$$A_{ij} = -A_{ji} \tag{29}$$

恒成立，则称 $\boldsymbol{A}$ 为**二阶反对称张量**，它的 9 个分量中只有 3 个是独立的（注意 $A_{11} = A_{22} = A_{33} = 0$）。

任一个二阶张量 $\boldsymbol{A}$ 一定可以唯一分解为一个对称二阶张量和一个反对称二阶张量，即 A_{ij}可写为

$$A_{ij}=\frac{1}{2}(A_{ij}+A_{ji})+\frac{1}{2}(A_{ij}-A_{ji})=B_{ij}+C_{ij} \tag{30}$$

由于

$$B_{ij}=\frac{1}{2}(A_{ij}+A_{ji})=\frac{1}{2}(A_{ji}+A_{ij})=B_{ji}$$

$$C_{ij}=\frac{1}{2}(A_{ij}-A_{ji})=-\frac{1}{2}(A_{ji}-A_{ij})=-C_{ji}$$

所以 B_{ij}是二阶对称张量，C_{ij}是二阶反对称张量。

例如，速度的梯度是一个二阶张量，可以分解为

$$\frac{\partial v_i}{\partial x_j}=\frac{1}{2}\left(\frac{\partial v_i}{\partial x_j}+\frac{\partial v_j}{\partial x_i}\right)+\frac{1}{2}\left(\frac{\partial v_i}{\partial x_j}-\frac{\partial v_j}{\partial x_i}\right)=S_{ij}+\omega_{ij} \tag{31}$$

式中，S_{ij}称为变形率张量（或**应变率张量**），它是一个二阶对称张量；ω_{ij}称为**旋转张量**，它是一个二阶反对称张量。

附录 E　柱坐标系与球坐标系中的流体力学基本方程组

工程上许多流动是在圆管内进行的，这种情况下采用圆柱坐标系求解和描述问题通常要比采用直角坐标系更方便，其中的典型例子如轴对称问题，在直角坐标系下是三维问题，在柱坐标系下则被简化为二维问题。而研究诸如圆球绕流这样的问题时，通常采用球坐标系较为方便。

柱坐标系与球坐标系都属于正交坐标系，这里不作推导，只给出流体力学基本方程组在这两种坐标系中的具体形式。

E.1　柱坐标系中的基本方程组

如图 E-1 所示，直角坐标系 $Oxyz$ 中任一点 $P(x, y, z)$ 在 xOy 平面的投影为点 Q，用（r，θ）表示点 Q 在 xOy 平面的极坐标，则点 P 的空间位置可以用有序数组（r，θ，z）表示，把建立上述对应关系的坐标系称为柱坐标系，有序数组（r，θ，z）即为点 P 的柱坐标。

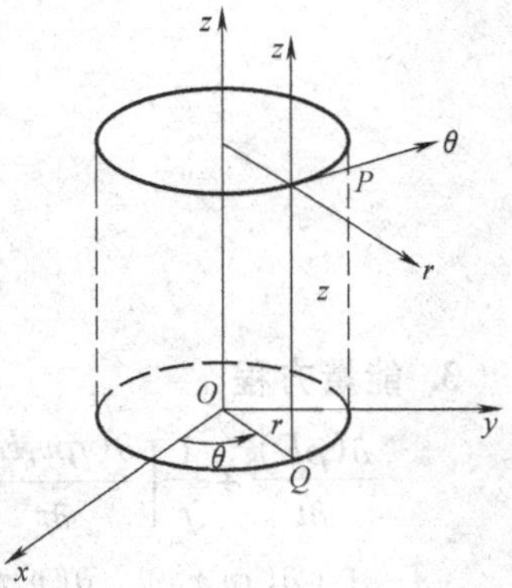

图 E-1　柱坐标系

下面给出柱坐标系下流体力学基本方程组的表达式。

1. 连续性方程

$$\frac{\partial\rho}{\partial t}+\frac{1}{r}\frac{\partial(\rho r v_r)}{\partial r}+\frac{1}{r}\frac{\partial(\rho v_\theta)}{\partial\theta}+\frac{\partial(\rho v_z)}{\partial z}=0 \tag{1}$$

2. 动量方程

$$\frac{\partial(\rho v_r)}{\partial t}+\frac{1}{r}\left[\frac{\partial(r\rho v_r^2)}{\partial r}+\frac{\partial(\rho v_r v_\theta)}{\partial\theta}+r\frac{\partial(\rho v_r v_z)}{\partial z}-\rho v_\theta^2\right]$$

$$=\frac{1}{r}\left[\frac{\partial(r\tau_{rr})}{\partial r}+\frac{\partial\tau_{r\theta}}{\partial\theta}+r\frac{\partial\tau_{rz}}{\partial z}-\tau_{\theta\theta}\right]+\rho f_r \tag{2a}$$

$$\frac{\partial(\rho v_\theta)}{\partial t}+\frac{1}{r}\left[\frac{\partial(r\rho v_r v_\theta)}{\partial r}+\frac{\partial(\rho v_\theta^2)}{\partial\theta}+r\frac{\partial(\rho v_\theta v_z)}{\partial z}+\rho v_r v_\theta\right]$$

$$=\frac{1}{r}\left[\frac{\partial(r\tau_{r\theta})}{\partial r}+\frac{\partial\tau_{\theta\theta}}{\partial\theta}+r\frac{\partial\tau_{\theta z}}{\partial z}+\tau_{r\theta}\right]+\rho f_\theta \tag{2b}$$

$$\frac{\partial(\rho v_z)}{\partial t}+\frac{1}{r}\left[\frac{\partial(r\rho v_r v_z)}{\partial r}+\frac{\partial(\rho v_z v_\theta)}{\partial\theta}+r\frac{\partial(\rho v_z^2)}{\partial z}\right]$$

$$=\frac{1}{r}\left[\frac{\partial(r\tau_{rz})}{\partial r}+\frac{\partial\tau_{\theta z}}{\partial\theta}+r\frac{\partial\tau_{zz}}{\partial z}\right]+\rho f_z \tag{2c}$$

式中,

$$\tau_{rr}=(-p+\mu_2\,\nabla\cdot V)+2\mu\frac{\partial v_r}{\partial r} \tag{3a}$$

$$\tau_{\theta\theta}=(-p+\mu_2\,\nabla\cdot V)+\frac{2\mu}{r}\left(\frac{\partial v_\theta}{\partial\theta}+v_r\right) \tag{3b}$$

$$\tau_{zz}=(-p+\mu_2\,\nabla\cdot V)+2\mu\frac{\partial v_z}{\partial z} \tag{3c}$$

$$\tau_{r\theta}=\tau_{\theta r}=\mu\left(\frac{\partial v_\theta}{\partial r}+\frac{1}{r}\frac{\partial v_r}{\partial\theta}-\frac{v_\theta}{r}\right) \tag{3d}$$

$$\tau_{\theta z}=\tau_{z\theta}=\mu\left(\frac{1}{r}\frac{\partial v_z}{\partial\theta}+\frac{\partial v_\theta}{\partial z}\right) \tag{3e}$$

$$\tau_{zr}=\mu\left(\frac{\partial v_r}{\partial z}+\frac{\partial v_z}{\partial r}\right) \tag{3f}$$

且

$$\nabla\cdot V=\frac{1}{r}\frac{\partial(rv_r)}{\partial r}+\frac{1}{r}\frac{\partial v_\theta}{\partial\theta}+\frac{\partial v_z}{\partial z} \tag{4}$$

3. 能量方程

$$\frac{\partial(\rho E)}{\partial t}+\frac{1}{r}\left[\frac{\partial(r\rho v_r E)}{\partial r}+\frac{\partial(\rho v_\theta E)}{\partial\theta}+r\frac{\partial(\rho v_z E)}{\partial z}\right]$$

$$=\frac{1}{r}\left[\frac{\partial(rv_r\tau_{rr})}{\partial r}+\frac{\partial(v_\theta\tau_{\theta\theta})}{\partial\theta}+r\frac{\partial(v_z\tau_{zz})}{\partial z}\right]+$$

$$\frac{1}{r}\left\{\left[\frac{\partial(rv_\theta\tau_{r\theta})}{\partial r}+\frac{\partial(v_r\tau_{r\theta})}{\partial\theta}\right]+\left[\frac{\partial(rv_z\tau_{rz})}{\partial r}+r\frac{\partial(v_r\tau_{rz})}{\partial z}\right]+\left[\frac{\partial(v_z\tau_{\theta z})}{\partial\theta}+r\frac{\partial(v_\theta\tau_{\theta z})}{\partial z}\right]\right\}+$$

$$\frac{1}{r}\left[\frac{\partial}{\partial r}\left(\kappa r\frac{\partial T}{\partial r}\right)+\frac{\partial}{\partial\theta}\left(\kappa\frac{1}{r}\frac{\partial T}{\partial\theta}\right)+r\frac{\partial}{\partial z}\left(\kappa\frac{\partial T}{\partial z}\right)\right]+\rho\dot{q} \tag{5}$$

式中,E 是内能与动能之和:$E=e+\frac{1}{2}V^2$;κ 为热导率;$\dot{q}$ 是单位质量的体积加热率。τ_{ij} 按式(3a)~式(3f)各式代入。

E.2 球坐标系中的基本方程组

如图 E-2 所示,直角坐标系 $Oxyz$ 中任一点 $P(x,y,z)$ 在 z 轴上的投影为点 Q,用 $\boldsymbol{r}$ 表

示原点到 P 点的向径，θ 表示向径与 z 轴的转角，φ 表示向径在 xOy 平面的投影线与 x 轴的转角。则点 P 的空间位置可以用有序数组（r，θ，φ）表示，把建立上述对应关系的坐标系称为球坐标系，有序数组（r，θ，φ）即为点 P 的球坐标。

下面给出球坐标系下流体力学基本方程组的表达式。

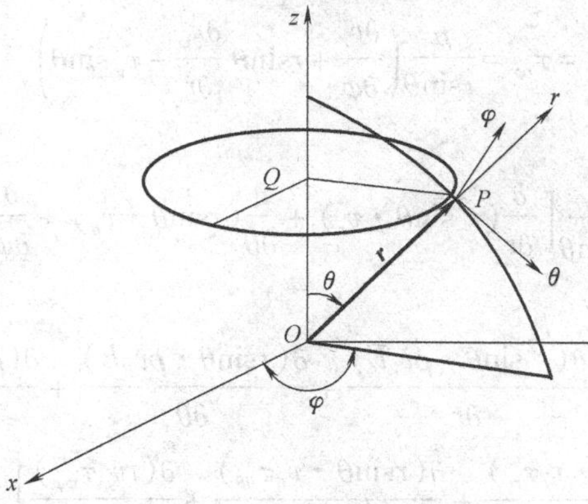

图 E-2　球坐标系

1. 连续性方程

$$\frac{\partial \rho}{\partial t}+\frac{1}{r^2\sin\theta}\left[\frac{\partial(\rho r^2 v_r\sin\theta)}{\partial r}+\frac{\partial(\rho r v_\theta\sin\theta)}{\partial \theta}+\frac{\partial(\rho r v_\varphi)}{\partial \varphi}\right]=0 \tag{6}$$

2. 动量方程

$$\frac{\partial(\rho v_r)}{\partial t}+\frac{1}{r^2\sin\theta}\left[\frac{\partial}{\partial r}(r^2\sin\theta\cdot\rho v_r^2)+\frac{\partial}{\partial\theta}(r\sin\theta\cdot\rho v_r v_\theta)+\frac{\partial}{\partial\varphi}(r\cdot\rho v_r v_\varphi)\right]-\rho\frac{v_\theta^2+v_\varphi^2}{r}$$

$$=\rho f_r+\frac{1}{r^2\sin\theta}\left[\frac{\partial(r^2\sin\theta\cdot\tau_{rr})}{\partial r}+\frac{\partial(r\sin\theta\cdot\tau_{\theta r})}{\partial\theta}+\frac{\partial(r\cdot\tau_{\varphi r})}{\partial\varphi}\right]-\frac{\tau_{\theta\theta}+\tau_{\varphi\varphi}}{r} \tag{7a}$$

$$\frac{\partial(\rho v_\theta)}{\partial t}+\frac{1}{r^2\sin\theta}\left[\frac{\partial}{\partial r}(r^2\sin\theta\cdot\rho v_r v_\theta)+\frac{\partial}{\partial\theta}(r\sin\theta\cdot\rho v_\theta^2)+\frac{\partial}{\partial\varphi}(r\cdot\rho v_\theta v_\varphi)\right]-\rho\frac{v_\varphi^2\cot\theta}{r}-\rho\frac{v_r v_\theta}{r}$$

$$=\rho f_\theta+\frac{1}{r^2\sin\theta}\left[\frac{\partial(r^2\sin\theta\cdot\tau_{r\theta})}{\partial r}+\frac{\partial(r\sin\theta\cdot\tau_{\theta\theta})}{\partial\theta}+\frac{\partial(r\cdot\tau_{\theta\varphi})}{\partial\varphi}\right]-\frac{\tau_{\varphi\varphi}\cot\theta}{r}-\frac{\tau_{r\theta}}{r} \tag{7b}$$

$$\frac{\partial(\rho v_\varphi)}{\partial t}+\frac{1}{r^2\sin\theta}\left[\frac{\partial}{\partial r}(r^2\sin\theta\cdot\rho v_r v_\varphi)+\frac{\partial}{\partial\theta}(r\sin\theta\cdot\rho v_\theta v_\varphi)+\frac{\partial}{\partial\varphi}(r\cdot\rho v_\varphi^2)\right]+\rho\frac{v_r v_\varphi}{r}+\rho\frac{v_\theta v_\varphi\cot\theta}{r}$$

$$=\rho f_\varphi+\frac{1}{r^2\sin\theta}\left[\frac{\partial(r^2\sin\theta\cdot\tau_{r\varphi})}{\partial r}+\frac{\partial(r\sin\theta\cdot\tau_{\theta\varphi})}{\partial\theta}+\frac{\partial(r\cdot\tau_{\varphi\varphi})}{\partial\varphi}\right]+\frac{\tau_{r\varphi}}{r}+\frac{\tau_{\theta\varphi}\cot\theta}{r} \tag{7c}$$

应力与变形率的关系为

$$\tau_{rr}=(-p+\mu_2\,\nabla\cdot V)+2\mu\frac{\partial v_r}{\partial r} \tag{8a}$$

$$\tau_{\theta\theta}=(-p+\mu_2\,\nabla\cdot V)+\frac{2\mu}{r}\left(\frac{\partial v_\theta}{\partial\theta}+v_r\right) \tag{8b}$$

$$\tau_{\varphi\varphi}=(-p+\mu_2\,\nabla\cdot V)+\frac{2\mu}{r\sin\theta}\left(\frac{\partial v_\varphi}{\partial\varphi}+v_r\sin\theta+v_\theta\cos\theta\right) \tag{8c}$$

$$\tau_{r\theta}=\tau_{\theta r}=\mu\left(\frac{1}{r}\frac{\partial v_r}{\partial\theta}+\frac{\partial v_\theta}{\partial r}-\frac{v_\theta}{r}\right) \tag{8d}$$

$$\tau_{\theta\varphi}=\tau_{\varphi\theta}=\frac{\mu}{r\sin\theta}\left(\frac{\partial v_\theta}{\partial\varphi}+\sin\theta\frac{\partial v_\varphi}{\partial\theta}-v_\varphi\cos\theta\right) \tag{8e}$$

$$\tau_{\varphi r}=\tau_{r\varphi}=\frac{\mu}{r\sin\theta}\left(\frac{\partial v_r}{\partial\varphi}+r\sin\theta\frac{\partial v_\varphi}{\partial r}-v_\varphi\sin\theta\right) \tag{8f}$$

式中，

$$\nabla\cdot\boldsymbol{V}=\frac{1}{r^2\sin\theta}\left[\frac{\partial}{\partial r}(r^2\sin\theta\cdot v_r)+\frac{\partial}{\partial\theta}(r\sin\theta\cdot v_\theta)+\frac{\partial}{\partial\varphi}(rv_\varphi)\right] \tag{9}$$

3. 能量方程

$$\begin{aligned}
&\frac{\partial(\rho E)}{\partial t}+\frac{1}{r^2\sin\theta}\left[\frac{\partial(r^2\sin\theta\cdot\rho v_r E)}{\partial r}+\frac{\partial(r\sin\theta\cdot\rho v_\theta E)}{\partial\theta}+\frac{\partial(\rho r v_\varphi E)}{\partial\varphi}\right]\\
&=\frac{1}{r^2\sin\theta}\left[\frac{\partial(r^2\sin\theta\cdot v_r\tau_{rr})}{\partial r}+\frac{\partial(r\sin\theta\cdot v_\theta\tau_{\theta\theta})}{\partial\theta}+\frac{\partial(rv_\varphi\tau_{\varphi\varphi})}{\partial\varphi}\right]+\\
&\frac{1}{r^2\sin\theta}\left[\frac{\partial(r^2\sin\theta\cdot v_\theta\tau_{r\theta})}{\partial r}+\frac{\partial(r\sin\theta\cdot v_r\tau_{r\theta})}{\partial\theta}\right]+\\
&\frac{1}{r^2\sin\theta}\left[\frac{\partial(r^2\sin\theta\cdot v_\varphi\tau_{r\varphi})}{\partial r}+\frac{\partial(rv_r\tau_{r\varphi})}{\partial\theta}\right]+\\
&\frac{1}{r^2\sin\theta}\left[\frac{\partial(r\sin\theta\cdot v_\varphi\tau_{\theta\varphi})}{\partial r}+\frac{\partial(rv_\theta\tau_{\theta\varphi})}{\partial\theta}\right]+\\
&\frac{1}{r^2\sin\theta}\left[\frac{\partial}{\partial r}\left(r^2\sin\theta\cdot\kappa\frac{\partial T}{\partial r}\right)+\frac{\partial}{\partial\theta}\left(r\sin\theta\frac{\kappa}{r}\frac{\partial T}{\partial\theta}\right)+\frac{\partial}{\partial\varphi}\left(\frac{\kappa}{\sin\theta}\frac{\partial T}{\partial\varphi}\right)\right]+\rho\dot{q}
\end{aligned} \tag{10}$$

式中，E 是内能与动能之和：$E=e+\frac{1}{2}\boldsymbol{V}^2$；$\kappa$ 为热导率；$\dot{q}$ 是单位质量的体积加热率。τ_{ij} 可按式（8a）~式（8f）各式代入。

参考文献

[1] 莫乃榕. 工程流体力学 [M]. 武汉：华中科技大学出版社，2000.

[2] 周光垌，严宗毅，许世雄，等. 流体力学：上册 [M]. 北京：高等教育出版社，2000.

[3] 周光垌，严宗毅，许世雄，等. 流体力学：下册 [M]. 北京：高等教育出版社，2000.

[4] 景思睿，张鸣远. 流体力学 [M]. 西安：西安交通大学出版社，2001.

[5] 赵学端，廖其奠. 粘性流体力学 [M]. 2 版. 北京：机械工业出版社，1992.

[6] 章梓雄，董曾南. 粘性流体力学 [M]. 北京：清华大学出版社，1998.

[7] 是勋刚. 湍流 [M]. 天津：天津大学出版社，1994.

[8] 周力行. 湍流气粒两相流动和燃烧的理论与数值模拟 [M]. 陈文芳，林文漪，译. 北京：科学出版社，1994.

[9] Munson B R，Young D F，Okiishi T H. Fundamentals of Fluid Mechanics [M]. 4th ed. NewYork：John Wiley Sons，Inc.，2002.

[10] Frank M White. Fluid Mechanics [M]. 4th ed. NewYork：McGraw-Hill，2001.

[11] Tasos C P，Georgios C G，Andreas N A. Viscous Fluid Flow [M]. BocaRaton：CRC Press LLC，2000.

[12] C Foias，O Manley，R Rosa，et al. Navier-Stokes Equations and Turbulence [M]. Cambridge：Cambridge University Press，2001.